高等学校教材

数字化设计与制造技术基础

和延立　王俊彪　敬石开　编著

西北工業大學出版社

西　安

【内容简介】 本书面向产品设计、工艺规划、加工制造、装配、生产管理等研制生产过程，系统地论述了数字化设计与制造技术体系及涉及的关键技术。第一章主要介绍数字化设计与制造技术的概念、发展过程 、支撑技术及应用等。第二章主要讲述产品数字化模型、数字样机、产品建模方法等基本知识。第三章讲述数字化设计过程、实现手段及典型数字化设计系统。第四章主要讲述计算机辅助工艺规划技术、制造工艺信息系统及典型 CAPP 系统的应用。第五章主要介绍数字控制的基本概念、工作原理、数控加工程序编制等。第六章主要介绍数控测量机、光学测量系统的原理、方法和典型应用。第七章主要介绍数字化装配工艺设计与仿真、装备，数字化装配过程及方法。第八章介绍制造计划管理、生产调度、制造执行控制的作用和功能。第九章讲述 CAD/CAE/CAPP/CAM/PDM 的集成方法、企业间设计与制造集成模式。第十章主要介绍数字化设计与制造技术的进展及一些新兴的设计制造模式和理念。

本书既可供普通高等学校机械工程、制造工程、航空航天等方面的本科生、研究生学习，也可供相关工程科技人员参考。

图书在版编目(CIP)数据

数字化设计与制造技术基础 / 和延立，王俊彪，敬石开编著. -- 西安 : 西北工业大学出版社，2024.12.
ISBN 978-7-5612-9435-2

Ⅰ. TH122;TH164

中国国家版本馆 CIP 数据核字第 2024J4X904 号

SHUZIHUA SHEJI YU ZHIZAO JISHU JICHU

数 字 化 设 计 与 制 造 技 术 基 础

和延立　王俊彪　敬石开　编著

责任编辑：李阿盟　张心怡　　**策划编辑：**李阿盟
责任校对：杨　兰　刘　敏　　**装帧设计：**高永斌　李　飞
出版发行：西北工业大学出版社
通信地址：西安市友谊西路 127 号　　邮编：710072
电　　话：(029)88491757，88493844
网　　址：www.nwpup.com
印 刷 者：西安五星印刷有限公司
开　　本：787 mm×1 092 mm　　1/16
印　　张：16.75
字　　数：418 千字
版　　次：2024 年 12 月第 1 版　　2024 年 12 月第 1 次印刷
书　　号：ISBN 978-7-5612-9435-2
定　　价：78.00 元

如有印装问题请与出版社联系调换

前　言

现代复杂产品研制已广泛采用数字化设计与制造技术。数字化技术是以计算机软硬件、外围设备、协议和网络为基础的信息离散化表述、定量、感知、传递、存储、处理、控制、联网的集成技术。数字化设计与制造就是采用数字化表述、存储、处理等方法支持产品设计、分析、工艺与工装设计、加工、装配、测量等全生命周期活动乃至企业的全局优化运作。它是在计算机和网络技术与制造技术的不断融合、发展，以及各种计算机辅助技术(CAD/CAE/CAPP/CAM等，统称为CAx)和数字控制装备广泛和深入应用基础上诞生的新模式。数字化设计与制造实际上就是设计制造信息的数字化，而符号化了的设计制造信息则可在不同研制阶段的不同软件平台上进行存储、处理，并通过协议进行传递，从而实现产品研制全过程的数字量协调。所有这些都把制造信息的表述、处理、传递、存储、重组、更新和应用提高到一个新的水平。

数字化时代革新了制造的科学基础。从内容上看，数字化设计与制造和传统的设计与制造不同，力图从离散、系统、动力学、非线性和时变的观点研究制造工艺与技术。传统制造中许多定性的描述，都要转化为数字化定量描述，在这一基础上逐步建立不同层面、系统的数字化模型。基于上述认识，本书围绕产品设计与制造的实际工程需求，从数字化技术的基本概念、关键技术和应用成果等方面安排内容，力求使读者既能从技术体系、技术内容、技术方法等诸方面了解、掌握数字化设计与制造技术的基础知识，也能了解这一领域的技术应用成果和发展前沿。在内容体系的安排上，本书突出了以数字化设计与制造为核心的先进制造系统。

本书共十章。第一章主要介绍数字化设计与制造技术的概念、发展过程、支撑技术及应用等。第二章主要讲述产品数字化模型、数字样机、产品建模方法等基本知识。第三章讲述数字化设计过程、实现手段及典型数字化设计系统。第四章主要讲述计算机辅助工艺规划技术、制造工艺信息系统及典型CAPP系统的应用。第五章主要介绍数字控制的基本概念、工作原理、数控加工程序的编制等。第六章主要介绍数控测量机、光学测量系统的原理、方法和典型应用。第七章主要介绍数字化装配工艺设计与仿真、装备，数字化装配过程和方法。第八章介绍制造计划管理、生产调度、制造执行控制的作用和功能。第九章讲述CAD/CAE/CAPP/CAM/PDM的集成方法、企业间设计与制造集成模式。第十章主要讲述数字化设计与制造技术的进展及一些新兴的设计与制造模式和理念。

全书由和延立、王俊彪、敬石开编著。其中，第一章由王俊彪编写，第二章由莫蓉、王增强、和延立编写，第三章由朱斌、常智勇、张开富、和延立编写，第四、五章由田锡天、贾晓亮、和延立编写，第六章由和延立、田锡天编写，第七章由和延立、姚倡锋编写，第八章由敬石开、王海龙编写，第九、十章由和延立、何卫平编写。此外，李原、刘海滨、侯俊杰、王展、张维也参加了部分编写工作。

笔者在编写过程中参考了国内外许多同行专家论著的研究内容，在此谨表衷心感谢。在本书的出版过程中，得到西北工业大学教务部、西北工业大学出版社等单位的大力支持，在此表示诚挚的感谢！

由于数字化设计与制造技术发展迅猛，不断有新的理论和技术产生，加之笔者学识和经验所限，书中难免有不足甚至缪误之处，敬请广大读者批评指正！

编著者

2024 年 5 月

目　　录

第一章 概 论

第一节 制造业与制造技术

一、制造业是国民经济的基础

所有将原材料转化为物质产品的行业都可称为制造业。它覆盖了除去采掘业、建筑业等以外的整个第二产业。制造业是社会财富的主要来源，制造技术创造了当前工业发达国家 1/4～1/3 的国民收入。制造技术的水平已成为一个国家经济发展的主要标志。一个国家要生活得好，必须生产得好。

在经济全球化的大趋势中，几乎每一个国家都处于全球化竞争的市场中，而经济竞争归根结底是制造技术和制造能力的竞争。谁掌握了先进的制造技术，谁就能制造出高水平的产品，谁就掌握了市场，谁就能在竞争中立于不败之地。正如日本著名企业家盛田昭夫所指出的：制造业是提高竞争力的火车头。例如，机电产品是世界商品贸易的主导产品(1990 年机电产品占全部商品的比例为 35.5%)，在机电产品市场中，美、日、德三国科技实力强大，其机电产品占据了世界机电产品市场的 50%左右。

从产业结构来看，经济发达国家虽然从数量上其第三产业的比例已达 60%左右，但社会的经济主体仍然是物质经济，第三产业依附于第一、第二产业的基本关系没有改变，第三产业的发展始终以第一、第二产业的充分发展为前提。其根源在于制造业的最大特点是能创造附加价值，制造业是全社会产生附加价值的源泉。因此，即便在经济高度发达的工业国家，制造业仍然是经济的主体。事实上，任何经济实力强大的国家，都拥有发达的制造业基础。

从技术发展来看，制造技术水平综合体现了一个国家的科技水平，是增强国家综合实力与国际竞争力的根本。制造技术是将原材料有效地转变成产品的技术的总称，是制造业赖以生存的技术基础。制造技术是创造社会物质产品的手段，是人类创造物质文明、精神文明的技艺和工具。制造技术是将科学发明、发现转化为人类可使用的产品的关键环节。伴随着人类文明的进化，制造技术也不断发展进步，并推动社会生产力发展，从而满足不断更新和发展的社会需求。

以信息技术、生物技术等为主体的高新技术的发展使得产业结构发生了很大的变化，但高新技术产业化实现的决定性因素是拥有相应的制造工艺和装备，制造技术是高新技术走向工程化、产业化的桥梁和通道。

二、信息技术的发展深刻地改变了制造业

在人类历史上，20 世纪的科学技术是空前发达和最为辉煌的。而在 20 世纪所有的科学发现和技术发明中，以计算机和通信技术为核心，特别是以网络为标志的现代信息科学技术尤其令人瞩目。信息技术被公认为是当前发展最快、应用最广、潜力最大的领域之一。1971 年，美国 Intel 公司研制出第一块微处理器，即用大规模集成电路研制成计算机的第一块中央处理器(CPU)。在此基础上，随后研制出完全由大规模集成电路组成的微型计算机。这标志着微电子技术和计算机技术的结合，使计算机在全球开始普及。与此同时，通信从模拟技术向数字技术过渡，通信技术也开始和计算机技术结合起来。计算机技术、电子技术和通信技术极大地增强了人类处理和利用信息的能力，因而被统称为“信息技术”。

信息技术已经成为现代生产力发展的主导因素，不但在急剧地改变着人类的经济生活，而且以其强大的渗透力进入社会生活的方方面面。在科学、教育、文化、道德、法律、政治、军事等各个领域，由于信息技术的运用，不断呈现出新面貌，人们的物质生活和精神生活也因此而发生了深刻的变化，学习、工作、消费、休闲、医疗及交际等各种活动模式都在不断更新。

随着信息技术在人类生活的各个领域的不断发展和应用，对全球范围的经济、政治、军事、文化及意识形态的影响越来越广泛和深刻，导致了经济增长方式、经济体制、政府职能等各方面的重大变革，使人类文明和社会发展走向新的高度，引起了“信息革命”或“信息技术革命”。当前，信息的应用程度已经成为衡量一个国家或地区的国际竞争力、现代化程度、经济成长能力的重要标志。

1. 引起了产业结构的重大调整

信息技术的进步带动了信息产业的发展。1990 年，世界信息产业的产值就达到了 1 489亿美元，到 20 世纪 90 年代中期已经突破 1 万亿美元，成为跃居传统产业之上的最大的产业部门。如今，在发达国家，信息产业产值已占国内生产总值的 45%～67%。信息技术的应用已经成为国民经济新的增长点，信息产业已经成为经济发展的主导产业。

改革开放 40 多年来，中国经济获得了高速发展。在完成粗放经营、数量扩张，实现由短缺向温饱的过渡后，信息技术的应用已成为重要的经济增长点。利用信息技术改造和提升传统产业，加强信息技术和传统技术的结合，可以提高产品的数量和质量；以信息技术为依托，企业实现扁平化管理，可以提高资金周转速度和使用效率，降低能耗和库存积压，提高企业运营效率；围绕互联网开展企业的信息化应用工作，可以使企业融入全球化经济，实现产品的敏捷和柔性的个性化生产，赢得市场。

2. 促进了生产方式的变革

我国的制造业要想在全球化的国际竞争中取胜，必须要实现制造业跨地区、跨行业、跨所有制、跨国的经营，必须迅速跨越与先进技术的差距，跨越式发展是我国民族工业的出路。我国已确定了用信息化带动工业化的发展战略，即在完成工业化的过程中注重运用信息技

术提高工业化的水准，在推进信息化的过程中注重运用信息技术改造传统产业，以信息化带动工业化，发挥后发优势，努力实现技术的跨越式发展。

首先，从工业生产的角度讲，由于微电子和数字化通信的应用，使信息处理的相对价格下降，工业生产从“能源和材料密集型”转向“信息密集型”，产品和装备由机械向着机电转变，呈现出“软化”和高附加价值的趋势。

其次，信息技术在生产中的广泛应用，发展了先进制造技术，计算机辅助设计(Computer Aided Design，CAD)、计算机辅助工程分析(Computer Aided Engineering，CAE)和计算机辅助制造(Computer Aided Manufacturing，CAM)等成为基本的技术手段，机器人、自动化装备、自动化生产线受到普遍重视，设计制造的自动化、智能化程度大大提高。

再次，信息技术的发展使生产具有更大的灵活性，生产信息可以准确控制、实时共享，能够以快速和低成本为目标优化生产流程，极大地降低了由于改变产品组合而导致的停工成本，生产的柔性和敏捷性大大提高。

3. 引起了信息交换方式的改变

市场是制造业的生命线。迅速对市场需求变化做出反应，及时推出适销对路的产品是制造业成功的关键。市场竞争对企业的应变能力提出了更高的要求，需要制造业对内可使生产经营活动过程中的人流、物流、资金流、信息流处于最佳状态，以最少的投入获得最大的产出，以最短的时间生产出最好的产品；对外可以通过网络、电子商务，跨越中间商环节，直接面对顾客，从而以更低的价格和更好的服务赢得市场。

传统的产品交换及经济信息流通方式，绝大部分是通过人与人之间的直接交往实现的。这种直接的交往加上落后的交通设施往往将人们的经济行为局限在一个非常有限的时空。信息时代的到来，特别是全球互联网的发展，实现了世界信息的同步传播，从而极大地拓展了经济活动的舞台。

三、数字化是制造技术创新的基本手段

数字化改变了社会，改变了制造，改变了制造技术。从手工作业使用图板到计算机二维绘图和数控(Numerical Control，NC)加工，从三维设计到数字样机，从数字化工艺过程设计到数字化制造、虚拟制造，从CAD应用到数字化企业(Digital Enterprise)的发展，使传统的制造发生了质的变革。数字化程度已经成为衡量设计制造技术水平的重要标志。实践表明，数字化技术是缩短产品研制周期、降低研制成本、提高产品质量的有效途径，是建立现代产品快速研制系统的基础。

人类在20世纪取得了令人瞩目的制造技术成果，其中CAD/CAM技术是突破性创新成果，并由此孕育了先进制造技术。在先进制造技术的发展过程中，有四项技术具有里程碑的性质，分别是CAD技术、NC技术、智能技术和集成技术。

1. CAD/CAM技术奠定了数字化设计与制造的基础

产品几何、状态等的表达、传递是设计制造过程的核心。传统的以“工程图纸”为核心的

设计与制造技术体系构建了以模拟量传递为特征的制造模式。CAD 技术的发展使得对产品及其零件的表达、传递可以采用数字化形式精确表达，从而推动了二维 CAD 和三维 CAD 的研究和应用。由此形成了以“三维几何模型”为核心的数字化设计与制造技术体系，实现了以数字量传递和控制为特征的先进制造技术。目前，产品的数字化定义、数字样机、虚拟仿真等已成为产品研制的基本手段和技术选择。

CAD 技术起步于 20 世纪 50 年代后期。60 年代，随着计算机软硬件技术的发展，在计算机屏幕上绘图变为可能，CAD 开始迅速发展。人们希望借助此项技术来摆脱烦琐、费时、精度低的传统手工绘图，即“甩图板”。此时 CAD 技术的出发点是用传统的三视图的方法来表达零件，以图纸为媒介进行技术交流，即二维计算机绘图技术。在 CAD 软件开发初期，CAD 的含义仅仅是计算机辅助绘图(Computer Aided Drawing)，此后逐步发展形成了计算机辅助设计(Computer Aided Design)的概念。CAD 技术以二维绘图算法为主要目标的研究与应用一直持续到 70 年代末期。60 年代初期出现了三维 CAD 系统，起初是极为简单的，只能表达基本几何信息线框系统，不能有效表达几何数据间的拓扑关系，缺乏形体的表面信息。

进入 20 世纪 70 年代，正值飞机和汽车工业的蓬勃发展时期，飞机及汽车制造过程中遇到大量自由曲面问题，当时只能采用多截面视图、特征纬线的方式来近似表达所设计的自由曲面。三视图方法表达的不完整性，导致经常发生设计完成后，制作出来的样品与设计者所想象的有很大差异，甚至完全不同的情况，这样大大拖延了产品研发时间。此时法国人提出了贝塞尔算法，使人们用计算机处理曲线及曲面问题变得可行，同时也使得法国达索飞机制造公司的开发者们，能在二维绘图系统 CADAM 的基础上，开发出以表面模型为特点的自由曲面建模方法，推出了三维曲面造型系统 CATIA。它的出现标志着计算机辅助设计技术从单纯模仿工程图纸的三视图模式解放出来，首次实现计算机完整描述产品零件的主要信息，同时也使得 CAD 技术的开发有了现实的基础。曲面造型系统为人类带来了第一次 CAD 技术革命，改变了以往只能借助油泥模型来近似表达曲面的落后的工作方式。70 年代末到 80 年代初，随着 CAD 技术的迅速发展，CAE/CAM 技术也开始有了较大发展。SDRC 公司在当时星球大战计划背景下，由美国宇航局支持及合作，开发出了许多专用分析模块，用以降低巨大的太空实验费用，而 UG 公司则侧重在曲面技术的基础上发展 CAM 技术，用以满足麦道飞机零部件的加工需求。

表面模型技术只能表达形体的表面信息，难以准确表达零件的其他特征，如质量、重心、惯性矩等，从而提出了对实体造型技术的需求。实体造型技术能够精确表达零件的全部属性，在理论上有助于统一 CAD/CAE/CAM 的模型表达，给设计带来了惊人的方便性。可以说，实体造型技术的普及应用标志着 CAD 发展史上的第二次技术革命。进入 80 年代中期，CV 公司提出了一种比无约束自由造型更新颖、更好的算法——参数化特征造型方法。它具有基于特征、全尺寸约束、全数据相关、尺寸驱动设计修改的特征。可以认为，参数化技术的应用主导了 CAD 发展史上的第三次革命。此时众多 CAD/CAM/CAE 软件开发公司群雄逐鹿。80 年代后期到 90 年代，CAD 向系统集成化方向发展，引起了 CAD 发展史上的第四次革命。特别是波音 777 实现了全数字样机，进一步发展了数字化设计与制造技术。

2. NC技术促进了数控设备的发展，实现了产品制造的数字化

制造设备的数控化已成为一个大趋势。在制造技术的发展中，数控加工技术是一个重要领域，包括数控编程技术、数控技术、智能控制技术等，数控车床、数控铣床等已成为制造的基本手段。由此，发展了柔性加工技术、数字化生产线等技术。数控化使得机床的效率、精度和产品适应性等大为提高。

技术的发展和竞争的加剧，使得人们对产品的要求越来越高。企业要制造高质量、高效率、高可靠性、低缺陷的产品，必须广泛采用先进制造工艺及现代化装备。数字化、精密化、高速化及高效化是现代工艺装备的主要发展趋势，采用先进和稳定的工艺技术，使用精密、高效的数控生产装备，对提高产品质量、降低生产成本、缩短响应时间具有重要意义。

数控加工设备可以解决由手工作业所引起的质量不稳定问题，消除手工作业中工人的技术水平、经验、情绪、觉悟、品德等诸多非技术因素对质量的影响。通过进一步实现数控设备的集成控制，建立零件加工工艺方案、工艺参数设计、控制指令编辑、加工过程仿真等网络化集成应用，将设备的加工过程控制指令永远保存，任意“再现”，从而减少零件在设备上的“在线”时间，减少工人手工操作、输入所占用的机时，大大提高设备的使用效率。

3. 知识库和智能化设计是传统工艺技术创新的关键

从系统的角度来认识，制造过程是一个多因素、多目标的复杂系统。工艺过程具有不连续性、不平衡性、动态性、多样性、模糊性等诸多的不确定，导致了加工工艺技术的“再现性”差，定性的描述较多，定量的表达较少，甚至有的零件本身几何形态转移也要借助于刚性工具，也是模拟性的。同时，工艺过程涉及的因素多、系统多，构成工艺知识的“粒度”大小不一，很难完全用规则表达清楚。即使采用数值分析，其分析计算结果仍需要由人类专家进行评估、分析、判读。因此，以制造过程的知识融合为基础，采用智能化设计已成为解决加工工艺设计的有效方法和重要发展方向。

4. 集成化促进了制造的柔性化和敏捷化，是实现快速反应制造的基础

面对变化莫测的市场，制造企业应具有快速组织生产、柔性制造和灵活应变的能力，即具备快速响应能力。快速响应制造以数字化、柔性化、敏捷化为基本特征，要求制造企业通过企业内部网络和外部网络相结合，形成网络化的集成制造系统，对各种设计、制造和信息以及人力、物力等资源进行集成，从而快速制造出高质量、低成本的新产品。基于CAD/CAE/CAM及计算机辅助工艺规划(Computer Aided Process Planning，CAPP)等技术，建立基于信息技术的数字化定义、工艺设计、工装设计、设备数控的综合集成系统，可以减少中间传递环节，减少传递误差引起的返工，提高系统柔性，实现快速反应。

四、先进制造技术的发展趋势

进入21世纪，数字化技术已在社会经济、科技教育、工业生产、文化生活，以及国防建设等各个领域得到广泛的应用。所谓数字化技术，是指以计算机硬件及软件、接口设备、协议和网络为技术手段，以信息离散化表述、传感、传递、处理、存储、执行、集成和联网等信息科学理论及方法为基础的集成技术。数字化技术作为一种通用信息工程技术，具有分辨率高，

表述精度高，可编程处理，处理迅速，信噪比高，传递可靠、迅速，便于存储、提取、集成和联网等技术优势，这些技术优势给各个领域专业技术的改造、革新提供了崭新的手段。

事实上，在20世纪80年代末期，美国根据本国制造业面临的挑战和机遇，为增强制造业的竞争力和促进国家经济增长，首先提出了先进制造技术的概念。此后，欧洲各国、日本以及亚洲新兴工业化国家，如韩国等，也相继做出响应。

国内外的实践表明，制造业数字化不仅能大幅度缩短产品研制周期、降低研制费用、提高效率和产品质量、增强应变能力和市场开拓能力，而且从根本上改变设计、制造、试验和管理的模式、方法和手段，提高核心竞争力，引起制造业生产方式的变革。

1．数字化设计与制造是现代产品研制的基本手段

制造业推广数字化设计与制造技术是将信息技术、自动化技术、现代管理技术与制造技术相结合，带动产品设计方法和工具的创新、企业管理模式的创新、企业间协作关系的创新，实现产品设计与制造和企业管理的信息化、生产过程控制的智能化、制造装备的数字化、咨询服务的网络化，从而全面提升制造业的竞争力。制造业推广信息技术的关键是实现数字化，包括设计数字化、制造装备数字化、生产过程数字化、管理数字化和企业数字化等。现代制造业本身作为一个多变量、非线性的复杂大系统，具有离散性、系统性、动态非线性和时变性等特点，涉及制造工艺、装备、技术、组织、管理、营销等多方面的问题。传统制造中采用的定性描述处理方法已经不能适应现代制造系统的复杂性要求，采用数字化技术，可以实现制造系统和制造过程信息的存储、传输、共享和处理，从而实现对复杂系统问题的定量化、最优化、可视化的解决方案，最终完成对给定问题的定量描述、建模、仿真和求解，使得制造过程中大量常规的工程数据、图形信息和经验知识处理、制造状态与过程的数字化表述、制造信息的基础性质（如定量、质量、价值、分类和评价等）、非符号化制造知识的表述、制造信息的可靠获取及其传递，都以数字化方式解决。因此，数字化已成为产品研制生产的必要手段。

现代产品的研制生产过程包括概念设计、功能仿真、结构设计等设计过程，还包括工艺设计、加工制造、质量保证、使用维护、维修乃至报废的产品全生命周期的各个环节。这些环节构成一个涉及多学科、多专业交叉融合的不可分割的有机整体，并形成一个复杂的系统。以数字化为核心的制造业信息化技术已成为制造业发展的重要基础和支撑。

零件的设计、工艺装备的设计与制造、零件的制造过程是一个很长的链条，制造过程中涉及复杂的几何模型转移，因此，中间工序件的形状、模具的形状等的确定与控制构成了制造过程中关于信息的传递模式。传统的制造中采用的主要是模拟量的传递方式，即往往要借助于模具、样板等刚性工具传递。数字化设计与制造改变以模拟量为主的传递方式，使样板等辅助工具的使用减到最少，不仅可以提高几何模型的传递精度，而且可以提高设计效率，缩短周期。

2．先进制造技术的特征

先进制造技术是传统制造业不断吸收机械、电子、信息、材料及现代管理技术等方面最新的成果，并将其综合应用于产品制造全过程，即开发与设计、制造、检测、管理及售后服务等，实现优质、高效、低耗、清洁、敏捷制造，并取得理想的技术经济效果的前沿制造技术的总

称。数字化制造方式与传统制造方式的对比见表1.1。

表1.1　数字化制造方式与传统制造方式的对比

比较内容	方　式	
	传统制造方式	数字化制造方式
模　式	传统企业	虚拟企业
	企业内部资源	全球资源
	企业自身能力	最优能力中心
	固有生产方式	流程再造
	企业内部协调	用户/合作伙伴/供应商协同
方　法	串行方式	并行方式
	实物样机	数字样机
	实物造型实验	数字造型
	仓储式管理	配送式管理
	全机定义	构型定义
	标准样件、模线样板协调	数字化预装配/数字量协调
手　段	模拟量加工/测试	数控加工/测试
	工艺试验	工艺数字模拟与仿真
	刚性生产线	柔性生产线
	单台设备作业	网络化制造

先进制造技术具有以下几个方面的特征：

(1) 先进制造技术是制造技术的最新发展阶段。先进制造技术由传统制造技术发展而来，继承了传统制造技术中的有效要素，同时又随着高新技术的渗入和制造环境的改变而产生了质的变化。它已成为一项能驾驭制造过程中物流、能量流、资金流与信息流的系统工程。先进制造技术是传统制造技术与以信息技术为核心的现代高新技术相结合而产生的一个完整的高新技术群，是一类具有明确范畴的新的技术领域。

(2) 先进制造技术贯穿了制造全过程以至产品的整个生命周期。先进制造技术贯穿了从产品设计、加工、制造到销售及售后服务的制造全过程。由传统制造技术、信息技术和现代管理技术有机结合而形成的先进制造技术，使制造全过程实现了以人为中心的系统集成，构成了市场—产品设计—制造—市场的大系统，从而不再是传统制造技术所指的一般加工制造过程的工艺方法。

(3) 先进制造技术注重技术与管理的结合。生产规模的扩大及最佳技术经济效果的追求，使得先进制造技术比传统制造技术更加重视技术与管理的结合，重视制造过程的组织和管理机制的简化及合理化，并由此产生了诸如精良生产、并行工程、企业过程重组、敏捷制造等一系列技术与管理相结合的新的生产组织方式。

(4) 先进制造技术是面向工业应用的技术。先进制造技术应能适于在工业企业推广并取得明显的经济效益。先进制造技术的发展往往是针对某一具体的制造行业(如汽车工业、电子工业)的需求而发展起来的。它有明显的需求导向的特征,不以追求技术的高新度为终极目标,而是注重产生最好的实践效果,以提高企业的竞争力和促进国家经济增长和提高综合实力为目标。

3. 设计与制造技术的发展趋势

随着信息技术的广泛应用及经济全球化的发展趋势,制造业进入了一个新的发展时期,21 世纪制造业要求产品开发周期显著缩短、竞争能力强、系统柔性高、生产过程精良、提供产品全生命周期质量保障,以及注重环境等。因此,制造企业在组织模式、技术应用、经营管理方法等多个方面都有创新性的发展。这些都对设计与制造技术提出了新的要求。在新的技术背景和市场形势的驱动下,设计与制造技术呈现出许多新的发展趋势,概括起来,主要表现在全球化、网络化、虚拟化、智能化和绿色化等几个方面。

(1)全球化。随着 Internet 技术的发展,全球化设计与制造的研究和应用发展迅速,已成为一个不可阻挡的发展趋势。信息技术的发展使得设计与制造的全球化方式也发生了变化,从传统的制造业全球化方式(即企业自己拥有生产设施与产品研发、制造技术,利用东道国的原材料、人员或资金等,进行产品制造)转变为新的制造业全球化方式,即广泛利用别国的生产设施与技术力量,在自己可以不拥有生产设施与制造技术的所有权的情况下,开发、制造出最终产品,并进行全球销售。全球化设计与制造包括的内容非常广泛,主要有:市场的国际化;产品设计和开发的国际合作化;产品制造的跨国化;制造企业在世界范围内的重组与集成,如动态联盟公司;制造资源的跨地区、跨国家的协调、共享和优化利用;等等。在全球化的过程中,制造企业在技术研究与开发方面的全球化合作趋势也在加强,国家间、不同国家企业间的跨国研究计划已经或正在实施,极大地推动了设计与制造技术的发展与进步。信息网络技术的广泛运用,促进了电子商务、虚拟制造、虚拟企业等的发展,进一步加快了制造企业的全球化步伐。

(2)网络化。网络化设计与制造是一种新的制造模式。它指采用 Internet 技术建立灵活有效、互惠互利的动态企业联盟,有效地实现研究、设计、生产和销售各种资源的重组,从而提高企业的市场响应速度和竞争能力。在企业内部,通过 Intranet 将制造企业的各个部门及制造过程与企业中的设计、管理信息等子系统进行集成;在企业外部,以 Extranet 灵活地组织各种资源进行异地产品设计和异地制造,从而快速地开发出高质量、低成本的新产品。就产品而言,网络化设计与制造贯穿于从订单到经营活动组织的组建,再到产品研发、设计、制造加工、销售、售后服务等的产品全生命周期;就生产组织和运行形态而言,网络化设计与制造表现为结构上的分布性、组织上的动态可重构性、执行上的并行性,以及时间上的快速响应。网络化设计与制造的发展,正在对传统制造业的生产和经营产生着巨大的影响。

(3)虚拟化。虚拟制造是 20 世纪 90 年代提出的新概念,它的产生是虚拟现实技术发展并推动制造业变革的结果。虚拟化设计与制造可以理解为,利用计算机仿真和虚拟现实技术,在计算机上模拟出产品的整个制造过程,包括虚拟加工、虚拟装配、虚拟调度、虚拟测试等,从而对产品设计、加工制造、性能分析、生产管理和调度、销售及售后服务做出综合评价,以增强制造过程各个层次的决策与控制。虚拟化设计与制造已成为先进制造技术的前沿和先导，在促进制造业的新产品开发、缩短研制周期、提升制造技术水平、增强市场竞争力等方面已经显示出巨大的潜力。

(4)智能化。智能化设计与制造可以理解为具有人类智能特征的设计与制造模式。与传统的设计与制造相比，智能化设计与制造系统具有自组织、高柔性与学习能力等特点。它突出了在设计与制造诸环节中以一种高度柔性与集成的方式，借助计算机模拟的人类专家的智能活动，进行分析、判断、推理、构思和决策，取代或延伸制造环境中人的部分脑力劳动。同时，收集、存储、处理、完善、共享、继承和发展人类专家的设计与制造知识。可以说，智能化设计与制造作为一种模式，是集自动化、集成化和智能化于一身，并具有不断向纵深发展的高技术含量和高技术水平的先进制造系统。

(5)绿色化。环境、资源、人口是当今人类社会面临的主要问题，制造业对环境和资源问题有着重要影响和直接作用。因此，在制造业中如何最有效地利用资源和最低限度地产生废弃物，关系到人类社会长远的生存和发展，是必须解决的重大问题。绿色化设计与制造是一种综合考虑环境影响和资源利用效率的现代制造模式，是从根本上解决制造业与人类及自然和谐发展的途径。

综观世界现代制造业近几十年的发展，20 世纪 60 年代将规模效益放在首位，70 年代以成本和价格取胜，80 年代以质量赢得用户，90 年代更以响应速度适应市场，进入 21 世纪，制造业以技术创新为竞争的焦点，技术创新成为企业发展的灵魂。若要真正赢得市场，则制造企业必须同时具备时间竞争能力、质量竞争能力、价格竞争能力和创新竞争能力。实际上，上述现代制造业的几个发展趋势的实质都是围绕提高企业的竞争力并实现其在技术创新方面新的发展。

第二节　产品研制过程分析

一、产品研制过程的 PPR 模型

产品研制过程是指从产品需求分析到产品最终定型的全过程，包括产品的设计、分析、测试、制造、装配等全过程。产品的类型多种多样，制造的类型多种多样，因此，产品的研制过程也就各有特点。任何一种产品的研制过程从大的方面可以划分为设计与制造两部分。设计又包括概念设计、初步设计、详细设计、工艺设计、工装设计、试验仿真等。制造包括工装制造、零件制造、装配制造、检测等。图 1.1 为钣金零件的制造过程示意图。

各种产品的制造过程形态各异、类型众多，深入分析各种制造过程，可将构成制造过程的基本要素抽象为产品(Product)、工艺过程(Process)、制造资源(Resource)，即 PPR 模型，如图 1.2 所示。实际的过程是三个要素相互耦合作用的结果。

各类产品制造过程的材料形态、工艺过程、设备控制方式各异，但从根本上说它们都是关于产品信息、制造资源和材料工艺三个要素的综合。

(1)产品信息转化过程。产品制造的依据是产品的几何、性能、技术等方面的工程要求和描述。工程制造的基本输入是材料。从几何形态看，制造可抽象为几何模型的转化过程；从物理性能看，是从原始材料性能参数转化为产品材料性能参数的过程。

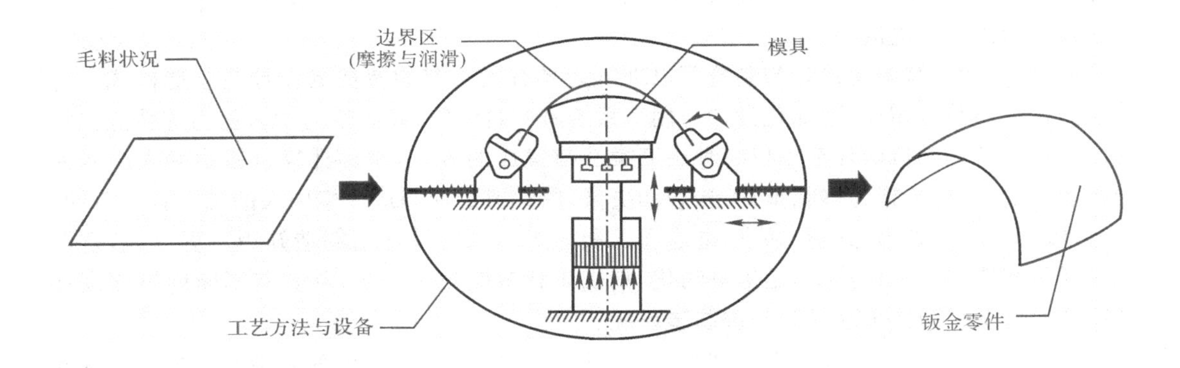

图 1.1 钣金零件的制造过程示意图

(2)材料的工艺转化过程。在产品制造过程中，材料经过加工，其几何形状和材料性能均发生了变化。在几何形状方面，如从二维到三维的变化、尺寸的变化等；在材料性能方面，如屈服应力、硬化、回弹、残余应力等的变化。

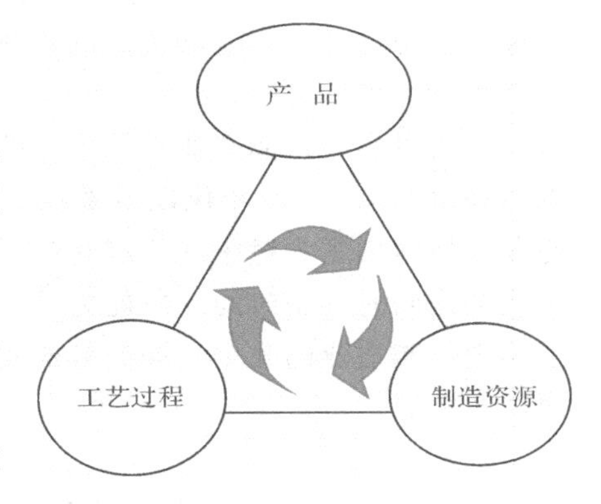

图 1.2 产品制造的 PPR 模型

(3)制造资源的转化过程。为了完成产品的制造，不仅要实现材料状态的变化，而且要构造控制转化的资源条件，如工装、加工设备等。

随着市场竞争的加剧和全球化的发展，产品的设计与制造以缩短周期、提高质量、降低成本、提高服务等为目标，对产品研制过程的基本要素不断进行优化。实际上，由产品设计与制造构成的制造系统是一个不断优化的过程，如图 1.3 所示。

二、产品研制过程的串行与并行

研制过程泛指产品设计、制造过程中所有活动组成的有序集，通常包括概念设计、技术设计、详细设计、工艺规划、加工、装配、检验等活动。人们在产品设计时总是按照一定的顺序组织这些活动的。

随着设计、制造手段的提高，产品的研制过程也随之改变。目前常见的设计模式主要有串行设计和并行设计。其中，串行设计的组织模式是递阶结构，各个阶段的活动是按时间顺序进行的，一个阶段的活动完成后，下一个阶段的活动才开始，各个阶段依次排列，都有自己的输入和输出；并行设计的工作模式是在产品设计的同时就考虑后续阶段的相关工作，包括加工工艺、装配、检验等，在并行设计中，产品开发过程各个阶段的工作是交叉进行的。两种设计过程的比较如图 1.4 所示。

显然并行设计过程所需要的时间要少得多，而且由于后续工作的提前介入，产品设计的一次成功率显著提高。关于串行设计与并行设计将在第三章中详细讲述。

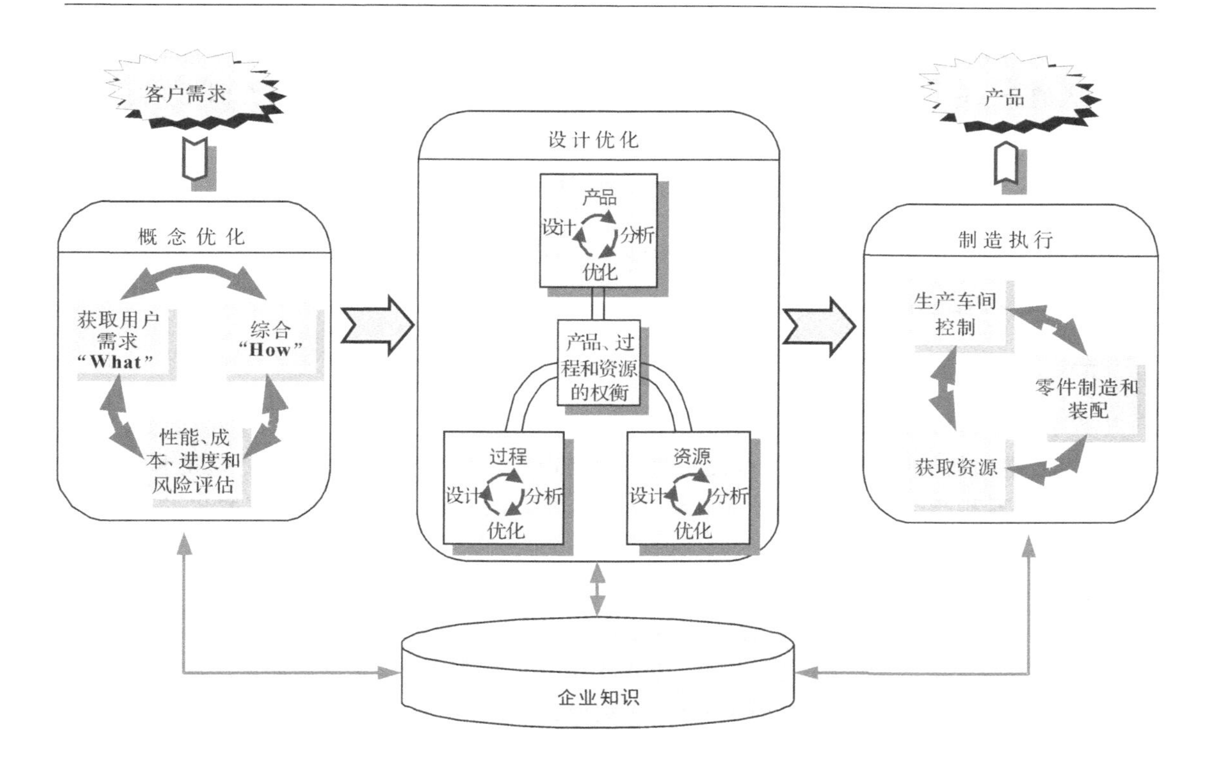

图 1.3　制造系统运作示意图

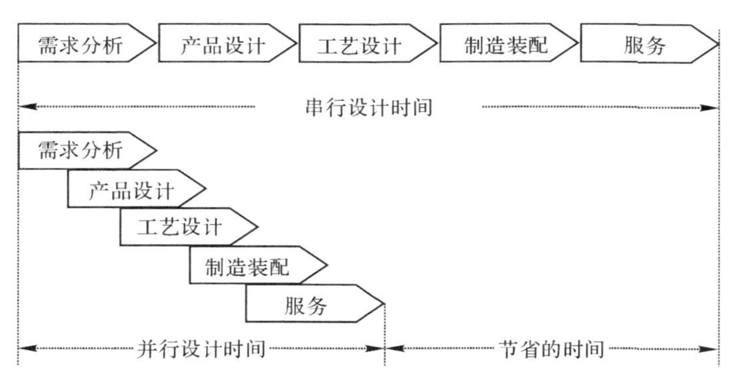

图 1.4　串行设计与并行设计

第三节　数字化设计与制造基础

产品设计是一个创造性的复杂活动。一般而言，与产品设计相关的因素涉及人员、信息、环境资源、设计对象等，这些因素的相互作用决定着产品设计的效率和产品设计的质量。在传统的设计方式中，产品设计的输入是产品信息、市场信息，以及设计人员的知识、经验等，设计的输出是以"纸"文件形式表现的二维图及其他技术文档。制造是受控制的造物过程，而控制则由约束加信息构成，所以制造离不开信息。在手工、机械化及机电自动化制造阶段，人的介入使得制造信息的产生、传递、获取及处理等都主要由人和具有固化信息的机器来完成，信息问题虽大量存在，但没有凸现出来。

在数字化环境中，产品设计与制造成为在计算机辅助下的一种创造性活动，人的体力劳动和部分脑力劳动都被计算机控制所代替。为了把与产品相关的信息、资源信息、知识信息等转换到计算机上，为计算机所用，关键要解决的是设计与制造信息的表述、处理算法、传递协议等问题，即信息的数字化过程。

一、数字化设计与制造的基本概念

数字化是利用数字技术对传统的技术内容和体系进行改造的进程。数字化的核心是离散化，本质是如何将连续物理现象，模糊的不确定现象，设计与制造过程的物理量和伴随制造过程而出现和产生的几何量，设计与制造环境，个人的知识、经验和能力离散化，进而实现数字化。

数字化设计就是通过数字化的手段来改造传统的产品设计方法，旨在建立一套基于计算机技术、网络信息技术，支持产品开发与生产全过程的设计方法。数字化设计的内涵是支持产品开发全过程、支持产品创新设计、支持产品相关数据管理、支持产品开发流程的控制与优化等，归纳起来就是产品建模是基础，优化设计是主体，数据管理是核心。

数字化制造是指对制造过程进行数字化描述而在数字空间中完成产品的制造过程，既是计算机数字技术、网络信息技术与制造技术不断融合、发展和应用的结果，也是制造企业、制造系统和生产系统不断实现数字化的必然。

概括起来，数字化设计与制造本质上是产品设计与制造信息的数字化，是将产品的结构特征、材料特征、制造特征和功能特征统一起来，应用数字技术对设计与制造所涉及的所有对象和活动进行表达、处理和控制，从而在数字空间中完成产品设计与制造过程，即制造对象、状态与过程的数字化表征、制造信息的可靠获取及其传递，以及不同层面的数字化模型与仿真。

二、数字化设计与制造的基础技术

1. 产品统一数据模型表示与交换方法

产品从构思到设计、制造的计算机辅助技术促成了CAD/CAM的发展，因此，产品的几何建模成为数字化设计与制造的核心。产品几何模型的表示包括建模、造型和可视化三个方面，而建模又可以分解为基于曲线、曲面、实体等的表示。产品设计过程即是建立产品模型的过程。因此，建立一个能够表达和处理产品全生命周期各个阶段所有信息的统一的产品模型是数字化设计与制造的基础。

由于产品几何模型需要在设计与制造过程中进行传递、交换，因此，需要建立统一的模型表示格式。模型的表示方法多种多样，如DXF、DWG、IGES、STEP等就是典型的CAD模型标准交换格式。当然，实际应用中各CAD软件系统也往往会有自己特别的CAD模型格式。

2. 数字化设计与制造应用工具

如前所述,数字化设计与制造本质上是产品设计制造信息的数字化。为了将设计制造过程中的信息数字化,需要专业化的应用软件系统工具的支持。随着数字化设计与制造技术的发展和应用的不断拓展,数字化设计与制造应用工具也不断丰富。以下介绍几个典型的数字化设计与制造应用工具系统。

(1)CAD系统。CAD系统是由计算机软件和硬件系统构成的人机交互系统,辅助工程技术人员根据产品功能和性能需求进行结构设计,建立产品的三维几何模型,输出二维工程图。典型的CAD系统有AutoCAD、CATIA、UG、SolidWorks和Pro/E等。

(2)CAE系统。CAE系统是对产品的静态强度、动态性能等在计算机上进行分析、模拟仿真的计算机系统。典型的CAE系统有NASTRAN、ANASYS等。

(3)CAPP系统。CAPP系统是由计算机软件和硬件系统构成的人机交互系统,辅助工艺技术人员根据产品几何模型、生产要求和资源条件,规划、设计产品制造工艺过程,输出制造工艺指令。例如,CAPPFramework是国内应用广泛的CAPP系统。

(4)CAM系统。CAM系统是指辅助完成从产品设计到加工制造之间生产准备活动的计算机应用系统,包括NC编程、工时定额计算、加工过程仿真等。在CATIA、UG和Pro/E等CAD/CAM系统中,均包含有专门的CAM模块。

(5)DFx(Design For x)系统。DFx系统是指在产品设计阶段对零件或部件的可制造性或可装配性进行评价诊断的计算机辅助应用工具。其中,x可代表生命周期中的各种因素,如制造、装配、检测、维护、支持等。

3. 产品数据管理技术

传统的产品研制中,设计与制造的基础依据是产品图样。建立在二维基础上的图样管理是与档案管理联系在一起的。然而,在数字化设计与制造中,基础依据是产品的数字化模型。由于CAD模型是非结构化信息,因此,其管理成为新的问题。一般地,数字化设计与制造中的数据集成是对产品数据的统一管理和共享,通过产品数据管理(Product Data Management, PDM)软件系统来实现。

PDM可定义如下:“PDM是一种帮助工程技术人员管理产品数据和产品研发过程的工具。PDM系统确保跟踪设计、制造所需的大量数据和信息,并由此支持和维护产品。”PDM将所有与产品相关的信息和过程集成在一起。与产品有关的信息包括任何属于产品的数据,如CAD/CAE/CAM的文件、物料清单(Bill Of Material,BOM)、产品配置、事务文件、产品订单、电子表格、生产成本、供应商状况等。与产品有关的过程包括产品设计过程、工艺指令设计过程、工艺装备设计过程、签审过程等。它包括了产品生命周期的各方面信息,能使最新的数据为全部有关用户应用。

因此,从产品信息来看,PDM系统可帮助组织产品设计,完善产品结构修改,跟踪进展中的设计概念,及时、方便地找出存档数据,以及相关产品信息。从过程来看,PDM系统可协调组织整个产品生命周期内诸如设计审查、批准、变更、工作流优化,以及产品发布等过程事件。

此外,PDM系统也提供了一种平台,将数字化设计与制造中的CAD/CAE/CAPP/

CAM等应用系统有效地集成起来，实现信息的集成与共享，实现需求、规范、数字化模型、工艺文档等信息的交流和共享，并支持整个产品生命周期中信息的持续处理，从而对工程环境中产生的设计文档进行有效存储和检索。基于PDM系统的信息集成环境，使得多个工程学科的相互作用和协调工作成为可能，并使得对产品开发中的数据、信息、知识等以数字化方式加以实现，便于产品开发过程中信息的有效管理。

4. 面向产品数字化设计与制造的标准规范

建立数字化产品开发模式下产品三维建模规范、虚拟装配规范、数字化工艺设计和工装设计制造规范，以及PDM的实施规范等。

提供用户管理、资源管理、项目管理和工作流管理等服务支持。通过并行工作管理规范和工作流程管理规范来实现信息、过程的集成和资源共享。

三、数字化设计与制造的特点与性能要求

对一个产品的制造过程来说，其性能是多方面的。对一般的产品制造来说，其性能包括生产率，生产能力，在制品数，生产均衡性，设备利用率，可靠性等。数字化技术在制造过程中的应用既要满足产品制造系统的要求，也要符合数字化制造技术的规律。与传统的制造系统相比，数字化设计与制造具有以下特点。

(1)过程的延伸。不仅是产品零件、部件的设计和加工制造过程，而且包含工装设计制造、检测、服务等。

(2)智能水平的提高。人工智能技术在数字化制造系统诸多方面的应用，包括零件设计、工艺设计、工装设计、过程控制等，使系统的智能水平提高并更为有效。

(3)集成水平的提高。覆盖零件全生命周期，实现生命周期各个阶段的横向集成和企业各个层次的纵向集成，在信息集成的基础上实现功能和过程集成(实现在正确的时间将正确的信息传递到正确的人)。

这些特点决定了数字化设计与制造和传统设计与制造相比具有诸多不同的要求，图1.5表示了传统制造向数字化设计与制造转变的对比说明。从本质上说，产品设计与制造是一个复杂的系统(制造系统)，系统的性能是模糊的，对模糊量的度量，关键的是阈值。而这取决于角度、层次、环境等，难以一概而论。参照一般系统的性能，对数字化设计与制造来说，其主要性能及能力要求包括以下几个方面。

1. 稳定性

稳定性是指在正常情况下，系统保持其稳定状态的能力。数字化设计与制造的稳定性体现在它能够针对一定范围的问题在一定的环境范围内具有正常的设计运行状态，能形成基本正确的设计方案、工艺指令等。

2. 集成性

集成性指系统内各子系统相互关联，能协同工作。集成性反映了子系统之间功能交互、信息共享及数据传递畅通的程度。数字化设计与制造由多个子系统构成，系统总体效能的实现是通过子系统的集成来达到的。集成又包括功能集成、信息集成和过程集成等多个层面。

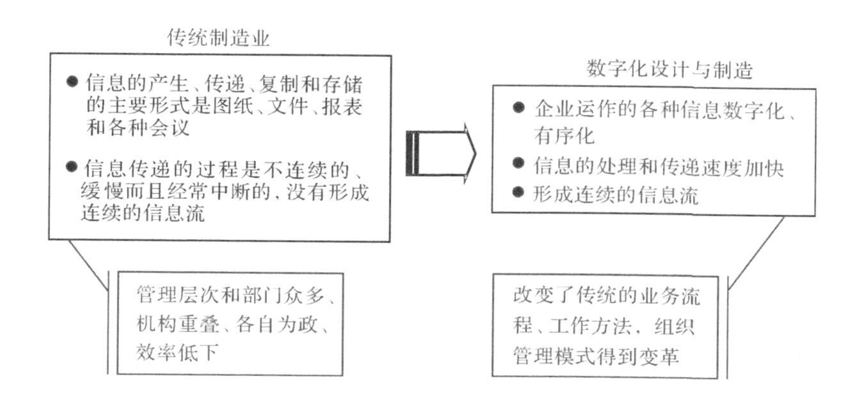

图 1.5　传统制造业向数字化设计与制造的转变

产品的设计与制造在横向上涉及企业产品研制生命周期各个阶段，在纵向上涉及企业管理运行的各个层次，而系统本身的运行又包括 PPR 三个要素。由此，构成了一个复杂、多因素耦合的系统。只有系统实现功能、信息和过程的集成，才能够实现以低成本、短周期、高质量等要求为目标的优化，才能提高零件的制造技术水平。

3. 敏捷性

敏捷性指系统对环境或输入条件变化及不确定性的适应能力，对内外各种变化能快速响应、快速重组的能力。单件、多品种、小批量是市场对现代产品研制的基本生产要求。数字化设计与制造必须适应这种要求的变化，形成快速响应能力。

4. 制造工程信息的主动共享能力

以往，制造系统信息的共享是由信息的使用者根据需要自行判断需要什么样的信息，并从相应的信息管理系统中寻找所需的信息，这种信息共享方式称为信息被动共享。数字化设计与制造中零件设计、工艺设计和工装设计等过程的集成和并行协同要求信息能同步传递，这种信息共享方式称为信息主动共享。它实际上反映了系统以数字方式处理内部子系统之间或与系统外部的信息传递、交流和共享的能力。

5. 数字仿真能力

数字仿真能力指系统对产品制造中涉及的诸多问题进行虚拟仿真的能力。数字化设计与制造的仿真包括每个元素在每个阶段的虚拟仿真，必须有相应的应用软件工具支持。数字仿真能力实际上反映了系统专业化应用的范围和水平。

6. 支持异构分布式环境的能力

数字化设计与制造的软件系统、设备在地域上的分散性和操作平台的异构性决定了系统必须是分布式结构。无论从不同类型设备联网还是从数据管理考虑，或是从面向全生命周期的零件信息模型考虑，均需对系统的结构体系和数据结构进行合理的综合规划与设计，实现系统分布性与统一性的协调。

7. 扩展能力

在不影响系统连续运行的前提下，系统应能够根据加工对象和企业资源的变化、技术体系的变化快速调整系统基础框架和事务处理机制，完成功能扩展、性能升级和自身的重新配置。一般地，系统的扩展是通过软件工具集的扩展来实现的。

第四节　数字化设计与制造的典型应用案例

数字化设计与制造在我国的各行各业均得到了普遍的应用，已成为产品研制过程中的基本手段。但从总体上看，我国数字化设计与制造技术的基础和应用深度与发达国家还有一定的差距。发达国家数字化设计与制造技术的研究与应用起步早，技术应用的范围宽。这里重点介绍数字化设计与制造在飞机研制中的几个成功典范。

一、波音 777 研制过程是数字化设计制造的经典

1990 年，波音公司在波音 777 研制过程中，全面采用了数字化技术，实现了三维数字化定义、三维数字化预装配和并行工程，建立了全球第一个全机数字样机，取消了全尺寸实物样机，通过精确定义几何尺寸和形状，使工程设计水平和飞机研制效率得到了巨大的提高，设计更改和返工率减少了 50%以上，装配时出现的问题减少了 50%～80%，制造成本降低了 30%～40%，产品开发周期缩短了 40%～60%，用户交货期从 18 个月缩短到 12 个月。

在波音 777 研制过程中建立了全球第一个全机数字样机，成为有史以来最高程度的“无纸”飞机，在此过程中还获得了大量经验与教训，制定了一系列有关数字化设计与制造的规范、手册、说明等技术文件，基本上建立起数字化设计与制造技术体系。作为数字化设计与制造的典范，其技术手段主要包括以下几部分。

1. 100%的数字化定义

飞机零件的数字化定义就是用 CATIA 系统进行零件的三维建模（CATIA 是法国达索飞机公司的 CAD/CAM 系统注册商标）。它有一些突出的优点：可建立飞机零件的三维实体模型；可方便地在计算机上进行装配来检查零件的干涉和配合不协调情况；可准确地进行质量、平衡和应力的分析等。零件几何的可视化便于设计与制造人员从美学方面理解零件的构造，方便地从实体模型提取它的截面图，便于数控加工的程序设计。产品的三维分解图也很容易建立，利用 CAD 数据还可方便地生成技术出版资料。

所有零件的三维设计是唯一的权威性数据集，可供用户的所有后续环节使用。用户评审的唯一依据是这套数据集，而不再是图纸。每个零件的数据包含三维模型和必要的二维模型。数控加工件还包括三维的线框和表面模型数据。

2. 100%三维实体模型数字化预装配

数字化预装配是在计算机上进行零件造型和装配的过程，达到零件加工前就能进行配合检查的目的。在波音 777 研制过程中，采用数字化预装配取消了主要的实物样机，修正了 2 500 处设计干涉问题。数字化预装配的成功依赖于零件设计的彼此共享，数字化预装配的使用将降低因工程错误和返工带来的设计更改成本。

数字化预装配支持干涉检查、工程分析、材料选用、工艺计划、工装设计以及用户支持等相关设计，及早把反馈信息提供给设计人员。

数字化预装配还可以用来进行结构与系统布局、管路安装、导线走向等设计集成，以及论证零件的可安装性和可拆卸性。

3. 并行产品定义

并行产品定义是一个系统工程方法，包括产品各部分的同时设计和综合，以及有关工程、制造和支持等相关性协调的处理。为了在波音 777 研制过程中全面实施并行工程，波音公司从组织机制上进行了改革，建立了 238 个设计建造团队。这一方法使开发人员一开始就能考虑到生命周期的所有环节，从项目规划到产品交付的有关质量、成本、周期和用户要求等。

在并行产品定义有效应用后，将产生以下效益：在早期产品设计中工程更改单的急剧减少，促进了设计质量的提高；把产品设计与制造的串行方式改变为并行方式，缩短了产品开发时间；将多功能和学科集成，降低了制造成本；产品和设计过程的优化处理，大大减少了废品和返工率。这种管理、工程和业务处理方法集成了产品设计与制造及支持的全过程。

此外，并行产品定义还包括工装数字化设计和预装配，制造数据扩延，工艺计划和产品生产图生成，工装协调，自动报废控制，材料清单处理，设计、制造、试验和交付综合计划生成，综合工作说明生成以及技术资料出版等。

波音 777 开发方式与传统开发方式的比较如表 1.2 所示。

表 1.2　波音 777 开发方式与传统开发方式的比较

工　作	新方法	旧方法
工程设计	在 CATIA 上设计和发放所有零件 在数字化预装配中定义管路、线路和机舱 预装配数字飞机 在数字化预装配中解决干涉问题 在 CATIA 上生成生产工艺分解图	聚酯薄膜图(图模合一) 实物模型 实物模型 在实际飞机生产中 利用实物模型
工程分析	在 CATIA 上完成分析 在零件设计发放前完成载荷分析	聚酯薄膜图 在有效日期内完成
制造计划	与设计员并行工作 定义工程零件结构树 在 CATIA 上建立图解工艺计划 软件工具检查特征，辅助设计改型	顺序工作 部分零件 绘制工程图 未做
工装设计	与设计员并行工作 在 CATIA 上设计和发放所有工装 在 CATIA 上解决工装干涉问题 保证零件和工装完全协调	顺序工作 聚酯薄膜图 工装制造中解决 工装安装中解决
数控编程	与设计员并行工作 在 CATIA 上生成和验证 NC 走刀路径	顺序工作 用其他系统

（续 表）

工　作	新方法	旧方法
用户支持	与设计员并行工作 在 CATIA 上设计和发放所有地面设备 利用工程数字化数据出版技术文件 数字化预装配保证零件和地面设备的协调	顺序工作 聚酯薄膜图 图解法 零件和工装制造中解决
协　调	设计、计划、工装和其他人员都在同一综合设计队进行	分开在不同组织中

20 世纪末，波音公司为了继续保住其在飞机制造业的霸主地位，在 737～700、800、900 系列飞机的研制过程中又更进一步拓宽数字化工程应用，进一步实施了飞机定义和构型控制/制造资源管理计划（DCAC/MRM），采用产品数字化、并行工程、PDM 和企业资源管理（Enterprise Resource Planning，ERP）等技术，并基于精益思想的企业重组工程，以消除不增值的重复性工作。为保证该计划的实施，波音公司对企业结构和流程进行了较大的调整。该计划 2004 年完成，成效卓著。

二、JSF 拓展了数字化设计制造的应用

美国联合攻击战斗机（Joint Strike Fighter，JSF）是 20 世纪最后一个重大的军用飞机研制和采购项目。洛克希德·马丁公司在与波音公司的竞争中最终胜出，取得了价值 1 890 亿美元的巨额投资。以洛克希德·马丁公司为首的由 30 个国家的 50 家公司组成的团队，为了实现协同设计、制造、测试、部署，以及跟踪 JSF 整个项目的开发，从而按时完成 JSF 合同，洛克希德·马丁公司采用了全生命周期管理（Product Lifecycle Management，PLM）软件为集成平台，以数字化设计、制造与管理方式重新改组公司的流程，以项目为龙头，充分发挥合作伙伴的最优能力，形成了全球性的虚拟企业。

为了满足技术和战术要求，多变共用性成为 JSF 的显著特色，即在一个原型机上同时发展成不同用途的三个机种，在一条生产线上同时生产三个不同的机种，互换性达到 80%。据初步分析，JSF 采用数字化设计、制造、管理方式后的效果如下：设计时间减少 50%，制造时间减少 66%，总装工装减少 90%，分立零件减少 50%，设计制造、维护成本分别减少 50%。

为了满足 JSF 产品复杂性和非常高的效益指标的要求，JSF 研制时，在组织上融入了美国、英国、荷兰、丹麦、挪威、加拿大、意大利、新加坡、土耳其和以色列等的几十个航空关联企业；在技术上将数字化技术的应用提升到一个新的阶段，提出了“从设计到飞行全面数字化”，采用了多变共用模块设计，建立了数字化生产线，构建了基于 Web 的数据交换共享与集成平台，实现了建立在网络化及数字化基础上的企业联合，实现了异地协同设计制造。

JSF 研制的数字化体系由四个平台组成，即集成平台、网络平台、业务平台和商务平台。集成平台采用 Teamcenter 产品全生命周期管理软件；网络平台采用 VPN、LAN、WAN、Internet 和各种应用系统组成的应用平台；业务平台由各种应用软件构成，如文档管理、虚拟现实、材料管理、零件管理、CAD 设计软件及相关接口、数字化工厂的设计仿真软件、企业

资源计划和工厂管理软件等;商务平台包括为用户提供访问其他系统数据的各类接口。

表1.3是几种飞机研制模式和技术发展的比较。

表1.3 几种飞机研制模式和技术发展的比较

比较内容	模式			
	传统模式	B777模式	B737-X模式	JSF模式
设计方法	实物样件 二维CAD	三维建模 数字样机	模块单元 构型定义	多变共用 一项多机
组织方式	设计/工艺/工装/加工 串行	设计/工艺/工装/加工 并行定义	设计/工艺/工装/ 加工/生产 并行定义	项目/设计/工艺/ 工装/加工/生产线/ 车间 并行定义
	以职能为对象	以功能为对象	以产品为对象	以项目为对象 虚拟企业
管理	作业控制	过程控制	作业流控制	能力控制
技术	计算机辅助设计/分析/制造/管理	100%数字化产品定义,数字化预装配	单源产品数据管理构型控制	设计、试验、制造、飞行数字化、项目管理、信息技术
着眼点	减少设计错误	减少设计更改、错误和返工	减少不增值的重复性工作	形成最优能力中心

三、数字化设计与制造已成为我国飞机研制技术的基本选择

我国自20世纪70年代开始在航空制造业用计算机进行飞机零件数控编程,80年代初从采用CAD描述飞机理论外形开始迈出了数字化设计与制造的步伐。经过40多年的发展,数字化技术在飞机设计、制造、管理等方面的应用取得了突破性进展,应用的广度和深度都达到了新的水平。特别是进入21世纪后,随着国家信息化带动工业化战略的实施,通过推进CIMS工程、并行工程、制造业信息化工程等,数字化设计与制造的研究和应用又进入了一个新的发展阶段。三维数字化设计、三维数字样机、数字化仿真试验、加工过程模拟与仿真、产品数据管理等技术得到了较为普遍的应用,取得了显著的成效。

以"飞豹"飞机为例,在研制中全面应用了数字化设计、制造和管理技术。"飞豹"飞机由中航第一飞机设计研究院和西安飞机工业集团公司研制,研制时间从1999年底开始到2002年7月1日首飞上天,仅用了两年半时间,减少设计返工40%,制造过程中工程更改单由常规的5 000~6 000张减少到1 081张,工装准备周期与设计基本同步。

"飞豹"飞机研制中实现了飞机整机和部件、零件的全三维设计,突破了数字样机的关键应用技术,建立了相应的数字化样机模型(具有51 897个零件、43万个标准件,共形成37 GB的三维模型的数据量),在此基础上实现了部件和整机的虚拟装配、运动机构仿真、装

配干涉的检查分析、空间分析、拆装模拟分析、人机工程、管路设计、气动分析、强度分析等，显著地加快了设计进度，提高了飞机设计的质量，飞机的可制造性大幅度提高。在制造方面，“飞豹”飞机研制采用了 CAPP/CAM 技术，初步实现了飞机的数字化制造。利用 CAPP 技术进行制造工艺指令的设计与制造知识库的集成应用，采用 CATIA 和 UG 等系统进行数控编程，采用 Vericut 软件进行数控程序仿真，检查程序的正确性，减少了试切环节，提高了数控机床的利用率，数控程序的一次成功率提高到 95%。在产品数据管理方面，应用 PDM 系统初步实现了对飞机产品结构、设计审签、数据发放、设计文档(包括 CAD 模型)的管理与控制，并实现了从设计所向制造厂通过网络进行三维模型和二维工程图样的数据发放。此外，在“飞豹”飞机研制实践中还初步建立了数字化技术体系，包括三维数据技术体系、数字化标准体系、三维标准件库、材料库，以及实施数字化设计的部分标准规范，开发了结构、机械系统、管路、电器等方面的标准件库。

除“飞豹”飞机之外，我国还在 L15 高级教练机、ARJ21 新支线客机等飞机的研制中全面应用了数字化设计与制造技术。实践证明，数字化设计与制造技术已经成为我国航空工业产品研制技术的基本选择。

第二章　产品数字化建模

如第一章所述，产品的开发过程经历了需求分析、方案设计、详细设计、加工、装配等阶段，面向产品全生命周期还包括了产品的使用维护和报废。在上述过程中，通过数字化定义建立产品信息模型，以便为不同阶段的信息共享提供唯一数据源。

本章介绍产品数字化建模的基础和相关技术，包括产品模型的描述与表示、产品建模的基本方法、产品模型的可视化，以及产品模型数据的交换。

第一节　产品模型的描述与表示

模型是对象或系统的抽象或简化，采用数字化形式表示的模型称为数字化模型。产品数字化模型是产品信息的载体，包含了产品功能信息、性能信息、结构信息、零件几何信息、装配信息、工艺与加工信息等。产品数字化模型中，产品生命周期中不同阶段的人员都可以获得所需的内容。信息的表现形式主要以几何信息和非几何信息为主。传统的设计方法中，早期的设计方案、功能描述基本上以文档和简单草图表示，这一阶段以人的智能为主，在详细设计阶段，产品信息以工程图纸为载体，零件的几何形状、产品的装配、与加工相关的工艺要求等都表示和标注在图纸上。随着数字化设计技术的发展，目前的产品模型逐步开始以三维实体模型作为表现形式，以特征操作为模型的创建方法，以参数化支持模型的修改能力，以属性和其他各种形式表示不同阶段的非几何信息。在这样复杂的信息模型中，采用一个单一的零件模型贯穿始终是不可能的。例如，一个零件的实体模型表示了零件的结构和形状，但不能直接用于仿真和性能分析（有限元模型或机构分析模型），承载零件标注尺寸和公差的工艺信息一般不在实体模型上表示而在二维视图上表示。工艺过程的进化模型（介于毛坯到最终零件之间的模型）是一组中间状态模型，计算数控加工刀具轨迹的模型、约束一组零件的装配模型等都是不同阶段生成的数据模型。这些模型之间构成了一定的关系，即设计过程的零件模型为主模型，其他模型均以主模型为基础，在此基础上进行新模型的构建。这些模型在逻辑上是唯一的，在物理上可能是分布存储的。产品的数字模型并不是指简单地利用 CAD 工具建立的几何模型，而是从产品全生命周期的角度出发建立的支持产品生命周期信息需求的数字化模型，不仅包括产品零件模型本身，而且包含在全生命周期中各阶段产生的模型，因此，产品模型不是一个单一模型，而是一组有相互关系、反映不同阶段操作的模型组。产品模型将贯穿产品整个开发过程。

一、产品设计阶段的模型描述与表示

不同的行业对产品设计阶段的划分或所用术语有所不同，但是基本过程是类似的。产品设计阶段包括了概念设计、结构设计、几何设计、分析仿真等。不同阶段包含了不同的模型和信息。

1. 概念设计阶段的模型

在产品概念设计阶段，主要从功能需求分析出发，初步提出产品的设计方案，此时并不涉及产品的精确形状和几何参数设计。概念设计模型包括产品的方案构图、创新设计等。对于飞机、发动机等复杂产品，方案中考虑更多的是初步气动方案设计，以满足产品的功能和性能为主。在概念设计阶段，涉及的信息包括功能描述、性能描述、初步方案。在这个阶段，设计者对产品需求进行详细分析，根据自己的设计经验、知识，提出具体实现方案。从数字化角度看，概念设计是在一定的设计规范下，以方案报告、草图等形式完成设计的。这个阶段产生的方案视不同的产品对象而不同。例如，航空发动机的概念设计要经历几十甚至上百个初步方案的计算、分析比较，从中选择较优的方案作为下一阶段的设计输入。又如，飞机产品，概念设计需要确定飞机的总体性能和主要功能指标，进行初步气动分析，为下一步结构设计提供依据。而一般简单产品的方案设计采用草图设计，用来大致描述产品的结构而非精确几何结构，为产品的详细设计提供依据。

在这一阶段，概念设计主要依赖于设计者的设计知识、经验，突出创新性思维。方案设计的结果主要以技术报告、方案图、草图等形式给出。

2. 零件几何模型

几何模型是产品详细设计的核心，是将概要设计进行细化的关键内容，是所有后续工作的基础，也是最适合计算机表示的产品模型。产品几何模型确定了零部件的基本形状、材料、精确尺寸和加工方法，包括几何信息和非几何信息两部分。几何信息是可以用图形几何直接表达的信息，包括各部分的几何形状，以及相互间的连接关系；非几何信息又称为工程语义信息，指不能用图形几何直接表达的信息，主要包括尺寸标注信息、公差信息、属性注释信息以及其他信息。几何模型用二维模型或三维模型表示。单纯的二维模型是简单的CAD绘图，以工程图样表示产品，带有工艺信息，如公差、粗糙度等，但不支持全生命周期的活动，难以进行诸如复杂NC编程、体积、表面积、质量等物理计算。三维模型在计算机内部用几何、拓扑关系和特征方法进行描述，在应用层面，以模型的图形化显示产品的形状。在集成化CAD系统中，二维模型可以由三维模型投影得到，以便与三维模型保持一致性。除此之外，部分几何模型的非几何信息以属性表示。属性信息的定义以文本说明，并具有一定的结构，一般应至少包含BOM中所需的详细内容。考虑到生命周期各阶段对信息的需求，定义产品的属性信息应尽可能完整，如技术条件、制造环节对设计的信息需求等有时也需要作为属性进行说明。常见的明细表和标题栏所需的信息都应当属于属性定义的范畴。常用的有产品代号、名称、材料、加工方法、设计者、零件说明、零件类型等。

在很长一段时间里，由于缺乏相关规范，产品三维几何模型中只表达了产品的几何信息，而缺乏诸如尺寸精度、表面粗糙度、设计基准、热处理、技术要求等必要的工程语义信息，这些工艺设计及加工制造等环节所需的工程信息需要二维工程图来补充表达，造成设计部门和制造部门之间形成“以二维工程图为主要依据、以三维实体模型为辅助参考”的信息传递模式。设计产生的三维模型未能直接应用于后续工艺规划、数控编程、加工仿真、夹具设计等环节，不仅增加了建模工作量，而且会造成产品结构设计数据和工艺数据的相互分离，造成数据修改、管理等上的困难。因此，需要一种完备三维模型，这就是基于模型的定义(Model Based Definition，MBD)技术。

MBD技术是一种采用集成的三维实体模型来完整表达产品定义信息的技术，通过详细规定三维实体模型中产品尺寸、公差、基准、表面粗糙度、技术要求、制造要求等的标注规则和表达方法，将产品信息中的几何形状与工艺信息统一定义于三维实体模型中。MBD技术改变了传统用三维实体模型描述几何信息，用二维工程图来描述尺寸、公差及工艺信息的分步产品数字化定义方法，使三维实体模型成为制造乃至产品生命周期过程的唯一依据，有效解决了设计制造一体化问题，大大提高了研制效率。波音公司在波音787飞机项目中，将三维产品制造信息(Product and Manufacturing Information，PMI)与三维设计信息共同定义到产品的三维模型中，建立了MBD单一数据源核心流程和系统框架，形成了三维数字化设计制造一体化集成应用体系，实现了产品设计、工艺设计、工装设计、零件加工、部件装配、零部件检测检验的高度集成和协同，确保了波音787客机的研制周期和质量。MBD技术的思想不只是简单进行信息的三维标注，而是充分利用三维模型所具备的表现力去探索便于用户理解且更具效率的设计信息表达方式。目前，基于MBD技术的三维几何模型已广泛应用。

零件几何模型是详细设计阶段产生的信息模型，是其他各阶段设计的信息载体，通常作为主模型。所谓主模型是指以该模型为唯一数据源，其他模型以它为基础，派生出其他各种模型。派生的过程实现了模型的演变。例如，二维图形是主模型的直接投影，数控加工编程是在主模型基础上进行的刀具轨迹计算，有限元分析是在主模型基础上经过前置处理的简化和转换模型，以便进行有限元求解。

3. *产品仿真模型*

功能与性能仿真是利用计算机的计算能力，采用数值计算的方法模拟产品的功能或性能，一般不能直接在详细设计阶段产生的零件几何模型上进行，必须进行一定的转换或处理，建立符合仿真分析的模型。例如，有限元分析必须对CAD实体模型进行前置处理，将其进行简化，网格划分，再赋予材料和施加载荷，然后才能进行求解计算，结果则通过后置处理显示。几何模型是分析模型的数据源，分析的结果反过来还会影响到几何模型的修改，因此，要求几何模型具有参数化功能，这样在分析后对不能满足要求的设计模型进行修改。模型之间的管理和集成是解决设计分析过程中模型有效性的关键。

产品仿真模型表达了仿真分析阶段的信息，对产品性能进行校验，阶段成果包括图形、表格、数据、文本说明等各种形式。仿真分析的充分利用，可以减少实际物理试验的次数，从而大大降低研制成本。

仿真技术广泛应用在产品设计、制造阶段，如设计阶段的各种有限元分析、运动机构分析等性能仿真系统，在制造阶段的铸造浇注仿真、锻造模具仿真、数控加工过程仿真、装配仿真等。

4. 产品装配模型

装配模型需要表示产品的结构关系、装配的物料清单、装配的约束关系、面向实际装配的顺序和路径规划等。结构关系一般用产品结构树表示，详细的非几何信息用属性表示，装配约束关系(包含面贴合、面对齐、角度定位等)由 CAD 系统提供的工具建立，装配顺序规划和路径规划则是建立规划模型。

(1)装配结构树。装配结构树反映产品的总体结构，初始设计可以不涉及具体的几何信息，而仅仅表示产品的功能结构、层次结构，以及设计的关键参数。功能结构按照功能把产品分成不同的部分，如飞机的机翼、尾翼、动力系统、燃油系统、控制系统等，它们之间存在协调配合和互相制约的关系。产品结构同时又是层次结构，可以用树的形式表达。其中根节点表示产品，叶子节点表示零件，非叶子节点表示子装配，如图 2.1 所示。零件一旦进入装配结构，就与装配结构之间形成了引用关系。当一个产品初始设计时，可以不涉及它的几何模型而仅仅建立结构树，每个叶子节点中包含的几何信息可能为空，在逐步细化和设计的过程中，零件的详细几何设计才进行，这种方法称为自顶向下的设计。自顶向下的设计同时符合 PDM 管理下的设计方法，直接在 PDM 下设计产品结构，并通过设计软件进行详细几何和装配设计。

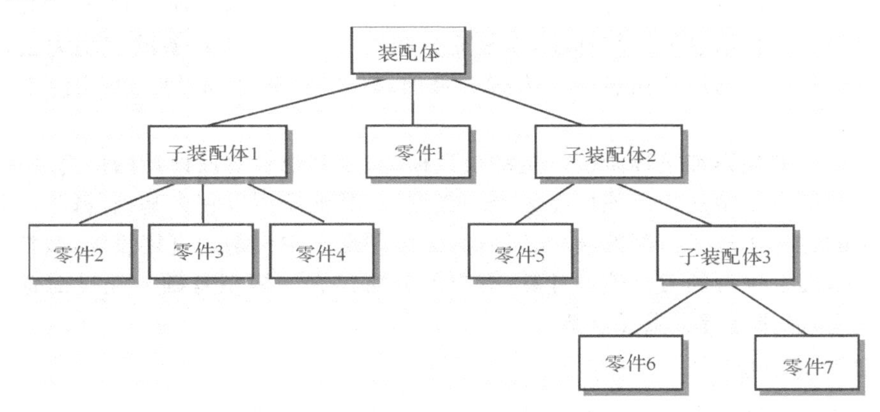

图 2.1　装配结构树

目前，三维 CAD 系统一般都支持装配结构树，并能够集成到 PDM 系统中，所以既可以在 CAD 系统中也可以在 PDM 系统中建立产品结构，它们之间可以通过映射转换到对方的结构树中，从而保证在 CAD 系统或 PDM 系统中对结构树的修改都能够保持一致。

产品结构模型除提供结构层次之外，还提供基本设计参数和设计基准。例如，一辆汽车的设计需要几百或上千个参数定义，而实际在结构设计时只需要确定关键的几个甚至几十个参数。由这些参数建立汽车的总体架构，当这些参数改变时，汽车的总体架构随之改变。

(2)属性信息表。属性信息用来表示产品的非几何信息，如产品名称、规格、零件材料、加工方法、质量、模型设计者等。其中的一些信息可以作为物料信息表 BOM，一般可以通过定义零件几何模型的属性完成，并利用一定的工具形成表格。这里的 BOM 一般称为工程 BOM(Engineering BOM，EBOM)或设计 BOM，与制造 BOM(Manufacturing BOM，

MBOM)形成 BOM 链:EBOM→MBOM。各 BOM 之间需要进行映射或转换。目前 PDM 系统和 CAD 系统都能独立建立 BOM,且互相之间能够映射。BOM 表不但是 PDM 中重要的管理信息,而且是连接 PDM 与 ERP 的桥梁。

(3)装配约束模型。装配约束模型包括装配特征描述、装配关系描述、装配操作描述,以及装配约束参数。装配特征定义零件的装配几何特征,装配关系定义装配特征之间的约束关系,装配操作定义装配约束的步骤,装配参数定义装配约束的转换矩阵元素。

(4)装配规划模型。装配规划模型用于装配顺序规划和路径规划,前者给出一个实际可行的各零件装配顺序,后者给出零件装配的可行路径,并对装配设计进行分析和评价。

在产品设计中,产品装配模型的作用主要有以下几点。

(1)装配结构的层次模型可以支持并行装配,若干个子装配体可以分别装配,再进行整体装配,从而提高装配的效率。

(2)快速了解装配体的基本构成,定制产品的结构,实现面向客户化的产品配置。可以根据用户提出的条件,加入一定的配置条件,快速重组产品结构。

(3)构造装配 BOM。产品结构树为 BOM 表的生成提供基本数据来源。

(4)产品预装配规划的信息来源,按照这些信息进行装配顺序规划。

二、产品制造阶段的模型描述与表示

1. 工艺信息模型

工艺信息模型为 CAPP 提供基本信息,涉及工艺过程、数据繁杂、种类多,不同企业的工艺信息模型差别很大,具有不同的模型结构和内容。根据零件加工要求和尺寸、粗糙度、公差、基准、加工方法等信息,建立工艺信息模型。这些基本模型信息构成了编制工艺规划的基础数据。

工艺设计的数据源来自于详细设计阶段产生的几何模型、装配模型,在此基础上,还需要设备资源、工装资源等来实现工序的编制。

2. 工艺模型

工艺和工序编制逐渐采用三维 CAPP 系统和 MBD 技术,工艺设计人员可以直接利用设计部门发放的三维模型进行工艺设计工作,从零件的 MBD 设计模型中提取加工特征、尺寸公差及其他技术要求,进而在可视化环境下开展零件工艺方案的制订及详细工艺设计。工艺设计阶段主要产生毛坯模型和 MBD 工序模型,依据零件在加工过程中的变化,建立相应的模型,以及模型之间的关系,描述从毛坯模型到最终设计模型的中间状态。例如,产品设计模型是零件的最终模型,而制造过程中的模型是从毛坯逐步演变成最终模型的,从而构成了一组渐进模型,其中一部分模型可能为了加工的方便需要添加部分特征,这些特征在最终加工完成后将被去掉。

MBD 工序模型是每道工序加工完成后形成的中间模型,与传统的二维机加工艺卡中的工序图相对应。进行加工工艺设计时,根据每一道工序的加工特征和加工要求创建出工序模型的几何形状,并定义工艺设计产生的信息,如尺寸(公差)、几何公差、基准、表面粗糙度、注释等产品制造信息(PMI)和工艺设计信息(工艺基本信息、工序信息、工步信息等,所要用到的机床、刀具、工装及切削参数等工序信息等），其中PMI通过三维实体模型标注的方式定义，工艺设计信息可通过属性的方式定义。因此，MBD工序模型由工序几何模型、本工序所要加工的加工特征，以及工序属性组成。工序模型的生成及三维模型标注可利用主流CAD系统实现。

产品设计模型、毛坯模型和每道工序的工序模型都是一个独立的零件模型，相邻工序模型之间保持着关联关系。构建工序模型时，若对每一个工序模型形态都独立地进行几何建模，则建模工作量过于庞大。因此，在MBD工序模型实施过程中，可以通过仅建立关键状态工序模型的方式来降低工作量，同时满足工艺指导的需求。各MBD工序模型连同毛坯模型、MBD设计模型、工艺属性（工艺规划信息和工艺设计信息）等，共同构成MBD工艺模型。

3. 工装模型

工装模型主要是工装设备，即刀具、夹具、模具、量具的设计和制造模型。

4. 数控加工模型

数控加工模型是指数控加工涉及的模型和产生的相应NC程序。一个复杂零件的数控加工程序生成，按照加工方法，有数控车、数控铣等加工；按照工艺要求，有粗加工、精加工、清根等各种操作；其中程序内部蕴含了工艺信息和加工方法，如粗糙度、公差选择、加工方式、加工路线、刀具等。程序最后计算得出加工刀具轨迹，并经过后置处理产生机床代码。这些信息构成了加工模型。

复杂产品的上述各种信息模型是非常庞大的，相关关系也非常复杂，通常在PDM平台上进行统一管理。

第二节　数字样机

一、物理样机与数字样机

在复杂产品研制中，常使用各种模型来表达设计和制造中的产品信息。以航空产品为例，飞机设计初期为了验证飞机空气动力性能就需要制作飞机的风洞试验模型。这种用物质材料制作的产品模型一般称为物理模型（或物理样机、实物样机）。通常需要花费较大的制作成本和较长的制作时间，功能是提供与实际物体1∶1的模型进行功能或性能的试验。

数字样机（Digital Mock-Up，DMU）是相对于物理样机在计算机上表达的产品数字化模型。在计算机上与样机相关的产品数字化模型的名称有数字样机、电子样机、虚拟样机等，这些都是直接利用了模型的表达形式（电子化、数字化、虚拟模型）而得出的。在CAD领域和虚拟现实领域都使用“虚拟样机”的中文术语，但是严格说来对应的含义却不完全相同。为此在这里对术语的概念进行澄清和规范。

在CAD领域，虚拟样机的概念实际上是数字样机的含义，即利用计算机建立产品的三维几何模型，经过建立约束关系的装配模型、功能和性能仿真，部分代替物理样机的试验，使得产品在真正生产之前，产品的性能大部分已通过了计算机模拟或验证，从而减少产品设计的返工、出错率，减少实际的试验成本，同时可及早发现物理样机在制造和装配中可能出现的问题。由于产品模型完全是电子化的模型，因此，有时又称这类样机为“电子样机”。

在虚拟现实领域，虚拟样机（Virtual Prototype，VP）作为虚拟现实在CAD领域的典型应用，指的是在虚拟现实环境下模拟产品的设计、制造、装配等过程，使得设计者犹如亲临现场，特别是在虚拟装配方面，能够真实地模拟装配过程，及时发现装配中的问题。

上述虚拟样机的意义和工作环境尽管不同，但它们具有一些相同的特点，即都是利用计算机建立与物理样机“相似”的模型，并对模型进行评估和测试，从而获得物理模型设计方案的一种途径。它们之间的不同点是，以数字样机为基础的虚拟样机大部分是以计算机和CAD技术、仿真技术实现其功能，并不过分强调设计、装配环境的真实模拟；而虚拟现实环境下的虚拟样机则更强调虚拟的真实环境，具有现场沉浸感。

从实现技术来看，数字样机技术比较成熟，而虚拟现实环境下的虚拟样机技术由于受到硬件设备和软件功能的限制还处于研究发展阶段。在本教材中统一使用数字样机的术语表示在CAD环境下的数字化的产品模型。

二、数字样机的主要内容

数字样机是相对物理样机的一种表示产品的计算机模型，与真实产品之间具有1∶1的比例和精确尺寸表达。其作用是用数字样机验证现实世界中的物理样机的功能和性能。由于是数字化模型，因此，产品的结构和几何形状、性能分析、功能等都需要用数学模型来表示和处理。在产品设计过程中，在不同的阶段，数字样机包含的产品信息的内容丰富程度不同，面向的处理对象也不同。例如，在详细设计阶段，数字样机主要表示产品的装配结构和零件形状，支撑技术是计算机辅助设计技术。而在分析阶段，在几何模型的基础上，主要模拟样机的性能和功能。例如，某些部件的强度分析、运动机构分析等，计算机辅助工程是其支撑技术。但是由于产品性能和功能的专业性强，以及数值建模的难度大，因此，并不是样机的各种性能和功能全都可以采用数值模拟，如航空产品中的气动分析、风洞试验、发动机运转试验等，还需要制作物理样机进行试验。因此，数字样机目前还不能完全替代物理样机，但是可以代替部分的试验。因而对于航空、航天类的复杂产品，减少试验次数将大大减少物理样机的试验费用，并及时发现设计中存在的问题。

1. 数字样机中的几何模型

数字样机中的几何模型能够清晰表达产品的外观形状和产品的装配结构，一般按照结构分为装配、组件和零件等层次，结构可以用产品结构树表达，零组件之间的相互关系由装配约束条件确定，可以对产品模型进行干涉检查和简单的运动分析，以及产品的质量计算和其他物理性能计算。

零件级的几何模型不仅含有零件的几何形状，并且作为设计过程后续的模型数据来源和信息载体。例如，建立装配模型时，可以直接引用零件模型进行位置和方向约束；有限元分析时，可以在零件模型上进行加载荷变形分析；制图时，可以引用三维模型进行投影得到二维视图；工装设计时，依赖设计模型得到进化模型和工装模型；数控加工时，可以在零件模型上计算加工刀位轨迹等。零件的几何模型体现了“主模型”的思想，其他专用模型（装配、制图、加工、分析）作为下游应用模型。当“主模型”发生变化时，所有的下游模型应保持同步更新，同时保持数据源的唯一性。

2. 数字样机中的性能分析

建立数字样机的目的是以仿真分析模型代替或减少实际物理模型的试验。仿真分析一般是对样机的某些性能进行仿真。例如，用有限元分析对结构和强度进行验证，用运动机构分析飞机起落架的运动，检验其是否符合运动要求，以及是否出现动态干涉和锁死现象。又如，汽车碰撞仿真，在物理的汽车碰撞试验中，需要配备汽车物理样机、虚拟人和大量的传感器，并进行真实的撞击试验，获得试验数据并加以改进。采用计算机仿真技术可以建立汽车的碰撞模型，通过计算机分析碰撞的结果来改进设计。

三、数字样机的特点

数字样机与物理模型相比有很多优点，主要包括以下几点：

(1) 数字样机用数学方法和数据结构描述产品，成本低，建模周期短，可重用性好。

(2) 对于一种产品可方便地建立满足不同需求的多种计算机模型，便于产品的优化设计和改型设计。

(3) 数字样机可以方便而快速地完成各种工程分析所需的计算工作，并加速产品的工艺规划等后续工作的进行。

(4) 数字样机可以方便地模拟产品的各种运动状态，甚至达到动态仿真的程度。想要用物理模型来实现上述效果往往需要付出很大代价。对于某些特殊的研究对象，物理模型很难甚至无法实现模拟和动态仿真。

(5) 数字样机原则上不受尺寸大小的限制，可方便地对它实施比例变换。

(6) 数字样机便于人们观察它的内部(内腔)，而物理模型很难做到这一点。

第三节　产品建模的基本方法

一、参数化特征建模

三维几何建模是数字样机的核心技术，为数字样机的形状表达提供建模工具和方法。三维几何建模技术以 CAD 技术为代表，目前已相当成熟，但其内容仍在不断外延。参数化特征建模是目前最常用的几何建模方法，采用面向工程实际应用的特征设计方法，零件具备可修改性的参数化功能。

1. 几何模型类型

几何建模指在计算机上描述和构造对象的方法，构造的模型表达类型分为线框模型、表面模型、实体模型。

(1)线框模型。线框模型指在三维模型中按照一定的拓扑关系将点和棱边有序连接起来。在计算机内描述一个三维线框模型必须给出两类信息：顶点表——存储模型中各顶点的三维坐标；边表——存储模型中的各棱边，由指针指向各棱边的顶点。

线框模型是一种具有简单数据结构的三维模型，优点是描述方法简单，所需数据信息量少，显示速度快，特别适合于线框图的显示。线框模型主要的缺点如下：

（ⅰ）由于信息过于简单，没有面信息，故不能进行消隐处理。

（ⅱ）模型在显示时理解上存在二义性。

（ⅲ）不便于描述含有曲面的物体，例如，对于一个圆柱，除顶面和底面与圆柱面的交线之外，圆柱面本身无边界棱边，而两个圆又无端点。

（ⅳ）无法应用于工程分析和数控加工刀具轨迹的自动计算。

（2）表面模型。表面模型的数据结构是以“面—棱边—点”三层信息表示的，表面由有界棱边围成，棱边由点构成，它们形成了一种拓扑关系。表面模型用的曲面既可以是简单的解析曲面，也可以是自由曲面。构造自由曲面的方法有很多，最常用的是 Bézier 方法、B 样条方法、非均匀有理 B 样条（Non-Uniform Rational B-Spline，NURBS）方法等。

表面模型避免了线框模型的二义性。由于定义了面，因此，可以根据不同的观察方向消除隐藏线和隐藏面；可以对面着色，显示逼真的色调图形；还可以利用面的信息进行数控加工程序计算。在数控加工中，刀具轨迹的计算和物体的表面特性有很大关系，直接影响到刀具轨迹的生成，因而表面建模主要描述物体的表面特性，如曲率连续性、光顺性等，特别是自由曲面。因此，经常不对表面模型和曲面模型加以区分。

表面模型虽然克服了线框模型的一些不足，但是曲面模型表示的是零件几何形状的外壳。因此，曲面模型实质上不具备零件的实体特征，这就限制了它在工程分析方面的应用，不能进行物理特性计算，如转动惯量、体积等。

（3）实体模型。实体模型一般以“体—面—环—棱边—点”的五层结构信息表示模型。体是由表面围成的封闭空间，表面是由棱边围成的区域，其内部可能存在环。例如，一个孔在一个表面上形成了一个环，这些环也是由棱边组成。实体建模最常用的是边界描述法（Boundary Representation，B-Rep）和构造性实体几何法（Computed Structure Geometry，CSG）。

实体模型的信息丰富，除能实现表面模型的功能之外，还能够满足物理性能计算，如质量与质心计算、重力以及工程分析的需求。在产品设计中，实体建模技术更符合人们对真实产品的理解和习惯。

2. 特征建模

实体建模方法在表示物体形状和几何特性方面是完整且有效的，能够满足对物体的描述和工程的需要，但是从工程应用和系统集成的角度来看，还存在一些问题。例如，实体建模中的操作是面向几何（点、线、面）的，而非工程描述（如槽、孔、凸台的构造特征），信息集成困难，因而需要有一个既适用于产品设计和工程分析，又适用于制造计划的统一的产品信息模型，满足制造过程中各环节对产品数据的需求。特征造型方法的出现弥补了实体造型的这一不足。

特征目前尚无统一的定义，一般有如下的定义说法：“任何既有形式又有功能属性的有名实体（Dixon 1988）”“产品信息的集合”等。这些定义从特征几何的形式上描述了特征的定义，将非几何信息与几何实体结合起来，并提供与加工有关的额外信息。J. I. Shah 将特征分为 4 类：

（1）形状特征。形状特征指与公称几何相关的零件形状表示，如孔、槽、凸台等。

(2)材料特征。材料特征指零件的材料、热处理和加工条件等,隶属于零件的属性和加工方法。材料特征表示的信息经常反映在 BOM 表中,是 CAPP 和 CAM 所需的工艺信息。

(3)精度特征。精度特征指可接受的工程形状和大小的偏移量。例如,公差尺寸可以认为是精度特征的内容之一。

(4)装配特征。装配特征指反映装配时的零件之间的约束配合关系以及相互作用面。例如,孔与轴的装配。

特征造型的本质还是实体造型,但是进行了工程语义的抽象,即语义+形状特征。针对 CAD/CAM 的集成,人们对特征的概念、表示方法与应用做了大量的研究。从设计的角度来看,特征设计能满足产品设计、几何模型建立,以及设计分析(如有限元分析)的信息需求。从制造计划的角度来看,像制造工艺计划、装配计划、检测计划、加工工序计划、零件的数控加工编程等制造活动,均可能潜在地基于零件的某种特征表示。从研究方法来看,特征造型技术的研究主要包括特征识别和特征设计。特征识别利用几何造型系统所提供的实体模型,对几何模型进行解释,自动识别制造工艺计划所要求的特定的零件“几何信息模式”,即加工特征,直接应用于产品零件的制造工艺设计。

应用效果最好和最为成熟的是形状特征设计。形状特征设计试图从设计者的意图出发,通过一组预先定义好的具有一定工程意义的设计特征,引导设计者去进行产品设计。例如,在工程中常用的孔、槽、凸台、拉伸、旋转等特征设计方法。特征设计是在实体模型的基础上,根据特征分类,对一个特征定义,对操作特征进行描述,指定特征的表示方法,并且利用实体造型具体实现。

下面从特征设计的角度,说明孔特征的定义和内部实现过程。

(1)特征定义。从工程语义上定义孔特征为从一个基体上去除一个圆柱材料的过程,这与实际加工时的操作对应。孔的类型本身又可以细分为盲孔、沉孔、通孔等。这些类型决定了孔的形状和参数。

(2)特征表示。完整地表示一个特征需要很多信息,如特征标识、特征名称、特征的位置和方向、特征的坐标系、特征的形状参数、特征操作的变换矩阵等。这些信息通过数据结构或数据类进行描述。

(3)特征创建方法。根据特征的类型和标识,规定特征用什么具体方法实现。例如,根据通孔特征的标识,确定采用从基体减去圆柱的方法。具体操作需要确定坐标系和相关的坐标变换,圆柱的形状参数,圆柱相对基体的位置、方向、定位面,然后实施一个布尔差操作。

特征建模将产品的几何外形看作一组相关形状特征的布尔运算集合,特征信息的加入使得产品模型可以有效地表达和组织几何或非几何数据。产品模型应用形状特征的目的在于简化产品信息模型中对底层几何元素的访问。例如,工程中大量使用的孔、型腔、凸台的设计,简化为形状特征后,已经抽象成一个造型的基本特征单位,而不再是圆柱(代表孔或圆台)、矩形(型腔)这样的几何元素描述。

3. 特征造型系统的基本要求

集成化 CAD/CAM 系统需要一个统一、完整的零件信息模型。它包括零件的设计、工艺规划和数控加工编程等各阶段的产品数据。在零件的描述方面,不仅包括几何信息,如形状实体、拓扑几何,而且包括形状特征信息和尺寸公差信息及其他零件总体信息。特征造型系统应满足下述基本要求：

(1)所建立的产品零件模型应包括下列5种数据类型：

(ⅰ)几何数据：建立零件的基本几何元素。

(ⅱ)拓扑数据：将几何元素连接成零件的规则。

(ⅲ)形状特征数据：零件模型上具有特定功能和几何形状语义的某一部位的数据实体，如孔、槽、凸台等。

(ⅳ)精度数据：零件设计与制造所允许的误差。

(ⅴ)技术数据：包括材料、零件号、工艺规程、分类编码等零件上的非几何属性。

(2)特征造型方式必须灵活多变，应当允许设计者以任何形式、任一级别和任意组合的方式定义特征，以满足各应用领域的需要。为了利用若干标准特征，应针对应用特性建立相应的参数化特征库和模式引用结构。

(3)造型系统应能方便地实现特征和零件模型的建立、修改、删除、更新，应能单独定义和分别引用产品模型中的各个层次数据对象，并对其进行关联、相互作用，构成新的特征与零件模型。

(4)应建立与应用相关的映像模型，支持产品模型的应用特征分解与释义。产品模型具有不同层次的抽象级别，既可以定义和引用高级的特征形式，也可以引用低层次的几何元素形式，它们之间必须保持一致性和有效性。

一个特征造型系统是很复杂的，不同的CAD系统，即使底层几何核心平台是相同的，开发的CAD系统还是有很大的不同。例如，基于Parasolid几何核心的UG和Solidworks系统，它们的功能、特点、风格各不相同。同样，基于ACIS几何核心的CAD系统有CATIA和MDT，也存在这样的现象。开发一个CAD系统，除实体造型的核心之外，还需要融合先进的特征设计方法、参数化技术、图形学技术、交互式技术等。

4. 参数化与变量化设计

在产品设计中，设计实质上是一个约束满足问题，即由给定的功能、结构、材料及制造等方面的约束描述，经过反复迭代、不断修改，从而求得满足设计要求的解的过程。除此之外，设计人员经常碰到这样的情况：①许多零件的形状具有相似性，区别仅是尺寸的不同。②在原有零件的基础上做一些小的改动来产生新零件。③设计经常需要修改。这些需求采用传统的造型方法是难以满足的，一般只能重新建模。参数化方法提供了设计修改的可能性。

(1)参数化设计。1985年，德国的Dornier GmbH公司与CADAM公司成功开发了CADAM系统。其中，IPD软件系统是最初的二维参数化CAM系统，它的应用使设计效率大为提高；而后将参数化真正应用于生产实际的则是美国PTC公司的Pro/E软件。目前的三维CAD系统都包含参数化功能，而且大部分参数化功能和特征设计结合到一起，使特征模型成为参数的载体。

参数化设计一般是指设计对象的结构形状基本不变，而用一组参数来约定尺寸关系。参数与设计对象的控制尺寸有显式对应关系，设计结果的修改受尺寸驱动，因此，参数的求解较简单。

参数化设计的主要特点如下：

(ⅰ)基于特征。将某些具有代表性的几何形状定义为特征，并将其所有尺寸设定为可修改参数，形成实体，以此为基础来进行更为复杂的几何形体的创建。

（ⅱ）全尺寸约束。将形状和尺寸联合起来考虑，通过尺寸约束来实现对几何形状的控制。造型必须以完整的尺寸参数为出发点（全约束），不能漏注尺寸（欠约束），不能多注尺寸（过约束）。

（ⅲ）尺寸驱动实现设计修改。通过编辑尺寸值来驱动几何形状的改变，是全数据相关的基础。

（ⅳ）全数据相关。某个或某些尺寸参数的修改，导致与其相关的尺寸得以全部同时更新。全数据相关的修改功能体现了当需要零件形状改变时，只需编辑尺寸值重新刷新即可实现形状的改变。

基于约束的尺寸驱动是较为成熟的参数化方法。它的基本原理如下：对几何模型中的一些基本图素施加一定的约束，模型一旦建好后，尺寸的修改立即会自动转变为对模型的修改。例如，一个长方体，对其长 L、宽 W、高 H 赋予一定的尺寸值，它的大小就确定了。当改变 L、W、H 的值时，长方体的大小随之改变。这里不但包含了尺寸的约束，而且包含了隐含的几何关系的约束，如相对的两个面互相平行、矩形的邻边互相垂直等。

约束一般分为两类：尺寸约束和几何约束。前者包括线性尺寸、半（直）径尺寸、角度尺寸等一般尺寸标注中的尺寸约束，也称为显式约束；后者指几何关系约束，包括水平约束、垂直约束、平行约束、相切约束、等长约束等，也称为隐式约束。

(2) 变量化设计。大多数 CAD 系统不强调参数化和变量化设计在概念上的区别，而是统称参数化（实际上包含了变量化设计），在设计方法上二者基本相同。“变量化设计”一词最早是美国麻省理工学院 Gossard 教授提出的，具体处理方法是数值约束方法，以及基于规则的推理方法。参数化设计和变量化设计在许多方面具有共同点。例如，二者都强调基于特征的设计、全数据相关，并可实现尺寸驱动设计修改等。但它们也有区别：一是在约束的处理方法上存在不同之处，参数化设计强调的是尺寸全约束，而变量化设计不严格要求尺寸全约束，既可以是过约束，也可以是欠约束。这种不强调全约束的特点大大提高了设计的灵活性和方便性。特别是在概念设计期间，一般不容易给出模型的尺寸细节，而是将注意力放在几何形状的设计上，因而用户有更大的自由度进行设计，设计过程更接近传统的设计过程。二是参数化设计方法主要利用尺寸约束，而变量化设计的约束种类比较广，包括几何、尺寸、工程约束，通过求解一组联立方程组来确定产品的尺寸和形状。例如，工程约束可以是重力、载荷、可靠性等关键设计参数，在参数化系统中这些是不能作为约束条件直接与几何方程建立联系的。

由于欠约束和过约束的求解方法较全约束灵活，因此，变量化设计的求解可以利用人工智能方法，通过制定一些规则，去除过约束中多余的约束，而对于欠约束，则需要补充约束变量。例如，对参与约束的某个几何元素采用默认的当前数据作为约束，免去了由用户指定约束，而使方程能够解出正确的结果。

二、MBD 建模

1. MBD 标准

MBD 应用的基础是建立以三维模型为核心的产品数字化定义的标准规范，包括建模过程、属性信息定义、模型标注、模型检查等标准规范。1997 年 1 月，美国机械工程师协会发起了关于三维模型标注标准的起草工作，于 2003 年成为美国国家标准(ASME Y14.41《数字化产品定义数据实施规程》)。达索、西门子和 PTC 等公司相继将该项标准应用到自己的商用化三维 CAD 系统中，支持基于 MBD 技术的产品设计。以西门子公司的 UG 产品为例，其 PMI 模块便是专门用于创建三维实体模型的 MBD 信息标注的设计模块。2006 年，国际标准化组织在 ASME14.41 的基础上制定了 ISO/DIS 16792(《技术产品文件——数字化产品定义数据实施规程》)。这些标准规范为以三维模型为核心的数据集定义、三维模型完整性要求、模型标注、三维模型的表达要求等进行了规范，可以用于指导企业的实践。

我国也陆续制定了 MBD 技术应用标准规范。2009 年，全国技术产品文件标准化技术委员会借鉴 MBD 先进经验，结合我国制造业实际情况，制定了 GB/T 24734 系列《数字化产品定义数据通则》，对产品的三维设计制造进行了规定。标准基本和 ASME Y14.41 标准一致，内容包括术语定义、模型建立、模型数据集管理和三维标注等数字产品定义的通用规则。随后，多所高校和企业在 GB/T 24734 的基础上开展应用研究。已发布的部分 MBD 国家标准有 GB/T 26099—2010《机械产品三维建模通用规则》、GB/T 26100—2010《机械产品数字样机通用要求》、GB/T 26101—2010《机械产品虚拟装配通用技术要求》等，共同搭建了 MBD 技术的建模体系。各个行业产品的差异性，以及三维软件工具的差异性，使得国际上各个行业、企业针对自身的产品、软件工具、管理要求等，建立了一系列行业和企业标准，如波音公司的 BSD - 600 系列标准，对采用 MBD 技术的三维模型定义、各类零件建模要求、装配建模和模型检查等具体要求进行了规定。波音的标准不但要在公司内部执行，而且所有参与波音产品的供应商需要遵照波音的规范，进行产品模型的定义。

随着 MBD 技术的发展，相继出现了基于模型的制造、基于模型的企业等概念。美国于 2005 年在下一代制造技术计划(Next Generation Manufacturing Technologies Initiative, NGMTI)中，将基于模型的企业列为振兴美国制造业的六大领域技术之首。基于模型的企业技术是在 MBD 技术的基础上发展而来的，核心思想是通过使用模型来定义、执行、控制和管理一切企业流程，通过应用基于科学的仿真和分析工具在产品生命周期的每个环节辅助决策，从而快速减少产品创新、开发、制造和支持的时间和成本。

2. MBD 模型内容

由于 MBD 技术使用三维实体模型作为生产制造过程中的唯一依据，因此，要求产品数字化定义信息按照 MBD 技术的要求进行分类组织和管理，以便表现出零部件的几何属性、工艺属性、检验测量属性，以及管理属性等信息，来满足制造过程各个阶段对数据的要求。

MBD 模型数据集内容构成如图 2.2 所示，主要由基准、坐标系、实体几何模型、尺寸信息、公差信息、注释信息，以及其他信息等组成。

(1)基准。基准的几何要素主要有基准面、基准点等。

(2)坐标系。模型的建立过程往往需要使用多个坐标系。常见的有零件坐标系和辅助坐标系。零件坐标系是在三维 CAD 系统中建立的用来定位零件模型在虚拟空间中的位置关系和度量尺寸大小的基准系统。辅助坐标系多见于在设计零件中某一结构时方便建模而设定。

(3)实体几何模型。实体几何模型是对产品零部件的三维几何描述模型，是产品模型中的核心，包含设计基准与精确的产品三维模型、约束条件等。

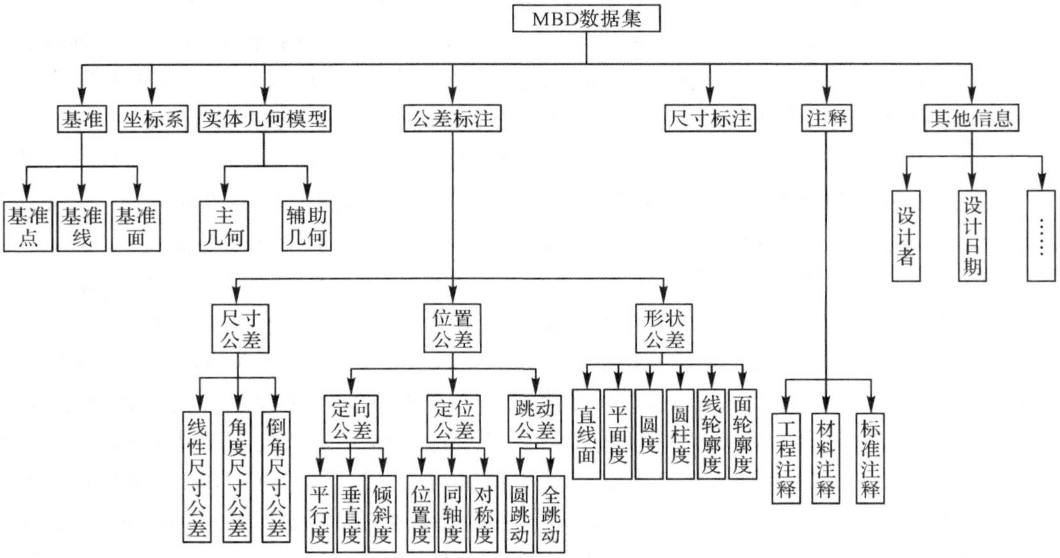

- MBD数据集
  - 基准
    - 基准点
    - 基准线
    - 基准面
  - 坐标系
  - 实体几何模型
    - 主几何
    - 辅助几何
  - 公差标注
    - 尺寸公差
      - 线性尺寸公差
      - 角度尺寸公差
      - 倒角尺寸公差
    - 位置公差
      - 定向公差
        - 平行度
        - 垂直度
        - 倾斜度
      - 定位公差
        - 位置度
        - 同轴度
        - 对称度
      - 跳动公差
        - 圆跳动
        - 全跳动
    - 形状公差
      - 直线面
      - 平面度
      - 圆度
      - 圆柱度
      - 线轮廓度
      - 面轮廓度
  - 尺寸标注
  - 注释
    - 工程注释
    - 材料注释
    - 标准注释
  - 其他信息
    - 设计者
    - 设计日期
    - ……

图 2.2　MBD 模型数据集内容

(4)尺寸信息、公差信息及其标注。尺寸信息包括定形尺寸信息和定位尺寸信息。定形尺寸用以确定产品的形状大小，定位尺寸用以确定产品中几何元素的相对位置。定形尺寸信息以三维标注的形式集成在产品的三维模型之中。定位尺寸信息分两部分：一部分直接在模型中显式地标出；另一部分需通过其他尺寸信息计算得到。

公差信息包括尺寸公差信息、位置公差信息以及形状公差信息。与尺寸信息对应，尺寸公差分为定位尺寸公差和定形尺寸公差。定位尺寸公差及定形尺寸公差均由上偏差和下偏差构成，上、下偏差均用实型数据表示。位置公差又可以分为定向公差、定位公差以及跳动公差。定向公差包括平行度、垂直度以及倾斜度等；定位公差包括位置度、同轴度以及对称度等；跳动公差包括圆跳动和全跳动。形状公差主要是指直线度、平面度，圆度、圆柱度以及线轮廓度、面轮廓度等。

MBD 模型取代了传统的三维实体模型和二维工程图，因此，需要在三维环境下进行标注。三维标注具有更直观、更简洁等优势。标注集主要包括三维尺寸标注和尺寸公差、形位公差以及粗糙度等信息。

(5)注释信息。产品数字化模型中的注释数据集相当于传统二维工程图中的明细栏，以及技术要求等部分的内容。注释包括工程注释、标准注释、材料要求等内容。工程注释信息包括设计需求、功能描述、工艺要求等信息。工艺要求信息包括产品的总体加工精度、特征加工说明以及加工过程中的热处理信息；某些部位的特殊工艺处理信息，如局部喷丸、抛光处理等。设计需求包括用户需求、资源需求、管理需求以及协作需求等。功能描述是指对产品所能实现的整体功能的描述。材料要求信息主要是对产品原材料或毛坯的说明信息，材料注释信息主要包括材料类别、品牌，材料名称、材料成分，以及材料的物理性能、机械性能等内容。标准注释信息是对所采用标准的说明信息，主要包括设计标准、规范及经验标准，生产制造加工相关标准等内容。

(6)其他信息。除上述信息之外,还需要在产品数字化定义模型数据集中定义其他类型的数据信息。这些信息主要是指设计单位、设计者、设计日期等设计者信息;产品、零部件的名称、代号、版本、图号,以及所处研发阶段等管理信息;版权信息等。

3. MBD 建模过程

为了构建 MBD 模型,需要有效的工具来描述数据集,并按照标准规范组织和管理这些数据。MBD 建模应先建立产品的几何信息模型,并在此基础上添加、集成非几何信息。在三维 CAD 软件中完成三维模型创建,并根据建模规范,在三维实体模型中进行尺寸公差标注、技术要求定义、基本属性信息定义,同时定义装配关系,形成产品装配物料清单。

目前,大部分商用的 CAD 系统都提供了方便的注释信息集成工具,支持产品模型的三维标注和属性定义,基本都能满足工程应用的要求,只是在使用方式上有一些差异。例如,UG 的 PMI 功能可进行三维模型标注,包括材料、尺寸、公差、表面粗糙度等设计参数。其中尺寸参数的标注需要确定标注面、标注方式、指引线及参数值等,尺寸公差的标注应采用与尺寸参数相同的方式标注,且放置于尺寸参数之后。模型中的注释信息主要以文本形式为主,相当于传统二维图纸中的明细栏信息,以及技术要求栏信息。文本信息的集成一般采用属性定义的方式,通过添加实体属性将产品的注释文本信息集成在三维模型中,实现信息与模型的关联。此外,许多商业 CAD 系统都提供了二次开发接口,可进行定制开发,使得三维模型在数据集定义、建模方法、尺寸及公差标注、技术要求标注、显示和管理等方面符合企业内部的标准和规范。

三、数字化定义

在本章第一节中说明了产品模型的描述和表示,这些模型贯穿于产品研制的整个过程。实现数字化设计与制造必须对这些模型进行定义。

数字化定义是对产品模型进行详细定义,甚至包括数字化流程的定义。不同阶段的模型定义内容不同,所提供的功能和定义工具亦不同。在详细设计阶段的定义工具比较容易用计算机实现,而有些定义必须用规范和标准的形式确定。

1. 数字化定义模板

数字化定义模板是将产品的数字化定义内容以模板的形式提供给设计者,以便提高设计效率和规范设计过程。数字化定义模板有如下类型:

(1)建模标准模板。从数据共享和管理的需求出发,数字化建模应当遵循一定的建模标准。由于详细的标准设定非常麻烦,每次使用设定时效率很低,因此,可以建立标准模板。这些标准一般和平台的类型有关,将设定的参数与模板绑定在一起,使用时直接打开模板进行设计。模板包括三维建模模板、二维绘图模板、数控加工模板等。

(2)标准件模板库。标准件模板建立了包含标准件驱动参数的几何模型,只要从数据库获取系列参数,并驱动模板,即获得标准件。

(3)零件模板。对于设计时具有一定规律,且结构改动很小,主要修改某些参数的零件,可以建立这类零件的模板。零件模板包含了零件设计积累的知识,使得用户在设计时不再是从头设计，而是在模板的基础上进行修改，快速建立零件模型。

(4)自定义特征。上述的模板都是零件级的，从原理上讲，在特征级建立模板也是可行的，即自定义特征。对这些特征进行定义，建模时通过修改特征参数获得特征。例如，定义一个法兰盘特征，将要修改的参数定义为可更改参数，建模时使用这个特征就建立了法兰盘零件。

(5)NC编程模板。针对零件加工需求，定制各种NC加工模板，将常用的粗加工、精加工、清根、走刀路线、切削方式等各种工艺参数定制成各种模板，NC编程时只需指定零件的加工面，而其他参数继承模板数据。

此外，其他模板可以根据建模需要进行定制，如工艺卡片模板、工装设计模板等。

定义模板的方式，按照模型的不同，可以采用不同的方法。例如，上述涉及几何模型的模板，一般采用在文件中设定参数，或者在系统启动文件中定制参数，也可以采用"宏"定义模板，但是宏容易受运行环境的影响，当环境改变时有时会失败。

2.相关性设计

在数字化定义中，参数化设计和相关性设计非常重要。其主要原因如下：产品设计是一个复杂过程，不可能一次成功，需要反复修改，进行零件形状和尺寸的综合协调、优化；改型设计的产品，大部分可在原有模型的基础上修改后得到；模型某个尺寸的修改能够自动影响相关的尺寸。这些都需要具有参数化和相关性设计功能的CAD系统的支持，同时也需要设计知识的积累。相关性设计可以采用两种方式：

(1)直接利用CAD工具提供的参数化功能，采用交互式设计(利用草图和特征参数)，这是一种便利的交互式建模方法，直接输入模型尺寸，由系统完成尺寸对模型的驱动。其优点是简单、快速，能够把设计师头脑中的设计概念快速变成设计结果，模型中的参数具有可修改性。

(2)相关性设计将产品零件的一些相关尺寸以数学约束或几何约束的形式保留下来，并应用于设计。它具有参数化的内涵，但是包含了设计知识，这对设计知识的积累和产品的可重用性非常重要。其优点是能够进行知识积累，修改效率高，重用性好。其缺点是需要对产品有明确的了解和较深入的设计经验才能总结出设计知识，初始建模的效率低于交互式。产品的设计实际上是两种方式的综合使用。相关性包括了系统提供的相关性功能和产品零件的相关性设计，前者是系统自动保证的，后者需要在数字化建模中设计者有意识地使用。

相关性内容包括：

1)模型之间的相关性。设计模型是所有设计、制造信息的源头，设计模型建立后，所有的下游应用模型(包括二维工程图、数控加工编程、工程分析、装配零件)都直接取自该模型，从而保证模型的唯一数据源。这些上下游模型之间存在相关性。

(ⅰ)三维模型与工程视图的相关性。产品设计模型是在三维环境下建立的，工程视图属于二维模型，在三维模型修改后，二维模型自动更新，这种相关性保证了设计者在主模型修改后下游模型与上游模型的一致性。

(ⅱ)视图相关性。在二维工程图的视图之间存在着相关性，对任何一个视图的修改，如添加一条曲线，都会反映到其他视图中。剖视图和它的父视图(即指定剖切位置的视图)的相关性，在父视图上剖切位置的变化会更新剖视图，以保证剖视图与剖切位置相关。

(ⅲ)尺寸与模型的相关性。当三维模型的参数发生变化时,二维视图上标注的尺寸自动重新测量并更新显示。

(ⅳ)三维模型与 NC 程序的相关性。数控加工代码是依赖于设计模型的,当设计模型发生变化时,NC 代码自动根据变化重新计算代码。

(ⅴ)装配零件与主模型的相关性。当零件进入装配体时,就建立了零件和装配体之间的一种链接关系,零件的任何改动都可以反映在装配体中,从而保证装配体当前链接的零件总是最新的。

(ⅵ)模型操作后的相关性。有些 CAD 软件允许在设计模型中使用布尔交、并、差操作,参与操作的原始模型和操作的结果模型也要保证相关性,就必须建立原始模型和最终模型之间的相关性,这样才能保证原始模型的修改会反映到组中结果模型上。

2)参数相关性。零件的各部分尺寸之间存在着关系和约束,尺寸之间不再是孤立的数据,而是具有一定的关系,以保证尺寸的修改能够影响到相关部分,免去了逐个修改的麻烦。产品的设计者在数字化建模中应当尽可能利用这些相关性。

(ⅰ)零件内特征之间的相关性。利用参数和表达式建立零件尺寸之间的关系。例如,一个带有孔(孔径:hole_dia)的圆柱(直径:cylinder_dia),其孔径总是小于圆柱的直径,并且有为其 1/2 的关系,那么就可以通过表达式 hole_dia=0.5cylinder_dia 约束,以后不管圆柱如何变化,总保证圆柱的直径大于孔径。参数的相关性是一种基于知识的设计,需要总结出特征之间的相关关系,并通过表达式建立关系。

(ⅱ)零件之间的相关性。对一个产品来说,零件之间的配合关系在数字化定义期间可以通过零件之间的相关性设计实现。一个零件的某个特征尺寸与另一个零件的尺寸相关,就可以建立它们之间的关系。例如,一个孔-轴配合问题,假定孔属于零件 A(part1),其直径为 hole_dia1,轴属于零件 B(part2),其直径为 shaft_dia,轴径必须始终保证与孔径一致,建立它们之间的关系:part2::shaft_dia = part1::hole_dia1,当零件 A 的孔径改变时,零件 B 的轴径自动变化。

3)几何相关性。数字化定义过程并不是要求设计人员对每一个尺寸必须以表达式的形式给出。这无形中会加重设计人员的负担,而且有时还不能得到精确的相关关系表达式。为此,数字化产品定义时,可以采用其他具有约束效果的隐式相关性设计,充分利用已有的几何元素建立它们之间的相关关系。

利用几何元素间的关系建立相关约束,这些关系建立在几何元素之间,它们既可以是零件内部之间的几何元素,也可以是零件之间的几何元素。例如,设计一个轴零件,不需要具体计算或输入其长度,而是利用已经存在的零件上的几何面,使得长度介于两个面之间,并保证端部接触,因而能自动生成轴的长度。当两个面之间的距离发生变化时,轴的两端自动保持和两个几何面接触,从而保证长度随之变化。这种数字化设计方法的优点:设计的零件的某一部分总是被其他几何元素约束,当几何元素发生改变时,被约束的元素将随之变化。

抽取几何元素是利用已有的几何元素,如轮廓线、边界曲面等进行当前的几何形状设计。例如,把一个零件的轮廓线抽取出来,进行拉伸形成实体,以后当零件的轮廓线发生变化时,依赖于轮廓线设计的几何形状将随之变化。

4)结构相关性。

(ⅰ)结构的相关性。结构的相关性指当产品的结构发生变化时,与其相关的结构将随之变化。结构的控制是利用关键参数控制产品的结构。例如,针对一辆汽车,确定车体的结构参数,这些参数是影响车身架构的关键参数。当根据客户需求定制车身时,如果是豪华车,前车轴和后车轴的距离自动拉长,车门由2门变成3门,相应的车体长度加长。结构的相关性建立过程非常复杂,需要总结专门的设计知识,将这些知识变成计算机能理解的表达式或几何约束形式。

(ⅱ)基准的相关性。结构的相关性涉及总体结构,因此,需要借用很多辅助线和辅助面。辅助线和辅助面是一些特殊的几何元素,并非零件形状的一部分,而是控制零件结构形状的关键元素。这些辅助线或辅助面作为约束的基准,具有可修改性。

5)自由曲面的相关性。自由曲面无几何定义参数,它的参数实际上是数学自变量。例如,曲面参数 u 和 v(一般为0～1),它们仅仅是确定了数学取值范围的定义域,不含有几何意义,因此,自由曲面的参数化修改是不能直接实现的,但是自由曲面是可修改的。

自由曲面的建模形式根据输入数据的类型主要分为3种:

(ⅰ)基于点的自由曲面。由输入点创建曲面,若是型值点,则利用插值(拟合)法创建曲面;若是控制多边形(又称特征多边形)顶点,则利用逼近算法创建曲面。

(ⅱ)基于曲线的自由曲面。输入一系列曲线,采用蒙皮法或扫描法生成曲面,保证曲面过曲线。

(ⅲ)基于面的自由曲面。利用已有曲面的条件,如边界线和切矢、法矢、曲率等,创建新的曲面,保证与已有曲面在边界上满足一定的连续条件。

基于点的自由曲面,可修改性体现在修改点的位置和相应的切矢和曲率。修改基于这样的原理,即给定新的位置和切矢(或曲率),重新对曲面插值或逼近。对于基于曲线的自由曲面,修改体现在曲线的变化。可以对输入的曲线进行替换、增加和删除,移动曲线上点的位置以实现修改曲线的目的。对于基于曲面的自由曲面,改变原始曲面的边界可以修改曲面。

6)装配的相关性。装配零件之间的相关性使参数化技术不仅在零件级而且在装配级实现。装配之间的关系可以通过几何约束和尺寸约束实现,修改这些约束就实现了可修改的目的。

3.模型关系定义

产品数字化过程是模型渐进演变过程,设计模型直接给出产品的最终模型,而包括工艺设计和工装设计的各模型是从毛坯开始经过各阶段才达到最终模型,因此,这些模型与设计模型不完全相同,需要从毛坯开始逐步演变。其中有些是在设计模型上添加必要的几何元素或特征,有些是改变原有模型的尺寸,以满足工艺和加工需求。例如,航空发动机涡轮叶片的数字化设计制造经过了下述过程:气动模型(叶身截面数据等)→外形结构设计模型(构造叶片外形,包括榫头和缘板等)→内形结构设计模型(根据外形型面计算内形型面)→强度分析模型(对结构进行强度校核)→毛坯模型(在设计模型上施加铸造收缩率,在此基础上添加工艺延伸段)→模具模型(由毛坯模型设计模具活块)→电极模型(对模具部分零件设计电极零件)→NC加工模型(对模具活块、电极零件进行粗加工、精加工、清根NC编程)→后置处理模型（面向加工机床的后置处理），在机床进行实物加工后，还要进行数字化测量。

模型关系的定义，一种是从内容相关性来表达的关系。例如，模具设计必须利用产品零件模型，从几何形状上二者相关，这种相关性的保持可以通过主模型的方法来实现。另一种就是在PDM的数据组织结构上的关系。在产品的模型组织结构上如何安排这些模型之间的层次关系、一对一关系、一对多关系、多对多关系等，则需要通过PDM的产品信息模型的组织结构进行定义。

四、装配建模

装配建模的内容包括产品的装配结构建模、装配零件之间的约束关系、装配的间隙分析、装配规划、可装配性分析与评价等，是数字样机和虚拟设计的一个重要组成部分。

1.装配信息

装配顺序生成时所需的装配信息主要包括零件的几何信息、非几何信息，以及零件之间的配合约束关系信息等。几何信息指零件的几何形状、相对位置和特定的装配特征（如孔、轴装配特征）；非几何信息指设计者的意图、装配环境，以及特定的装配条件等客观要求；配合约束关系信息指零件装配为装配体时相互之间的表面配合特征信息。

装配信息的获取有自动推理和人工输入两种方法。

（1）自动推理。自动推理指根据零件的CAD几何模型，利用特征造型中配合面的配合特征或实体造型中的体素之间的配合信息，推理生成配合零件之间的配合面、配合方向、连接关系及阻碍关系。

（2）人工输入。人工输入指利用交互式用户界面输入装配顺序优先约束关系等几何信息和非几何信息。

2.装配结构

在产品设计过程中，装配设计是在概念设计之后进行的。它可以将概念设计中模糊、不确定的构思，通过产品结构的建立逐步精细化，设计成产品的整体装配结构，为详细设计提供一个基本框架。装配设计要结合产品的数字化定义方法，在概念设计和详细设计之间搭建桥梁，实现从概念设计到详细设计的映射。

装配结构一般用装配结构树表示。一个零件如果没有进入装配树，则它是一个单一游离在装配之外的零件；一旦作为节点链接到装配树中，它就是产品模型中的一个装配成员，同时也是BOM表中的一个成员项。

3.装配关系定义

装配结构树仅仅反映了产品的构成，零件之间的相对关系、位置、方向等需要装配关系来确定。装配关系一般包括：

（1）接触关系。接触关系指在产品装配中，为了实现某种装配功能而使零件所具有的物理接触。在装配中，凡是存在物理接触的两个零件间都存在接触关系。

（2）紧固关系。紧固关系指有些零件间的接触需要进一步固定，从而使固接后的两个零件成为一体（即相对自由度为零）。目前的几何造型系统没有对紧固方式的描述，但对产品设计及装配规划来说，零件间的紧固方式是必须考虑的。

(3)位置关系。位置关系描述在装配体中装配零件之间的几何安装位置和精度。位置关系又分为配合关系和距离。配合是指装配零件之间的配合方式,如面配合(同法矢方向平面贴合、反法矢方向平面对齐等),按配合关系又分为间隙配合、过渡配合、过盈配合。距离是指零件之间的距离关系。按尺寸精度等级又分为低精度、中精度、高精度。

(4)传动关系。传动关系指在产品装配中装配零件间的传动关系,如齿轮传动、齿条传动、链传动、带传动、螺旋传动等。

4. 大装配模型的简化

在装配建模中,信息量的大小是影响产品模型操作、浏览的一个重要因素。对于简单产品,一般的显卡和内存可以满足要求,但是对于像飞机和航空发动机这样复杂的国防产品,装配的零件个数都在以万为单位的数量级上。目前的计算机环境很难支持如此庞大的信息量,因此,装配建模存在着这样一对矛盾:一方面,要求装配信息尽可能完整;另一方面,要求信息量尽可能少。分析装配信息量可以看到,两个因素使得装配信息量巨大:一是零件数目自身;二是每个零件的几何信息量。解决信息量巨大的方法有两个:一个是减少每次装入的零件数目,另一个是减少每个零件的几何信息量和模型信息量。从模型显示的角度,还存在减少显示数据的方法。在装入零件数量和几何信息量确定的情况下,显示模型的处理至关重要。

(1) 减少每次装入的零件数目。对产品结构和BOM表来说,产品的零件数目是不能减少的,但是在装配时,能够控制装配树上节点的载入和卸载。可以有选择地装入零件,而不是将这个产品整个装入。所谓有选择就是只装载当前必需的零件或感兴趣的零件,不装载小零件或标准件等。例如,显示一架飞机,在装配树上飞机的外部零件是需要载入的,内部零件和小零件可以不载入。

(2)减少几何信息量。一个复杂零件的设计,包含的几何内容不仅是零件外形,而且可能存在大量的辅助线、辅助面,以及设计过程的中间结果,对装配来说,参与装配的零件仅需要实体外形的几何信息,因此,应该建立零件的信息过滤功能,把需要的几何实体过滤出来,放入这个零件的几何信息子集中。这些过滤出来的几何信息与模型保持一致。这个子集能够代表零件进行装配。

(3)减少模型信息量。对于一个零件,可能包含了下列信息:①设计信息(三维零件模型);②数控加工信息(复杂曲面通常需要数控加工,而数控加工刀具轨迹计算信息是很庞大的);③工程制图信息;④分析和仿真信息(如有限元分析等)。这些信息应当分门别类地放入不同的模型文件中,形成主模型和下游模型的关系。

(4)减少显示数据量。在CAD系统内部,可以采用三角面片模型代替实体模型。在CAD系统外部,可以采用轻量化显示模型,如JT格式模型。

5. 可装配性检查

数字样机是一种以驱动尺寸为公称尺寸的数字模型,不反映公差的作用(公差一般仅在工程图中反映),但是公差的客观存在对实际装配的成功有着重要影响,因此,数字样机通过间隙分析判断装配的可行性。目前的装配间隙分析主要是从静态干涉的角度进行检查的,主要有5种干涉检查结果。

(1)无干涉。无干涉指装配零件之间的距离大于间隙给出的范围(公差带),如图 2.3(a)所示,其中虚线表示的是间隙的示意图。

(2)软干涉。软干涉指两个检测零件的距离小于或等于间隙误差给出的范围,但是零件并不接触,如图 2.3(b)所示。

(3)接触干涉。接触干涉指两个零件接触,但是零件之间没有相交,如图 2.3(c)所示,一般的装配模型按照名义尺寸属于这一类。例如,一个 $\phi5$ mm 的孔和一个 $\phi5$ mm 的轴装配。

(4)硬干涉。硬干涉指零件之间相交,如图 2.3(d)所示。在现实中,这种情况是绝对不能装配的。

(5)包容。包容指一个部件的对象完全被另一个部件的对象包含在内,如图 2.3(e)所示。现实中不会出现这种情况。

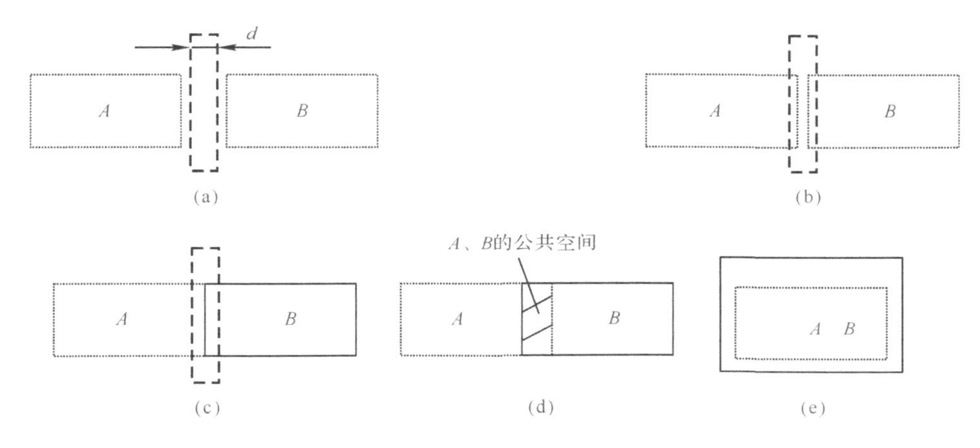

图 2.3　间隙分析的几种情况

初始的公差分配和设计来自于装配设计,最终的成功验证也是在装配模型上。目前在数字样机中关于计算机辅助装配公差设计的研究还存在一定困难。

6.装配顺序规划和装配路径规划

在并行工程中,产品的设计阶段就应当考虑装配和制造对设计的影响。装配工艺规划是连接装配设计和装配实施的桥梁。装配工艺规划的制订一般要考虑零件设计中几何及功能约束、装配顺序、装配路径、可拆卸性、装配模型表示方式,以及旨在提高产品制造效率的零件与子装配体的夹紧方式、装配工艺中各种各样的限制、总体经济性等。

早期的装配工艺规划一般用手工编制,制造工程师根据具体的生产条件,凭借经验对产品的装配进行工艺规划。在计算机环境下的装配工艺规划编制是将经验以知识的形式存储在计算机中,并经过推理得到合理的装配工艺规划。

计算机辅助装配顺序规划研究是从 20 世纪 80 年代开始的。装配顺序规划主要研究装配顺序的生成与几何可行性分析。所谓装配顺序的几何可行性,从几何约束的角度来讲,是两个装配单元之间的装配操作或分解操作不存在几何干涉现象。为了描述装配体中各零件之间的几何干涉关系及装配顺序生成方法,研究人员相继提出了各种概念和方法,如装配优先约束法、产品装配结构的关联图模型法、装配割集法、基于层次图的配合条件法、网络表示装配顺序路径法、基于经验的装配规划方法等。这些方法的目的是从众多的装配顺序中快速找到几何可行的装配顺序，并且优选出少数几条相对较优的装配顺序。

装配顺序规划确定了零件装配的顺序，但没有确定零件按照什么方向或路径装配，以及装配是否发生干涉。装配路径规划是 DFA 中的关键技术之一。它在装配建模和装配顺序规划的基础上，充分利用装配信息(包括一定的装配环境和装配零部件的空间姿态等)进行路径分析、求解和判断，并生成一条无碰撞的从装配起点到装配终点的装配路径，即无碰撞干涉的路径规划，从而达到优化设计的效果。装配路径规划的内容主要包括装配体及其相关的数据结构模型的前置处理、分离方向的确定、分离平移量的确定、拆分方向的确定和干涉检查。

第四节　产品模型的显示

一、图形显示在数字化产品中的作用

图形显示技术是数字化产品开发的重要方法，将产品以不同的形式呈现给用户。

1. 产品可视化

根据工程需要，产品模型的可视化可以采用不同的显示方法，这些方法都是利用图形学原理将几何模型变换成图像信息。图 2.4 表示的是一个简单装配体，各分图表示不同的显示效果：(a)为一般线框图，由于未进行消隐处理，在算法上仅仅是用线段连接各部分，因此，速度显示很快，但零件复杂时会显得线条很乱，特别在拾取几何对象操作中不易选中几何元素，而且图形理解具有二义性；(b)的隐藏线为虚线；(c)的隐藏线不可见，这两种情况都应用了消隐处理算法，前者将不可见线段用虚线画出，后者则不显示不可见线段，相对于(a)其速度略慢一些，但消隐的作用使得图形易于理解和操作；(d)为着色图，是一种均匀着色的颜色填充图，采用了简单光照模型计算方法。模型上的面由很多三角面片组成，每个面片内部都用一种颜色填充，而这种颜色的计算直接利用三角面片上的一点计算光亮度，然后整个面片都以此色显示。着色图的显示效果较好，但速度较慢。在设计中经常采用这几种显示图形的方法。

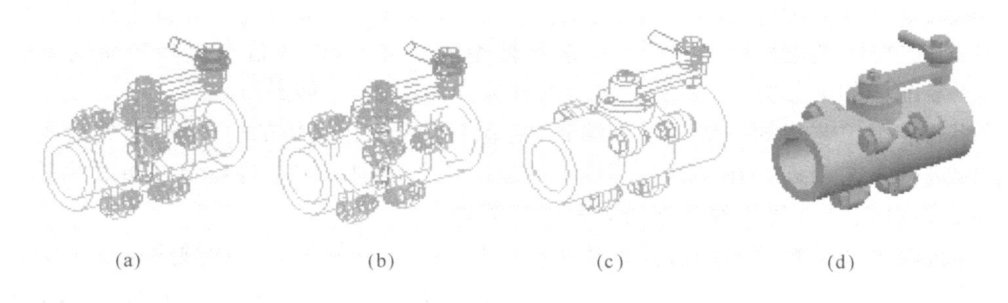

图 2.4　各种图形显示举例

(a)线框图；(b)隐藏线为虚线；(c)隐藏线不可见；(d)着色图

当产品进行广告宣传时，对数字化产品的真实感要求更高，上述显示效果往往不能满足要求，一般采用渲染图。此时考虑光源、材质、纹理等因素，并利用光照模型和明暗处理获得真实感图形。由于真实感图形的计算量很大，因此，显示速度很慢，但效果好。

2. 图形变换

几何模型在屏幕上显示需要经历一系列变换，典型的包括：

(1)几何变换。几何变换指将平移、旋转、比例、镜像等变换施加到模型上。例如，装配体的各零件需要在一个统一的公共坐标系下装配，就要把每个零件变换到公共坐标系中。

(2)投影变换。投影变换包括了透视投影和平行投影。前者具有立体感和纵深感，后者根据不同类型可以获得不同的效果。二维工程图中的主视图、俯视图、侧视图都是利用平行投影中的正交投影实现的，以获得真实的尺寸数据。投影变换利用了变换矩阵，视点位置、投影方向、投影类型都对图形的显示有影响。

(3)窗口到视区变换。窗口是选择显示对象的一个空间，只有在窗口内的图形才可以显示出来，窗口外的图形被裁剪掉。视区是在屏幕上确定的一个显示区域，将窗口内的图形变换到这个区域中。

由于篇幅所限，图形变换的具体内容请参考计算机图形学方面的书籍。

3. 工程分析

工程分析结果的显示比一般的几何模型显示复杂，除基于图形学原理之外，还要根据分析的结果进行后置处理，而这些处理是和相关专业紧密相关的。例如，热传导可以用颜色代表温度把不同区域的温度区分出来。运动机构的分析要将运动学与图形学结合，采用动画模拟的方法仿真运动过程。

二、轻量级显示

对于大装配(零件数多于500)显示来说，轻量级显示是减少显示负担的有效方法。在CAD系统中，轻量级显示方法主要有三角面逼近法、轮廓包容法等。此外，在网络环境下，已经出现用于网络显示的几何图形压缩方法。

1. 三角面逼近法

如果大装配仅仅是为了显示，就可以将实体模型的表面变换成三角面片处理，忽略模型的内部细节，显示信息将大为简化。三角面片的划分是将物体的表面用一定的算法分解成三角面，三角面的分解精度可以指定，以缓解信息量大小和表面逼近质量的矛盾。各种显示软件都支持三角面片的显示。

2. 轮廓包容法

如果大装配仅仅显示大致轮廓，就可以采用轮廓包容法。轮廓包容法是将零件或装配体用多面体包起来，形成一个大致的包容体空间，近似代替被包容的物体。

3. 网络CAD模型的可视化

CAD技术的发展正向着网络化发展，在网络环境下浏览产品模型既是产品可视化在网络环境下的延伸，也是支持协同设计的基本需求。网上浏览CAD模型的关键问题是针对网络带宽的限制,如何对CAD模型进行压缩,使得其既能够在网上传输又能够快速显示。

网络化CAD模型轻量级显示使用的方法是定义模型文件的压缩格式,在发送端按照压缩格式对模型进行压缩,在接收端对接收的文件进行解压缩,并用专用浏览器显示模型。

第五节　产品模型数据的交换

一、产品模型数据交换的意义

现代产品研制已经呈现出多企业和全球化协同作业的趋势,不同企业或部门根据承担项目的不同,都配置了不同的软件环境,造成了环境异构,包括操作系统、CAD和CAM软件、分析软件等,甚至PDM系统。这些异构环境构成了部门、企业之间信息共享障碍,使得数字化设计制造的信息流中断。例如,不同CAD之间、CAD和CAE之间、CAD和CAM之间模型的不可重用性将导致可能重复建模,集成度差。因此,需要建立一个统一、支持不同应用系统的产品信息描述和交换标准,实现产品模型数据的共享。

不同的CAD软件,其几何图形的内部格式是不同的,如AutoCAD的内部格式为.dwg,UG的为.prt,CATIA的为.part。当设计用CATIA建模,制造企业采用UG进行数控加工时,后者不能直接接收来自前者的模型,需要一个中性文件完成模型的转换共享,即将CATIA模型先转换成中性文件,再将中性文件转换成UG模型。中性文件和具体软件无关,其作用是在二者之间搭建桥梁。

20世纪80年代初以来,国外对数据交换标准做了大量的研究、制定工作,产生了许多标准,如美国的DXF、IGES、ESP、PDES,法国的SET,德国的VDAIS、VDAFS及ISO的STEP等。这些标准都为CAD及CAM技术在各国的推广应用起到了极大的促进作用。随着标准化工作的开展,有些标准被淘汰,有些标准已很少使用。目前以图形数据交换为代表的标准成为产品数据交换的主流。

二、常用的文件交换类型

产品模型数据的交换标准是与硬件设备和软件系统无关的一种文件间的交换格式。产品模型数据中包括的模型几何、拓扑、公差、材料、表面处理、装配结构等各种信息需要借助于中性文件格式传递和转换。目前以图形数据交换为代表的标准较为成熟,是各CAD系统交换数据的主要形式。常用的标准包括:

(1)IGES(Initial Graphics Exchange Specification):初始图形交换规范。

(2)STEP (Standard for the Exchange of Product Model Data):产品模型数据交换标准。

(3)DXF(Data Exchange File):数据交换文件。它是一种事实上的标准,由美国AUTODESK公司制定的面向二维CAD模型交换标准。

此外,还有一些专用的交换接口。例如,UG-CATIA之间的交换接口,用于网络环境的VRML标准等。

1. IGES

IGES是国际上产生最早，且应用最广泛的图形数据交换标准。在IGES文件中，信息的基本单位是实体(Entity)，通过实体描述产品的形状、尺寸以及特性。实体既可以是单个的几何元素，也可以是若干实体的集合。实体可分为几何实体和非几何实体，每一类型实体都有相应的实体类型号，几何实体为100～199，如圆弧为100，直线为110等；非几何实体可分为注释实体和结构实体，类型号为200～499，如注释实体有直径尺寸标注实体(206)、线性尺寸标注实体(216)等，结构实体有颜色定义(324)、字型定义(310)、线型定义(304)等。

虽然IGES出现最早，但一直不断发展，每一新版本都推出新功能，以适应先进制造技术的需求。例如，在压缩数据格式、扩充元素范围、扩大宏指令功能、完善使用说明等方面都在不断改进。

2. STEP

STEP标准是国际标准化组织(ISO)制定的产品数据表达与交换的标准。由于IGES存在过于冗长，有些数据不能表达，无法传送等问题，ISO/IEC JTC1的一个分技术委员会(SC4)开发了产品模型数据转换标准STEP。该标准提供了一种不依赖于具体系统的中性机制，用以描述产品整个生命周期中的产品数据。

STEP把产品信息的表达和用于数据交换的实现方法区分开来。STEP的产品模型数据是覆盖产品整个生命周期的应用而全面定义的产品模型信息，既包括进行设计、分析、制造、测试、检验零件或机构所需的几何、拓扑、公差、关系、属性和性能等信息，也包括一些和处理有关的信息，比IGES的范围大得多。完整的STEP产品信息模型如图2.5所示。STEP的产品模型对生产制造、直接质量控制测试和支持产品新功能的开发提供了全面的信息。其中形状特征信息模型是STEP的产品模型的核心，在此基础上可以进行各种产品模型定义数据的转换。

几何信息交换是STEP标准应用最广泛的一部分。在STEP标准集成资源类(part 42)中详细描述了用于几何与拓扑表示的集成资源信息，主要应用于产品标准中几何外型的显式表示。该部分的国际标准主要划分为几何、拓扑及几何形状模型。几何部分主要为曲线、曲面的数据；拓扑部分集中在实体的邻接关系、非精确的几何形状；几何形状模型部分则提供形状的整体表示，通常包括几何和拓扑数据。此外，还建立了大量的几何、拓扑函数以及一些在几何、拓扑实体的定义中所需的特殊的枚举类型。

由于篇幅所限，详细的STEP标准请参考相应的文献资料。

3. DXF

DXF格式是AutoCAD图形文件中标记数据的一种表示法，用于不同CAD之间的数据交换，最早用于二维CAD的图形交换，后来又发展到三维模型的交换。它在每个数据元素前都带一个称为组码的整数。组码的值既表明了其后数据元素的类型，也指出了数据元素对给定对象(或记录)类型的含义。实际上，图形文件中所有用户指定的信息都能够以DXF文件格式表示。

4. 其他

上述产品数据交换的目的是在不同CAD、CAE、CAM系统之间建立与软件系统无关的中性文件格式，使得不同阶段(设计、分析、制造等)的人员都可以共享产品模型，并在本地的工作环境下对模型进行处理。这些转换的模型含有拓扑和几何数据，具有矢量级的操作功能，因此，能够在转换后的模型上操作。例如，一个零件的设计模型是用 UG，经过中性文件转换成 CATIA 格式后，就可在 CATIA 系统中进行数控加工编程。

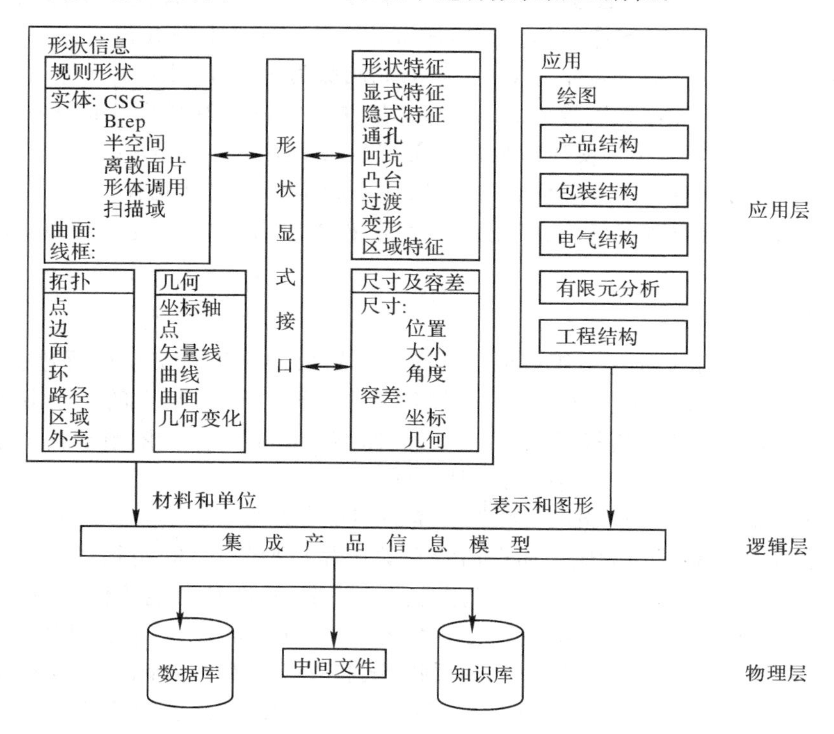

图 2.5　STEP 产品信息模型

随着网络化制造技术的发展，在网络环境下的模型信息共享和互操作对模型信息交换提出了更高的要求，以便使所有合法用户都能共享和在线使用相关的数据文件。

VRML(虚拟现实建模语言)描述网络环境下的三维对象，用 VRML 描述的文件具有 .wrl扩展名，描述方法是用小三角面逼近物体，描述文件是物体的三角面的集合。用 VRML 浏览器或在 Web 浏览器上的 VRML 插件既可以观察产品模型，也可以对模型进行移动、平移、旋转等操作，但是缺乏模型的拓扑信息，不能对模型进行精确查询、编辑等操作，模型本身的存储信息也较大。新的适合网络环境下的数据交换标准仍在研究中。

习　　题

1. 什么是数字化建模？产品设计制造阶段主要有哪些数字化模型？
2. 简述数字样机的概念及其作用。
3. 什么是 MBD 模型？
4. 什么是参数化设计？请说明参数化设计在产品设计中的意义。
5. 什么是特征设计？请举例说明。
6. 请说明产品数据交换的标准 IGES、STEP、DXF 的具体表达形式。

第三章　产品数字化设计与数字化设计系统

设计是产品生命周期中的第一个环节，也是最重要的环节。工程研究与实践表明，整个产品生命周期约80%的费用是由产品设计阶段（从产品定义到制造之前）的工作所决定的，而这一阶段本身所需费用则占不到总费用的3%。人类的创造性活动在整个产品设计过程中最为活跃，其工作对后续工作具有决定性影响。本章先介绍代表性的典型设计理论与方法，在此基础之上阐述产品数字化设计的基本知识与流程，并介绍数字化设计过程中采用的设计手段、设计过程管理技术，最后介绍数字化设计系统的功能与结构，以及典型的数字化设计系统（CATIA/LCA）。

第一节　概　　述

产品设计阶段的重要性使人们非常关心对设计过程本质的研究。第二次世界大战结束以后，许多先进工业国家越来越重视设计理论与方法的系统研究，在经历了长期的设计实践与研究之后，形成了若干区域性的设计思想流派，如欧洲学派、美国学派、苏联东欧学派、日本学派等。目前，这些设计思想正在逐渐相互渗透、相互融合，形成世界范围内普遍接受的设计思想，并影响着产品的设计和开发。

一、典型设计理论与方法

设计方法学是在深入研究设计过程本质的基础上，以系统工程的观点研究设计的一般进程、规律及设计中思维和工作方法的一门综合性学科。设计方法学的研究成果包括设计理论和设计方法。设计理论是研究设计人员在产品设计过程的思维方式和基本规律，如美国学者 Suh 提出的“公理化设计理论”、Grabowski 提出的“泛设计理论”、日本学者 Yoshikawa，Tomiyama 提出的“通用化设计理论”等。设计方法是产品设计的具体手段，如功能-结构方法、并行设计、面向 X 的设计、可靠性设计、虚拟设计、智能设计等。

1. 欧洲流派的系统设计方法学

第二次世界大战结束后，德国意识到经济复苏的关键在于产品设计水平的提高，并积极开展设计知识获取与运用的研究，尤其是在设计理论方面成为世界发源地。20世纪70年代，德国学者 G. Pahl 和 W. Beitz 提出了具有代表性、权威性和系统性的产品设计方法学。他们将工程设计过程主要分为4个阶段：明确任务阶段、概念设计阶段、具体化设计阶段和详细设计阶段，主张将从专业设计人员长期的设计实践中归纳总结出来的各种方法作为工程设计流程中各个环节的手段，贯穿到整个设计过程中。同时，他们将归纳和总结出来的大量工程设计知识经过系统化的整理，以设计目录的形式保存、传递和运用。系统设计方法学认为产品设计可以看成是有步骤地分析与综合，不断从定性到定量的问题求解过程。它强调对原有产品设计经验和设计实践的整理，形成产品设计的准则性知识；强调对产品设计阶段的划分，产品设计是不同阶段之间在知识支撑下的映射和反馈过程；以设计经验抽象、整理出来的设计知识和准则指导设计者进行产品开发。这个过程很典型地代表了串行的产品设计与开发模式。

2. *美国流派的公理化设计方法*

公理化设计（Axiomatic Design，AD）是由美国麻省理工学院的 Nam P. Suh 教授等学者于 20 世纪 70 年代提出的产品设计公理体系。它成为美国设计理论与设计方法研究思想的代表之一。公理设计是通过对大量成功设计实例进行分析归纳、抽象设计过程的本质而形成的，是对产品设计的一种概念性的、抽象的描述。AD 的出发点是将传统以经验为主的设计转换到以科学公理、法则为基础的公理体系。该思想试图确立主导所有设计的一般规律，最终目标是建立设计的科学基础，向设计者提供设计的科学依据以提供产品设计能力；目的是提高设计的创造性，减少设计的随意性和设计中的错误和不合理性。

公理设计对产品设计理解如下：设计人员先进行功能分析，明确用户对产品功能的要求，根据产品的功能要求来确定产品的零部件结构及其设计参数；然后根据产品的零部件结构明确产品的工艺要求；最后确定工艺参数。为了对产品开发过程做明确的阐述，公理设计方法把产品开发划分为 4 个域：用户域、功能域、结构域及过程域。如图 3.1 所示，产品设计的过程就是 4 个域空间之间交叉“Z 字形”映射过程。

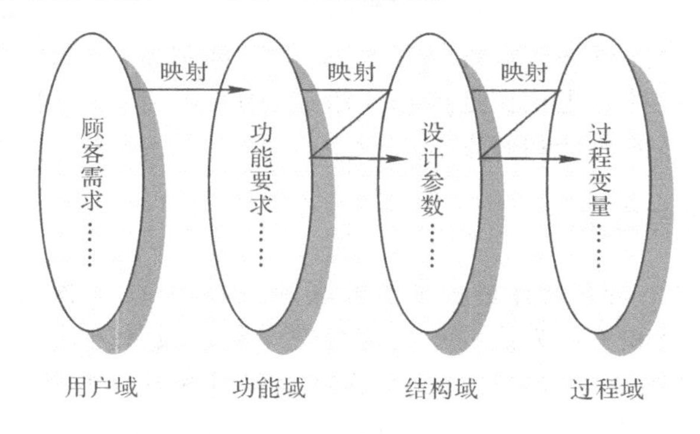

图 3.1　公理设计中的 4 个域

3. *苏联流派的发明问题解决理论体系*

发明问题解决理论（TRIZ）方法的研究始于 1946 年，以 G. S. Altshuller 为首的由苏联的大学、研究所和企业所组成的数百人的研究组织分析研究了世界近 250 万件发明专利，综合多个学科领域的原理、法则形成了 TRIZ 体系。其主要目的是研究人类进行发明创造、解决技术难题过程中所遵循的科学原理和法则。在东西方冷战时代，TRIZ 的研究一直被作为苏联的国家机密，西方国家知之甚少。苏联解体后，大批 TRIZ 研究者移居美国等西方国家，TRIZ 的研究与实践得以迅速普及和发展。TRIZ 综合多学科领域的原理，广泛研究大量发明专利所遵从的科学准则和方法，建立了一系列的科学原理库、设计知识库。其中主要是原理库和问题分析模块的建立，如工程学原理知识库、问题分析定义模块、创新原理模块、系统改进与预测模块等。TRIZ及其提供的设计原理、知识和准则为产品的设计与创新提供了设计依据和借鉴。

4. 日本流派的通用设计理论

以日本东京大学吉川弘之教授为首的日本学者自20世纪70年代起提出了采用数学形式来表达设计过程的思想，并将处理人类思维活动领域内的设计操作表示为知识处理的概念模型。通用设计理论（General Design Theory，GDT）试图将一般的设计本质在严密的数学原理基础上予以阐述，从而得到有别于各具体领域设计的一般设计理论。GDT引入了元模型（Metamodel）和元模型空间（Metamodel Space）来描述设计中的映射过程。元模型用一组有限的属性来描述设计对象在设计过程特定阶段的状态、设计对象组成实体间的相互关联与依赖关系。元模型集合构成的元模型空间是逐步完善的设计过程的具体反映。

二、产品设计一般程序

上述设计理论与方法中，欧洲流派的系统设计方法学以设计经验抽象、整理出来的设计知识和准则指导设计者进行产品开发；日本流派的一般设计方法学则以通用设计原理指导设计者进行产品开发；美国流派的公理化设计方法以设计公理为准则，为产品设计方案评价和产品设计提供了指导；苏联学派的TRIZ体系及其提供的设计原理、知识和准则为产品的设计与创新提供了设计依据和借鉴。以上设计理论与方法存在两个共性问题，即都从不同的角度强调设计的原理、准则和知识的重要性；都强调设计是一个映射过程，即知识与产品或产品部件、细节之间的映射，以及产品设计不同阶段之间的映射（系统设计方法理论和公理设计理论尤为如此）。由于映射是建立在映射规则和各映射空间的知识基础上的，因此，原有设计知识和设计规则对产品设计具有极其重要的作用。

图3.2是一张普遍适用的设计工作流程图，将设计过程划分为以下4个阶段：

(1)产品定义。了解当前技术水平，确认产品应具有的性能及水平，进行可行性分析；编制技术任务书或技术建议书，制定设计要求表。

(2)方案设计。又称初步设计或概念设计，即完成总体方案设计。根据技术任务书或技术建议书的要求，确定产品的技术参数及主要技术性能指标、总体布局及主要部件结构、产品主要工作原理及各工作系统的配置、标准化综合要求等。必要时对需要采用的新原理、新结构、新材料进行实验验证。绘制产品总体结构模型或总图（草图），包括相应的简图，如主要工作原理图、系统图等，编写方案设计评审报告，经评审后作为技术设计的基础。

(3)技术设计。通过方案设计评审，在研究试验及设计计算与技术经济分析的基础上修正总体方案，完成产品主要零部件的设计。修正总体设计方案是设计的主要任务之一，总体方案的修正除修改总图及相应的简图之外，应编制技术设计说明书，完成主要零部件草图；编制特殊外购件和特殊材料清单，以便供应部门提前进行订货；编写技术设计评审报告。

经技术设计评审后的产品技术设计说明书、总图及简图，主要零部件图的图样与文件是详细设计阶段的输入依据。

(4)详细设计。又称工作图设计或施工设计。确定产品全部结构，完成产品的全部零部件设计,完成全部产品图样和技术文件,供加工、装配、采购、生产管理及随机出厂使用。按规定程序对产品图样及技术文件进行会签和审批。

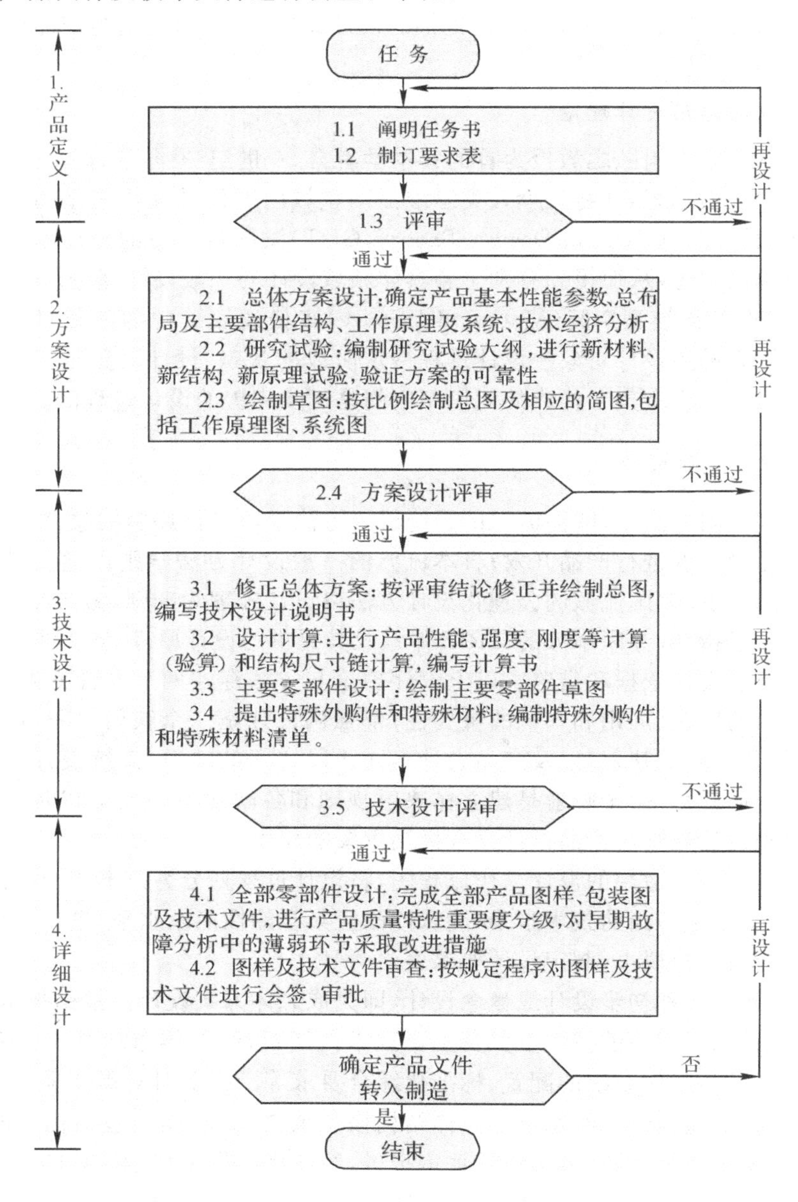

图 3.2 产品设计一般程序

通常,详细设计的结束并不意味着最终能够获得一个好的设计,产品在经历制造加工、样机测试、批量生产以及销售使用后,将返回大量信息,往往需要对产品进行反复修改。此外,各设计阶段之间的评价需要对设计工作进行反复修改。因此,产品设计是一个"设计—评价—再设计"的反复迭代、不断优化的过程。

在以上产品设计过程中,产品定义、方案设计阶段属于系统层面设计,需求分析、功能设计、总体设计产生的信息主要通过基于自然语言，以文本、表格、图片等为主的文档进行定义和描述，这些不同类型文档中的信息语义往往不统一，不同的设计人员在解读时会产生不同的理解，难以保障需求、设计、分析与测试之间信息的一致性和完整性，设计师之间不得不花费大量的时间通过交流来理解设计意图和避免歧义。2007年，国际系统工程协会发布的《SE愿景2020》中提出了“基于模型的系统工程”（Model-based System Engineering，MBSE）。将MBSE定义为“在系统工程活动中对建模的形式化应用，用来支持系统的需求、设计、分析、验证和确认活动，这些活动开始于概念设计阶段，并持续到整个开发和以后的生命周期段”。MBSE是系统工程领域的一种基于模型表达和驱动的方法，以实现需求—功能—逻辑—物理设计和验证过程的贯通。与传统的基于文档的系统工程相比，MBSE突破了文件的自然语言描述歧义性、文件传递的静态非结构性等限制，可实现信息可视化和表达的唯一性、完整性和一致性，具有知识获取和可重用能力强、可进行多角度分析等优点。

可以看出，MBSE主要面向系统设计或方案设计，主要通过系统建模语言（System Modeling Language，SysML）构建需求、功能、行为和结构模型，组成系统模型。具体而言，在需求分析阶段，主要构建需求图和用例图；在功能分析阶段，主要构建活动图、序列图和状态机图；在设计综合阶段，主要构建模块定义图、内部模块图和参数图。而本书重点讨论的产品设计、分析、制造等环节产生的各类产品数字化模型则属于具体产品设计或学科设计领域的模型。两者的关系如下：MBSE方法驱动产品设计、仿真、测试、综合、验证与确认环节的学科建模。也就是说，在系统方案设计建模阶段侧重的是系统的功能分析与逻辑设计，之后，基于逻辑层确定的最终系统设计方案开展各专业产品设计建模工作，如三维几何建模、仿真建模等，并将仿真结果反馈到系统模型中，实现系统功能的仿真验证，并根据仿真结果对系统设计进行优化。因此，系统设计产生的系统模型与各个学科领域模型之间相互关联，并通过集成工具实现数据的传递。例如，在基于模型的载人航天器研制中，定义了需求模型、功能模型、产品模型、工程模型、制造模型、实做模型等六类模型，其中产品模型包括了产品数字化模型。以上六类模型驱动研制流程，可以打通产品研制全过程的数据链路，实现产品开发过程的模型化。

第二节　数字化设计过程

传统的产品设计过程通常是以串行方式进行的，承担各设计阶段任务的不同职能部门或人员在执行任务前从上游接收数据，并在任务完成后将数据输出到下游。其设计方式是建立在经验设计基础上的手工作业，设计过程通常是“抛墙式”的串行设计。在这种产品设计模式中，各职能部门的责任明确，管理相对容易，在过去很长的一段时间内企业基本上采用的都是这种开发模式。

随着计算机软硬件功能与性能的快速发展与提高，特别是CAD技术、集成技术及网络通信技术在产品设计中的广泛应用，彻底改变了传统的产品设计工作模式，如计算机绘图取代了手工绘图、三维模型取代了二维图纸、数字样机取代了物理样机等。本节先对传统设计与数字化设计在设计手段、工作方式等方面的特点进行分析，进而介绍由于上述特点的差异引出的几种设计过程模型，最后在此基础上阐述数字化设计过程的工作模式。

一、传统设计与数字化设计

从设计过程的总体结构来看，数字化设计与传统设计的过程和思路大致相仿，即二者都是与设计人员思维活动相关的智力活动，是一个分阶段、分层次、逐步逼近解答方案，并逐步完善的过程。但是，二者在设计活动中所采用的设计手段、工作及管理方式等方面是不同的，表现如表 3.1 所示。

从表 3.1 可以看出，计算机技术、信息技术、网络技术等的飞速发展，使得设计过程中各个设计阶段所采用的设计工具、设计理念、设计模式等发生了深刻的变化，从手工绘图到计算机绘图、从纸上作业到无纸作业、从串行设计到并行设计、从单独设计到协同设计等。因此，数字化设计是利用数字化技术对传统产品设计过程的改造、延伸与发展。

表 3.1　传统设计与数字化设计的比较

比较内容	设计过程	
	传统设计	数字化设计
设计方式	手工绘图	计算机绘图
设计工具	绘图板、丁字尺、圆规、铅笔、橡皮等	计算机、网络、CAD 及 CAE 软件、绘图机、打印机等
产品表示	二维工程图纸、各种明细表等	三维 CAD 模型、二维 CAD 电子图纸、BOM 等
设计方法	经验设计、手工计算、封闭收敛的设计思维	基于三维的虚拟设计、智能设计、可靠性设计、有限元分析、优化设计、动态设计、工业造型设计等现代设计方法
工作方式	串行设计、独立设计	并行设计、协同设计
管理方式	纸质图档、技术文档管理	基于 PDM 的产品数字化管理
仿真方式	物理样机	数字样机、物理样机
特　点	过早进入物理样机阶段，从设计到物理样机反复迭代修正由个人经验、手工计算带来的设计错误，设计周期长，成本高	形象直观，干涉检查、强度分析、动态模拟、优化设计、外观及色彩设计等采用数字样机实现，设计错误少，设计周期短，成本低

二、设计过程模型

设计过程模型的选择有赖于设计过程中各项活动所采用的设计手段、设计方式、产品模型的表达方式、管理模式和设计理念等。明确了产品设计的阶段划分后，目前存在着以下几种不同的产品设计过程模型。

1. 顺序过程模型

传统的设计过程模型为顺序模型，如图 3.3 所示。企业选择该类模型的支配因素是保证产品的质量与降低成本。按这种模型，新产品设计在交给制造部门之前，按照图中顺序在企业的不同部门内完成。经过试验或后续的制造发现设计的不合理之处，再返回到设计的某个阶段（如详细设计阶段）进行再设计，一直到满足要求为止。

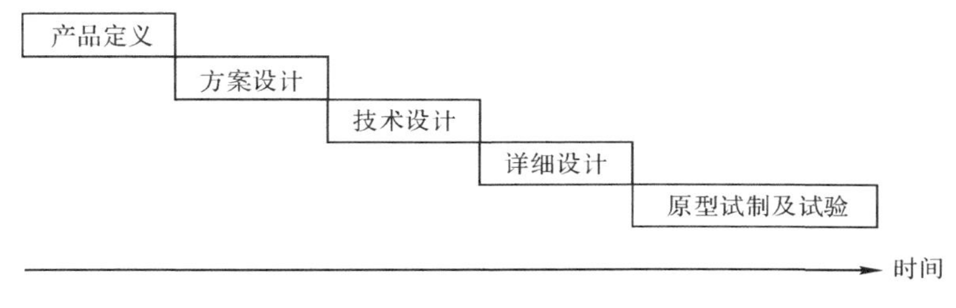

图 3.3　顺序过程模型

2. 以设计为中心的模型

图 3.4 是以设计为中心的模型。企业选择该类模型的支配因素也是产品的质量与成本。该模型与上述顺序过程模型的不同点是设计人员在设计阶段要更详细地考虑到制造（Design For Manufacturing，DFM）、装配（Design For Assembly，DFA）、环境（Design For Environment，DFE）、全生命周期的成本（Life-Cycle Costing，LCC）等具体问题，使设计反复的过程尽可能短。

分析是该类模型的重要特征。有限元计算、运动学与动力学仿真、加工过程仿真、装配过程仿真等都是分析的内容。

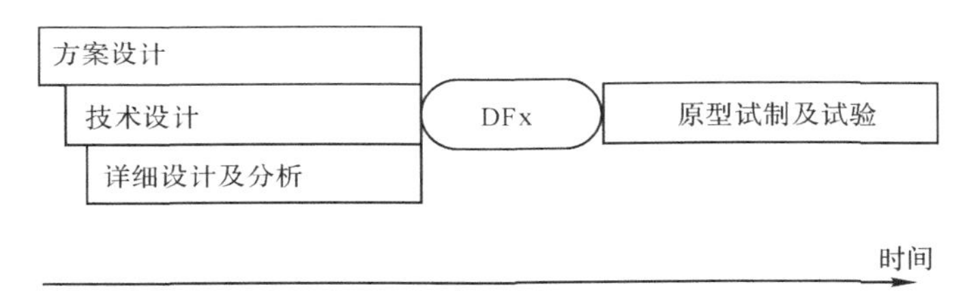

图 3.4　以设计为中心的模型

3. 并行设计模型

图 3.5 是并行设计模型。企业选择该类模型的支配因素是产品质量及推向市场的时间。该模型与以设计为中心的模型的不同点如下：该模型为小组工作方式，小组成员要具有不同的知识结构，要有产品开发的下游人员参加，为了共同的目的——尽快开发出新产品而共同努力。该类模型既适用于具备网络环境的大中型企业，也适用于不具备网络环境的小企业。

4. 动态模型

图 3.6 是产品设计的动态过程模型。与并行设计模型相比，各个设计阶段一起开始，小组之间的信息交流更加重要，因此，需要更好的设计与过程的集成环境。企业选用这种模型的驱动力是产品推向市场的时间。

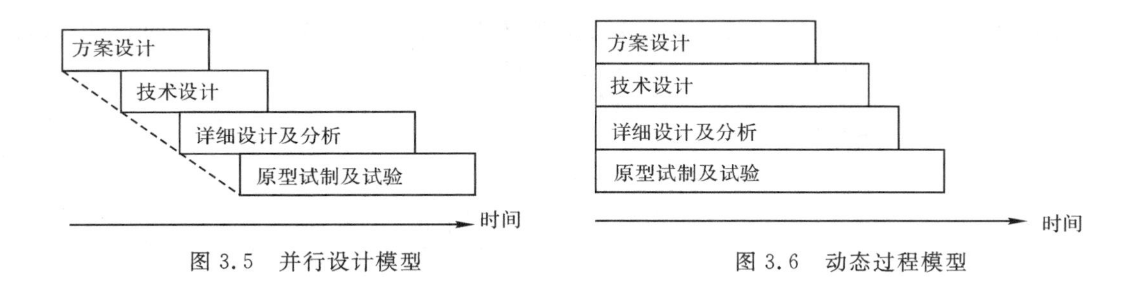

图 3.5　并行设计模型　　　　图 3.6　动态过程模型

三、串行设计与并行设计

1. 串行设计过程

在产品设计过程中，既有创造性的思维活动，如方案设计的构思；也有分析和判断，如方案的选择；还有复杂和烦琐的工作，如计算、绘图等。总体工作量很大，容易出错。随着技术的进步和生产的发展，一方面，传统的手工设计方法越来越难以适应日益激烈的市场竞争；另一方面，计算机技术的发展带来了高速和准确的计算、大容量的存储和处理数据（数值、文字和图形），以及一定的智能推理和判断能力。切实发挥计算机的巨大作用，把一些效率低、工作量大、烦琐、易错的工作交给计算机去完成，加快设计进程、缩短研制周期、提高设计质量已势在必行。因此，随着数字化设计的应用、推广，各个设计阶段的设计人员纷纷拥有了各自的计算机软件设计工具，如计算机辅助设计 CAD 软件、有限元分析及优化软件、二维绘图软件、计算机辅助工艺规划 CAPP 软件、NC 编程系统等。这些工具极大地提高了产品设计人员的工作效率，提高了产品设计质量。但是这些软件工具是面向功能的，仅仅实现了产品设计过程中各离散阶段的自动化，而并没有改变其固有的顺序开发模式。某个阶段的自动化，仅能减少该阶段所用的时间，多种辅助工具的使用，使不同工具之间的信息共享发生困难，产生大量的“孤岛”，各阶段之间、阶段内部数据交换占用了大量时间，许多辅助工具之间的信息交换是靠人工的方式完成的。这种“抛墙式”的串行设计，从产品开发时序上，各设计阶段按流水线工作，相互隔离。因此，在数字化设计初期，虽然大量采用了各种数字化设计工具，但是“孤岛”式的工作方式使得各设计阶段的产品数据不统一、信息冗余、交流不畅，严重地影响了产品的设计质量和开发周期。其流程如图 3.7 所示。

在串行设计中，由于设计部门独立于生产过程，因此，这些产品很少能一次就可以顺利投入批量生产。设计错误往往要在设计后期，甚至在制造阶段才被发现，使得返工增加，从而增加了产品的成本和开发时间，严重地影响着产品的竞争力。

综上所述，串行设计过程主要有以下特点：

(1)以顺序过程为前提，即前一阶段完成后，下一阶段才能开始。

(2)由于各个阶段应用不同的开发系统，因此，系统之间数据交换困难。

(3)经常的数据修改，使产品设计费用增加。

(4)设计时间长，不能满足市场的需求。

2. 并行设计过程

(1)并行设计的产生背景和基本概念。20 世纪 90 年代，出现了一种新的产品生命周期管理方法。这种方法把时间作为关键因素，以缩短产品上市时间为目标，通过对产品及其相关过程进行并行、一体化设计，力图使开发者从一开始就考虑到产品全生命周期中的所有因素，包括质量、成本、进度与用户需求，这种管理过程就是并行工程（Concurrent Engineering，CE）。

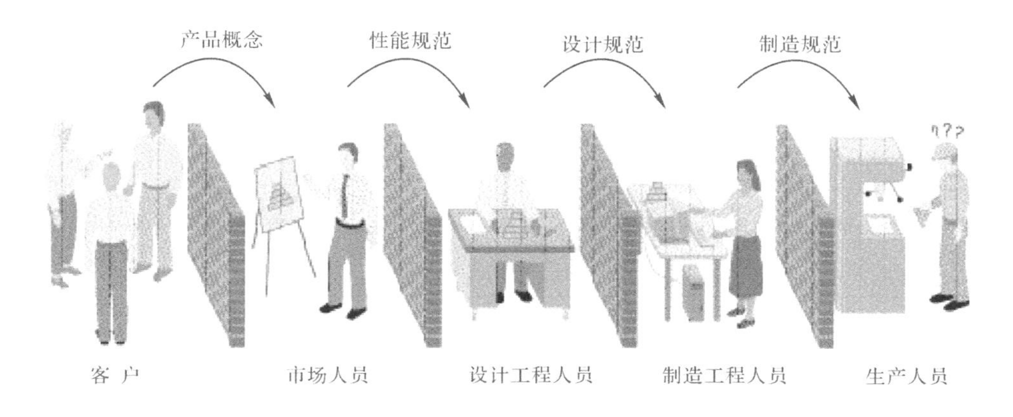

图 3.7　串行设计过程

并行设计（Concurrent Design，CD）将并行工程的思想贯穿于产品设计过程，是并行工程的重要内容之一。工程设计本质上是一个顺序性、协调性很强的工作过程。处于产品生命周期前端的设计阶段不但需要为下游环节提供完整信息，而且需要来自下游环节的反馈信息以完善设计阶段的工作。所谓并行设计就是指在产品开发的设计阶段就要考虑产品生命周期中的工艺规划、制造、装配、测试、维修等其他后续环节的影响，通过各环节的并行集成，以缩短产品开发周期、降低产品成本、提高产品质量。并行设计将下游环节的可靠性、技术、生产条件等作为设计环节的约束条件，以避免或减少产品开发进行到后期才发现错误再返回设计修改而导致上市时间延长、成本增加等情况。

并行设计强调产品开发的各环节之间实现最大程度的交叉、并行与协调，其中包括产品的功能、可制造性、可装配性、可靠性、生产成本和可服务性等环节，既可以通过面向装配的设计（Design For Assembly，DFA）、面向制造的设计（Design For Manufacturing，DFM）等实施，也可以通过组织集成开发团队（Integrated Product Team，IPT），使来自不同专业和领域的人在产品设计阶段对其合理性、可行性、经济性等因素加以控制，并及早发现和改正设计错误。因此，所谓“并行”并不是同时进行的，而是逐步交替地实现设计、工艺、管理等活动，即设计阶段的每一步骤中都最大可能地考虑到有关后续环节的约束，如可制造性的约束、可装配性的约束、制造资源的约束等，并且尽量在早期就协调解决这些约束，而不是等到整个设计阶段完成后再重新修改不恰当的设计。

设计过程中，下游活动中的输入数据、信息来源于前面环节的输出结果。在串行工作方式中，需要等到前面环节任务完成后才能开始本活动的工作，造成了时间上的延迟。在并行设计时，当前工作小组可以在前面工作小组的任务尚未完成时，就起动当前活动，这个时候获得的信息是不完备的，但却是当前活动所必需的。由于信息是不完备的，因此，设计结果会随着前面结果的变化而变化。在开发过程中，各环节的模型与信息也是不断完善的过程，直到设计过程全部完成，如图 3.8 所示。因此，并行设计的实质就是把传统设计的“设计—评价—再设计”的大循环转变为多次的“设计—评价—再设计”的小循环，通过信息反馈，使设计团队中不同专业的人员及早参加设计，即以设计早期的多次局部迭代修改来代替串行设计中的不同阶段、不同环节之间的迭代修改，而且每次局部迭代修改都牵扯到许多功能环节，因此，并行设计是一个持续地改善产品性能的过程，是在不影响产品性能的前提下，最大限度地不断改进产品设计的工艺性、质量与成本的控制和相应的管理规划，以减少制造成本、缩短产品开发周期、提高设计效率，努力做到设计一次成功。

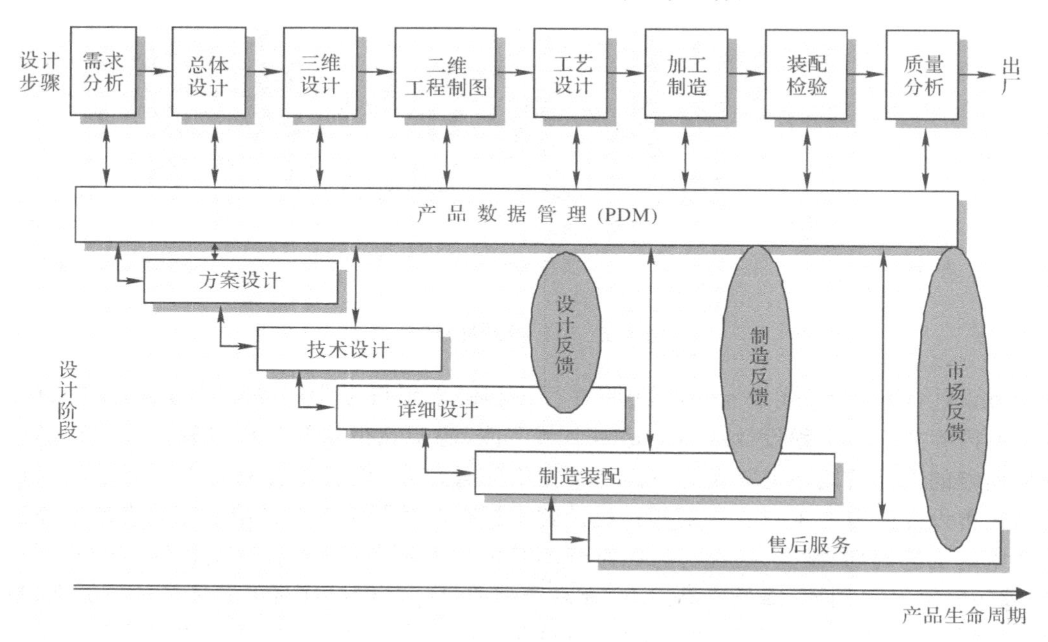

图 3.8　并行设计过程

要保证这个过程的实现，系统须支持以下功能：

ⅰ)对下游环节进行信息的发布。在一个环节的进行过程中，能够对当前环节的中间结果信息进行发布，这些信息包括几何模型、产品数据信息、文档等。信息发布的时机可以借鉴成熟度的思路来控制。例如，按照一个几何模型完成的百分比或按照主要功能完成的程度定义一个阈值，超过该值，可以发布一个预发布版本。这个预发布版本发布给下游的活动，下游活动可以进行初步的工艺工装设计和制造准备。

ⅱ)下游信息的反馈。下游信息反馈到上游，不同环节反馈的信息不同，包括文档信息、数据库信息、模型信息等。

ⅲ)对设计过程的信息进行管理。管理设计过程各环节的信息，包括中间信息、发布信息、信息之间的关联等。

ⅳ)对设计的更新。各阶段的设计小组每次收到新的发布信息后，能够对原有设计进行更新。设计更新有两种方式：一种是自动方式，每次新的信息到来后，系统自动进行更新；另一种是采用人工交互更新的方式。

(2)并行设计中的关键技术。并行设计是一种系统化、集成化的现代设计技术,以计算机、网络等技术为基础。从设计活动来看,要使设计活动并行起来,需要对设计流程进行有效管理,定义完成各项活动的步骤顺序,协调各自过程的相互关系,解决它们之间的冲突;从产品模型来看,模型的信息应可修改和更新,特别是针对产品外形的几何模型,在下游需求修改后,模型不需重构而是在新参数下更新;从组织模型来看,并行设计的参与人员是以团队的组织形式工作的,设计团队包括了各领域的专家,每个领域的专家负责本领域的开发工作,以及与其他领域的协调。

因此,除 CAD/CAPP/CAM/CAE 等单元技术的广泛应用之外,还要着重解决以下一些关键技术问题:

(ⅰ)过程建模和仿真技术。并行工程要求及时了解产品生命周期中各个过程的反映,如可制造性、可装配性等。因此,必须建立各种相关模型,如产品模型、装配模型、成本模型、资源模型,从而进行生产过程的结构化分析和绘制数据流向图,简化操作过程,并运用仿真技术对产品性能及相关过程进行仿真分析,给出评价结果和改进意见。

(ⅱ)并行设计的集成平台。信息交流对产品开发具有特别重要的意义。根据国外的调查资料,产品开发工程师的全部工作时间中有 30%～40%用于信息交流,产品开发过程由串行转变为并行后,对信息交流的直接性、及时性、透明度提出了更高的要求。因此,集成平台是支持并行设计的基本框架,为所有的产品设计人员提供协同工作环境。该框架突破了原有企业的边界,成为一种可以跨越地域、文化、组织,在时间上并行的产品开发环境,实现面向过程的集成与协同。在集成平台下,设计成员可以在共享的环境下协同工作、交互协商、分工合作,共同完成设计任务。与产品设计相关的所有人员组成项目小组,这些成员并不局限在企业内部,可能跨部门、跨企业、跨行业、跨地区,甚至跨国界,每个项目组成员利用统一的平台从事与自己任务相关的工作。例如,分处两地的设计成员可以通过计算机通信商讨有关问题,共同处理同一电子文件,或绘制同一张图样。

(ⅲ)产品数据管理技术。信息共享既是实现制造业信息化的基础,也是实现并行工程的基础。产品数据管理的目标是对并行设计中共享的数据与过程进行统一规范管理,保证全局数据的一致性、安全性,并提供统一的数据库操作界面,使设计成员在统一的界面下工作,而不必要关心应用程序在什么平台上以及数据的物理位置。

(ⅳ)综合协调技术。产品的并行设计过程中,不同专业的设计人员分散在不同地区或部门下协同工作,所用的计算机软件、硬件环境往往是异构的。此外,不同人员看待问题、处理问题的侧重点不同,可能存在不一致、不和谐、不稳定,甚至发生冲突。因此,为保证产品设计的顺利进行,使并行设计的效益得以充分发挥,需要有协调管理技术的支持。并行设计的协调管理应提供有效的冲突消解机制,处理多学科设计成员在并行设计环境下出现的各种冲突。

(ⅴ)产品性能综合评价和决策。并行设计作为现代设计方法,其核心准则是“最优化”。它是在对产品各项性能,包括可加工性、可装配性、可检验性、易维护性,以及材料成本、加工成本、管理成本,模拟仿真的基础上选优。因此,产品性能综合评价和决策是并行设计中不可缺少的模块。

(ⅵ)并行设计中的管理技术。并行设计是一项复杂的系统工程,不仅涉及技术科学,而且涉及管理科学。目前的企业组织机构是建立在产品开发的串行模式基础上的，并行设计的实施势必导致企业的机构设置、运行方式、管理手段发生较大的改变。

四、数字化设计过程的特点

综上所述，产品数字化设计过程具备以下的特点：

(1)广泛采用CAx工具。CAx软件的应用是数字化产品设计的基础，这些软件工具的应用表明制造业已经开始利用现代信息技术来改进传统的产品设计过程，标志着数字化设计的开始。

(2)面向产品全生命周期。数字化产品设计必须考虑产品生命周期的各个环节，包括设计、分析、装配、试验、加工、维修、销售、服务等。设计过程中，各环节的相关人员从各自角度及早发现问题，并提出修改意见。

(3)基于知识的设计。产品设计的每一步都渗透着设计者的知识和经验，知识获取是其中最为重要、最为繁重，也是最需要在大范围中进行广泛合作的过程。

(4)跨地域。制造的全球化使得参与设计过程各个阶段的设计人员分别来自不同的部门、地区，甚至不同的国家，为了实现设计过程中的相互协作，产品设计人员可以在PDM支持的网络环境下，并行协同地完成产品设计、制造活动。

(5)并行性。在产品设计过程中，下游设计人员，如工艺设计人员可以对产品模型的可制造性、可装配性进行评价，通过PDM向设计人员及时反馈评价结果或修改建议；生产制造人员可以通过对加工过程的仿真模拟来检验工艺路线的可行性和合理性，向工艺人员反馈仿真结果或修改意见。

(6)协同性。在设计过程中，不同阶段、不同学科或不同部门、不同地区的设计人员经常需要进行协同交互，因此，数字化设计需要在线交互的通信工具的支持。

(7)群体性。产品设计过程中，涉及多领域、多学科知识的集成，整个开发过程往往不是一个人、一个部门或一家企业所能完成的，而是多个领域的设计专家共同协作完成的。

(8)异构性。数字化设计中所采用的操作系统及相应的CAD/CAE/CAPP/CAM等软件工具可能是不相同的，计算机配置、网络环境等硬件平台也可能是不相同的。因此，数字化设计是在异构环境中运行的。

第三节　数字化设计实现方法和手段

数字化产品设计离不开先进的设计理论、方法和数字化设计手段的支持。设计理论是对设计过程的系统行为和基本规律的科学总结；设计方法是指导产品设计的具体实施指南，是使产品满足设计原则的依据；设计手段是实现人的创造性思想的工具和技术。在现代设计方法中，计算机技术、信息技术、软件技术、数据库技术和网络技术的发展对设计方法和设计手段的变革起到了决定性的作用。以计算机为工作平台的数字化设计工具被广泛应用于设计过程的各个阶段，取代了传统手工设计使用的图板、丁字尺、圆规等，使得设计效率、设计水平和设计质量得到了全面提高。下面将对产品设计过程中采用的设计手段与方法进行介绍。

一、计算机辅助设计技术

CAD技术产生于20世纪50年代后期。它是一种应用计算机软、硬件系统在工程和产品设计的各个阶段和过程中，为设计人员提供各种快速、有效的产品设计工具和手段，加快和优化设计过程和设计结果，以达到最佳设计效果的一种技术，是工程技术人员以计算机与CAD软件为工具，结合各自的专业知识，对产品进行设计、分析和编写技术文档、优化设计方案，并绘制出产品或零件图的过程。"CAD"一词习惯上指应用于几何建模和结构设计的计算机辅助设计技术，功能一般有几何建模、特征建模、物性计算等，以及一般软件使用操作，数据存储、显示和输出等。CAD系统的发展和应用使传统的、依靠手工绘图的产品设计方法发生了深刻的变化，产生了巨大的社会经济效益。

通常，CAD软件系统包括以下功能：

1. 三维建模

三维模型展现了产品在三维空间中的真实形状，是设计过程中设计思想的直观反映。三维模型的建立是基于计算机几何造型技术发展起来的，它是在设计方案确定以后，借助CAD系统提供的造型方法确定产品零部件的结构形状、数量和相互配置关系，并以一定的方式在计算机内部存储起来，同时把设计结果呈现给设计者进行修改判定。在传统的手工设计或基于二维的设计中，只能得到产品或零部件的投影图，没有产品的三维模型，既无法预知产品设计中的潜在错误和不合理结构，也无法分析产品的装配性能、结构性能和动力学性能等，致使设计质量和设计周期无法得到有效保障。在数字化产品设计中，引用三维建模技术可以获得产品零部件的实体模型(关于产品数字化模型的描述及基本建模方法请参考本书第二章的内容)，并对其进行虚拟的综合设计和分析。在三维建模技术的支持下，产品设计不再停留在传统的原理符号设计阶段，而逐步由二维平面设计转向三维模型设计。

2. 计算机辅助工业设计

传统的产品设计主要是面向功能的设计，往往忽略产品的造型、肌理、色彩、装饰、人机因素等。随着市场竞争的日益激烈，可供顾客选择的产品空间越来越大，顾客除选择产品的使用功能之外，更加注重产品的外观、色彩、宜人性等个性化特征。这些往往成为产品的主要卖点，同时使得产品具有更高的附加值。

计算机辅助工业设计(CAID)技术是工业设计理论与CAD技术的有机结合，是与工业设计的特点及工业设计师的设计思维和习惯相适应的一种计算机辅助设计技术。CAID技术以工业设计知识为核心，以计算机为辅助工具，运用工业设计的理念和方法，实现形态、色彩、宜人性设计和美学原则的定量化描述，充分发挥计算机快速、高效的优点，以及设计人员的创造性思维、审美能力和综合分析能力。

在数字化产品设计中，工业设计的思想贯穿于设计的各个阶段。在产品的定义阶段，需要考虑产品的外观、色彩等多样性特征；在方案设计阶段，将产品的工业造型、色彩等外形特征提前呈现给顾客；在技术设计和详细设计阶段，需要考虑在满足产品外观、材质、宜人性等约束下的原理和结构设计。图3.9是工业造型设计的几个产品实例。

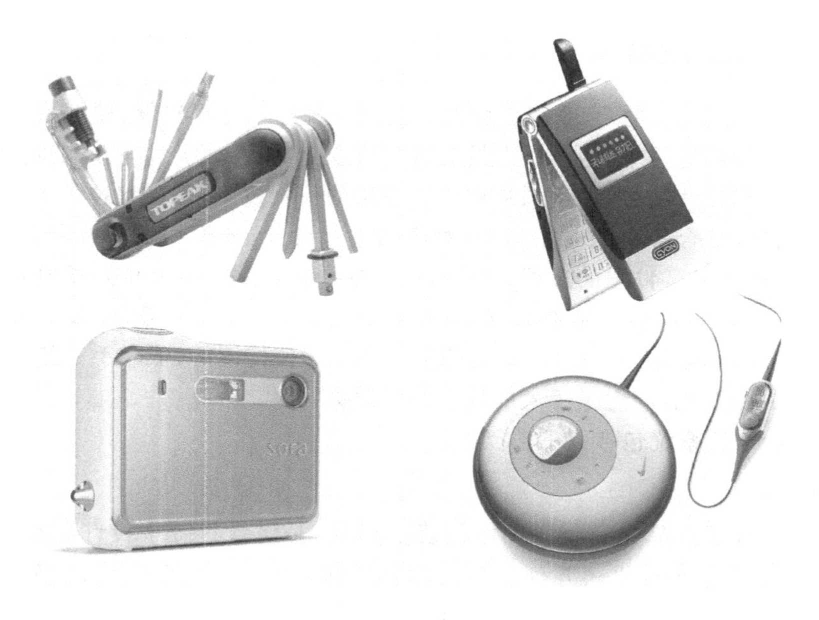

图 3.9　产品的工业造型

3．数字化预装配

数字化预装配是数字样机和虚拟设计的重要组成部分。预装配的内容包括产品的装配建模、装配零件之间的约束关系及间隙分析、装配规划、可装配性分析与评价等。产品数字化预装配是在产品数字化定义的基础上，利用计算机模拟产品装配的过程，检查产品的可装配性。数字化预装配可以使设计者在开发的初期阶段就能够对所设计的产品进行分析与协调，提高设计的速度与质量。

数字化预装配的主要功能有两个方面：一是实现虚拟装配过程的协调和管理，以可视化的形式规划、展示和验证虚拟装配工艺过程，通过人机协同的装配工艺规划算法，生成装配顺序与路径，进行装配过程的仿真与协调，实现各级工作的有序进行；二是实现数字样机的分析与优化，使设计人员能够对数字预装配的数字样机进行浏览、检查和运动模拟，分析并优化装配件的设计，实现结构分析、运动模拟和数字样机优化，包括空间结构优化、机构运动优化、装配模拟优化，以及数字样机的综合优化。

目前大型的 CAD 系统都具有数字化预装配的功能，不仅能够对产品进行数字化预装配，而且能进行装配环境的仿真，准确反映装配操作、装配空间，以及工装夹具对装配工作的影响。图 3.10 示意了数字化预装配的过程。

4．虚拟现实技术

虚拟现实（Virtual Reality，VR）是将人的想象力与电子学、信息科学相结合的一项综合技术，利用计算机技术构建一种特殊的仿真环境。这种环境并不是真实存在的，但用户可以借助各种传感系统（如立体头盔、数据手套、立体眼镜、投影幕墙等）与它进行自然的交互，仿佛身临其境一般。图 3.11 为常见的虚拟现实设备。

虚拟现实技术具备自主性、交互性和沉浸感三个基本特征。虚拟设计是以虚拟现实技术为基础，结合产品设计 CAD 的一种手段，应用前景十分广阔。在产品的方案设计和技术设计阶段，通过三维虚拟环境，设计人员能够直接操纵产品和零件，进行各种形状的建模和修改，利用虚拟现实的漫游特性和实时交互性，相关人员可以对产品原型的各个方面(包括视觉效果、零部件之间的比例关系等)进行评价。这样在产品的设计初期就可以得到各个方面的意见，从而保证了设计质量。

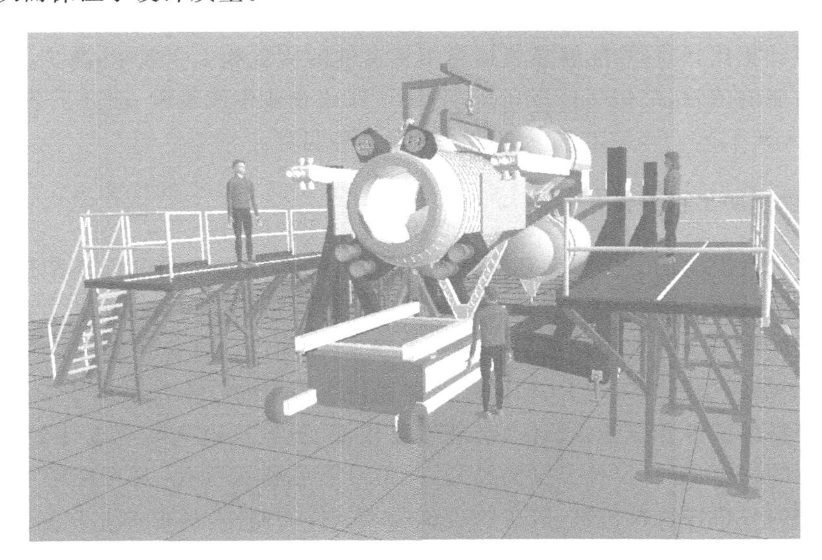

图 3.10　数字化预装配示意图

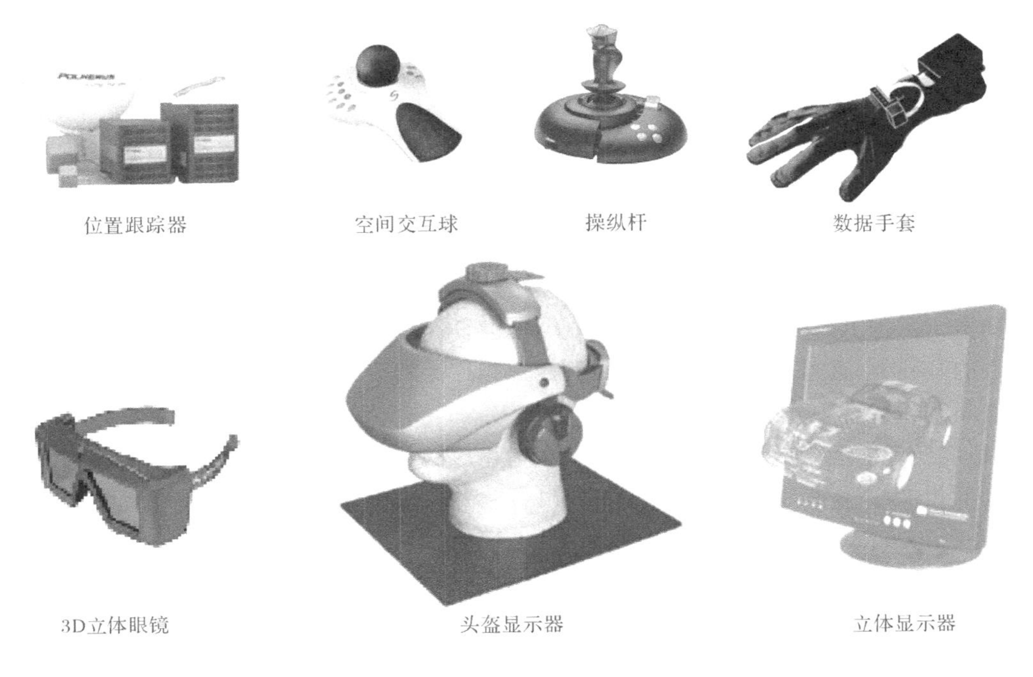

图 3.11　常见的虚拟现实设备

5. 计算机辅助工艺规划

计算机辅助工艺规划(CAPP)是实现 CAD/CAM 一体化,建立集成制造系统的桥梁,CAPP 是一种通过计算机技术,以系统化、标准化的方法辅助确定零件或产品从毛坯到成品的制造工艺流程规划方法与技术。它通过加工工艺信息(材料、热处理、批量等)的输入,利用人机交互方式或由计算机自动生成零件的工艺路线和工序内容等工艺文件。与传统的手工工艺过程设计相比,CAPP 能够显著提高工艺文件的质量和工作效率,减少工艺编制工作对工艺人员技能的依赖,缩短生产准备周期,便于保留企业生产经验、建立工艺知识库,改进工艺方法、引入新工艺。有关工艺规划的内容参见第四章。

二、计算机辅助工程分析

产品技术设计阶段的一个重要环节是分析和计算,包括对产品几何模型进行分析和计算、通过应力变形进行结构分析、对设计方案进行分析评价等。传统的分析方法采用手工计算,过程烦琐、效率低。计算机辅助工程分析(CAE)指利用计算机系统提供的强大计算和分析工具,对产品模型进行工程分析计算、校核和仿真模拟的技术。借助于 CAE,可取代相当部分的传统物理试件和试验,设计人员能够更快捷、更容易地判断所设计的产品功能、性能和各种指标的优劣,进行设计方案的校验、评价分析和仿真优化,甚至能够实现某些物理试验难以做到的分析评价及仿真,减少物理试验及试件的制作,从根本上改变传统设计中依赖试凑、类比和定性分析的原始做法,实现迅速、直观、准确的量化评价和预测。

目前,市场上常用的 CAD 软件系统都包含工程分析模块,计算机辅助工程分析已成为数字化设计过程中不可缺少的重要环节。通常计算机辅助工程分析包括有限元分析、优化设计、仿真、可靠性分析、模态分析等。

1. 有限元分析技术

在产品设计中,最常见的问题是计算和校验零部件的强度、刚度,以及对机器整体或部件进行动力学分析等。虽然人们运用力学知识已经得到了它们的基本方程和边界条件,但是能用解析方法求解的只是少数性质比较简单、边界条件比较规则的问题。绝大多数工程技术问题很少有解析解。有限元法是根据变分法原理来求解数学物理问题的一种数值计算方法。由于工程上的需要,特别是高速电子计算机的发展与应用,有限元法才在结构分析矩阵方法的基础上,迅速地发展起来,并得到越来越广泛的应用。

有限元分析一般分为 3 个阶段:

(1)前处理。严格地说,该处理实际上是为以后的数值分析做数据准备。这个过程大致分为以下几步:产生表示模型结构的有限元网格划分、定义边界条件(如模型固定边界与自由边界的定义)、零件本身的特性(如材料)和工况条件的施加等。

(2)解算。根据前处理生成的网格模型及附加条件,构造数值方程后解算出数值解。

(3)后处理。将数值解与零件的几何模型联系在一起,以彩色等值线或零件变形图把数值形象地表示出来。

图 3.12 为卫星天线颤震分析的后处理结果。

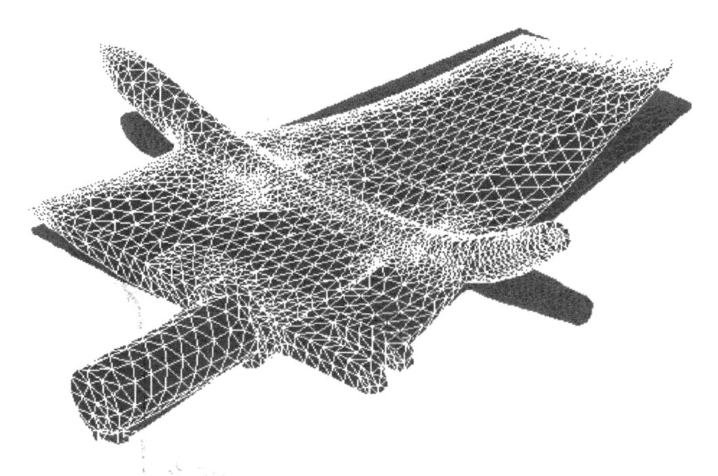

图 3.12　卫星天线颤震分析的后处理结果

2. 仿真技术

仿真本质上是基于模型开展试验。计算机仿真技术是指借助计算机，基于模型对产品或系统进行试验，以达到分析、研究与设计该系统的目的。利用仿真技术不但可以预测或再现系统的运动规律和运动过程，而且可以对无法直接进行试验的系统进行仿真试验研究。随着计算机技术的发展，仿真技术也得到迅速的发展，其应用领域及其作用也越来越大，尤其在航空、航天、国防及其他大规模复杂系统的研制开发过程中，计算机仿真一直是不可缺少的工具。仿真可以将产品在制造或使用过程中可能发生的问题提前到设计阶段处理，在减少损失、节约经费、缩短开发周期、提高产品质量等方面发挥了巨大作用。

在进行产品开发时，要考虑的不只局限于与功能需求有关的方面，如形状、尺寸、结构及各种物理特性，还要综合考虑诸如制造、装配、维护、成本等各方面的因素。基于产品模型的仿真贯穿数字化产品设计制造过程的各个阶段，如在产品方案设计和技术设计阶段，进行产品的静态和动态性能分析，机构之间的连接与碰撞运动学仿真；在详细设计阶段，进行零部件的强度仿真分析、加工过程仿真、刀位轨迹仿真等。图 3.13 和图 3.14 分别表示飞船对接和汽车碰撞的虚拟仿真。此外，基于制造系统模型的仿真包括对复杂制造装备（如加工中心、机器人等）的仿真、对复杂制造系统（如柔性制造车间的设计和运行）的仿真等，目的在于确定设备能力和运行情况，包括加工路线、资源的分配、物料的供应等。

3. 优化技术

在设计过程中，常常需要根据产品设计的要求，合理确定各种参数，如质量、成本、性能、承载能力等，以期达到最佳的设计目标。实际上，任何一项设计工作都包含着寻优过程。

优化设计（Optimal Design）是 20 世纪 60 年代初期发展起来的一门新的学科，是最优化技术和计算机技术在设计领域应用的结果。优化设计为工程设计提供了一种重要的科学设计方法。在解决复杂设计问题时，它能够从众多的设计方案中找到尽可能完善或最适宜的设计方案。最优化技术是优化设计全过程中各种方法、技术的总称。它主要包含两部分内容:建模技术和求解技术。如何将一个实际的设计问题抽象成一个优化设计问题,并建立起符合实际设计要求的优化设计数学模型,就是建模技术中要解决的问题。建立实际问题的优化数学模型,不仅需要熟悉、掌握优化设计方法的基本理论、设计问题抽象和数学模型处理的基本技能,更重要的是要具有该设计领域的丰富设计经验。此外,在进行优化设计求解过程中,要不断分析实际问题与数学模型之间存在的差距,不断修正优化设计数学模型。只有这样,才可能建立起正确的数学模型,求解得到的最优解才有实际意义。

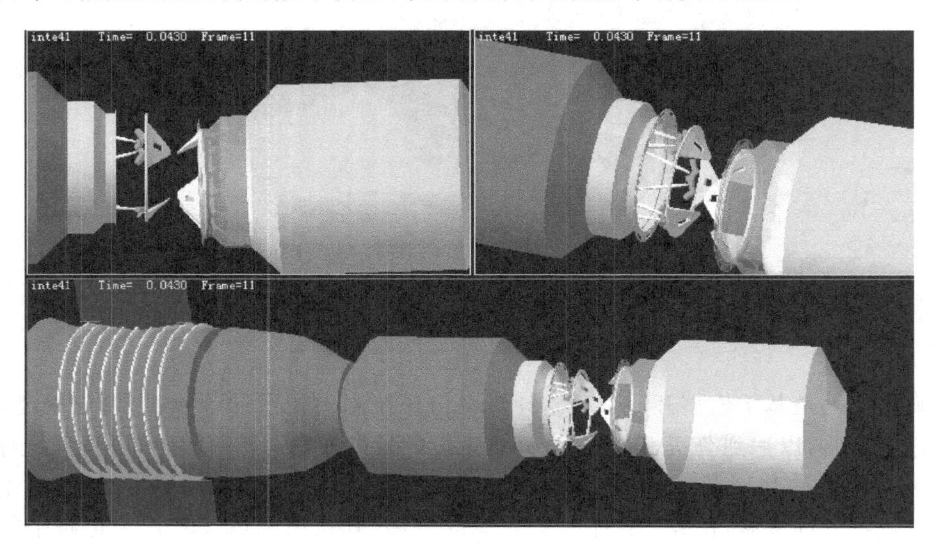

图 3.13 飞船对接过程仿真

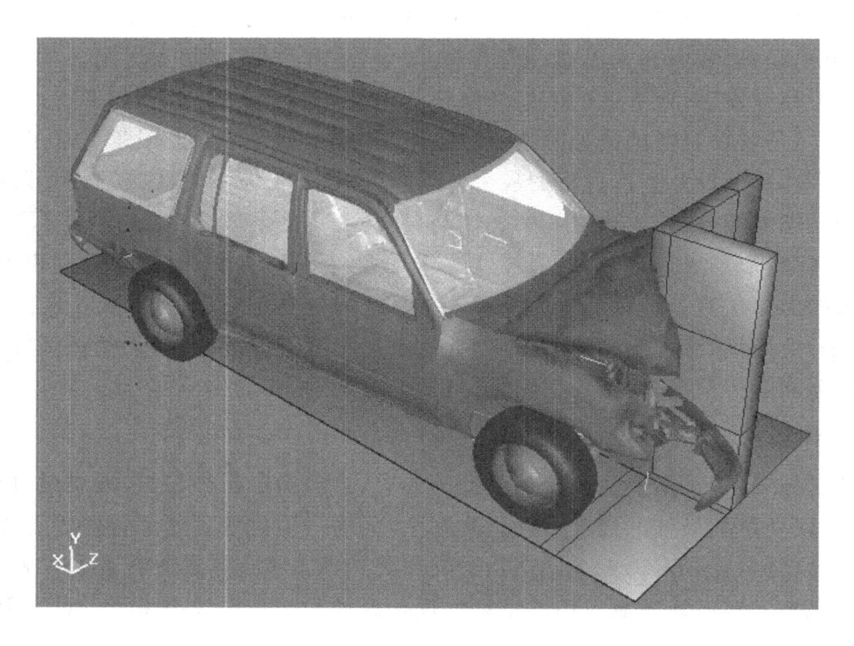

图 3.14 汽车碰撞仿真

多学科设计优化(Multidisciplinary Design Optimization,MDO)是一种通过利用工程系统中相互作用的协同机制来设计复杂系统和子系统的方法论。其主要思想是在复杂系统设计的整个过程中利用分布式计算机网络技术来集成各个学科(子系统)的知识,应用有效的设计优化策略,组织和管理设计过程。其目的是通过充分利用各个学科(子系统)之间的相互作用所产生的协同效应,获得系统的整体最优解,通过并行设计来缩短设计周期,从而使研制出的产品更具有竞争力。因此,MDO 宗旨与现代制造技术中的并行工程思想不谋而合,它实际上是用优化原理为产品的全寿命周期设计提供一个理论基础和实施方法。

三、快速成形技术

快速成形(Rapid Prototyping,RP)技术是 20 世纪 80 年代末期产生和发展起来的一种新型制造技术。该技术是将计算机辅助设计、计算机数控技术(Computer Numerical Control,CNC)、激光技术及先进材料技术等的发展加以综合。其突出特点是能直接根据产品的 CAD 数据快捷地制造出具有一定结构和功能的原型甚至产品,而不需要任何工装夹具。快速成形技术是先进制造技术的重要分支,无论在思想上还是实现方法上都有很大的突破。快速成形技术可对产品设计进行迅速评价、修改,并自动、快速地将设计转化为具有相应结构和功能的原型产品或直接制造出零件。自该技术问世以来,得到了广泛的关注,国外大型公司,如通用、福特、法拉利、丰田、麦道及 IBM,AT&T,Motorola 等,都积极在产品设计过程中采用这项技术,有效地加快了新产品的开发设计速度,大大缩短了新产品的开发周期,降低了产品的开发成本,使企业能够快速响应市场需求,提高产品的市场竞争力和企业的综合竞争力。

1. 快速成形技术的原理

快速成形技术采用离散/堆积成形的原理,通过离散获得堆积的路径及切片信息,通过层层堆积的方式形成三维实体。其过程如下:先由三维 CAD 软件设计出零件的计算机三维曲面或实体模型,然后根据工艺要求,将其按一定厚度进行分层,把原来的三维电子模型变成二维平面信息(截面信息),即离散的过程;再将分层后的数据进行一定的处理,加入加工参数,产生数控代码,数控系统以平面加工方式有序地连续加工出每个薄层,并使它们自动黏结而成形,这就是材料堆积的过程。

随着 RP 技术的发展和人们对该项技术认识的深入,它的内涵也在逐步扩大。目前,快速成形技术包括一切由 CAD 直接驱动的成形过程,而主要的技术特征即是成形的快捷性。材料的转移形式可以是自由添加、去除,以及添加和去除结合等形式。

2. 快速成形技术的主要工艺方法

目前,快速成形技术的具体工艺已有几十种,下面 5 种方法最为常见。

(1)选择性液体固化。选择性液体固化的原理是将激光聚集到液态光固化材料(如光固化树脂)表面,令其有规律地固化,由点到线,再到面,完成一个层面的建造,而后升降移动一个层片厚度的距离,重新覆盖一层液态材料,再建造一个层面,由此层层叠加成为一个三维实体。该方法的典型实现工艺有立体光刻(Stereolithography,SL,如图 3.15 所示)、实体磨固化(Solid Ground Curing,SGC)、激光光刻(Light Sculpting,LS),总的来说,都以选择性固化液体树脂为特征。

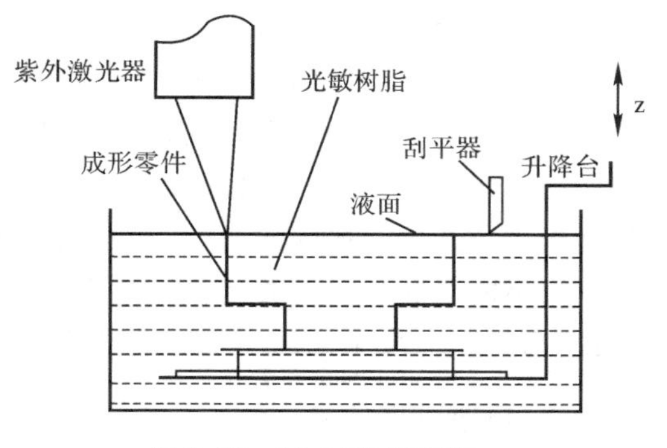

图 3.15　SL 工艺原理图

(2)选择性层片黏结。选择性层片黏结采用激光或刀具对箔材进行切割。先切割出工艺边框和原型的边缘轮廓线，而后将不属于原型的材料切割成网格状。通过升降平台的移动和箔材的送给可以切割出新的层片，并将其与先前的层片黏结在一起，这样层层叠加后得到下一个块状物，最后将不属于原型的材料小块剥除，就获得所需的三维实体。层片添加的典型工艺是分层实体制造(Laminated Object Manufacturing，LOM，如图 3.16 所示)。这里所说的箔材可以是涂覆纸(涂有黏结剂覆层的纸)、涂覆陶瓷箔、金属箔或其他材质基的箔材。

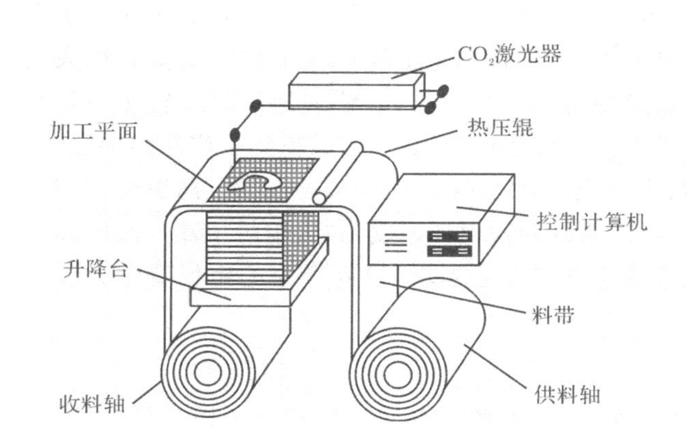

图 3.16　LOM 工艺原理图

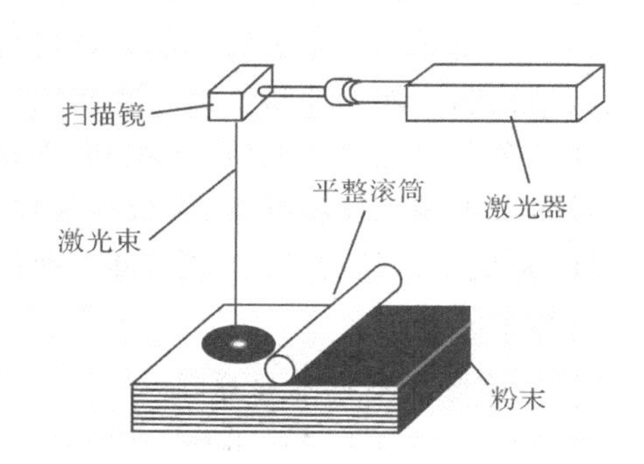

图 3.17　SLS 工艺原理图

(3)选择性粉末熔结/黏结。选择性粉末熔结/黏结是指对于由粉末铺成的有良好密实度和平整度的层面，有选择性地直接或间接将粉末熔结或黏结，形成一个层面，铺粉压实，再熔结或黏结成另一个层面并与原层面熔结或黏结，如此层层叠加为一个三维实体。所谓直接熔结是将粉末直接熔化而连接；间接熔结是指仅熔化粉末表面的黏结涂层，以达到互相黏结的目的。黏结则是指将粉末采用黏结剂黏结。其典型工艺有选择性激光烧结(Selective Laser Sintering，SLS，如图 3.17 所示)和三维印刷(3D Printing，3DP)等。无木模铸型(Patternless Casting Mold，PCM)工艺也属于这类方法。这里的粉末材料主要有蜡、聚碳酸脂、水洗砂等非金属粉，以及铁、钴、铬及其合金等的金属粉。

(4)挤压成形。挤压成形是指将热熔性材料(ABS、尼龙或蜡)通过加热器熔化，挤压喷出并堆积一个层面，然后将第二个层面用同样的方法建造出来，并与前一个层面熔结在一起，如此层层堆积而获得一个三维实体。采用熔融挤压成形的典型工艺为熔融沉积成形(Fused Deposition Modeling，FDM)，如图 3.18 所示。

(5)喷墨印刷(Ink-Jet Printing)。喷墨印刷是指将固体材料熔融，采用喷墨打印原理

(汽泡法和晶体振荡法)将其有序地喷出,一个层面又一个层面地堆积建造而形成一个三维实体,喷墨印刷原理如图 3.19 所示。

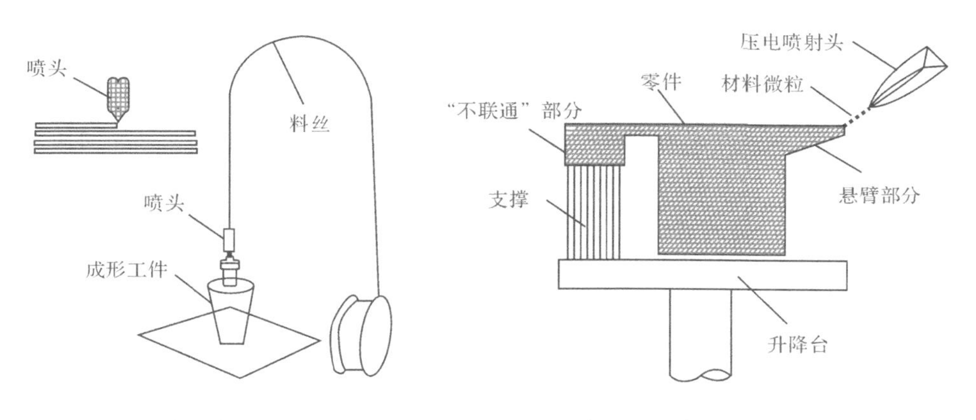

图 3.18　熔融挤压成形方法原理图　　图 3.19　喷墨印刷原理图

3. 快速成形技术在产品设计中的应用

(1)快速产品开发。快速成形技术在产品开发中的关键作用和重要意义是很明显的,不受复杂形状的任何限制,可迅速地将显示于计算机屏幕上的设计变为可进一步评估的实物。根据原型可对设计的正确性、造型合理性、可装配性进行具体的检验。对于形状较复杂而贵重的零件(如模具),如果直接依据 CAD 模型不经原型阶段就进行加工制造,这种简化的做法风险极大,往往需要多次反复才能成功,不仅延误了开发的进度,而且往往需花费更多的资金。对原型的检验可将此种风险降到最低的限度。

(2)快速模具制造(Rapid Tooling)。模具是企业生产的关键问题,机电产品中的多数零件是模具成形的。模具的形状复杂,加工精度要求高,基本都是单件生产,因此,模具的制造周期一般较长,费用也较高,往往成为产品及早上市的瓶颈环节。利用快速成形技术进行模具的快速设计与制造,无需任何专用工装、工具和加工,便可直接根据原型将复杂的模具和型腔制造出来。与传统的机械加工方法相比,采用 RP 技术进行模具制造,可以缩短周期和降低成本 1/3 左右。

第四节　设计过程管理

产品的设计过程包含了若干个不同的工作流程,如新产品开发流程、审批流程和更改流程等。每个工作过程都包含不同内容、不同性质的活动,有的工作过程中还可以嵌套另一个工作过程,如产品开发过程中包含有审批和更改流程。在执行这些工作流程中,产品信息不断产生与完善,最终成为有效、可用于指导生产和支持维修服务的产品数据。

一、设计过程管理的三个要素

设计过程是对产品数据的处理过程,而产品数据是设计过程中管理的基本对象,是在设计过程中逐渐产生和完善的。从时序上看,设计过程包含一系列相互关联的活动,设计人员在这些活动中利用专业工具来处理产品数据,产品数据也随着活动的进行而不断丰富。因此,设计过程中的活动、数据和人构成设计过程的三个要素。

1. 设计活动

产品设计是设计者进行创造性思维的一个过程。虽然随着各种CAD/CAM/CAE等应用软件的发展,产品开发和生产过程中的一些环节实现了自动化,提高了产品质量,并缩短了产品开发周期,但它们都只是支持工程人员行为的辅助工具。设计是人的行为过程,人是设计活动的主体。这一过程由一系列活动构成,通常分为不同的设计阶段,如方案设计、技术设计和详细设计等几个阶段。不同阶段的各种活动往往都持续一定的时间,并产生一定的结果,如制订计划、下达任务、绘图、审核、讨论等活动,其成果物分别是工作计划、任务书、产品图纸、审核意见、讨论纪要等,这些都是与产品相关的信息。产品数据即是在这些活动中由设计人员处理,并不断丰富、细化和完善,直至形成最终的产品结构。

同时,设计活动在时序上有一定的先后顺序,在逻辑上又有一定的层次,是一个相对固定的流程,表现为串联、并联和混合的模式。例如,机械产品的部件设计完成后,各个零件的设计才能开始进行;设计图纸必须经过审核后才能归档等。随着设计过程的进展,设计活动表现出动态分解特性。

2. 产品数据

设计过程中的活动需要处理各种各样的设计信息,包括产品支持数据、产品定义数据和设计过程数据。产品支持数据包括各种标准规范、标准件数据、通用件数据、销售数据等;产品定义数据包括产品定义模型、产品图、BOM表、设计文件、计算书、工艺文件和NC程序等;设计过程数据是指反映设计进程中设计数据的发放、变更、审批等的数据。

3. 设计人员

在设计过程中,不同的任务要由不同的人来执行。为完成一个任务,可临时指定由不同专业和技术背景的人员动态地形成一个多功能的IPT团队。IPT的负责人负责某个任务的技术目标、任务分配等事务。IPT是为了完成特定任务动态组织起来的,当一个新任务出现时,就会产生新的团队。随着任务的完成,团队就会解散。设计过程就是由不同设计阶段中不同专业人员的动态组织完成一定任务而实现的。

二、产品数据管理系统中的流程管理

工作流程管理是产品数据管理(PDM)系统的主要功能之一。工作流程是为达到一定的目标,项目组成员按照规范化的一组活动顺序完成一定任务的过程。工作流程可以分解为若干个活动或工作步骤,每个工作步骤完成若干个操作。根据所要完成任务的性质,各活动之间有一定的先后顺序。例如,零件图样的审批流程可以由设计、校对、审核、工艺、标准化等活动组成。PDM系统不仅管理产品数据,而且管理产品数据的产生过程。PDM系统根据企业制定的管理规则,对产生、修改和使用产品数据的过程进行协调和控制,即工作流程管理。下面以数字化设计过程中涉及的流程定义、审批流程和更改流程等三种典型过程管理进行说明。

1. 流程定义

任何一个工作流程都是由一组相互关联、按照一定先后顺序执行的活动组成的。定义一个工作流程就是设定流程中的各个步骤，表示它们的相互关系，指明各工作步骤的启动和终止条件、所要完成的工作任务、任务的承担者，以及完成任务的期限等。工作流程的内容定义可大可小，一个工作流程中的某项工作也可以嵌套另一个工作流程来完成。由于不同的企业具有不同的管理模式、产品类型和组织结构，因此，流程的定义也不一样，但其共同点都包括流程的三个要素，即活动、承担者和产品数据。因此，在实施 PDM 系统中，应该先对企业中涉及的业务流程进行分析，然后利用工作流程建模工具将产品设计过程中的各项活动定义为数字化的工作流程。

图 3.20 是典型 PDM 系统中提供的工作流程模板定制工具，利用该工具可以为企业定制出不同的工作流程。

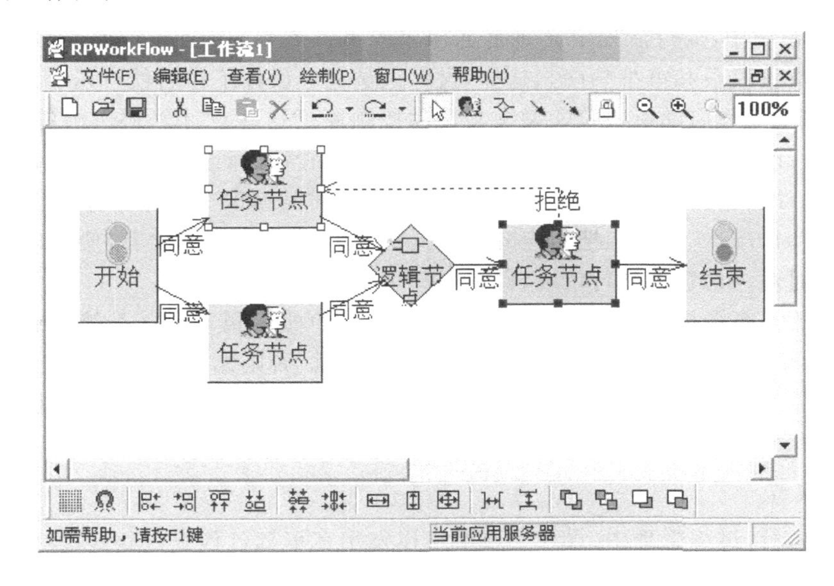

图 3.20　工作流程定制

图中与流程相关的术语包括以下几个：

(1)任务节点。该节点是工作流定制模板中的一个对象，表示工作流在流转过程中所经过的步骤。其属性包括流程属性和外观属性，流程属性包括任务描述、任务承担人、重要度等级、完成期限等；外观属性包括节点的形状、颜色、图片和字体等。

(2)逻辑节点。与任务节点一样，逻辑节点也是工作流模板中的一个对象，连接几个任务节点，用以区分工作流流转时的逻辑关系。

(3)任务连接线。任务连接线是一条带有箭头的线段，用来连接两个任务节点，通过箭头的方向来表示工作流流转的方向。

(4)反馈线。反馈线是一条带有箭头的线段，但不同的是，它是一根虚线。反馈线也是用来连接两个任务节点，并通过箭头的方向来表示工作流流转方向的，但反馈线表达了节点有不同意见后的流转方向。

流程建模工具可以定制出产品设计过程中的各种工作流程。在产品设计中比较典型的工作流程包括审批流程和更改流程，下面分别介绍。

2. 审批流程

设计人员完成设计任务，提交相关的产品图样或技术文件后，需要将这些设计资料传递给指定的下游审批人员。审批人员审查通过并签字后，该设计资料就可以正式发放。在审批过程中，审批人员可以行使否决权，将审批中发现的问题反馈给上游设计者。设计人员根据审批意见对存在的问题进行修改，重新完善其设计工作后，再次申请审批和发放，直至该设计资料审批通过为止。

在传统的审批过程中，由于产品信息的载体是纸质文档，因此，只能实现串行审批，即需送审的图纸或技术资料必须按顺序在各个审批人员中流转、传阅。如果某一位审批人员由于某种原因暂时不在，审批流程就会暂停，引起整个审批流程的延误。

在 PDM 系统中，通过流程定义并制定相应的审批规则，如全部同意、多数同意或一票同意等，以及审批权限和审批顺序。这样，设计人员完成设计工作后就可以启动已定义好的审批流程。审批流程启动后，PDM 系统会自动按顺序把这些设计资料送给各个审批人员，提醒他们有设计文件需要审批。同时，把待审批文件的状态标记为提交状态，以确保所有能够访问这些设计资料的人员都只能对其浏览，而不能对其修改。当某一个流程节点需要多个审批者会签时，PDM 系统会把相应的文件资料同时送给每个审批者，使多个审批者可以并行工作，同时对一份资料进行审批，以此提高审批效率。

PDM 系统具有严格的权限管理机制。对于所有审批人员，PDM 系统都会自动核查使用者的权限，只有具有相应权限的审批者才能进行审批，否则无法操作。日志管理可以记录 PDM 系统使用者的所有操作，以便进行责任追溯。当所有的审批都批准通过后，送审的设计资料状态便会被标记为发放状态，成为发放版本。

3. 更改流程

在产品的设计过程管理中，设计更改既可以发生在审批过程中，也可以发生在文件发放后。例如，对设计文件的审批，除正常的批准通过之外，还有退回的时候；文件被发放后，在生产过程遇到问题，也会启动更改流程。不同的企业、不同的业务模式对更改流程定义、退回机制的处理是不一样的，如遇到问题需要退回时，有的需要退回到前一阶段，有的则退回到流程的初始阶段等。

在 PDM 系统的流程定义中，连接任务节点的反馈线可以处理审批过程中的设计更改。例如，在生产或装配过程中发现质量问题，此时设计资料已处于发放状态，PDM 系统处理这种设计更改时，通常先由更改提出者提出更改申请，并启动相应的更改流程。在提交更改请求的时候，要说明请求更改的理由、需要变更的资料以及更改的内容，然后启动审批流程由上级主管人员对其进行审批。如果上级部门没有批准，则通知更改的提出者，不能进行更改；如果上级部门批准了更改请求，则下达变更任务书，具体执行人员接到更改任务书后，必须按照说明执行更改操作，对设计资料进行修改，修改后，产生新的版本资料。对这些资料还要进行审批，审批通过后，这些资料被标记为发放状态。最后，PDM 系统向资料更改所涉及的相关部门分发更改通知。

第五节　数字化设计系统的功能与结构

一、需求分析

计算机辅助技术始于20世纪50年代，开始只是辅助绘制二维工程图。随着信息技术和工程学科的发展，出现了以特征造型和参数化设计为基础的建模方法和三维CAD系统，经历了从绘图到设计、从辅助到创新、从单元到集成、从个体到协作的飞速发展。

(1)创新的需求。创新是产品的灵魂。创新包括产品从概念设计到详细设计等设计过程各阶段的创新，要求产品设计手段的更新。一个新系列的产品开发可能会继承原产品的80%成果，既需要应用产品的领域设计知识和设计经验，也需要运用发明创造方法学等进行设计原理的创新，更需要综合运用人们已经积累的各种设计资源。

(2)协作的需求。随着工业经济时代的发展，企业跨地域经营、集团化和联合协作已成为迅速发展的有效途径。在新产品开发过程中，企业往往有40%～70%的工作是与其他企业和合作伙伴合作完成的。设计制造的协作已成为重大的社会需求。

(3)集成的需求。产品设计是十分复杂的过程，需要综合运用设计绘图、分析仿真、工艺设计和制造等知识和工具，涉及产品开发过程的各个阶段。一方面，单纯的三维CAD系统已无法满足产品开发的全过程，需要实现CAD/CAE/CAPP/CAM/PDM/PLM的集成，以产品全生命周期为目标进行产品的开发；另一方面，需要集成各种专业设计的应用程序、设计知识和经验。

综上所述，数字化设计系统能够满足现代产品开发需求，能全面提高设计的效率和质量。数字化设计系统的应用使得产品设计信息能够有效地传递给产品分析、工艺设计、制造、装配、维护等产品生命周期的每个阶段，更好地利用生产经验和生产历史的宝贵资料，提高设计制造效率；有效地利用管理过程和设计过程中所产生的设计信息，提高设计信息的再利用率。

二、基本功能

数字化设计系统就是面向产品全生命周期构建产品设计的数字化设计平台，建立数字化二维或三维模型，重用原有的设计知识和经验，对产品进行设计、分析，以达到可制造和可执行的最佳设计方案。基于以上需求，数字化设计系统包含四个方面功能：数字化产品结构设计功能、数字化产品性能分析功能、数字化设计过程及数据管理功能、数字化设计支持数据库等。数字化设计系统功能划分如图3.21所示。

1. 数字化产品结构设计功能

数字化产品结构设计功能主要包含概念设计、装配体设计和零件设计等功能。概念设计是由分析用户需求到生成概念产品的一系列有序、可组织、有目标的设计活动，表现为一个由粗到精、由模糊到清楚、由抽象到具体不断进化的过程。装配体设计，一方面，实现装配单元的划分；另一方面，实现产品装配层次关系、拓扑关系和约束关系定义。零件设计主要完成三个方面信息的定义，即零件功能和工艺边界条件(如装配要求、零部件的整体特征结构描述)、结构几何模型及参数、静态工艺属性(如公差、加工余量等)。

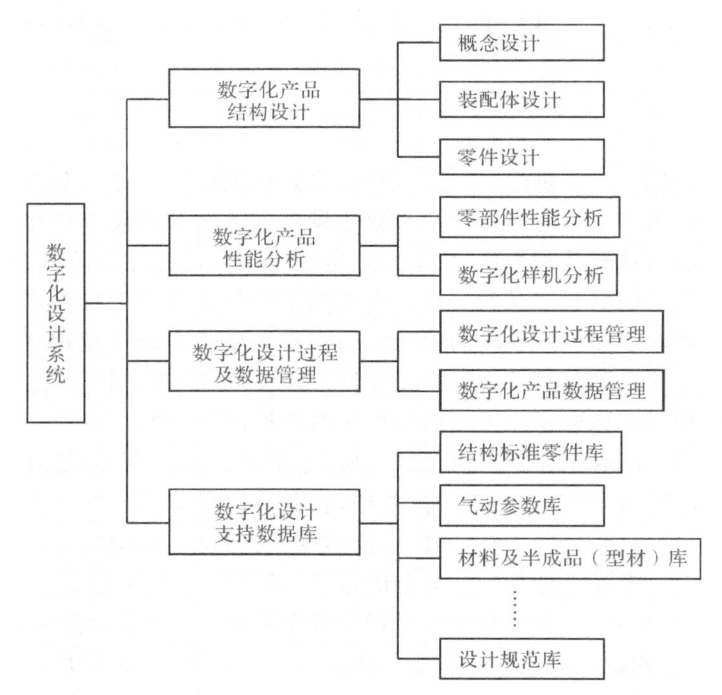

图 3.21 数字化设计系统功能划分示意图

在数字化产品结构设计功能中,目前常用的设计方法是数字化产品定义(Digital Product Definition,DPD)。DPD技术最初由美国波音公司提出,并在波音777等机型的研制中得到成功应用。利用DPD技术进行产品设计时,设计人员使用实体建模软件在计算机上设计零件三维模型,所设计的零件三维模型可直观地显示在计算机上,并且设计人员可方便地进行产品模型的建立、修改与组合等操作。DPD技术是工程设计方法的一个突破,从本质上改变了传统的设计方法。飞机产品存在着大量的复杂零件,与传统设计方法相比,DPD技术具有很大的优越性,其直观性、实时性、易操作性等优点使得复杂产品的设计大大简化。例如,我国第一飞机设计研究院利用数字化设计技术在国内首先建立了飞机全机规模数字样机,为数字化技术在航空工业的深入研究与应用提供了技术和应用基础。

2. 数字化产品性能分析功能

数字化产品性能分析功能主要包括零部件性能分析和数字化样机分析。零部件性能分析主要包括对零部件进行结构分析、力学分析、强度分析、有限元分析、气动分析等;数字化样机分析包括产品的数字化预装配分析、机构运动仿真分析、结构/管路/系统综合分析、数字协调分析等。

3. 数字化设计过程及数据管理功能

对飞机、汽车等复杂产品来说,一种产品可能具有几万、几十万、几百万个零件,需要建立大量的三维模型和二维模型来描述每一个零件、部件,以及它们之间复杂的关系,其设计过程非常复杂,并且设计所产生的信息量非常大,如果依靠人工管理,一旦发生错误就会造成大批的零件报废甚至影响到产品的交付。因此，应用数字化设计过程及数据管理功能来管理产品数字化设计过程和产品模型对大型复杂产品的设计是非常重要的。

数字化设计过程及数据管理功能包括数字化设计过程管理和数字化产品数据管理等，以实现数字化设计过程中多专业协同工作和数据共享。数字化设计过程管理完成数字化设计过程中产品结构设计过程管理、数字化产品性能分析过程管理、设计过程协同工作管理等，以提高数字化设计过程的并行度和效率。数字化产品数据管理实现管理所有与产品相关的信息和过程，其中与产品相关的信息包括零部件信息、结构配置、文件、CAD图档、审批信息等；与产品相关的过程管理包括信息的审批、分配及更改流程等。

4. 数字化设计支持数据库

数字化设计支持数据库主要包括结构标准零件库、设计规范库、材料及半成品(型材)库、型材截面图形库及其参数库、典型构件设计参数库、强度分析库、气动参数库等，实现对数字化设计过程中结构设计与分析的支持，以提高设计效率。

三、数字化设计系统的构成

为了满足数字化设计系统的功能需求，数字化设计系统以基础设计资源为基础，设计人员利用数字化设计工具集实现对产品各个设计阶段的设计工作，同时可以有效地实施、监控与管理设计过程，有效地管理设计数据，以保证设计数据具有唯一性、完备性和可扩展性。因此，数字化设计系统的体系结构包括基础设计资源库、数字化设计过程与产品数据管理、数字化设计工具集和用户等四大部分。数字化设计系统的构成如图3.22所示。

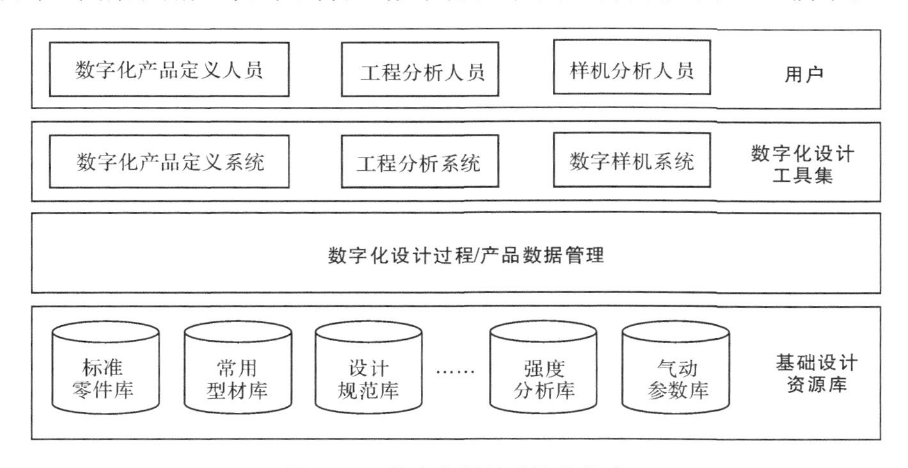

图3.22　数字化设计系统的构成

1. 基础设计资源库

在设计阶段，基础设计资源主要包含三大部分：设计标准与规范、设计经验与知识、数字化设计过程和产品数据管理知识等。

(1)设计标准与规范。设计标准主要是指有关产品设计的国家标准、行业标准和企业标准，作为设计资源，可以以标准零件库、技术标准库等形式支持数字化设计；设计规范主要用于规范设计人员的设计过程，以保证设计过程的顺利实施和设计数据的唯一性和可靠性，包括产品三维建模规范、数字化样机分析规范等。

(2)设计经验与知识。产品设计是经验和创造相结合的过程,即产品设计一方面要继承和重用以前积累的经验与知识;另一方面要根据新产品研制的具体要求进行创新性研究工作。经验与知识的重用有助于实现产品的快速研制。产品设计阶段,在传统的手工设计中,设计经验与知识积累在设计图纸中;在数字化设计中,设计经验积累在产品数字化模型中,同时数字化设计所产生的设计经验比较容易实现计算机存储与管理,有利于设计人员充分利用设计经验与知识,实现产品快速设计。设计经验与知识主要体现为典型零部件库、强度分析参数库、气动参数库等。

(3)数字化设计过程和产品数据管理知识。数字化设计过程管理知识主要体现为人员组织管理经验、设计过程实施与监控、设计过程重组与优化、设计过程度量与评估等积累的过程管理经验,如并行工作管理规范、数字化设计过程规范等。产品数据管理知识主要是指实现数据管理的唯一性、可靠性和安全性而积累的经验与知识,如标准资源库分类编码规范、数字化产品模型命名规范、模型链接规范、数字化样机管理规范等。

2. 数字化设计过程与产品数据管理

数字化设计过程管理是指在数字化设计的概念设计、结构设计、工程分析等过程中,完成产品数字化设计的一系列步骤,是产品开发实践活动的集合。设计过程管理的内容包括设计过程分解、设计过程任务制订、设计过程执行,主要涉及设计过程中设计人员的组织管理、设计过程实施与控制、设计过程度量与评估等。

产品数据管理是指管理所有与产品有关的信息和过程,主要实现以下几个方面的管理:

(1)文档和文件夹的管理。主要用来收集、储存和交付各种 CAD 图纸文件、光栅文件、字符文件及相应的工作过程。文档的管理功能包括文档的增加、删除、修改、版本管理及控制,文档之间相互关系的管理,文档的工作流处理,以及查询文档在哪里被使用等。文件夹的管理功能有文件夹的建立、删除、更改、审批、发放等。

(2)产品结构和构型管理。主要管理产品的结构和构型。其主要功能有生成产品结构树、生成特定产品的构型、物料清单表的更改及版本控制、浏览产品结构信息及各种关联信息、打印各种 BOM 表。

(3)工程更改管理。工程更改管理相当复杂,一个简单的设计更改可能会涉及许多部门的工作。其主要功能包括对工程更改的版本进行管理、建立工程更改单、提出工程更改的原因、查找一个工程更改影响哪些设计和制造部门、确定工程更改的有效性(时间、批/架次号)、收集与工程更改有关的资料并进行审批和发放。

(4)工作流程设计及管理。主要定义设计步骤,以及在处理过程中定义相关步骤的规则,批准每一步骤的规定。支持技术人员的工作分配,包括发放步骤的开发和管理、行政跟踪和批准管理、更改过程和消息的发放等。

3. 数字化设计工具集

在设计阶段,数字化设计工具集主要包括数字化产品定义系统、工程分析系统、样机分析系统等。

(1)数字化产品定义系统。数字化产品定义系统主要实现三个方面的功能:数字化产品概念设计、零件数字化定义和装配体数字化定义。通常，数字化产品定义系统由计算机辅助概念设计(Computer Aided Concept Design，CACD)系统、计算机辅助设计系统和计算机辅助装配设计(Computer Aided Assembly Design，CAAD)系统等三个系统组成。

①计算机辅助概念设计系统。产品概念设计是从用户需求到功能结构分解、原理求解的映射过程。设计人员先把用户需求表示为功能；然后将功能反复分解为一些可以解决的子功能，使这些功能和子功能形成设计的功能树；最后设计人员对各子功能进行求解、综合和评估，得到最终的功能原理。

概念设计阶段的特点如下：

(ⅰ)概念设计阶段的主要处理对象是功能，因此，功能的表示、维护和推理是概念设计阶段的核心问题。

(ⅱ)概念设计阶段产品的几何信息是不完全的，因此，为了表示不完全的几何信息，要对传统的几何造型方法进行改造，使之能表示不完全几何信息和抽象几何信息。

(ⅲ)对整个设计过程来说，设计对象是随着设计过程的进行而不断细化的，因此，要求CAD 系统支持渐进设计过程和 Top-down 设计方式。

(ⅳ)功能信息和几何信息反映了设计对象的不同侧面，因此，要求在 CAD 系统中妥善解决好这两种建模技术的兼容性和相互转化关系。

②计算机辅助设计系统。设计人员在 CAD 系统的辅助下，通过人机对话操作方式能进行设计构思和论证，完成总体设计、技术设计、零部件设计及有关零部件的强度、刚度、电热、磁的分析计算。因此，一个完整的 CAD 软件应是包括计算机制图、参数化设计、参数优化、有限元分析、结构力学和动力学分析、报表及技术文档资料的编写、图形文档管理等。

综上所述，完整的机械 CAD 系统应具有以下几个功能：

(ⅰ)绘图及其编辑功能。通常是机械 CAD 系统所提供的一套命令集，以绘制和修改各种二维和三维机构图，如机械零件三视图，装配轴测图和剖面图，液压管路布置图，汽车、飞机、船舶外形曲面图等。为了减少重复性劳动，提高工作效率，还应包括各种开放式的标准图库，以及参数化设计功能。

(ⅱ)设计分析与计算功能。完成生产的设计方案后，为保证其性能和质量，还需要做进一步的性能分析、动态模拟、系统辨认、验证及优化。常见的分析计算工作包括强度、刚度计算，灵敏度分析，机械运动仿真，有限元分析，参数优化等。

(ⅲ)处理功能。机械 CAD 系统除产生成套技术图纸之外，还要能提供全部有关的技术文档，如材料清单，总体、零部件明细表，使用说明书等，并能完成 CAM 系统的数据转换和信息传输等功能。

为了充分发挥计算机硬件的作用，CAD 系统还必须配备各种功能齐全的软件。CAD 系统的软件构成如图 3.23 所示。

软件分为两大类：支撑软件和应用软件。一类是支撑软件，包括操作系统(实现对硬件的控制和资源的管理)，程序设计语言(Fortran、Basic、C/C＋＋、二次开发语言和汇编语言)及其编辑系统，数据库管理系统(对数据的输入、输出、分类、存储、检索进行管理)和图形支撑软件。另一类是应用软件系统，是根据本领域工程特点，利用支撑软件系统开发的解决本工程领域特定问题的应用软件系统。应用软件系统包括设计计算方法库(常用数学方法库、统计数学方法库、常规设计计算方法库、优化设计方法库、可靠性设计软件、动态设计软件等)和各种专业程序库(常用机械零件设计计算方法库、常用产品设计软件包等)。

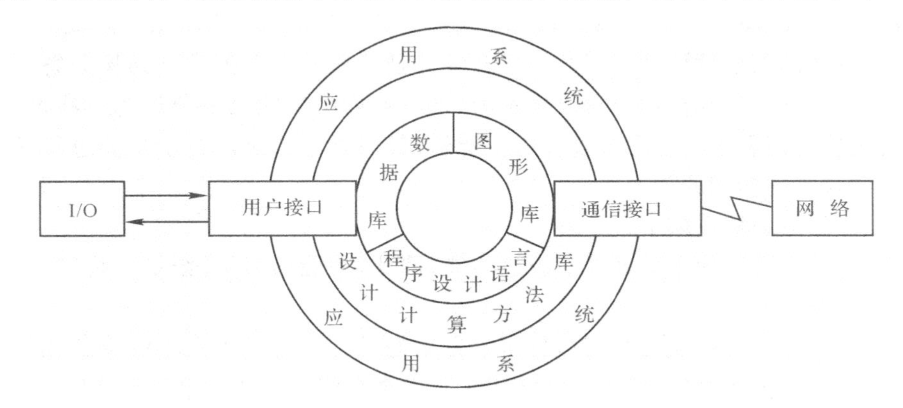

图 3.23　CAD系统的软件构成

③计算机辅助装配设计系统。计算机辅助装配设计系统一般应包含三个重要功能:装配设计、装配规划、装配公差分析。

(ⅰ)装配设计。建立机械装配约束,自动零件定位并检查装配的完整性与一致性;建立并管理基于三维零件机械装配件(装配件可以由多个主动或被动模型中的零件组成);根据零件间的接触自动定义连接,方便产品运动机构的早期分析。

(ⅱ)装配规划。对产品中各零部件的装配顺序、装配路径进行求解,并检查、分析和处理装配过程中出现的干涉、碰撞等问题,最终获得合理的、符合实际装配过程的装配顺序和装配路径。

(ⅲ)装配公差分析。装配公差分析在装配公差模型的基础上进行公差分析,以确定是否可以满足设计需求,从而进行相关尺寸及其公差的调整。通过改变个别关键尺寸的公差约束来提高零件的可装配性和互换性;减少由于公差分配不合理或不正确而造成的装配后产品精度超标和返工的概率;减少装配过程中的选配、修配和调整时间,提高装配效率,降低制造成本。装配公差模型的建立是在三维产品模型的基础上进行的,包括根据设计要求确定关键尺寸和建立配合关系模型。

(2)工程分析系统。工程分析系统利用数值分析的方法有效地对零件和产品进行仿真检测,确定产品和零件的相关技术参数,发现产品缺陷、优化产品设计,减少物理样件的制作,降低产品开发成本。常见的工程分析包括对质量、体积、惯性力矩、强度等的计算分析;对产品的运动精度,动、静态特征等的性能分析;对产品的应力、变形、气动等的结构分析。

工程分析系统中应包含以下三个功能:

(ⅰ)有限元模型生成功能。对于CAD产生的几何模型,用来实现自动化网格划分,方便生成有限元模型。

(ⅱ)零件分析及优化功能。对零件几何模型进行操作,输入求解参数,系统可以实现零件设计自动优化。载荷及约束值随着每次迭代自动地显示出来。用户可通过历史浏览器对所有分析结果的变化进行研究,边设计,边分析,同时可获得有关质量、位移以及主应力等数据。

（ⅲ）零件应力分析功能。产品开发过程初期提供给设计师一个应力分析工具，作为铸件、锻件或厚壁零件设计的指导。

工程分析方法具有很强的产品针对性，如果要使通用的CAD软件系统完全具备这些功能，就会导致软件过于庞大。为此，一个较好的解决方案是由通用CAD软件系统平台提供一定的二次开发接口，以便将特定用户所需的工程分析软件模块无缝链接到通用CAD软件系统中。

(3)数字样机分析系统。数字样机分析系统为各种复杂程度的数字样机和技术数据提供高级的可视化、浏览、分析及模拟工具，提供功能强大的协同式设计审查环境。该系统可以使工程和工艺主管人员对任意复杂程度的数字样机和技术数据实现协同式工作，包括高性能的可视化、浏览、审核、分析、仿真等；为工程技术人员提供设计协同检查等手段，而无论这些产品或模型有多大。通过它们才能够实现数字样机关联设计的完美环境。

样机分析系统的主要功能包括以下几点：

（ⅰ）数字样机空间工程设计助理。可在并行工程环境下通过预定义设置符合企业设计要求的干涉检查参数，以缩短产品设计周期。

（ⅱ）数字样机漫游器。在数字样机环境中实现快速显示与虚拟漫游。

（ⅲ）数字样机空间分析。实现干涉、碰撞、剖切及测量等高级空间分析功能。

（ⅳ）数字样机装配仿真。定义装配的安装与拆卸过程，并进行仿真分析。

（ⅴ）数字样机运动机构模拟。运动机构仿真与分析。

（ⅵ）数字样机优化器。计算零件的运动显示以优化设计。

第六节　数字化设计系统CATIA

一、CATIA系统概述

CATIA(Computer-graphics Aided Three-dimensional Interactive Application，即计算机辅助三维交互设计应用)是法国达索系统(Dassault Systemes)公司开发的CAD/CAM/CAE集成系统。CATIA软件的曲面设计功能在飞机、汽车、轮船等设计领域广泛应用。在飞机制造业中，波音777项目和洛克希德·马丁公司的JSF项目是应用CATIA系统取得成功的典范。CATIA的曲面造型功能体现在它提供了极丰富的造型工具来支持用户的造型需求。例如，其特有的高次Bezier曲线曲面功能，次数能达到15，能满足特殊行业对曲面光滑性的苛刻要求。

CATIA V4版本运行于工作站，其许多造型工具能利用不同的方法实现类似的造型效果，使用户必须在严格掌握各种工具细微差别的基础上才能正确地选择，因此，对于工作站版本，往往需要专业的培训才能掌握。达索公司也通过推出一些更专业的软件包方便用户使用。达索系统公司提供的CATIA V5版本能够运行于多种平台，特别是微机平台，并且具有友好的用户界面，弥补了V4版本的不足之处。

二、CATIA 体系结构

如图 3.24 所示，CATIA V5 可为数字化企业建立一个针对产品整个开发过程的工作平台。在这个平台中，可以对产品开发过程的各个方面进行仿真，并能够实现工程人员和非工程人员之间的电子通信。产品整个开发过程包括概念设计、详细设计、工程分析、成品定义和制造乃至成品在整个生命周期中的使用和维护，给用户提供了一个完善的工具和使用环境。它不仅给用户提供了丰富的解决方案，而且具有先进的开放性、集成性及灵活性。

CATIA V5 具有以下特点：

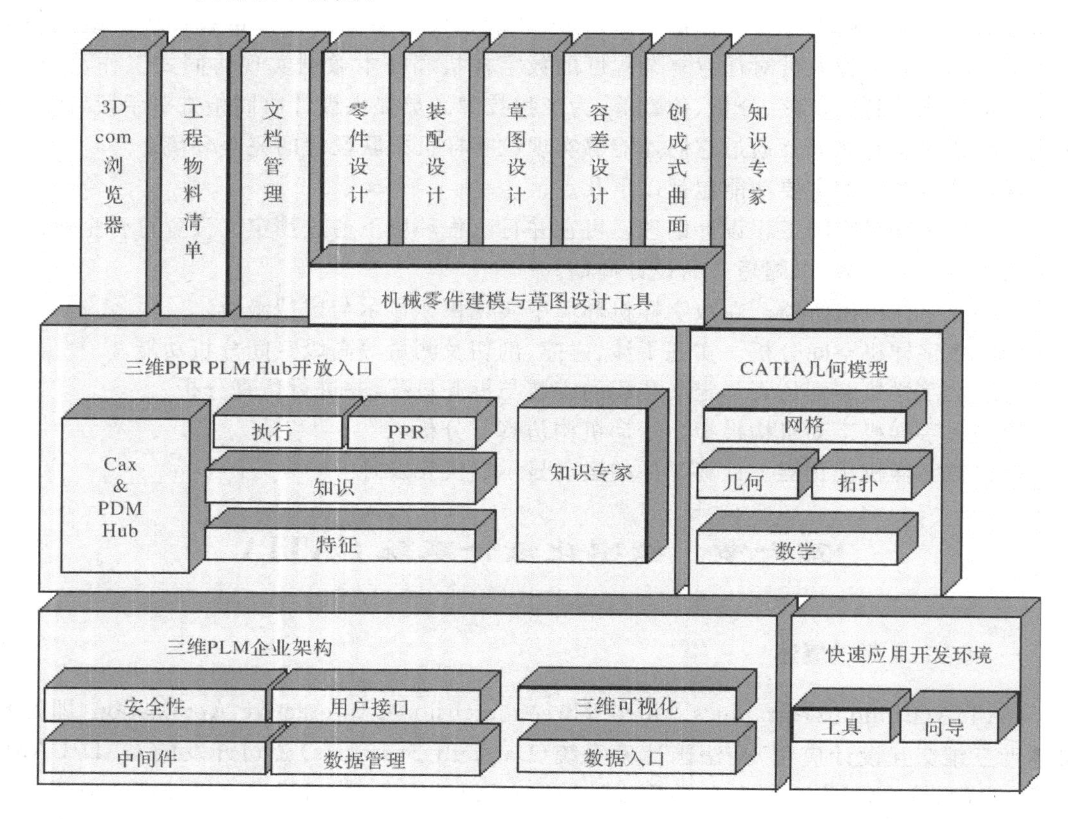

图 3.24　CATIA 系统体系

1. CATIA 系统是高度集成数字化设计制造系统

CATIA 系统包括了产品从概念设计到产品维护的全过程，是面向虚拟产品整个过程的系统。CATIA 系统提供了产品概念设计、详细设计、零件装配与装配模拟、工程分析、产品数控加工等产品设计、分析、制造、维护全过程所需的工具以及相应的管理手段。它是面向虚拟产品的、基于数据管理的高度集成的系统。该系统的数据库保证了所有应用模块的一致性和相关性。

2. 采用先进的混合建模方法技术

CATIA 系统是一个由二维工程绘图、线框造型、曲面造型、实体造型、特征造型等多种造型方法相结合，参数化和非参数化相结合的混合造型系统。

用户在进行产品造型时，可根据产品设计各阶段的需要，通过绘图、线框、曲面、实体等技术方法进行产品数字化定义，并可通过参数化的尺寸驱动等多种修改手段，根据产品的性能、制造、维护等需要，对产品模型进行修改。

CATIA 系统混合建模方式有以下几种：

(1)设计对象的混合建模。在 CATIA 的设计环境中，无论是实体还是曲面，做到了互操作。

(2)变量和参数化混合建模。在设计中，设计者不必考虑如何参数化设计目标，CATIA 提供了变量驱动及后参数化能力。

(3)几何和知识工程混合建模。企业可以将多年的经验积累到 CATIA 的知识库中，用于指导本企业新员工，或指导新产品的开发，加速新型号推向市场的时间。

CATIA 系统混合建模方法具有以下特点：

(1)集成化造型方法。该方法为用户提供了灵活的造型手段。

(2)后参数化的过程。产品造型完成后根据产品的特点，以及修改、制造、维护的需要，对其进行参数化，使参数化的含义更加明确。

(3)局部参数化的方法。绝大多数零件往往只需对零件的某一部分或某几部分的几何关系进行修改，因此，可以对所需的相关几何关系进行局部参数化定义。

3. 支持并行工程设计

CATIA 提供了多模型操作(SESSION)的工作环境及混合建模方式。总体设计部门将基本的结构尺寸发放出去，各分系统的人员便可开始工作，既可协同工作，又不互相牵连。由于模型之间的互相关联，使得上游设计结果可作为下游的参考，同时，上游对设计的修改能直接影响到下游工作的刷新，从而保证产品信息的相关性、一致性和可靠性。

4. 具有基于人工智能的知识工程结构

CATIA 系统是一种智能化的 CAD/CAM 系统。该系统采用了人工智能技术，可将产品的技术规范、特殊技术要求、公司的技术标准，以及个人的实际工程经验等准则添加到产品的规则定义中，用户可以在项目的整个生命周期中跟踪、评估设计目标。

基于人工智能技术的 CATIA 系统智能化体系结构，使 CATIA 系统具有更大的灵活性和先进的诊断能力，以提高所建立的产品模型的有效性、一致性和可靠性。

5. 具有基于网络的协同工作环境

通过网络，CATIA 系统的协同组件可使分布在世界各地的用户一起实时地对 CATIA 模型进行评审、浏览等协同工作。

6. 开放性的体系结构

系统的开放性是评价一个 CAD/CAM 系统的重要指标。CATIA V5 实现了开放的体系结构，包括涉及开发、测试的所有 CATIA 产品及配置，用户可以根据功能需求，基于 CATIA V5 应用开发平台 CAA FOR CATIA V5，就可以开发与 CATIA 无缝集成的客户化功能模块。

三、CATIA 的主要模块

CATIA 系统强大、丰富的功能提供了产品开发过程的解决方案。根据不同的应用领域，系统提供如下 7 大模块：

(1) 机械设计模块。机械设计模块可完成机械产品从概念设计、具体的零件设计直到二维工程绘图的一系列流程。CATIA V5 可以应用二维或三维线框造型、精确实体造型或多面体实体造型、基于特征的设计、三维参数化变量设计、草图设计等手段，进行产品造型。CATIA V5 专用的应用程序可以帮助进行零件装配管理、金属钣金加工、三维尺寸和公差标注等工作。

(2) 外形设计模块。外形设计模块为具有复杂外形曲面的零件提供了设计方案。该模块包括一些先进的曲面造型功能，可以方便地构造、修改、整形、分析及管理零件曲面，以帮助设计人员对有特定的美学要求、空气动力要求或其他要求的外形进行设计。专用的应用程序可将点阵数据转化成零件曲面，在曲面上进行雕刻等工作。

(3) 分析模块。利用 CATIA V5 可以很方便地实现对零件及其装配体的静态应力及模态分析。通过集成的前后处理器及解算器，CATIA V5 提供了一个面向产品设计人员的分析系统，设计人员可以对零件或装配进行预分析。

(4) 电子设备和系统工程模块。电子设备和系统工程模块用于设计、修改和分析电子和流体系统。电子系统设计可以完全根据电线和电缆的内容定义来完成。CATIA V5 电子设备和系统工程模块既可以用于完成管道布线、电路图、三维电子设备，以及布线和电缆安装设计，也可以实现空间预留、干涉和间隙检查和装配仿真等空间管理工作。

CATIA V5 提供了完整的设计协同检查等手段，通过设计协同检查能够实现数字样机关联设计的完美环境。CATIA V5 可以获取企业知识与经验的动态环境，并能有效地在企业内共享这些知识。这使采用 CATIA V5 创造产品的过程更快、更好，错误更少。CATIA V5 提供了多个模块组件，使得复杂的电气、管道与机械系统设计工作能在一个集成的、基于数字样机的设计环境下进行。

(5) 制造加工模块。制造加工模块可以完成 3 轴和 5 轴铣切加工、车削加工、钣金自动排料等全套工作。CATIA V5 制造加工模块可以根据企业 NC 技术库中共享的有关材料、机床、工具、工艺及其他加工参数，建成优化的 NC 标准应用程序。CATIA V5 制造加工模块可以使用这些优化的标准程序进行零件的自动编程。制造加工模块还提供机器人的定义和编程，STL 快速成形，2.5 轴数控加工及 3～5 轴数控加工等工具。

(6) 工厂设计和造船模块。工厂设计和造船模块提供了完全集成的应用程序，运用厂房的管道、设备、结构等工厂基本单元的设计和修改，可自动地进行符合多种要求的绘图安排和等比例管道设计，有效地降低错误率，保证文档的一致性。

工厂设计和造船模块完全集中在 CATIA 系统中，可充分利用其他功能，如干涉检查、装配仿真、设计布局验证、可视化等功能。CATIA 系统还具有基于知识工程的智能化结构，可以充分利用企业和项目的经验和技术。

(7) 基于互联网的自学模块。CATIA Web-Based Learning Solutions (WLS)基于 Web 技术的自学系统提供了一个容易使用的电子支持系统(EPSS)，方便广大用户学习

CATIA V5。

第七节　产品数据管理 LCA

一、ENOVIA LCA 概述

ENOVIA LCA(Life Cycle Application,即产品生命周期应用)是 ENOVIA 生命周期管理系列产品的一部分,是一个以角色为基础、基于企业应用的软件包,能够帮助企业实现快速产品开发和管理企业产品、流程、资源等的集成解决方案。

ENOVIA LCA 的主要特点如下:

(1) 提供预制的工作流程及开放协同环境以支持产品开发与产品管理的各项功能。

(2) 提供概念设计阶段的产品配置定义,用以支持多产品变形的定义。

(3) 集成化的环境(通过 DMU 数字样机环境集成)支持配置环境下的数字样机检查与验证。

(4) 提供动态、灵活的跟踪能力,以确保在产品与流程设计过程中产品变更的可追踪性。

(5) 提供包括工程变更请求(Engineering Change Request,ECR)与工程变更通知(Engineering Change Order,ECO)在内的预制的支持企业工程更改的功能。

(6) 通过里程碑(Milestones)功能来同步控制项目进展及配置变更。

(7) 利用产品及业务规则来定制复杂产品的配置。

(8) 采用基于 STEP 标准的产品转换接口及可选的 ENOVIA Portal 3D com 产品来扩展企业通信,并加强与供应链的集成。

(9) 基于 V5 开放式体系结构的强大功能及 CAA RADE V5 所提供的一系列开发工具,方便用户根据自己的需求来定制企业的专用应用。

二、ENOVIA LCA 结构

ENOVIA LCA 是基于达索公司的 V5 体系结构和产品—流程—资源(PPR)Hub 的开放集成系统,确保产品全生命周期内产品定义和管理知识的协同存储和管理。它提供即插即用、基于角色的应用,实现基于制造业最佳经验的、完整的产品全生命周期管理,支持从早期的产品规划开始,经由概念设计、详细设计,再经服务和退出市场的整个过程,从而允许在整个企业全面快速部署。ENOVIA LCA 的结构如图 3.25 所示。

三、ENOVIA LCA 主要功能

1. 文档管理

文档管理为用户提供企业信息访问的单一入口。企业信息由一个企业联盟信息电子仓库统一存储和管理,其中包括系统控制信息和用户控制信息。

电子仓库不一定同存于 ENOVIA 服务器,还可以分布在网络可及的异地。每个系统控制的文档存于一个电子仓库。电子仓库中存储的信息类型有三种:

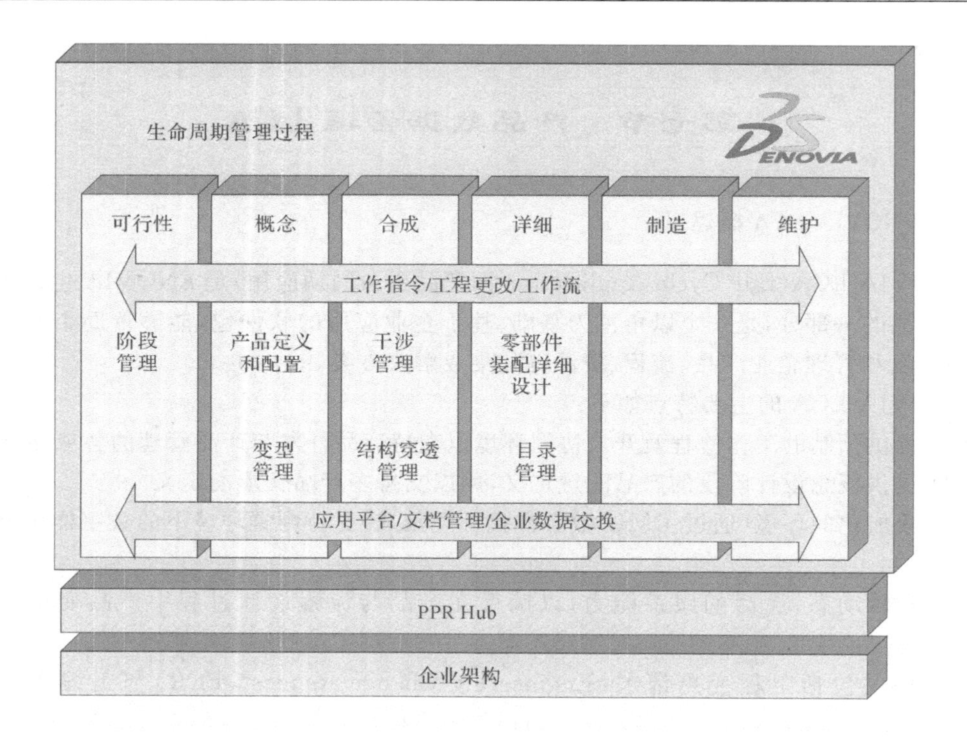

图 3.25　LCA 支持产品生命周期管理

(1) 系统控制的文档。存于电子仓库的文档(系统中预定义的区域,用于存放文档文件及其版本、版次)。

(2) 外部文档。未存于电子仓库的物理文档也能用 ENOVIA 管理,方法是登记文档的元数据及其物理位置(如图纸库、档案馆或其他存储设备)。

(3) 超链接文档。允许用户创建包含超链接的文档。链接可以用适当的视窗打开。

文档管理的功能包括以下几点:

(1) 文档电子仓库功能。

(2) 文档类型的自动识别(MIME-Type)。

(3) 多格式支持。

(4) 多页文档。

(5) 文档链接。

(6) 受更改控制的文档。

(7) 与产品结构集成。

(8) 集成的图形浏览器。

(9) 全文检索。

(10) 模板管理。

(11) 从本地文件目录拷贝。

2. 产品定义和配置

ENOVIA LCA 提供的产品定义和配置功能可以在产品概念设计阶段确定产品结构树。它支持嵌入式概念，如组件和区域结构，并提供产品的多维视图和结构。产品定义和配置提供以下功能：

(1) 产品类编辑器：组织产品和产品系列的结构。

(2) 产品组件编辑器和区域编辑器：组织产品的功能分解（组件、系统或空间区域结构）。

(3) 配置管理：时间、区间、规格（装备）和里程碑。

产品定义和配置的特点如下：

(1) 完整的产品定义管理（产品线、产品、部件）。

(2) 用于管理用户多种需求的变型管理。

(3) 受配置和更改控制的产品结构。

(4) 高级配置功能，包括复杂的生效性、过滤器等。

(5) 基于区域的分解。

3. 变型管理

ENOVIA LCA 的产品变型管理提供高度的客户化产品，帮助企业满足市场的要求。在产品计划阶段，它采用一系列工具来定义和管理产品变量和规则的完整数据字典。通过与产品配置系统的整合，随着从技术和市场角度预测的产品组成信息被存储在一个专门的材料清单，产品变型管理将建立一条客户需求和产品开发过程的链接。

ENOVIA LCA 的产品变型管理的功能包括为每个模型定义产品模型和审定规格的能力。产品计划者能够建立关于产品规格用法的规则，如强制性或互斥性的规则，为后续阶段用来指导产品设计和产品确认过程。变型管理的特点如下：

(1) 定义完整的企业产品的关键属性。

(2) 定义和管理公司关于变型的字典。

(3) 定义关于选装的使用规则。

(4) 在配置过程中确保选装的正确使用。

4. EBOM 零部件/装配详细设计

ENOVIA LCA 的 EBOM 零部件/装配详细设计提供涉及零件创建、修改和关系等的零件管理功能，并支持 EBOM 的创建。ENOVIA 使用基于实例的方法创建 EBOM，即零件数据一旦在数据库中保存，就可在产品结构中多次引用。该方法的优点是可以减少数据量、提高零件变更速度。

ENOVIA LCA 的 EBOM 零部件/装配详细设计可定义零件间的关系，因而支持关联设计。EBOM 零部件/装配详细设计的特点如下：

(1) 支持 EBOM 创建的功能，包括零组件引用及其在产品结构中实例的创建。

(2) 具有零件管理能力，包括零件成熟度和版本控制、零件替换、零件升级和零件族、设置互换零件。

(3) 具有图表比较能力。

(4) 技术依赖关系的显示与开发。

5. 产品干涉检查

ENOVIA LCA 的产品干涉检查使用一种先进的工程管理工具(增量干涉分析)来支持零件的协同设计。它使得管理者和设计者能够记录和更新连续干涉分析的结果。根据保存的冲突结果,管理者能精确定义以冲突为基础的产品变更的工作指令。

ENOVIA LCA 的产品干涉检查允许自动和全局范围的冲突管理。产品干涉检查的特点如下:

(1) 针对零件和产品的简单(所选零件)和高级(结构和相邻零件搜索)干涉分析。

(2) 碰撞、接触与间隙的识别与管理。

(3) 连接干涉结果。

(4) 引入干涉结果到 CATIA。

(5) 命令行模式。

(6) 支持多文档和多表。

6. 工程更改管理

ENOVIA LCA 的工程更改管理能够创建工程更改请求和工程更改通知,并确保产品的更改是有效、已授权和可跟踪的。ECR 捕获更改要求并根据有效性的要求为更改流程部署参与者。ECO 通过捕获工作需求的完整定义引入更改。

ENOVIA LCA 的工程更改管理支持完整的更改流程,提供工程更改请求的定义和管理,从而加强企业的正规更改流程。工程更改管理的特点如下:

(1) 根据工程性创建 ECR 和 ECO,ECR 有效时提升为一个或多个 ECO。

(2) 工程更改发放网络为先决 ECO 和并行 ECO 体系。

(3) 可以进行工程更改的版本管理。

(4) 可进行模拟更改状态。

(5) 可通过图形界面操纵相关工程更改和工作指令链接。

7. 行为编辑器

ENOVIA LCA 的行为编辑器能够创建行为,在早期产品开发阶段跟踪可能引起产品结构处于非正常状态的更改。一方面,保证所有的更改对产品结构而言都是已授权和可跟踪的;另一方面,在变更指定到行为后,仍为用户自由修改产品结构提供充分的灵活性。使用行为编辑器,先前无关的工作可能被互相连接以提供一种灵活和非正式的类似工作流的管理。对不良行为的监控将使后续工作的延迟降到最低。

ENOVIA LCA 的工程更改和工作流流程也可能采用行为以分解工作项目。行为可以细分为子行为。行为编辑器的特点如下:

(1) 可创建行为。行为用来跟踪产品结构的变化。

(2) 一个行为可以连接另一个行为,也可成组连接。

(3) 可以描述全局任务及其关联环境,并受生命期控制。

(4) 可以监控不良行为。

8. 开发过程管理

ENOVIA LCA 的开发过程管理用于定义型号的特定规则和阶段。在一个大型的组织中定义和管理产品是非常复杂的行为。ENOVIA LCA 的目标是为过程管理者提供一组型号管理工具，帮助其监督和管理各种流程，包括组织内部开发的流程。

ENOVIA LCA 的开发过程管理支持生命周期管理和阶段管理。开发过程管理的特点如下：

(1) 可定义每个 ENOVIA 对象的生命周期。

(2) 可通过图形用户界面浏览和客户化生命周期。

(3) 可定义生命周期的关口条件和操作。

(4) 与过程相关的里程碑定义。

(5) 特定的过程控制。

习　　题

1. 简述产品设计的一般程序。
2. 什么是并行设计？简述其设计过程。
3. 概念设计中常采用哪些数字化设计方法？其作用是什么？
4. 简述设计过程管理的三个要素。
5. 结合产品设计实例，按照流程定义分别画出产品设计中的审批流程图和更改流程图。

第四章　计算机辅助工艺规划

工艺规划是连接产品设计与制造的桥梁，对产品质量、制造成本、生产周期等具有重要的影响。应用计算机辅助工艺规划技术，不仅可以使工艺人员从烦琐、重复的事务性工作中解脱出来，迅速编制出完整的工艺规程，缩短生产准备周期，而且可以逐步促进企业工艺过程的规范化、标准化与优化，从根本上改变工艺规划依赖于个人经验的状况，提高工艺规划的质量，为企业生产管理提供科学依据。

第一节　概　　述

一、产品工艺规划及管理

机械产品的类型虽然千差万别，但其设计和制造过程大同小异。产品制造一般包括工艺规划、生产计划制订、零件加工、部件和产品装配、检验等主要环节。其中，工艺规划一般是指零件机械加工工艺设计和产品装配工艺设计。它是生产计划制订和生产准备的主要依据。

1. 机械加工工艺设计

机械加工工艺过程是指用机械加工方法逐步改变毛坯的状态（形状、尺寸和表面质量），使之成为合格零件所进行的全部过程。把工艺过程按一定的格式用文件的形式固定下来，便成为工艺规程。它是生产人员应严格执行的纪律性文件。

机械加工工艺设计就是依据产品装配图和零件图及其技术要求、零件批量、设备工装条件，以及工人技术情况等确定所采用的工艺过程，形成工艺规程。

机械加工工艺设计一般按照以下步骤进行：

(1) 分析研究产品装配图和零件图，进行工艺审查和分析。

(2) 设计毛坯或按材料标准确定型材尺寸。

(3) 拟订工艺路线。它包括确定加工方法、安排加工顺序、确定定位和夹紧方法、安排热处理、检验和其他辅助工序。拟订工艺路线是工艺设计的关键步骤，一般需要提出几个方案，进行分析对比，寻求最经济、合理的方案。

(4) 确定各工序所采用的设备和工艺装备（刀具、夹具、量具和辅助工具）。如果加工需要专用的工装，则应提出具体的工装设计任务书和工装请制申请书。

(5) 确定工序尺寸、技术要求和检验方法。

(6) 选择切削用量。

(7) 确定工时定额。

(8) 填写工艺文件。

(9) 零件数控加工程序编制。

2. 产品装配工艺设计

机械产品是由零件、组件和部件组成的。零件是组成机器的基本单元，一般都是预先装配成组件或部件后，才装到机器上去，直接装入机器的零件是不多的。组件是指几个零件的组合，在机器中不具有完整的功能。部件是若干组件和零件的组合，在机器中要完成一定的、完整的功能。

按规定的技术要求，将零件、组件、部件进行配合和连接，使之成为半成品或成品的工艺过程，称为装配工艺过程。将装配工艺过程按一定格式编写成工艺文件，就是装配工艺规程。它是组织装配工作、指导装配作业的基本依据。

产品装配工艺设计，即装配工艺规程制定的步骤如下：

(1) 产品分析。产品分析包括以下三个方面的工作：

(ⅰ)分析产品图纸，掌握装配技术要求及产品验收标准。

(ⅱ)对产品结构进行尺寸分析和工艺分析。尺寸分析是指装配尺寸链的分析与计算，应对产品图上装配尺寸链及其精度要求进行验算，并确定达到装配要求的工艺方法。工艺分析是指装配结构工艺性分析，确定产品结构是否便于装拆和维修。

(ⅲ)研究产品分解成装配单元的方案，以便组织装配工作的并行、流水线作业。装配单元可分为零件、组件、部件和机器四种等级。

(2) 确定装配组织形式。装配组织形式分为固定式装配和移动式装配两种。固定式装配直接在地面或装配台架上进行，工作地点不变；移动式装配的工作地点不固定，由小车或输送带等实现其移动。

装配组织形式的选择主要取决于产品的尺寸、质量、复杂程度和生产批量。装配组织形式一经选定，装配方式、工作地点布置等也相应确定。工序划分及工序内容的集中或分散等直接受其影响。

(3) 拟定装配工艺过程。

(ⅰ)根据产品结构及其装配要求，确定装配工作的具体内容。

(ⅱ)确定装配工艺方法、装配设备及工具、夹具、量具等。专用装配设备、工具及夹具要提出设计任务书。装配参数可参照经验数据或经试验、计算确定。

(ⅲ)确定装配顺序。各级装配单元装配时，要先确定一个基准件进入装配，然后安排其他装配单元装入的先后次序。

(ⅳ)确定工时定额与工人等级。

(4) 编写工艺规程。

3. 工艺管理

工艺管理是指企业对各项工艺工作的计划、组织和控制等一系列管理活动。

工艺管理的主要内容包括：

(1) 产品工艺规划工作的计划制订、组织、任务分配和控制。

(2) 各类工艺数据的统计、汇总和报表编制。

(3) 工艺装备设计和制造的计划制订、申请、审批和控制。

(4) 车间现场工艺问题的处理和控制。

(5) 工艺文件管理，如文件分类管理、版次管理、工艺文件更改管理等。

(6) 工艺标准、规范的制订、控制和管理。

二、基于 AO 和 FO 的工艺规划

为适应飞机转包生产的要求，我国飞机制造企业引入了波音公司的 AO 和 FO 工艺管理机制，用于飞机制造过程的控制。

1. AO 简介

AO(Assembly Order，即装配指令)是制造部门根据工程图样、工艺标准等编制出来，用于飞机装配现场指导装配操作和质量检验的工艺技术文件，是生产管理和质量管理的原始记录。

一份完整的 AO 包含技术管理、质量控制管理、生产管理等方面的信息，参见表 4.1、表 4.2 和表 4.3。

(1) 技术管理信息。

(ⅰ)工作说明：简要说明 AO 的工作内容。

(ⅱ)工作内容：详细规定 AO 的操作过程及要求。

(ⅲ)引用的工艺标准号和材料标准号。

(ⅳ)使用的工装、工具图号及版次。

(ⅴ)零件清单：列出该 AO 需装配的零件编号、数量、更改字母等信息。

(ⅵ)标准件清单：列出该 AO 需装配的标准件编号、数量等信息。

(ⅶ)材料清单：列出该 AO 所需材料牌号、数量、计量单位等。

(2) 质量控制管理信息。

(ⅰ)架次记录：记录在生产过程中产生、与图纸及技术条件不相符的现象，处理意见及操作者和质保检验的签字盖章。

(ⅱ)完成每道工序的操作者及质量检验员的签字盖章记录。

(ⅲ)文件存档记录。

(3) 生产管理信息：

(ⅰ)工艺卡片号。

(ⅱ)工厂系列号。

(ⅲ)制造及完成日期。

(ⅳ)AO 的版次及发放记录。

(ⅴ)适用的飞机编号等。

表 4.1　AO 示例

工 310－1

<table>
<tr><td colspan="2">编号　Y7－3310－4001－200</td><td>版次　2</td><td colspan="2">共　页 第 1 页</td></tr>
<tr><td>编制</td><td>校　对</td><td>质　审</td><td>审　核</td><td>复　审</td></tr>
<tr><td>批准</td><td></td><td></td><td></td><td></td></tr>
</table>

＊＊＊＊换版说明＊＊＊＊

合并 Y7－3310－4001－200/G1,G2,G4。

＊＊＊＊所需产品图样＊＊＊＊

Y7－6911－00,8B,1;Y7－G69－13824。

＊＊＊＊所需技术文件＊＊＊＊

XYS1201;XYS1217;XYS2316;XYD1208。

＊＊＊工作说明＊＊＊

1　按生产说明书 XYS1201 钻孔、铆接、涂漆。

2　装配过程,应注意镁合金零件保护。

＊＊＊工作内容＊＊＊

序号		项　目　内　容
10	O	后隔框与固定盘组合,将环形锁锁紧,定位后隔框 Y7－6911－00－10。
	T	4A－63406/Y7－033,桨毂整流罩夹具。
		工人　　　　检验
20	O	定位前隔框 Y7－6911－00－5,蒙皮 Y7－6911－00－3。
		工人　　　　检验
30	O	铆接前隔框、后隔框和蒙皮。
	I	工人　　　　检验
40	O	按图 Y7－6911－00 制加强口框 Y7－6911－00－9 两侧 ϕ2.7 孔(12 个),定位加强口框 Y7－6911－00－9。
	I	工人　　　　检验
50	O	铆接加强口框与蒙皮。
	I	工人　　　　检验

＊＊＊划改记录＊＊＊

页次	更改标志	更改依据	内容概述	更改者	更改日期

表 4.2　AO 示例(续 1)

工 310－1

AO 号 Y7－3310－4001－200　　　版次　2　　　第 2 页

＊＊＊零　组　件　核　实＊＊＊

注:标准件及按需供应的材料不用核实。

零组件号	数　量	装配图号	类　别	质量记录	工　人	检　验
Y7－6911－10	1	Y7－6911－00	Z2			
Y7－6911－100	1	Y7－6911－00	Z2			
Y7－6911－00－3	1	Y7－6911－00	L2			
Y7－6911－00－7	4	Y7－6911－00	L2			
Y7－6911－00－9	4	Y7－6911－00	L2			
Y7－6911－00－19	4	Y7－6911－00	L2			
Y7－6911－00－20	4	Y7－6911－00	L2			
4A1－82－3＊6	32	Y7－6911－00	B2			
4A1－105－2.6＊7	8	Y7－6911－00	B2			
4A1－105－3.5＊8	32	Y7－6911－00	B2			
H062	AX		C10			

＊＊＊划改记录＊＊＊

页次	更改标志	更改依据	内容概述	更改者	更改日期

表 4.3　AO 示例(续 2)

AO 任务卡　　　工 315－1

系列号　　　计划员　　　发放时间

AO 号	版次	条形码表示区
工艺组件号		
派工号	配套架次	
计划开工时间	计划完工时间	
任务数量	交付位置	
合格数量	实际完成时间	
工人	检验	

2. FO 简介

FO(Fabrication Order，即制造指令)是制造部门根据工程图纸、技术条件、技术标准等编制出来，用于飞机的零件制造(包括零件制造车间按照工艺计划分工进行装配的组件装配)、现场指导零件加工(或组件装配)和质量检验的工艺技术文件，是生产管理、质量管理的原始记录。

一份完整的 FO 包含技术管理、质量控制管理、生产管理等方面的信息，参见表 4.4、表 4.5、表 4.6 和表 4.7。

(1) 技术管理信息。

(ⅰ)按工序号反映每道加工工序所在的车间号、操作说明和要求(包括工艺简图)。

(ⅱ)使用的工装、工具图号及版次。

(ⅲ)设备型号或规格。

(ⅳ)引用的工艺标准号。

(ⅴ)零件的协调要求(即交接状态表号)。

(ⅵ)制造依据等。

(2) 质量控制管理信息。

(ⅰ)完成每道工序的操作者及质量检验员的签字盖章记录。

(ⅱ)拒收报告单号。

(ⅲ)下料依据。

(ⅳ)质量编号。

(ⅴ)文件存档记录。

(3) 生产管理信息。

(ⅰ)工厂系列号。

(ⅱ)原始材料供应状态。

(ⅲ)制造数量。

(ⅳ)制造及完工日期。

(ⅴ)车间分工路线。

(ⅵ)生产计划任务书。

(ⅶ)FO 的版次及发放记录。

(ⅷ)工艺卡片号。

(ⅸ)适用机型等。

(4) 零件基本信息。

(ⅰ)零件图号及名称。

(ⅱ)更改字母。

(ⅲ)毛料尺寸。

(ⅳ)装配图号。

(ⅴ)热表处理、特种检验。

(ⅵ)材料牌号及技术条件等。

表 4.4　FO 示例

* * *　任　务　卡　* * *

FO号 No.		版次 Issue	
FO系列号 Serial No.			
零件工程图号 E. Drawing No.		版次 Issue	
每机数量 QTY. Of A/C			
派工号 Cost Account Code		配套架次 Kits	
开工时间 Cut In		完工时间 Cut Out	
任务数量 Task QTY.		交付位置 Ship In Place	
工段 Work Section			
发放时间 Release Time	（计算机时钟）	计划员 Scheduler	

* * *原 材 料 发 放 记 录* * *

零件号/序号	材料合格证	炉批号	毛料 FO 系列号	数量	发料员	领料

分　卡　记　录　粘　贴

* * *回 执 Reback* * *

FO系列号 Serial No

任务数量　　　　完成数量　　　　合格数量　　　　实际完成时间

工人　　　　　　　　　　　　　　检验

表 4.5　FO 示例(续 1)

FO 号　　　　　　　　　　版次　　　生效架次　　　　　　　共　页 第 1 页

批准生效时间:(计算机时钟)

编　制　　校　对　　质　审　　审　核　　复　审　　用户代表

* * * 换版说明 * * *

* * * 所需产品图纸 * * *

* * * 所需技术文件 * * *

* * * 工作说明 * * *

* * * 划改记录 * * *

表 4.6　FO 示例(续 2)

FO　　　　　　　　　　版　次　　　　　　　　　　页　号

* * * 工作内容 * * *

工　位	序　号	工序内容
2311	10	按 BAC5300 检查来料牌号、规格、表面质量。 CHECK TYPE,SIZE,SURFACE QUALITY OF MATERIAL BAC5300. 数量　　工人　　检验
	20	按 BAC5300 及尺寸 350×340=1 件下料。 BLANK PER BAC5300 AND DIMENSION 350×340=1 PIECE. 切板机 SHEET METAL SHEAR H406 - A 数量　　工人　　检验
	30	按 BAC5307 制零件周转标识。 MAKE RUNNING TAG FOR PARTS PER BAC5307. 数量　　工人　　检验
	40	按 BAC5300 检验上述工序内容。 INSPECT ABOVE CONTENTS PER BAC5300. 数量　　工人　　检验
	50	按 BAC5300,展开尺寸+草图余量铣切,制预备孔 BACD2000 - 9。 MILLING PER BAC5300,EXPANSION DIMENSION+SKETCH TEMPLATE AND RESERVE HOLE BACD2000 - 9. 数控铣 NC MILL BFZ3000 数量　　工人　　检验

表 4.7　FO 示例(续 3)

***　分　卡　任　务　卡　***

FO 号 No.		版次 Issue	
FO 系列号 Serial No.			
分卡系列号 Serial No.			
派工号 Cost Account Code		配套架次 Kits	
开工时间 Cut In		完工时间 Cut Out	
任务数量 Task QTY.		交付位置 Ship In Place	
工段 Work Section			
发放时间 Release Time	（计算机时钟）	计划员 Scheduler	

分卡记录

母卡号	分卡号	工序号	分卡数量	结余数量	计划员	检验工

回 执 Reback

FO 系列号 Serial No

任务数量　　完成数量　　合格数量

工人　　检验

粘贴在母卡

分 卡 记 录

母卡号	分卡号	工序号	分卡数量	结余数量	计划员	检验工

3. 基于 AO 和 FO 的工艺管理

AO 和 FO 大致相当于传统的零件加工工艺规程和装配工艺规程。但是，在管理模式上有很大不同，AO 和 FO 将工艺技术文件与质量控制、生产管理等文件融合在一起，对生产过程进行控制和跟踪。因此，AO 和 FO 包含更多的信息，不仅包括工艺信息，而且包括一些质量控制管理信息和生产管理信息。

工艺信息、生产管理信息和质量控制管理信息分别由工艺部门、生产车间和质量部门负责信息的生成和维护，三部分信息最后形成完整的 AO 和 FO，并由质量部门打印保存。工艺信息在生产准备阶段完成，生产管理信息在车间计划任务形成时完成，质量控制管理信息在生产过程中完成，AO 和 FO 贯穿于生产的全过程，实现对生产过程的跟踪和控制。生产过程中 AO 和 FO 的信息流程如图 4.1 所示。

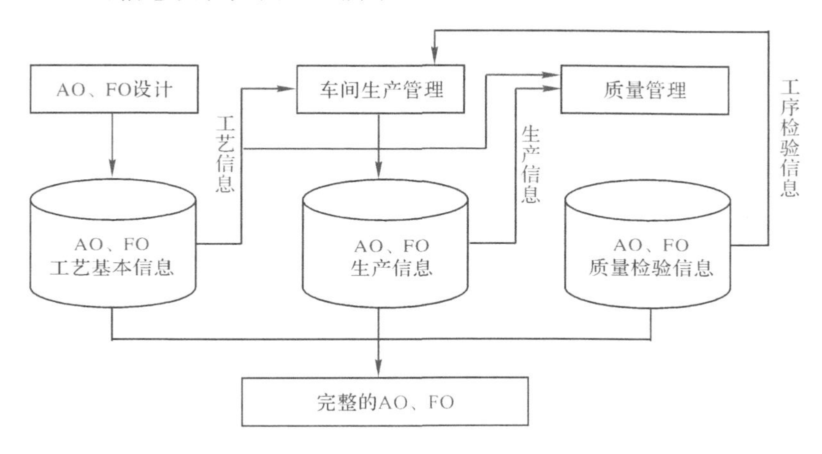

图 4.1　AO 和 FO 的信息流程

第二节　计算机辅助工艺规划技术及应用

一、计算机辅助工艺规划的概念

计算机辅助工艺规划是指利用计算机技术进行工艺设计和编制工艺规程。计算机技术在工艺规划中的辅助作用主要体现在交互处理、数值计算、图形处理、逻辑决策、数据存储与管理等方面。从内容上说，CAPP 应包括工艺规划的全部工作。

随着计算机技术的迅速发展，CAPP 技术得到了广泛应用。应用 CAPP 技术，可以使工艺人员从烦琐、重复的事务性工作中解脱出来，迅速编制出完整而详尽的工艺规程，缩短生产准备周期，提高产品制造质量，进而缩短整个产品开发周期。从发展看，CAPP 可逐步实现工艺过程设计的自动化及工艺过程的规范化、标准化与优化，从根本上改变工艺过程设计依赖于个人经验的状况，提高工艺设计质量，并为工艺制订先进、合理的材料定额、工时定额，以及为改善企业管理提供科学依据。

CAPP 研究开发始于 20 世纪 60 年代末。在 CAPP 发展史上具有里程碑意义的是设在美国的国际性组织 CAM-I 于 1976 年开发的 CAPP(CAM-I's Automated Process Planning)系统。国内最早开发的 CAPP 系统是同济大学的 TOJICAP 修订式系统和西北工业大学的 CAOS 创成式系统,完成时间都在 20 世纪 80 年代初。30 多年来,国内外对 CAPP 技术进行了大量的探索与研究,无论在研究的深度上还是广度上都不断取得进展,例如:

(1)在设计对象上,所涉及的零件从回转体零件、箱体类零件、支架类零件到复杂的飞机结构件等。

(2)在涉及的工艺范围上,从普通加工工艺到数控加工工艺;从机加工艺到装配工艺、钣金工艺、热表处理工艺、特种工艺、数控测量机检测过程设计、试验工艺等。

(3)在系统设计上,从单一的修订式或创成式模式到应用专家系统等人工智能技术,并具有检索、修订、创成等多种决策功能的综合/智能化系统模式。

(4)在系统应用上,从独立的计算机辅助技术"孤岛"到满足集成系统环境需求的集成化系统。

(5)在系统开发上,从单纯的学术性探索和技术驱动的原型系统开发,逐步走向以应用和效益驱动的实用化系统开发。

综观 CAPP 的发展,可分为三个发展阶段,即基于自动化思想的修订/创成式 CAPP 系统、基于计算机辅助的实用化 CAPP 系统和面向企业信息化的制造工艺信息系统。

1. 基于自动化思想的修订/创成式 CAPP 系统

20 世纪 90 年代中期以前,人们在传统的修订式 CAPP 系统、创成式 CAPP 系统,以及 CAPP 专家系统的开发研究中都取得了一定成果。但由于以工艺决策自动化为唯一目标,以期在工艺设计上代替工艺人员的劳动,因而造成开发应用中的诸多问题。例如,系统开发周期长、费用高、难度大;工艺人员在使用中需交互输入大量的零件信息,烦琐而又容易出错,难以掌握系统的使用;系统功能和应用范围局限性大,缺乏适应生产环境变化的灵活性和适用性,难以推广应用。因此,未能有效推进 CAPP 的实用化。

2. 基于计算机辅助的实用化 CAPP 系统

20 世纪 90 年代,CAPP 的实用化问题引起研究者和企业技术工作者的重视,以实现工艺设计的计算机化为目标或强调 CAPP 应用中计算机的辅助作用的实用化 CAPP 系统成为新的主题。

为了解决以自动化为目标的修订/创成式 CAPP 应用存在的问题,许多企业基于文字、表格处理软件或二维 CAD 软件等通用软件开发工艺卡片填写系统。其中,多数系统只是基于简单模板输出工艺卡片,仅取得了有限的应用效果。但也有一些系统是企业在工艺标准化、规范化的基础上花费大量人力、物力所开发出来的,且取得了很好的应用效果。这类系统基本用文件形式进行存储和管理,忽视企业信息化中产品工艺数据的重要性,存在难以保证产品工艺数据准确性、一致性和难以实现工艺信息集成的致命问题。

3. 面向企业信息化的制造工艺信息系统

从企业工艺管理来看,各类工艺数据统计汇总(包括工装设备、材料、关键件、外协外购件、工时定额、辅助用料、关键工序等),以及各级各类工艺文件的版本管理、更改与归档管理占有十分重要的地位和大部分工作量。其中,工艺数据的汇总、抄写等重复性劳动往往占全部工作量的50%～60%,不仅工作效率低,而且很难保证工艺文件的准确性、一致性。

企业信息化的发展和应用对CAPP系统提出了进一步需求,不仅要求CAPP系统具有方便、快捷的计算机辅助工艺规程编制功能,而且要求其具有快速、有效的制造工艺信息及工艺工作流管理功能,实现产品工艺设计及管理一体化,建立企业完整的制造工艺信息系统。

在企业中,完整的制造工艺信息系统以各专业工艺的计算机辅助设计为基础,实现基础工艺信息管理、面向制造的产品结构管理、材料定额编制、工艺分工与工艺设计流程管理、产品工艺数据综合管理等工艺管理功能,以及与CAD/CAM/PDM/ERP的集成和资源共享。

二、CAPP系统的基本组成

传统的CAPP系统通常包括三个基本组成部分,即产品设计信息输入、工艺决策、产品工艺信息输出。

1. 产品设计信息输入

工艺规划所需要的最原始信息是产品设计信息。对机械加工工艺过程设计而言,这些最原始信息是指产品零件的结构形状和技术要求。表示产品零件和技术要求的方法有多种,如常用的工程图纸和CAD系统中的零件模型。工艺人员在进行工艺过程设计时,通过阅读工程图纸获取有关工艺设计所需的产品设计信息。对于CAPP系统,必须将这些有关的产品设计信息转换成系统所能"读"懂的信息。目前,CAPP系统的信息输入方法主要有两种:一种是人机交互输入;另一种是直接从CAD系统读取。

2. 工艺决策

所谓工艺决策,是指根据产品/零件设计信息,利用工艺知识和经验,参考具体的制造资源条件,确定产品的工艺过程。总体来看,工艺决策要解决三种类型的问题:①选择性问题,如加工方法选择、工装设备选择等;②规划性问题,如工序安排与排序、工步安排与排序等;③计算性问题,如工序尺寸计算等。

对于计算性问题,可建立数学模型和算法加以解决;对于选择性问题和规划性问题,CAPP系统所采用的基本工艺决策方法有以下两种:

(1) 修订式方法(Variant Approach)。修订式方法也称派生式方法,其基本思路是将相似零件归并成零件族,设计时检索出相应零件族的标准工艺规程,并根据设计对象的具体特征加以修订。通常人们把采用修订式方法的CAPP系统称为修订式CAPP系统。

(2) 生成式方法(Generative Approach)。生成式方法也称创成式方法,其基本思路是将人们设计工艺过程时的推理和决策方法转换成计算机可以处理的决策逻辑、算法,在使用时由计算机程序采用内部的决策逻辑和算法,依据制造资源信息,自动生成零件的工艺规程。通常,人们把采用生成式方法的CAPP系统称为生成式CAPP系统。

许多CAPP系统,往往综合使用修订式方法和生成式方法,所以也有人提出半创成式(Semi-Generative)方法的概念,并把这类系统称为半创成式CAPP系统。

20世纪80年代至90年代初期,CAPP的研究与开发主要集中在专家系统(Expert System,ES)及人工智能(Artificial Intelligence,AI)技术的应用方面。虽然在CAPP中所采用的人工智能技术多种多样,但基本是针对工艺决策问题,系统结构基本是按专家系统构造的,因此,这样的系统常被称为工艺决策专家系统或CAPP专家系统。国内外开发的许多CAPP专家系统所采用的工艺决策方法基本上都是生成式方法,但也有在修订式CAPP系统中采用专家系统技术的。

3. 产品工艺信息输出

通常人们要以工艺卡片形式表示产品工艺过程信息,如工艺过程卡、工序卡等,而且在一些卡片中,还包括工序简图。在CAD/CAPP/CAM集成系统中,CAPP需要向CAM提供数控编程所需的工艺参数文件;在集成环境下,CAPP需要通过数据库存储产品工艺过程信息,以实现信息共享。

三、修订式CAPP系统

1. 修订式工艺决策的原理

修订式工艺决策的基本原理是利用零件的相似性,即相似的零件有相似的工艺过程。一个新零件的工艺规程,是通过检索相似零件的工艺规程,并加以筛选或编辑修改而成的。

相似零件的集合称为零件族。能被一个零件族使用的工艺规程称为标准工艺规程或综合工艺规程。标准工艺规程可看成是由一个包含该族内零件的所有形状特征和工艺属性的假想复合零件而编制的。根据实际生产的需要,标准工艺规程的复杂程度、完整程度各不相同,但至少应包括零件加工的工艺路线(加工工序序列),并以族号作为关键字存储在数据文件或数据库中。

在标准工艺规程的基础上,当对某个待编制工艺规程的零件进行编码、划归到特定的零件族后,就可根据零件族号检索出该族的标准工艺规程,然后加以修订(包括筛选、编辑或修改)。修订过程可由程序以自动或交互的方式进行。

2. 修订式CAPP系统的应用

修订式CAPP系统开发完成后,工艺人员就可以使用该系统为实际零件编制工艺规程。具体步骤如下:

(1) 按照采用的分类编码系统,对实际零件进行编码。

(2) 检索该零件所在的零件族。

(3) 调出该零件族的标准工艺规程。

(4) 利用系统的交互式编辑界面,对标准工艺规程进行筛选、编辑或修订。有些系统则提供自动修订的功能,但这需要补充输入零件的一些具体信息。

(5) 将修订好的工艺规程存储起来,并按给定的格式打印输出。

修订式CAPP系统的应用,不仅可以减轻工艺人员编制工艺规程的工作,而且相似零件的工艺过程可达到一定程度上的一致性。此外,从技术上讲,修订式CAPP系统容易实现,因此,目前国内外实际应用的CAPP系统大都应用了修订式技术。

然而,修订式CAPP系统的使用者仍需为具有经验的工艺人员,且标准工艺规程未考虑生产批量、生产技术、生产手段等因素。生产批量改变，生产技术和生产手段发展后，系统不易修改。因此，修订式 CAPP 系统主要适用于零件族数较少、每族内零件项数较多、生产零件种类和批量相对稳定的制造企业。

四、生成式 CAPP 系统

1. 生成式方法的原理

生成式方法的基本思路是将人们在设计工艺过程中使用的推理和决策方法转换成计算机可以处理的决策模型、算法及程序代码，从而依靠系统决策来自动生成零件的工艺过程。生成式 CAPP 系统实际上是一种智能化程序，可以克服修订式 CAPP 系统的固有缺点。工艺过程设计问题的复杂性导致目前尚没有系统能做到所有的工艺决策都完全自动化，一些自动化程度较高的系统的某些工艺决策仍需有一定程度的人工干预。从技术发展看，短期内也不一定能开发出功能完全、自动化程度很高的生成式 CAPP 系统。因此，人们把许多包含重要的决策逻辑，或者只有一部分工艺决策逻辑的 CAPP 系统也归入生成式 CAPP 系统。为此，有人提出所谓半创成式 CAPP 系统或综合式 CAPP 系统。

2. 工艺决策方法

对于生成式 CAPP 系统，软件设计的核心内容主要是各种工艺决策逻辑的表达和实现，即所谓工艺决策模型的建立。尽管工艺过程设计包括各种性质的决策，决策逻辑也很复杂，但表达方式有许多共同之处，可以用一定形式的软件设计方法工具来表达和实现。常用的决策方法有决策表、决策树等。

(1) 决策表(Decision Table)。决策表是表达各种事件或属性间复杂逻辑关系的形式化方法。决策表具有下述明显的优点：

(ⅰ)可以明晰、准确、紧凑地表达复杂的逻辑关系。

(ⅱ)易读、易理解，可以方便地检查遗漏及逻辑上的不一致。

(ⅲ)易于转换成程序流程和代码。

因此，我们可以采用决策表表达工艺决策逻辑。表 4.8 为一种选择孔加工链所用的决策表。

表 4.8　孔加工链选择决策表

直径≤12	T	T	T	T	F	F	F	F	F	F	F	F
12<直径≤25	F	F	F	F	T	T	T	T	T	F	F	F
25<直径≤50	F	F	F	F	F	F	F	F	F			
50<直径	F	F	F	F	F	F	F	F	F			
位置度≤0.05	F	F			F	F	F	F	T	F	F	
0.05<位置度≤0.25	F	F			F	F	T	T	F	F		

（续 表）

0.25<位置度	T	T	F	F	T	T	F	F	F	T		
公差≤0.05	F		F	T	F		F	T	T	F	F	T
0.05<公差≤0.25	F			F	F		T	F	F	F	T	F
0.25<公差	T	F		F	T	F	F	F	F	T	F	F
钻　孔	1	1	1	1	1	1	1	1	1	1	1	1
铰　孔		2										
半精镗				2				2	2			2
精　镗			2	3		2	2	3	3		2	3

注：T是条件为真；F是条件为假；1，2，3是当对应列的条件成立时，选择此动作或结论。

由表4.8可以看出，决策表由四部分构成。横粗实线的上半部分表示条件，下半部分表示动作或结论；竖粗实线的左半部分为条件或动作的文字说明，右半部分为条件集对应的动作集；每一列表示一条决策规则，其中数字表示动作的执行顺序。

（2）决策树(Decision Tree)。在数据结构中，树属于连通而无回路的图，由节点和边构成。在决策树中，常用节点表示一次测试或一个动作，结论或拟采取的动作一般放在终端节点（叶节点）上，边连接两次测试。若测试条件满足，则沿边向前传递，以实现逻辑与（AND）关系；若测试条件不满足，则转向出发节点的另一条边，以实现逻辑或（OR）的关系。因此，从决策树的根节点到终端节点的一条路径可以表示一条决策规则。孔加工方法选择的决策树如图4.2所示。

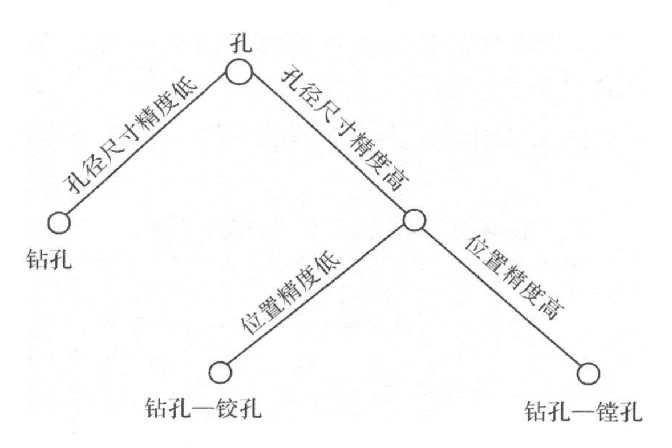

图4.2　决策树示例

决策树表示简单、直观，很容易将它转换成逻辑流程图，并用程序设计语言中的“IF（逻辑表达式）THEN... ELSE...”结构实现。

各种工艺决策逻辑的模型化和算法化是生成式CAPP系统开发的核心工作。工艺过程设计各阶段的决策是多种多样的，除以数值计算为主的问题可以依靠数学模型处理之外，大多数决策过程属于逻辑决策，需要依靠工艺专家丰富的生产实践经验和技巧。在生成式CAPP系统开发中，由于不同的生产对象、不同的生产环境、不同的功能需求，可能会总结归纳出不同的工艺决策模型，因此，这方面的研究还很不充分，尚需做大量研究工作。在国内外的研究中，加工方法选择等选择性问题的解决相对成熟，下面扼要介绍加工方法选择的决策。

如前所述，零件是由若干个形状特征构成的。对于每个特征 f，一般要经过多次加工 P_i，从而形成特征的加工工序序列 S，可表示为

$$S = \{P_1, f_1, P_2, f_2, \cdots, P_n, f\}$$

式中，f_i 表示对特征 f 经过一次加工 P_i 所形成的过渡特征或形状。

在确定特征加工工序序列时，大多数CAPP系统采用反向设计法，即从成品零件回溯到毛坯(与此对应，从毛坯到产品零件的设计称正向设计)。在具体实现上，有两种方法：一种是从后往前逐个选择加工工序的方法，国外的许多CAPP系统都采用这种方法；另一种是直接选择出特征的加工工序序列——常称为加工链(在许多工艺手册中都有各类形状特征/表面的加工链选择表)，国内的CAPP系统大都采用这种方法。

对于工序安排与排序等规划性决策问题，目前尚无成熟的解决方法，许多CAPP系统都是在限定的条件下给出决策模型。因此，对工艺设计问题本身进行深入分析，建立工艺决策模型仍是生成式CAPP系统开发的关键问题之一。

3. 工艺决策专家系统

所谓专家系统，就是一种在特定领域内具有专家水平的计算机程序系统，将人类专家的知识和经验以知识库的形式存入计算机，并模拟人类专家解决问题的推理方式和思维过程，运用这些知识和经验对现实中的问题做出判断和决策。从本质上看，专家系统提供了一种新型的程序设计方法，可以解决传统的程序设计方法难以解决的问题。

知识库和推理机是专家系统的两大主要组成部分。知识库存储从领域专家那里得到的关于某个领域的专门知识，是专家系统的核心。工艺决策知识是人们在工艺设计实践中所积累的认识和经验的总结和概括。工艺设计经验性强、技巧性高，工艺设计理论和工艺决策模型化技术仍不成熟，因此，工艺决策知识获取更为困难。目前，除一些工艺决策知识可以从书本或有关资料中直接获取之外，大多数工艺决策知识还必须从具有丰富实践经验的工艺人员那里获取。在工艺决策知识获取中，可以针对不同的工艺决策子问题(如加工方法选择、刀具选择、工序安排等)，采用对现有工艺资料分析、集体讨论、提问等方式进行工艺决策知识的收集、总结与归纳。在此基础上，进行整理与概括，形成可信度高、覆盖面宽的知识条款，并组织具有丰富工艺设计经验的工艺师，逐条进行讨论、确认，最后进行形式化。

推理是按某种策略由已知事实推出另一事实的思维过程。在专家系统中，普遍使用三种推理方法：正向演绎推理、反向演绎推理、正反向混合演绎推理。正向推理是从已知事实出发推出结论的过程，优点是比较直观，但由于推理时无明确的目标，可能导致推理的效率较低。反向推理是先提出一个目标作为假设，然后通过推理去证明该假设的过程，优点是不必使用与目标无关的规则，但当目标较多时，可能要多次提出假设，也会影响问题求解的效率。正反向混合推理是联合使用正向推理和反向推理的方法，一般说来，先用正向推理帮助提出假设，然后用反向推理来证实这些假设。对于工艺过程设计等工程问题，一般多采用正

向推理或正反向混合推理方法。

在专家系统中，推理以知识库中已有知识为基础，是一种基于知识的推理，其计算机程序实现构成推理机。推理机控制并执行对问题的求解。它根据已知事实，利用知识库中的知识，按一定的推理方法和搜索策略进行推理，得到问题的答案或证实某一结论。在工艺决策专家系统中，工艺知识存于知识库中，当用它为产品(零件)设计工艺过程时，推理机从产品的设计信息(如零件特征信息)等原始事实出发，按某种策略在知识库中搜寻相应的知识，从而得出中间结论(如选择出特征的加工方法)，然后再以这些结论为事实推出进一步的中间结论(如安排出工艺路线)，如此反复进行，直到推出最终结论，即产品的工艺过程。像这样不断运用知识库中的知识，逐步推出结论的过程就是推理。

同传统程序设计方法相比，知识库与推理机相分离是专家系统的显著特征。除了知识库和推理机，还需要一个用于存放推理的初始事实或数据、中间结果，以及最终结果的工作存储器，称其为综合数据库或黑板。此外，一个完整或理想的专家系统还包括人机接口、知识获取和解释机构等部分。专家系统的构成可用图 4.3 表示。

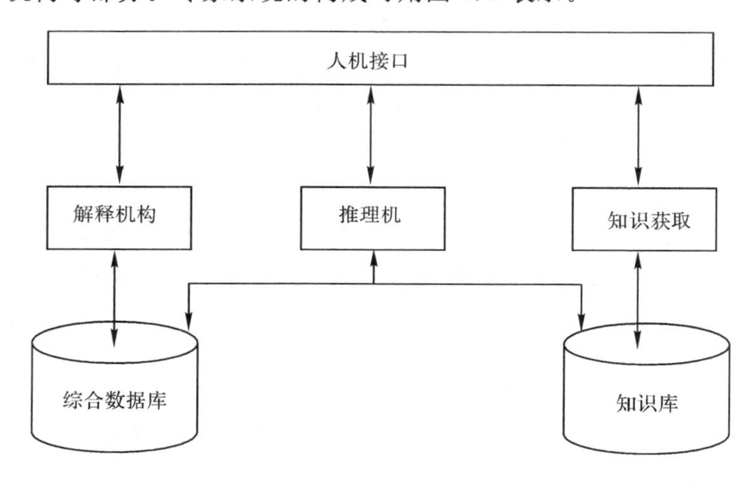

图 4.3　专家系统的构成

专家系统一般具有如下特点：

(1)知识库和推理机相分离，有利于系统维护。

(2)系统的适应性好，并具有良好的开放性。

(3)有利于追踪系统的执行过程，并对此做出合理解释，使用户确信系统所得出的结论。

(4)系统决策的合理程度取决于系统所拥有的知识的数量和质量。

(5)系统决策的效率高低取决于系统是否拥有合适的启发式信息。

采用专家系统技术，可以实现工艺知识库和推理机的分离。在一定范围内或理想情况下，当 CAPP 系统的应用条件发生变化时，可以修改或扩充知识库中的知识，而无须从头进行系统的开发。20 世纪 80 年代以来，国内外已开发了许多工艺决策专家系统，但大都是原型系统，知识数量少且功能有限，难以满足实用化要求，因此，仅有很少的几个系统获得了实际应用。Dimistris Kiritsis 在文献中对工艺决策专家系统的研究与开发状况进行了全面的综述，介绍了国外从 1981 年到 1992 年开发的 52 个 CAPP 系统，其中大多是原型系统，系统所拥有的知识量大都在500条规则以下，功能有限。

五、三维 CAPP 与基于 MBD 的 CAPP

1. 三维 CAPP

随着三维产品设计和 MBD 技术的广泛应用，用自然语言描述工艺设计过程中的工序、工步信息，并辅以二维简图的二维工艺设计模式已不能满足要求。首先，二维工艺设计不能直接应用三维 CAD 软件产生的三维模型数据，需要将三维 MBD 模型转化为二维工程图；其次，缺乏工序三维模型的支持，难以对工艺合理性和可行性进行验证；再次，工艺文件审签通常以纸质文件为主，难以对工艺过程进行有效控制；最后，二维工艺文件的指导性差，工人通常难以按照工艺文件进行生产。因此，二维工艺设计方法难以适应上游的全三维数字化设计和下游的三维制造工艺。

采用三维工艺设计可以避免三维模型到二维工程图转换的不增值环节，产生的工序模型可以直接用于数控编程。同时，三维工艺设计能够提供直观的可视化工艺设计环境，工艺设计人员可以在该环境下进行工艺路线规划、制造资源选择和工装设计，从而使工艺设计结果更有效。在三维工艺设计中应用 MBD 理念，逐渐发展为基于 MBD 的三维工艺设计模式。例如，达索公司推出的数字化设计与制造软件 DELMIA 中的 DPM(Digital Process for Manufacturing)模块面向三维机加工艺设计，能够实现加工特征识别、加工操作定义、工序模型生成等；西门子公司通过 Teamcenter 实现工艺的编制和管理，通过 UG 完成工序模型的生成和三维模型标注。

2. 基于 MBD 的三维 CAPP

工艺 MBD 模型由设计 MBD 模型、工序 MBD 模型（含毛坯）和工艺属性三部分组成（见图 4.4）。工序 MBD 模型是零件加工过程中每道工序所对应的中间模型，用于辅助工艺设计，同时也是工序设计的结果。一个工艺 MBD 模型包含多个工序 MBD 模型。工序 MBD 模型以加工特征为单位进行组织。

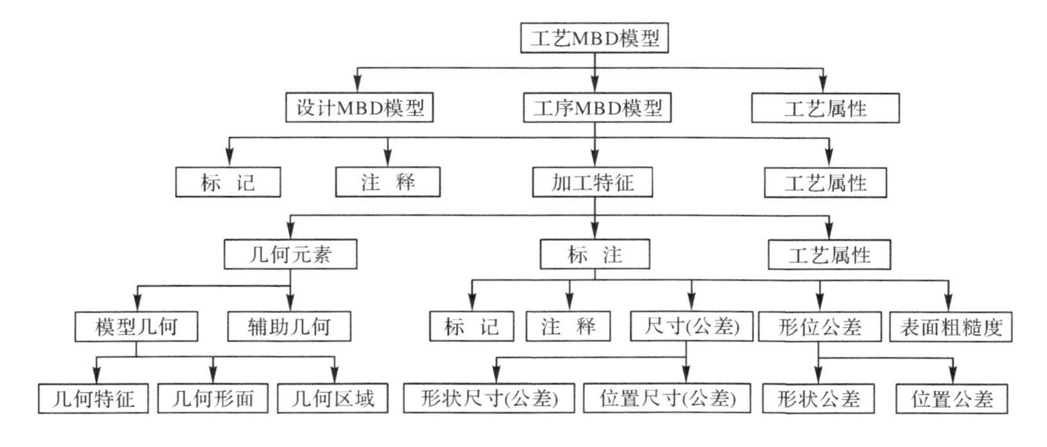

图 4.4　工艺 MBD 模型

在 MBD 环境下，三维标注信息和工艺信息都以工序模型为载体定义在工序 MBD 模型中，其中工艺信息包括工序和工步（一个工序 MBD 模型对应零件的一个加工工序、多个加工工步），工序、工步信息以工艺属性的形式定义在工序 MBD 模型中。图 4.5 为端盖零件工艺 MBD 模型实例，右侧工序模型树以工序 MBD 模型进行组织，每个 MBD 模型包含工序模型的几何信息、标注信息、加工特征信息、工序信息和工步信息。左侧是工序 MBD 模型中提取出来的工艺信息，表示为工艺信息树，包含多道工序，工序信息包含该道工序的工序说明、加工车间、加工设备和工装等信息。

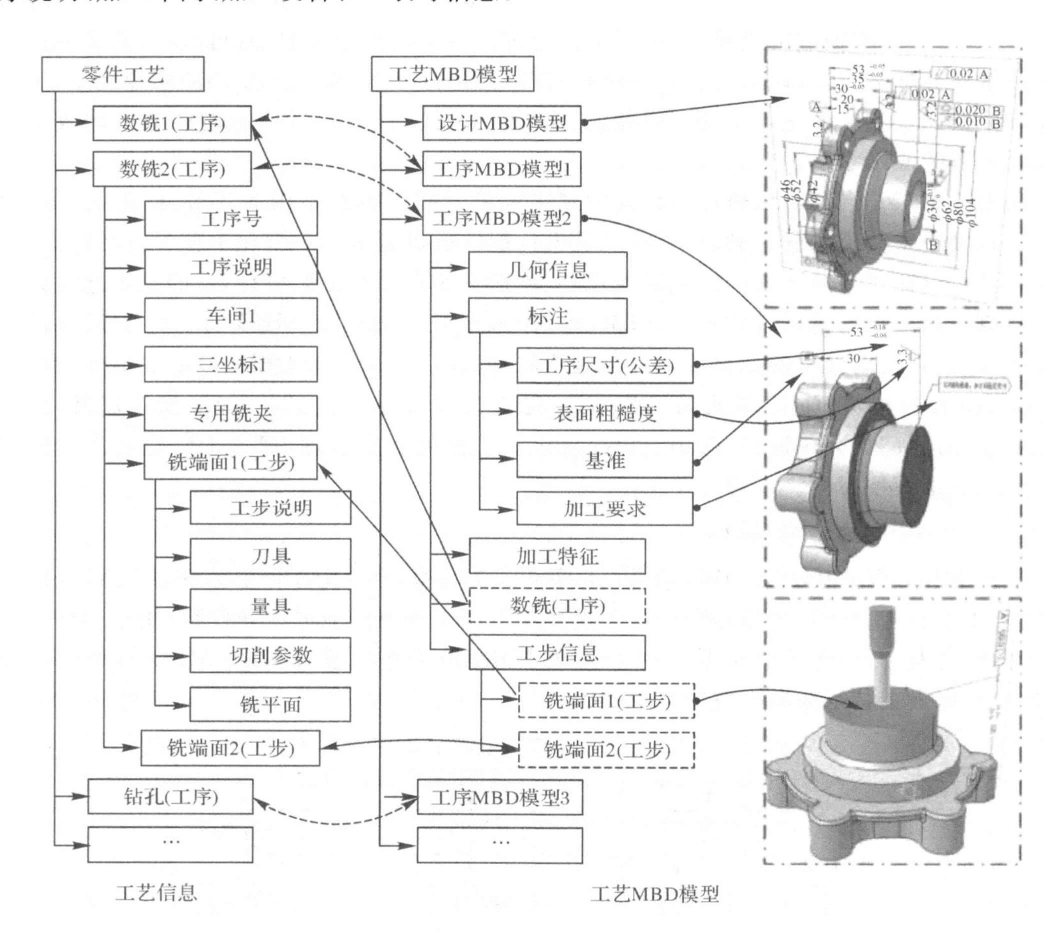

图 4.5　工艺 MBD 模型实例

如图 4.6 所示，MBD 环境下的三维机加工艺设计过程一般包括毛坯模型设计、工序设计、工序模型生成与标注和三维工艺发布四部分。MBD 环境下的三维工艺设计以三维模型为核心，工艺设计过程中产生的信息都定义在模型中，如尺寸（公差）、几何公差、表面粗糙度、注释等产品与制造信息（PMI）和工艺设计信息（工艺基本信息、工序信息、工步信息等）。其中，PMI 信息通过标注的方式直接定义在模型中，工艺设计信息通过属性的方式定义在模型中。

(1)毛坯模型设计。毛坯模型设计指根据零件设计模型建立毛坯模型。

(2)工序设计。工序设计指根据工序参考模型确定每道工序所要加工的加工特征,所使用的机床、工装、刀具等制造资源信息,以及所采用的加工方法、工艺参数等信息。工序设计主要包括工序定义和工步定义。工序定义包括工序名称、机床、工装信息的定义,工步定义包括工步内容、刀具、工艺参数的定义。可基于工艺知识库进行辅助设计。

(3)工序模型生成与标注。工序模型生成与标注指根据工序参考模型和工艺设计信息,通过对上一道工序的工序模型与刀具扫掠体进行布尔减运算,生成本道工序的工序模型,并在工序模型生成之后,对工序模型进行标注,包括工序尺寸(公差)、几何公差、表面粗糙度、装夹定位基准、机加工艺信息的标注。对于辅助工艺信息,如热处理,可以通过注释进行表达。本道工序模型生成并完成标注后,进行下一道工序设计并进行工序模型的生成与标注,直到整个工艺设计全部完成。

(4)三维工艺发布。三维工艺发布指工艺设计完成后,将三维工艺模型、工艺信息和轻量化工序模型保存到 PLM 系统进行审签并发布,车间生产人员通过浏览器/服务器(Browser/Sever,B/S)架构工艺信息浏览器,从 PLM 系统中获取工艺信息及带标注的轻量化工序模型。

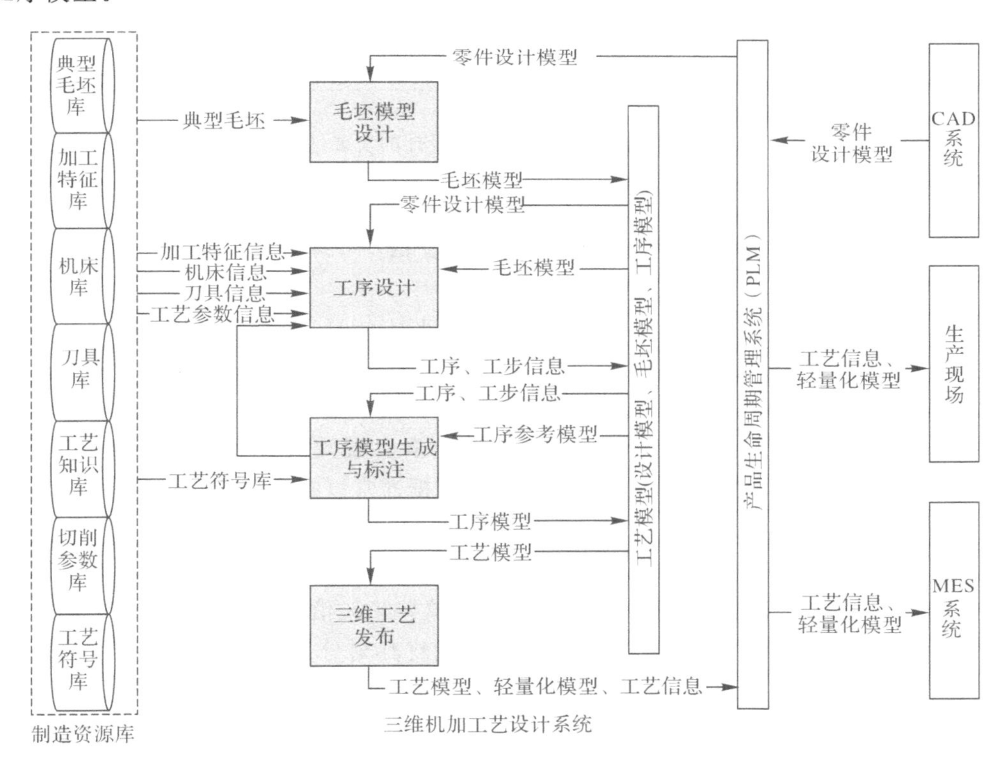

图 4.6　MBD 环境下机加工艺设计模式

由于上述过程涉及大量建模工作,因此,在 MBD 环境下三维 CAPP 既可以通过对三维 CAD 系统进行二次开发来实现,也可以通过工艺设计系统与 CAD 系统的集成来实现,如图

4.7 所示。三维工艺设计过程中,工艺设计人员启动编辑器,针对某一零组件创建工艺文件,添加工序工步操作。当工艺人员需要为工艺文件创建三维工序模型时,通过集成按钮启动 NX(即 UG NX)软件,自动提取该工艺文件关联的模型文件、工序信息,并利用 NX WAVE 几何链接器和同步建模等技术针对相应工序在源文件或前一工序模型的基础上进行工序模型设计,实现设计模型与工艺模型的关联。

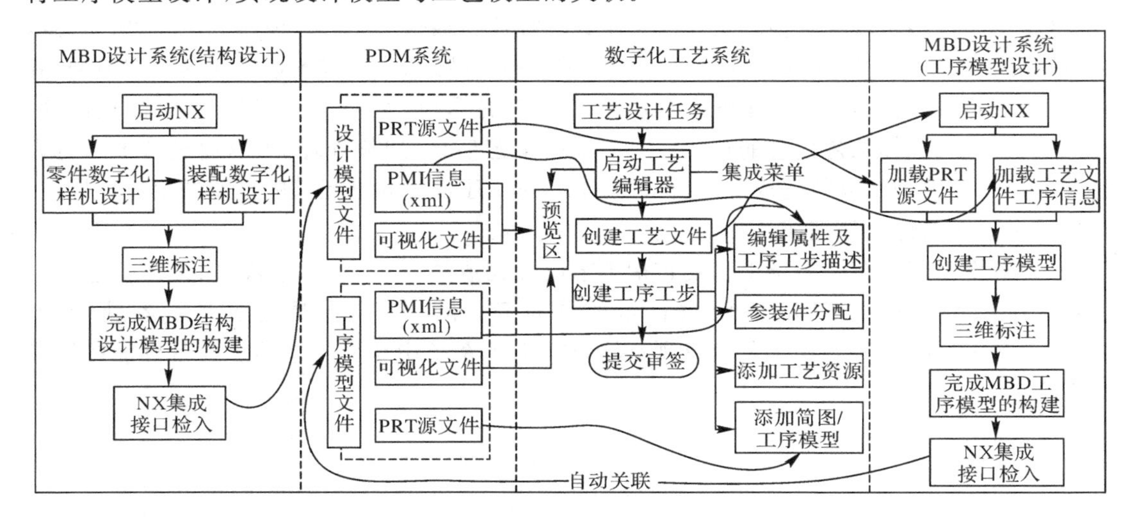

图 4.7 基于 MBD 的工艺设计的实现过程

第三节 制造工艺信息系统

制造工艺信息是在产品制造过程中产生的与工艺工作有关的数据和文件。为了便于理解,本节将工艺信息区分为工艺数据和工艺文件两类。工艺数据是结构化的工艺信息,一般存储于关系型数据库中。工艺文件是指导工人操作和用于生产与工艺管理等的各种法规性技术文件。在应用 CAPP 系统的企业,工艺文件通常以纸质文件和电子文件两种形式存在。在工艺数据的产生、处理和传递过程中,工艺数据通常以符合企业规范的各种工艺文件的形式存在和传递。

工艺信息主要产生于产品工艺规划工作中,并且随着工艺规划工作的进行,工艺信息的组成和内容不断增加,而且在整个产品制造过程中这些工艺信息可能会发生变化。此外,为了便于组织、管理和控制产品的工艺规划工作,一般将其划分为多个业务过程,它们又可以进一步细分为更小的业务过程。这些业务过程或者并行、交叉进行,或者串行进行,并且往往涉及多个业务部门。因此,工艺信息来源多、循环多、去向多,信息流复杂。

综上所述,工艺信息的管理不仅需要对工艺数据和工艺文件本身进行管理,而且需要对工艺数据和文件的产生、处理和传递过程进行管理和控制。因此,一些研究者提出了制造工艺信息系统的概念。所谓制造工艺信息系统是以各专业工种的计算机辅助工艺规划为基础,并包括工艺信息管理和工艺工作流程管理的一体化信息系统。

制造工艺信息系统的应用不仅可以实现企业产品工艺设计和管理的计算机化和信息

化，而且可以促进企业工艺的标准化与工艺管理的科学化、规范化，从而缩短新产品开发周期，提高产品质量，降低产品成本。

一、制造工艺信息系统的体系结构

制造工艺信息系统是集成工艺过程设计、工艺信息管理和工艺工作流程控制的一体化系统，支持并保证企业的各项工艺工作按照规定的标准或规范有效进行。工艺信息管理包括工艺数据管理和工艺文件管理，分别对产生的工艺数据和工艺文件进行有效的组织、管理、控制。工艺工作流程管理对所有的工艺活动，如分工计划制订，工艺路线编制，车间工艺编制，工艺规程的定版、发放和更改等，均按规定流程进行控制。

制造工艺信息系统的建立应在对企业工艺工作及其流程和信息处理分析的基础上，确定企业对工艺过程设计、工艺信息管理和工作流程管理的需求，进而确定系统的结构和功能组成。

一般来说，制造企业对制造工艺信息系统的基本要求如下：

(1) 具有开放的体系结构。企业能够顺利、迅速、有效地完成生产任务，依赖于企业应用的各个信息系统之间的信息交换与协作。这就要求企业的信息系统具有开放的体系结构。制造工艺信息系统是企业信息系统的重要组成部分，要与其他系统发生联系，实现数据共享，并满足其他系统的多种要求。因此，制造工艺信息系统应是一个能与其他系统集成的具有开放体系结构的系统，而不是一个独立的封闭系统。

(2) 实现工艺工作流程的管理。工艺工作流程是为了达到一定的目的，根据一组定义的规则将任务和相关的工艺信息在工艺工作参与者之间进行传递、处理和管理的过程。要实现工艺工作流程的高效管理，需要通过企业局域网利用企业的各种信息资源，实现企业范围内得到授权的人员来执行相应的工艺设计与管理任务。此外，工艺工作流程应该是柔性的，即允许客户根据需要定制、重定义与改进它们的业务过程。

(3) 实现工艺工作的协同进行。工艺工作贯穿于产品制造的整个过程，涉及许多部门和众多人员，因此，在工艺设计和管理过程中，可能需要多个部门或多个人员共同参与讨论或处理一些问题。这就需要制造工艺信息系统能够提供一个统一平台，支持多人、异地的协同工作。

(4) 基于单一工艺数据源的工艺信息管理。制造工艺信息系统存在多种多样的数据和文件，需要在企业的各个应用系统中处理和传递。为了保证工艺信息的正确性、一致性和安全性，必须建立单一的工艺数据源，以达到统一存储和管理工艺信息、严格控制工艺工作流程的目的。

在制造企业中，工艺设计和管理工作一般分为企业级和车间级两级进行。

企业级工艺设计和管理由企业工艺部门完成，主要任务如下：

(1)进行产品工艺性审查。从工艺角度对设计部门分发的设计图纸和相关技术资料进行审查。

(2)制订产品工艺方案和计划。对设计的零组件细目表进行工艺构型设计，建立工艺计划表，分解工艺设计任务。

(3)划分工艺路线，制订工艺路线图表，向各车间分派工艺任务。

(4)根据设计图纸及工艺计划表编制零件、外协件、成品、标准件、器材的工艺配套表，提供给生产部、供应部，作为配套领用的依据；根据设计图纸及工艺计划表编制黑色金属、非金属、器材、成品、标准件的材料定额。

(5)对车间编制的工艺文档进行会审和会签，进行各类汇总统计，如材料定额统计和工时定额统计。

(6)根据车间提出的工装需求，制订工装设计制造计划。

(7)对产品图、技术指导文件、工艺标准等文档进行管理。

(8)发放通知、更改信息等。

车间级工艺设计和管理由车间工艺部门完成，主要任务如下：

(1)分析零件图纸，制订工艺方案。

(2)设计零件毛坯。

(3)编制工艺规程，包括加工方法选择、加工阶段划分、加工顺序安排、设备和工艺装备选择、材料定额编制、工时定额制订等。

(4)设计专用工装。

在企业信息技术的集成应用环境下，制造工艺信息系统在实现对工艺数据的全面管理的基础上，还要保证 CAD/CAPP/CAM 之间的信息共享与交换，并为质量信息系统、ERP 系统等提供大量工程和管理信息，实现全局性的信息集成与共享。从企业工艺信息管理的具体需求出发，按照企业当前的组织结构，制造工艺信息系统逻辑上应是两级的结构。以某企业为例，其制造工艺信息系统的功能结构如图 4.8 所示，并参考本章第四节中 CAPPFramework 的系统结构。

二、工艺信息的组织

工艺信息的组织是实现制造工艺信息系统的基础。良好的工艺信息结构不仅利于工艺信息的处理、共享和交换，而且方便管理和使用。

制造工艺信息系统产生、处理、传递和存储着各种各样的工艺信息，并在需要时与其他相关的应用系统实现信息共享和交换。为了实现工艺信息的统一存储和管理，保证工艺信息的正确性、一致性和安全性，必须建立单一的数据源。也就是说，制造工艺信息系统的全部数据和文件都存储在单一数据源中，并且只允许存在唯一的一份。所有相关应用系统所需要的工艺信息都是从单一数据源中获取，生成的共享信息也都存入单一数据源中。这样，各个应用系统只需具有与单一数据源的接口，即可完成信息的共享和交换，而不必涉及相互之间的复杂关系，简化了应用系统的设计和实现。制造工艺信息系统将全局性的共享信息集中到单一数据源中统一管理，避免了将信息分散到各个应用系统中引起的信息格式不一致和信息不一致等问题，通过单一数据源即可完成全部的数据管理、安全管理、备份恢复等工作，方便了系统的管理，并且容易保证信息的正确性和安全性。从用户的角度来看，信息和处理信息的应用软件是分离的，可以方便地采用不同的应用软件完成相应的信息处理工作。

单一工艺信息源必须基于制造工艺信息系统统一建立和维护，并提供统一的访问接口。单一工艺信息源是企业在正确的时间、正确的地点，以正确的方式为正确的人提供正确的工艺信息的基础。

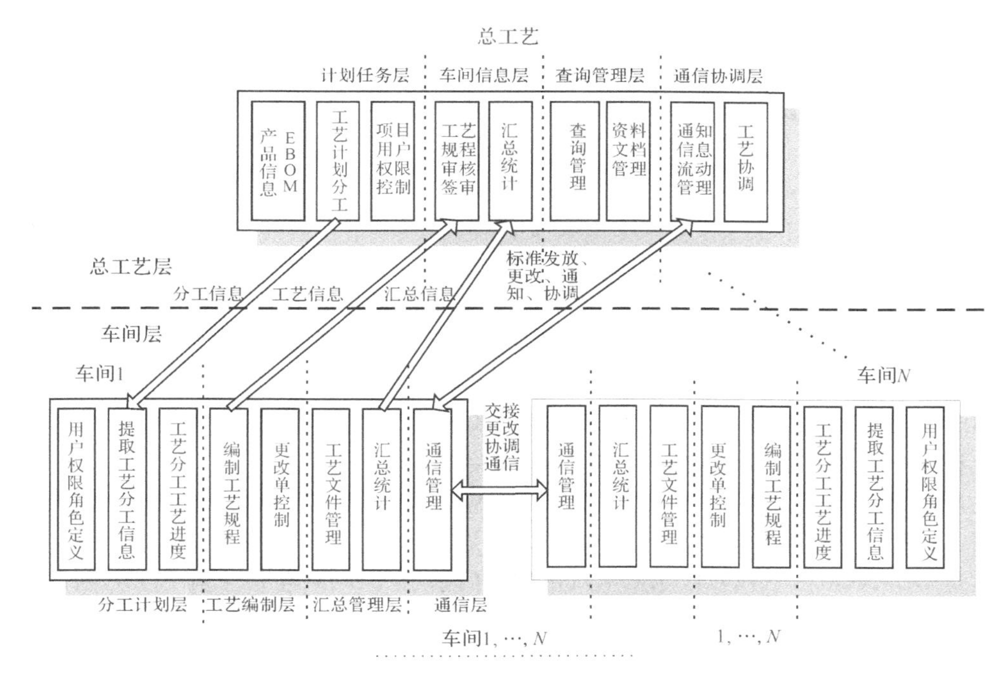

图 4.8　制造工艺信息系统的功能结构

通过分析，我们已经理解单一工艺信息源的重要性。接下来，就需要解决工艺信息的组织问题，即通过设计完整的工艺信息结构来保证制造工艺信息系统和相关应用系统的信息处理和使用需求。

制造企业的业务活动都是围绕产品进行的，而产品结构描述了一个产品所有的零件、组件、部件组成及其装配关系，因此，通常用产品结构来组织产品数据及与产品相关的数据。工艺信息与产品密切相关，可以认为是产品数据的一部分，因此，用产品结构来组织工艺信息是非常自然和合理的，能够使工艺信息具有良好的层次结构，便于工艺信息的查询、管理和使用。

三、物料清单

物料清单(Bill Of Material，BOM)是描述用于制造一个产品的所有零件、组件、部件和原材料的表单，并给出了它们的类型、编号、数量及其装配关系。

可以看出，BOM 与产品结构有着密切的关系。产品结构用树形的方式表示了从产品最低层次一直到产品层各个层次的零部件组成及其关系，而 BOM 是产品结构的一种表单形式。用户可以根据不同需要由产品结构生成各种不同的 BOM。例如，可以生成一个部件或几个部件，甚至整个产品的 BOM。因此，BOM 是产品信息的基础和制造企业中最重要的信息之一。

在通常情况下，BOM 是在产品设计阶段形成的，然后并行或先后由其他部门(如工艺规划、生产、采购、成本核算、销售等部门)进行相应补充、改变和使用，从而形成面向部门需求的不同 BOM。为了清楚区分各个阶段所使用的 BOM，人们使用多种 BOM 概念，也称为 BOM 视图，如设计部门产生的工程 BOM(Engineering BOM，EBOM)、工艺部门产生的制造 BOM(Manufacturing BOM, MBOM)等。

EBOM 面向功能描述组成一个产品的零件、组件、部件信息及其装配关系。产品设计定型后就要发放工程设计数据,EBOM 是其重要的组成部分,是最初的 BOM。

EBOM 按产品结构树组织数据,产品结构树表达了产品按设计分离面划分而生成的结构和零部件组成关系,因此,产品结构树并不表示生产中的真正装配过程。工艺部门根据 EBOM 进行装配工艺设计,确定装配工装需求,出于对工艺方面和生产过程的考虑,就需要对原设计的产品结构树的结构关系和零组件隶属层次进行一定程度的调整和修改(如增加、修改工艺构型节点,移动节点子树等),形成面向制造的装配工艺树,表示了生产中实际采用的装配关系和安装次序。基于装配工艺树,工艺部门进行装配工艺设计、零件制造工艺设计及工装制造工艺设计,并加入相应的工艺信息,形成了按装配工艺树组织的 MBOM。

MBOM 是面向装配的 BOM,以 EBOM 为基础,主要反映在产品装配过程中,参装件按工艺流程划分的先后安装顺序及其体现的父子关系。

在后续的制造过程中,制造部门应用 MBOM 安排作业计划和组织生产,并加入各种制造数据。例如,质量管理部门基于 MBOM 进行质量管理,并加入检验和验收等质量信息,形成质量 BOM(Quality BOM,QBOM);供应部门基于 MBOM 生成采购 BOM,制订供应计划和采购计划;财务部门则基于 MBOM 生成成本 BOM(Costing BOM,CBOM),进行成本核算和制定价格等。

显然,在产品的整个制造过程中,会应用到各种 BOM,各种 BOM 的信息也随着制造过程的进展而不断变化,但贯穿整个制造过程的主线是装配工艺树,因此,就应当将装配工艺树作为组织制造信息和工艺信息的结构,即将 MBOM 作为单一工艺信息源。

MBOM 清楚地反映了产品的装配关系和顺序,包含了零件、组件和部件在实际制造过程中的顺序、状态和制造信息,能够为生产组织和管理提供更加准确、符合实际制造情况的产品结构信息和物料信息。因此,在机械制造企业中,MBOM 的用途更为广泛。

下面,以飞机产品为例,阐述 MBOM 的组成和管理。

四、MBOM 的组成

在飞机装配工艺设计时,产品先按大的工艺分离面划分为若干个装配单元,每个装配单元再细分为若干个 AO,每个 AO 详细描述若干个参装件的装配过程。在装配单元这个层次中,各个装配单元之间存在着特定的装配顺序关系。类似地,同一个装配单元下的不同 AO 之间也存在一定的装配顺序关系。在装配工艺设计工作完成后,就形成了所谓的具有层次结构的装配工艺树,如图 4.9 所示。装配工艺树反映了参装件、AO 和装配单元的先后安装顺序及其父子关系。在装配工艺树中,多数情况下一个子节点(AO 或装配单元)只有一个父节点,但有时也会出现一子多父的情形,比如某个组件在同一个产品中多处使用。

在实际的产品装配时,依据装配工艺树,先从底层 AO 开始装配,形成较高层次的 AO 或装配单元,当最后一个装配单元完成时,产品的装配就完成了。

MBOM 可以用行缩进列表方式或树形图两种方式表示。图 4.10 和图 4.11 分别用上述两种方式表示了波音 737—700 垂尾装配单元的 MBOM(只展开到装配单元层)。比较两种方式可以看出,树形图虽然很直观,但也有明显的缺点:一是每个分支的深度和宽度都是动态的,其版面布置难以编程实现;二是只表达出节点间的父子关系,而各节点本身的一些信息不便表示。而使用行缩进列表方式，虽然没有树形图直观，但相邻节点的层次关系一目了然，在纸面宽度范围内可以列出各节点的多个属性。因此，生产实际中一般都使用行缩进列表方式。

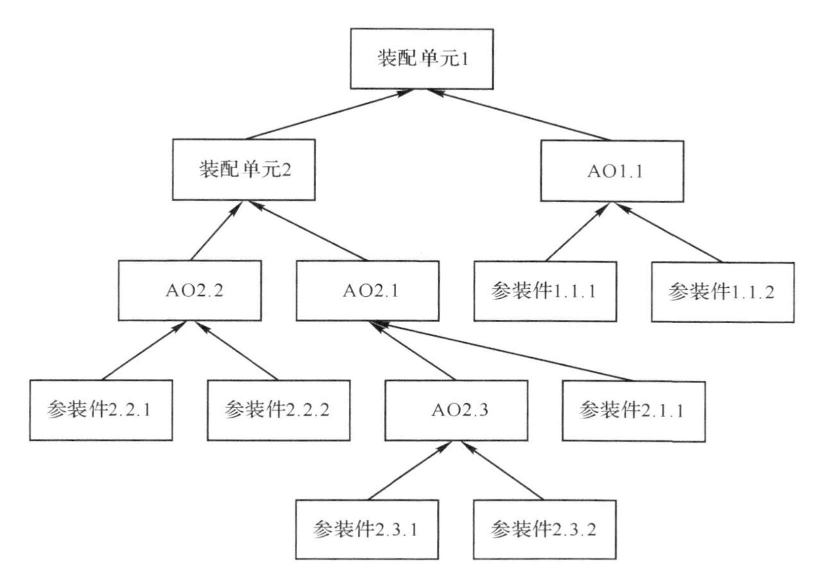

图 4.9　MBOM 的结构

序号	层次	装配单元号
1	1	737 - XBH101 - 28
2	2	737 - XBH101 - 25
3	3	737 - XBH101 - 24
4	4	737 - XBH101 - 19
5	5	737 - XBH101 - 18
6	6	737 - XBH101 - 5
7	7	737 - XBH101 - 2
8	8	737 - XBH101 - 1
9	7	737 - XBH101 - 4
10	8	737 - XBH101 - 3
11	6	737 - XBH101 - 17
12	7	737 - XBH101 - 9
13	8	737 - XBH101 - 8
14	7	737 - XBH101 - 10
15	7	737 - XBH101 - 11
16	7	737 - XBH101 - 12
17	7	737 - XBH101 - 13
18	7	737 - XBH101 - 14
19	7	737 - XBH101 - 15
20	7	737 - XBH101 - 16
21	6	737 - XBH101 - 6
22	6	737 - XBH101 - 7
23	5	737 - XBH101 - 20
24	5	737 - XBH101 - 21
25	5	737 - XBH101 - 22
26	5	737 - XBH101 - 23
27	2	737 - XBH101 - 26
28	2	737 - XBH101 - 27

图 4.10　MBOM 的行缩进表示

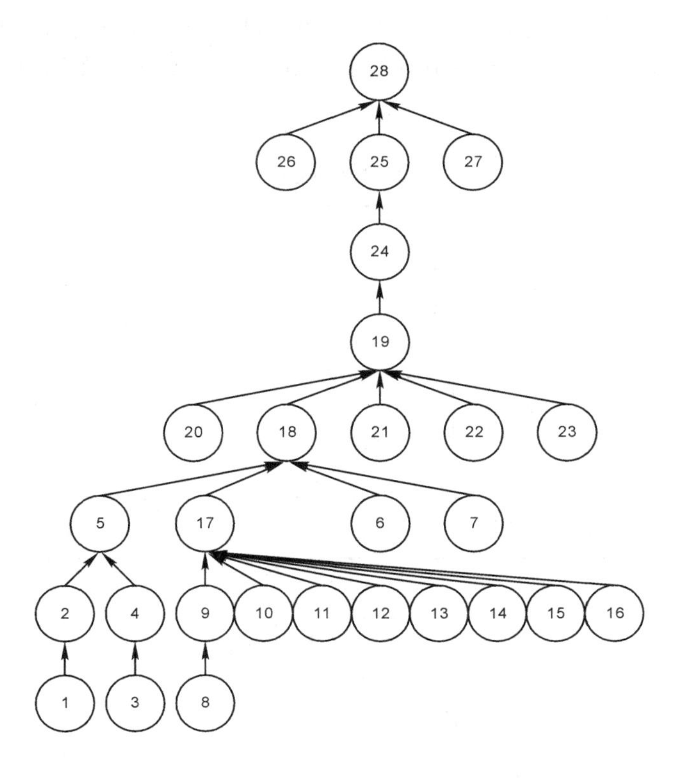

图 4.11 MBOM 的树形图表示

图中圆圈内的 1,2 分别表示装配单元 737 - XBH101 - 1、737 - XBH101 - 2,其他以此类推。

MBOM 数据反映的是零组件之间的装配关系和一些基本的工艺信息,是在 EBOM 数据的基础上由工艺设计人员建立起来的,包括装配工艺、产品装配指令(工序)间的树状层次关系及装配指令与零部件之间的相互依赖关系(即一道工序将涉及哪些零部件)。

MBOM 一般包括以下信息:

(1)装配工艺树。装配工艺树表示零组件实际的制造和装配顺序,是产品结构树的异构。

(2)工艺零组件号/成品号/标准件号。一般情况下,工艺零组件号与 EBOM 和工程图纸一致,或者是由工艺部门按照工艺构型管理规范定义的工艺组件号或虚拟件号;成品号/标准件号与 EBOM 和工程图一致。

(3)工艺零组件/成品/标准件名称。为了便于使用者查阅而设置,工艺零组件/成品/标准件名称与工艺零组件号/成品号/标准件号一一对应。

(4)零组件类别。零组件分为一般件、关键件、重要件。

(5)零组件名称。与 EBOM 中的零组件名称一致。

(6)原材料牌号和尺寸。原材料牌号和尺寸主要用于统计汇总。

(7)热处理代码。热处理代码来源于 EBOM 的材料处理代码。

(8)特种检查代码。特种检查代码来源于EBOM,是对特别需要注意的零组件进行检验所用的代码。

(9)装配图号。装配图号是工艺零组件的设计装配关系,来源于EBOM。

(10)等效设计号。等效设计号用于需要替代的零组件对应的设计号码。

(11)版次。版次指工艺零组件对应的工程图号版次,反映装机零组件工程状态。虚拟工艺组件、成品件和标准件没有版次。

(12)设计装机数量。设计装机数量指设计的单机安装数量。

(13)工艺装机数量。工艺装机数量表示工艺零组件/成品/标准件在该处的安装数量,装机数量主要用于汇总和工程、制造数据一致性核查。

(14)下一级工程装配图号。下一级工程装配图号是工艺零组件/成品/标准件的装配图图号。该数据项是EBOM和MBOM数据一致性核查的线索。

(15)工艺路线。工艺路线是工艺零组件/成品的生产供应路线,是生产派工的主要依据。

(16)安装AO号。为完成工艺零组件/成品/标准件对应AO号,该数据项可派生出工艺装配树,为生产派工提供方便。

(17)有效性。有效性表示工艺组件/成品/标准件适用的架次。

(18)计划投产时间。计划投产时间表示工艺零组件/成品/标准件的投产/下达采购计划时间。

(19)计划交付时间。计划交付时间表示工艺零组件/成品/标准件交付下道工序的计划时间。

MBOM用于工艺设计和生产制造管理,可以明确地了解零组件之间的制造关系,反映产品零组件在实际加工制造过程中的顺序和状态,跟踪零件是如何制造出来的、在哪里制造、由谁制造、用什么制造等信息。

五、MBOM的生成和管理

在产品制造过程中,MBOM从最初形成,并经过多个部门使用和补充信息,到最后形成完整的MBOM,涉及部门多、过程复杂。即便是一般产品,其MBOM的生成和管理也是非常烦琐、复杂的,采用人工方式很难保持数据的正确性、一致性和及时性,从而影响生产。对于像飞机这样复杂的产品,采用计算机辅助技术生成和管理MBOM是必然的。

1. MBOM的生成

MBOM广泛应用于生产计划制订、工艺分工、质量管理、物料供应、图纸发放,以及工时定额汇总计算、材料定额编制、成本核算等各个方面。图4.12显示了在整个产品制造过程中有关MBOM的信息流。

工艺部门根据EBOM和装配工艺构建初始MBOM,基于MBOM制订各参装件的工艺分工路线,即从毛坯到成品所经历的各车间,并确定各零件的材料定额,然后将工艺路线和材料定额信息添加到MBOM中。

劳资部门获取MBOM后,制订各零组件的工时定额,然后将此信息添加到MBOM中。

财会部门根据MBOM中的材料定额和工时定额进行汇总统计,计算成本,给出产品报价。

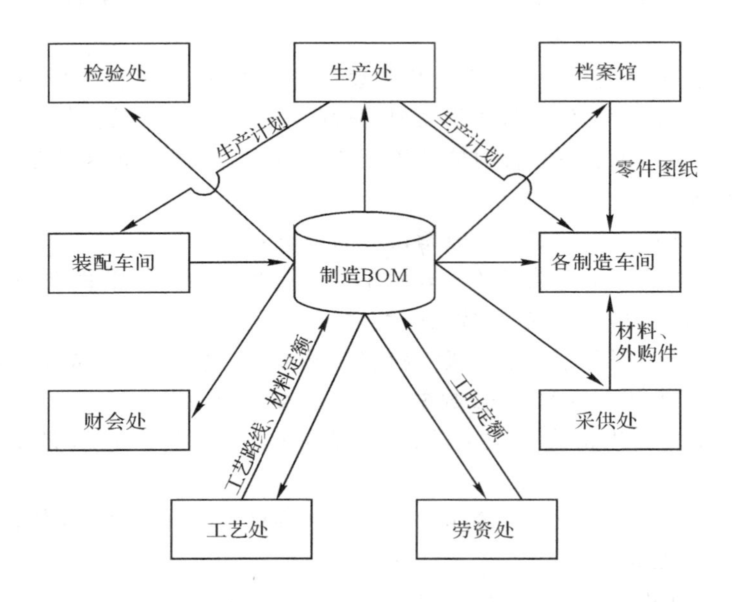

图 4.12　有关 MBOM 的数据流和物料流

生产部门根据 MBOM 中的父子关系和工时定额制订生产计划，然后把生产计划下发到各制造车间和装配车间，安排生产进度。

各制造车间可以查询 MBOM 中各零组件的工艺分工路线，及时了解自己车间的加工任务，以便制订车间计划。

采购供应部门根据 MBOM 的零组件清单和相应的材料定额，编制物料采购计划，向各车间供应各种材料和外购件。

检验部门根据 MBOM 进行质量跟踪，查找产品质量问题的根源。

档案部门根据各零组件的工艺路线复制相应的图纸，向相关的车间发放。

因此，MBOM 是与制造过程密切相关的一种基础性制造数据，是多部门需要共享的数据资源，对缩短生产准备周期、协调各部门之间的关系有着举足轻重的作用。

在某飞机制造企业，MBOM 生成的流程如图 4.13 所示。工艺部门接受由设计部门（或 PDM 系统）提供的 EBOM，以及由主管科室提交的“装配顺序图表”及“组件交付规范”，根据需要定义工艺组件和工艺虚拟件（包括交付状态、配套和工艺虚拟件的分工路线等），建立装配工艺树，并制订零组件分工路线；分厂工艺室负责工序划分（AO），以及工艺构型（多状态零件）的定义和最后零组件工艺号的发放，工艺员完成工艺的编制和定版；最后生成 MBOM。MBOM 经过批准、定版就可以发布使用了。

飞机的 EBOM 所描述的产品结构树由零件号和子装配件号组成，各装配单元用树形层次和父子关系表示出来。产品结构树虽然表明了飞机各零组件在结构上的关系，但它并不表示生产中的真正装配过程。因此，出于飞机装配工艺方面的考虑，需要对 EBOM 所描述的产品结构树和零组件隶属关系和层次进行一定程度的调整。调整后的结构要能表示出零组件的直接装配关系和装配次序，主要是利用虚拟件和中间件对原结构进行调整，从而构建出新的产品结构树，称为装配工艺树，并按照装配工艺加入相应的工艺信息，形成最初的MBOM。

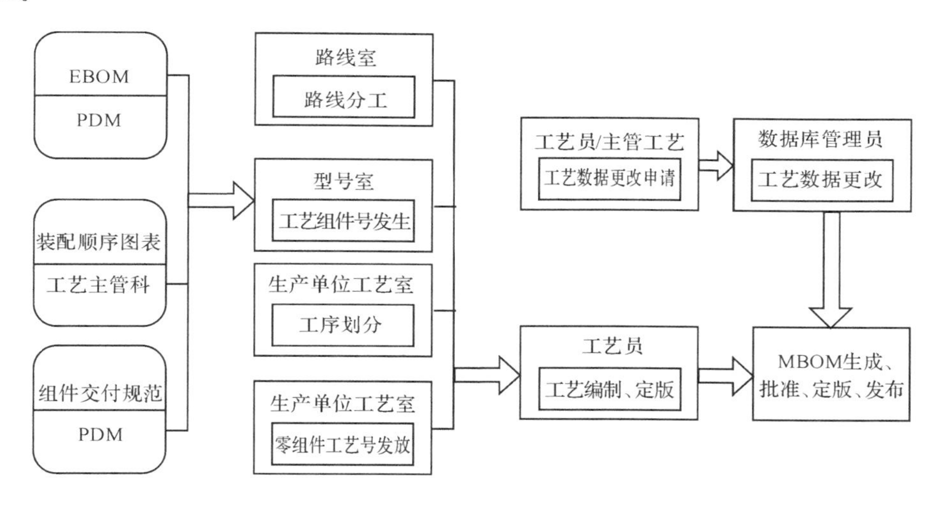

图 4.13　飞机 MBOM 的生成过程

在 MBOM 的生成过程中应该注意以下几点：

(1)EBOM 的产品结构树是按设计分离面产生的，虽然可能不会完全符合工艺部门的装配流程，但大体结构是一样的。

(2)EBOM 是产品的原始数据，MBOM 要与它保持数量和逻辑上的一致，在此基础上进行修改和添加信息。

(3)在产品结构调整中，组成产品的基本单元的零件的信息不能改变。这些调整在 EBOM 的基础上进行，主要表现为节点的移动、增加、删除。

(4)MBOM 数据的构建不仅仅依据 EBOM，还须在完成了 AO 与 FO 的编制并定版后，从 AO/FO 工艺中分机型提取相关的 MBOM 数据。

MBOM 的生成主要有两种方法：一种是通过与 PDM 集成，获取 EBOM 数据，然后在 EBOM 数据的基础上，构建 MBOM 结构，并补充相应的工艺信息。MBOM 结构的建立主要表现为节点的移动、增加和删除。装配工艺设计的复杂性和创造性，决定了 MBOM 结构难以自动生成。MBOM 结构生成以后，一些基本信息来源于 EBOM，还需要添加相应的工艺信息，这些工艺信息来源于 AO/FO 工艺数据，可采用集成方式从 AO/FO 工艺数据库中提取。另一种是完全通过人机交互方式构建 MBOM 结构，并录入相关信息。显然，第二种方法很难保持数据的正确性和一致性，并且输入工作量极大。

2. 飞机 MBOM 管理

飞机 MBOM 管理的主要功能有架次 MBOM 数据的提取与编制、MBOM 的更改管理、MBOM 的数据查询、预览及打印。

(1) 架次 MBOM 数据的提取与编制。MBOM 数据库包含了某一机型下所有架次飞机的 MBOM 信息，但是在生产实际中所需要的是单架次的 MBOM，以制订生产计划、组织生产和核算成本等，因此，需要按架次在 MBOM 数据库中提取 MBOM 信息，编制飞机单架次 MBOM。

MBOM 编制是从 MBOM 数据库中通过输入飞机机型号和架次号提取出单架次飞机的物料清单，在 MBOM 数据库中找到适用于该架次的某个版次 AO，再逐层向下遍历各子装配单元 AO、AO 工序、参装件，查找各节点的父节点、数量、名称、类型、版次等信息，再把每个节点的信息作为一条记录插入到该架次飞机 MBOM 中。

（2）MBOM 的更改管理。飞机制造过程存在设计更改和工艺更改，如用户需求的变更、设计修改、工艺改进等，这些更改必将引起 MBOM 数据的变化。MBOM 数据的更改主要分为设计更改和工艺更改。设计更改直接引起 EBOM 更改，从而引起 MBOM 更改。工艺更改一般只对 MBOM 产生影响，更改过程中必须维护数据的一致性。

第四节　CAPP 系统应用

一、CAPPFramework 系统简介

1. *CAPPFramework 应用开发平台概述*

CAPPFramework 是西北工业大学开发的通用 CAPP 应用框架与开发平台系统，实现了以交互式设计为基础，以工艺知识库为核心，面向产品实现工艺设计与管理计算机化、信息化的 CAPP 应用开发模式。它适用于机械加工工艺、装配工艺等各种类型的工艺设计。CAPPFramework 在应用中根据不同企业生产环境建立相应的工艺信息模型和工艺数据库等作为系统的基础知识信息，采用面向对象技术进行信息的处理，易于修改和扩充。CAPPFramework 采用以交互式设计为基础的综合智能化工艺设计方式，以产品结构为核心，把工艺设计、工艺数据管理与工艺文件管理集成在一起。在开发面向具体企业的 CAPP 应用系统时，针对企业的产品建立企业专用知识库和进行系统动态集成。在此基础上，可实现 CAPP 应用系统与其他系统的全面集成。

2. *CAPPFramework 应用开发平台系统结构*

CAPPFramework 系统的功能与体系结构如图 4.14 所示。

CAPPFramework 的基本模块包括产品结构管理、工艺设计集成环境、信息模型管理、工艺资源管理、典型工艺管理、用户信息管理、工艺文件浏览、打印排版等模块。

CAPPFramework 的增强模块包括工艺分工路线设计、材料定额编制、工时定额编制、工作任务管理、过程模型管理、工艺设计审批等模块。

产品结构管理是 CAPPFramework 的基本支撑模块，为工艺设计和管理提供产品结构信息，总体工艺和专业工艺都可以基于产品结构树进行设计和管理，实现了面向产品的 CAPP，是实现 CAPP 与 CAD/PDM/ERP 信息集成的核心。系统可以直接从 CAD 图纸明细表标题栏、PDM 系统获取产品及零组件信息，并建立产品结构树，避免重复输入，保证数据一致性。系统亦可通过手工输入方式建立产品结构树。

工艺设计集成环境将工艺卡片模板定制、工艺文件编制、工艺文件打印输出、统计汇总、

工艺版本管理、工艺借用、工艺查询、工艺知识库和典型工艺库支持等功能集于一体，可以进行专业化工艺设计与管理，是 CAPPFramework 的基本应用模块。

<table>
<tr><td colspan="18">CAPPFramework</td></tr>
<tr><td colspan="2">产品工艺管理</td><td colspan="4">工艺设计</td><td colspan="4">工艺管理</td><td colspan="6">系统支持功能</td><td rowspan="2">用户角色权限管理</td><td rowspan="2">应用系统层</td></tr>
<tr><td>工艺BOM管理</td><td>工艺配置管理</td><td>工艺分工路线设计</td><td>快速工艺设计</td><td>材料定额编制</td><td>工时定额编制</td><td>工艺信息汇总统计</td><td>工艺信息管理</td><td>工艺文档管理</td><td>工艺流程管理</td><td>工艺资源管理</td><td>典型工艺管理</td><td>工序尺寸计算</td><td>工艺文档浏览</td><td>工艺信息建模</td><td>工艺卡片定制</td></tr>
<tr><td colspan="3">集成接口定制工具</td><td colspan="2">信息管理开发工具</td><td colspan="3">知识处理工具</td><td colspan="2">应用开发工具</td><td colspan="2">CAXA电子图版</td><td colspan="3">数据库关联工具</td><td colspan="2">系统定制配置工具</td><td>开发工具层</td></tr>
<tr><td colspan="17">分布式关系数据库系统(Oracle,SQL Server,DB2,Access,OpenBASE,DM)</td><td>数据库系统</td></tr>
<tr><td colspan="17">TCP/IP,Intranet/LAN</td><td>网络层</td></tr>
<tr><td colspan="17">Windows,Unix</td><td>操作系统层</td></tr>
</table>

图 4.14　CAPPFramework 系统的功能与体系结构

信息模型管理、工艺资源管理、典型工艺管理模块存储和管理了大量的工艺专家经验、规则、事实、概念组成的工艺知识，CAPPFramework 系统提供了内容丰富的基础工艺知识库，便于用户扩充、使用。用户可以针对企业的实际情况，建立自己的工艺信息模型、机床设备库、刀具库、夹具库、量具库、切削参数库、材料库、典型工艺（工序、工步、工艺术语等）库等，使工艺人员及时掌握制造资源，并逐步告别工艺手册。

用户信息管理模块主要将企业用户按照不同工作组、不同角色、不同权限进行组织管理，保证工艺信息、工艺知识库、应用系统的安全与信息共享。

工艺文件浏览模块为用户提供了离线浏览工艺文件的功能。

打印排版模块可以将工艺文件、统计汇总报表等在各种幅面的图纸上进行排版并用打印机、绘图仪输出。

二、CAPPFramework 在某飞机制造企业的应用

1. 背景

某飞机制造企业是生产多机种、整机零组件生产、安装、调试的大型军工企业，承担着国家多个重点型号飞机的研制、生产、维修等重大任务。

由于航空产品结构复杂、数据量大、工程更改频繁、工艺类型复杂、专业种类繁多，并有独特的工艺过程控制管理体系，因此，对工艺信息管理的要求更高。该企业以前主要采用手工方式编制、管理工艺规程及其他工艺文件等。随着生产规模的不断扩大，以及企业信息化的发展，这种方式已难以适应工艺信息化、集成化和网络化管理的需求，因此，必须建立一套适合于飞机制造企业的工艺设计与管理系统，实现工艺信息化，为其他部门和系统及时提供

准确的信息，缩短生产技术准备周期。

2. 飞机制造工艺的特点

(1) 产品工艺过程复杂。飞机是一种高精尖产品，对设计和制造的要求相当严格。与其他产品相比，其产品结构和工艺过程非常复杂。

(2) 工艺类型种类多。该企业工艺主要分为冷工艺、热工艺两大部分。冷工艺包括机械加工、钣金、数控、装配、总装、试飞等类型；热工艺包括锻造、铸造、焊接、热处理、表面处理、防锈等类型，可以说覆盖了几乎所有工艺类型。

(3) 数据量庞大。由于飞机结构复杂，零组件的数量非常之多，一个机型下的全部零组件将近 10 万个，因此，一种型号的工艺规程数量大约有 5 万份。

(4) 工艺过程控制独特。由于航空产品的特殊性和复杂性以及更改频繁，涉及设计、生产、质保、供应等诸多部门，因此，需要有一套完善的管理与控制体系，对飞机的构型、工艺的版次、文件的更改与审批、信息的共享和交换等环节进行严格的控制。

(5) 信息交换频繁。工艺信息既是飞机制造企业基础信息的源头，又是设计信息与生产制造、质保、采购、劳资等信息的传递桥梁，而且不同工艺类型、不同人员之间还存在工艺信息的交换、共享与整合。

因此，针对飞机制造工艺信息化，CAPP 软件不仅要满足计算机辅助工艺编制的需要，更应满足工艺信息管理和集成的需要，成为工艺信息化的工具与平台，从根本上保证企业信息传递的准确、一致、快捷。

3. 基于 CAPPFramework 的应用系统开发与应用

经过对该企业工艺信息化需求的深入分析，并结合企业已有的软硬件资源，决定将 CAPPFramework 作为该企业工艺信息化平台，并进行二次开发，以满足企业实际需求。系统总体结构图如图 4.15 所示。

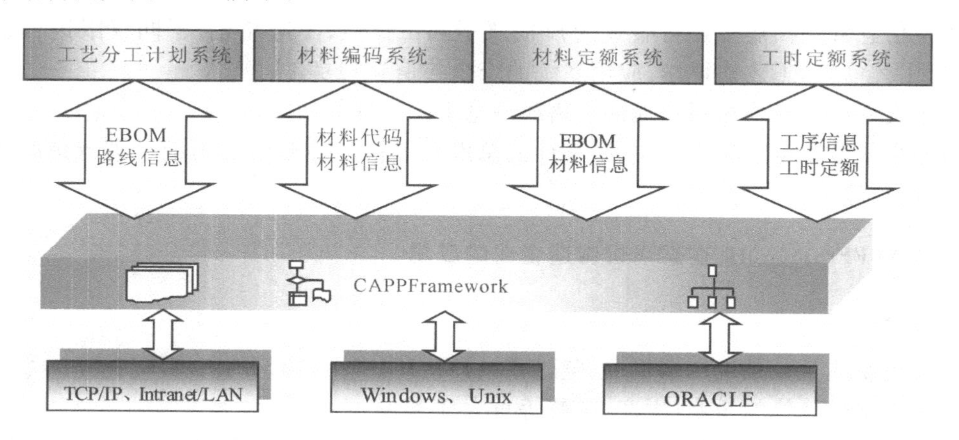

图 4.15　某飞机制造企业工艺信息系统总体结构

工艺信息系统除提供基本的工艺设计与管理功能之外，还根据该企业的实际需求开发许多专用功能。

工艺信息系统的主要功能如下：

(1) 产品结构建立。该企业先从设计所接收设计图纸,然后由分工计划室编制工艺分工路线计划,并将其传给 CAPP 系统,CAPP 系统接收 EBOM 信息,并建立产品结构树。由于飞机零组件数量庞大,因此,为了方便工艺员在设计工艺时查找零组件,CAPP 系统依据分工路线按分厂过滤零组件,工艺员登录系统后看到的是本厂的零组件,同时也可以浏览整个产品结构。

(2) 工艺设计。产品结构建立后,工艺员基于"所见即所得"的图文一体界面进行工艺设计。

(3) EBOM 提取。为了减少工艺人员的重复劳动,避免人为误差,提高数据的一致性和重用性,工艺信息系统根据当前 BOM 节点,自动提取该节点组件的 EBOM 结构,工艺员可直接通过鼠标选取装配所需零组件,并可实时查看零件的使用状态,以免零件使用数量超过单机数量。

(4) 材料代码检索、校验。为了便于对飞机材料进行管理,为实施 ERP 打好基础,该企业将全部材料进行编码管理,CAPP 系统与材料编码系统动态集成,所有文件均统一使用材料编码。工艺员在设计工艺时可对材料代码进行模糊或精确查询,找到所需材料后,系统将材料代码、牌号、标准、规格等信息自动填到工艺卡片的相应位置上。工艺规程定版时,工艺信息系统还要校验材料代码,以免造成人为错误。

(5) 材料定额制订。为了保证数据源的一致性,规范工艺设计过程,减少材料定额员的工作量,材料定额系统从 CAPP 系统中提取所需 EBOM 和材料信息,在此基础上制定与管理材料定额。

(6) 工艺知识管理。CAPPFramework 采用面向对象技术对工艺知识进行分类管理,根据该企业的实际生产需要和现有资源状况分别建立了典型工艺库、典型工序库、常用术语库、工艺标准库、设备库、工装库、刀量具库等辅助资源库,为工艺设计提供动态支持。同时,工艺员在设计工艺时可随时(在授权情况下)将典型工艺知识、资源添加入库,实现工艺知识的动态扩充。

(7) 工艺信息检索、汇总。CAPPFramework 是一个完全基于分布式数据库平台,并将工艺信息结构化、模型化,统一储存与管理。上层领导既可随时查询工艺文件完成情况,也可根据工装或零件信息反查工艺规程,并将查询结果以 Excel 格式输出。同时,可任意定制查询条件,工艺信息系统根据条件自动汇总,生成用户所需报表。

(8) 工艺文件合并。为了便于设计与管理工艺规程,该企业的数控分厂采用常规工艺和数控工艺由不同工艺员分开编写的方式。在编制完成常规工艺和数控工艺后,系统根据规程页码将其合并成一份工艺规程,并入库管理。

(9) MBOM 自动提取。工艺员设计工艺时,将装配需要的零组件信息(包括工艺虚拟件)填写在工序内容的最后,并用特殊标记加以区别,工艺信息系统自动将其提取,整理后添加到零件表页中,这样就避免了重复录入工作。整机(或某一部件)的所有工艺规程编制完毕,工艺信息系统就根据工艺信息及其零件表信息自动汇总,组合形成 MBOM,清晰地反映出整机的真实结构,层次关系,父子关系,零组件(包括成品、标准件)的类型、数量、承制单位等信息。

(10) 零件表、配套表信息输出。为了便于和其他分系统进行信息集成,

CAPPFramework 系统将零件表、配套表，以及汇总统计等工艺信息输出为 Excel 格式文件。

(11) 工艺规程批量授权。企业实际工作中，工艺员会因工作需要而发生工作岗位的变化。而 CAPPFramework 系统具有一套严格的工艺文件权限与版本管理体系，只有工艺文件的创建者才能进行工艺的修改，因此，为了解决人员变动造成的工艺无法修改问题，CAPPFramework 系统提供了工艺文件的批量授权功能，可以将某一工艺员的工艺文件权直接授权给其他工艺员。

(12) 零件表、更改单及工装信息反查。CAPPFramework 系统不仅提供了工艺信息的分类汇总统计功能，而且可以进行工艺信息的反向查询。根据工艺规程中所包含的某一类信息可反向查询此类信息具体应用于哪些工艺及零组件，并可将查询结果以 Excel 格式文件输出。

4. 应用效益

(1) 周期缩短、质量提高。用 CAPP 系统替代了手工编制工艺规程，工作效率明显提高，原来需要一周到一个月才能编制出一份工艺规程，现在只需一天到一周就可完成，并且利用 CAPPFramework 的典型工艺与工艺借用功能，只需几分钟就可完成相似工艺的编制。因此，工艺员就可以把更多的时间用在工艺完善与优化工作上，从而不断提高工艺设计的质量。

(2) 工作规范、过程优化。通过深入、广泛地应用 CAPP 系统，将工序名称、标准文件、使用说明等归纳总结为常用术语，并入库管理。工艺员设计工艺时可进行动态检索选取或约束选取，一方面，提高了工作效率；另一方面，最大限度地减少手工方式的随意性造成的影响，逐步提高了工艺的规范化、标准化程度，从而不断理顺工艺工作流程，优化工艺设计过程。

(3) 动态支持、协同设计。借助于 CAPPFramework 系统的动态关联知识库功能，工艺员在设计工艺时，可以随时查询、利用知识库中已有资源；反之，利用系统的动态知识获取技术可将典型工序、工装设备等数据随时加入知识库中，以供其他工艺员或其他工艺使用；同时也可检索其他分厂的资源配置状态，为工艺设计提供可靠依据。另外，对于跨分厂的混合加工工艺规程，可分开并行编制，然后由系统进行按需合并。

(4) 信息检索方便、快捷。通过系统的查询检索模块，项目负责人、部门领导和总工艺师均可随时通过网络了解项目进展状况、工艺编制完成状态等信息。工艺信息汇总也变得简便、快捷，数分钟内就可统计生成各种所需清单，而需几个月才能整理出来的 MBOM 数据只需几小时便可统计出来，极大地提高了信息获取速度。

(5) 数据传递及时、准确。由于各个分系统均在 CAPPFramework 平台上运行，工艺信息采用 Oracle 数据库集中存储与管理，因此，容易实现信息共享。工艺员可以及时获取 EBOM 信息和材料代码，材料定额员可随时从工艺规程中提取材料信息，工时定额员可随时从工艺规程中提取工时信息。所有数据采用统一数据源，保证了数据的一致性、准确性，提高了信息的重用性。

该企业的 CAPP 系统安装节点已达 500 个，已完成了重点型号飞机大部分工艺规程的编制工作，工艺设计的效率明显提高，并提高了工艺设计的水平和质量，积累了大量的工艺基础数据和工艺知识、经验。更重要的是，CAPP 系统的实施使工艺文件中的零件配套关系、材料、工艺过程、标准(定额)工时等基础工艺信息得到了有效的管理和综合应用，为该企业未来多机种、系列飞机构型管理提供了良好的技术支持，为该企业的信息化建设打下了坚实的基础。

习　　题

1. 产品工艺规划及管理主要包括哪些内容?

2. 什么是 AO 和 FO? 完整的 AO 和 FO 形成的信息流程是怎样的?

3. 什么是 CAPP? CAPP 技术的发展分为几个阶段?

4. 简述 CAPP 系统的基本组成。

5. 简述工艺 MBD 模型的组成及 MBD 工艺设计方法。

6. 工艺决策方法主要有几种? 分别叙述其原理。

7. 根据所学的工艺规划知识举例说明什么是决策表和决策树，它们有什么作用。

8. 什么是专家系统? 专家系统的特点是什么? 开发一个 CAPP 专家系统的关键问题有哪些?

9. 什么是制造工艺信息系统? 它在功能上与传统 CAPP 系统有哪些区别?

10. 什么是 BOM、EBOM 和 MBOM? 它们在产品设计制造过程中有哪些用处?

11. 简述企业应用 CAPP 系统的好处。

第五章　数控加工技术

第一节　概　　述

数控加工是一种具有高效率、高精度和高柔性特点的自动化加工方法，可以有效解决复杂、精密、单件小批量零件的加工问题，充分适应现代化生产的需要。

数控加工技术是20世纪40年代后期为适应加工复杂形状零件而发展起来的一种自动化加工技术。1949年美国空军为了能在短时间内制造出经常变更设计的火箭零件，与帕森斯(Parsons)公司和麻省理工学院(MIT)伺服机构研究所合作，于1952年研制成功世界上第一台数控机床——三坐标立式铣床，揭开了数控加工技术的序幕。

数控加工技术是利用数控机床进行零件加工的技术，采用数字信息对零件加工过程进行定义，并控制机床自动运行的一种自动化加工方法。它是自动化、柔性化、敏捷化和数字化制造的基础与关键技术。

数控加工过程包括由给定的零件加工要求(零件图纸、CAD数据或实物模型)进行加工的全过程，涉及的主要内容如图5.1所示。

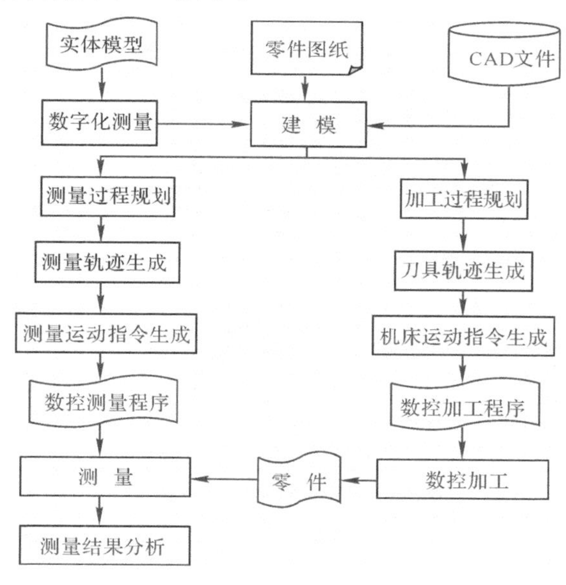

图5.1　数控加工过程及内容

一般来说,数控加工技术涉及数控加工工艺和数控编程技术两大方面。数控机床为数控加工技术提供了物质基础,但数控机床是按照事先规定的指令信息——零件加工程序来执行运动的。因此,零件加工程序的编制是实现数控加工技术的重要环节。尤其对于复杂零件的加工,其编程工作的重要性甚至超过数控机床本身。

此外,在现代生产中,产品形状及质量信息往往需要通过坐标测量机或直接在数控机床上测量来得到,测量运动指令有赖于数控编程来产生。因此,数控编程对产品质量控制也具有重要作用。这部分内容将在第六章讨论。

第二节　数 控 机 床

一、数字控制的基本概念

数字控制(NC),简称为数控,是一种自动控制技术,是用数字化信号对控制对象加以控制的一种方法。数字控制是相对于模拟控制而言的,数字控制系统中的控制信息是数字量,而模拟控制系统中的控制信息是模拟量。数字控制与模拟控制相比有许多优点,如可用不同的字长表示不同精度的信息,可对数字化信息进行逻辑运算、数学运算等复杂的信息处理工作,特别是可用软件来改变信息处理的方式或过程,而不用改变电路或机械机构,从而使机械设备具有很大的柔性。因此,数字控制已被广泛用于机械运动的轨迹控制和机械系统的开关量控制,如机床的控制、机器人的控制等。

数字控制的对象是多种多样的,但数控机床既是最早应用数控技术的控制对象,也是最典型的数控化设备。数控机床是采用了数控技术的机床,或者说是装备了数控系统的机床。国际信息处理联盟(International Federation of Information Processing, IFIP)第五技术委员会对数控机床作了如下定义:数控机床是一种安装了程序控制系统的机床,该系统能逻辑地处理具有使用代码或其他符号编码指令规定的程序。

二、数控机床的工作原理

数控机床主要由控制介质、数控系统、伺服系统和机床本体组成,如图5.2所示。

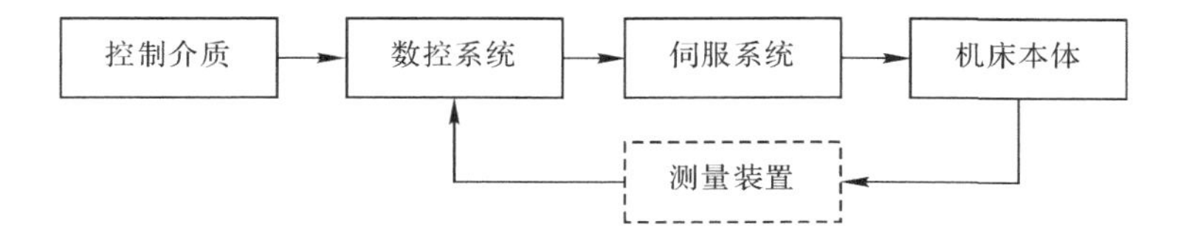

图5.2　数控机床的组成

1. 控制介质

控制介质,又称信息载体,用于记录数控机床上加工一个零件所必需的各种信息,即数控加工程序。它包括零件加工的位置数据、工艺参数等,以控制机床的运动,实现零件的加工。常用的信息载体有穿孔纸带、磁盘等,并通过相应的输入装置将信息输入到数控系统中。数控机床也可采用操作面板上的按钮和键盘直接输入加工信息,或通过串口将计算机上的加工程序输入到数控系统。

2. 数控系统

数控系统是数控机床的核心。它的功能是输入加工程序,经计算和处理后,发出相应的脉冲指令,传送给伺服系统,通过伺服系统控制机床的动作。数控系统控制机床的动作包括:

(1) 机床主运动,如主轴的启动、停止、转向和速度。

(2) 机床的进给运动,如点位、直线、圆弧、循环进给,坐标方向和进给速度选择等。

(3) 刀具选择和刀具补偿。

(4) 其他辅助运动,如各种辅助操作、工作台的锁紧和松开、工作台的旋转与分度、冷却液的开和关等。

3. 伺服系统

伺服系统是数控系统与机床的连接环节,是数控机床执行机构的驱动部件。伺服系统的作用是把来自数控系统的脉冲信号,经功率放大,转换成机床执行部件的直线位移或角位移运动。

伺服系统包括伺服驱动装置和执行机构两大部分。伺服驱动装置由主轴驱动单元、进给驱动单元和主轴伺服电机和进给伺服电机组成。步进电机、直流伺服电机和交流伺服电机是常用的伺服电机。执行机构由相应的伺服驱动装置来驱动。

4. 机床本体

机床本体是用于完成各种切削加工的机械部分,包括床身、底座、立柱、横梁、滑座、工作台、主轴箱、进给机构、刀架及自动换刀装置等机械部件。它的主要特点如下:

(1) 大多数数控机床采用了高性能的主轴及伺服传动系统,因此,数控机床的机械传动机构得到了简化,传动链较短。

(2) 为了适应数控机床的连续自动化加工,数控机床具有较高的动态刚度、阻尼精度及耐磨性,热变形较小。

(3) 采用高效、高精度、无间隙传动部件,如滚珠丝杠螺母副、直线滚动导轨、静压导轨等。

(4) 不少数控机床采用了刀库和自动换刀装置以提高机床工作效率。

三、数控加工的过程及其特点

数控加工是采用数字信息对零件加工过程进行定义,并控制机床进行自动运行的一种自动化加工方法。其过程如下:

(1) 数控加工程序编制。先根据零件设计要求确定数控工艺过程,选择切削参数,再按数控机床编程格式编写数控加工程序。

(2) 控制介质制作及程序输入。先根据数控机床的实际需求,制作出相应的控制介质,如穿孔纸带、磁盘等,然后通过输入装置将数控程序输入到数控系统中。

(3) 数控程序处理及控制指令生成。数控系统读入数控程序,经过必要的处理和计算,生成和发出相应的控制指令，通过伺服系统控制机床的各种运动，使刀具与工件严格按照程序规定的顺序、轨迹和参数运动，从而加工出符合要求的零件。

数控加工具有以下几个突出特点：

(1) 具有复杂形状加工能力。复杂形状在飞机、汽车、船舶、模具、动力设备和国防军工等制造业有大量应用，其加工质量直接影响整机产品性能。数控加工运动的任意可控性使其能完成普通加工方法难以完成或无法进行的复杂型面加工。

(2) 高质量。数控加工是用数字程序控制实现自动加工，排除了人为误差因素，且加工误差还可以由数控系统通过软件技术进行补偿校正。因此，采用数控加工可以提高零件加工精度和产品质量。

(3) 高效率。与采用普通机床加工相比，采用数控加工一般可提高生产率 2～3 倍，在加工复杂零件时生产率可提高十几倍，甚至几十倍。尤其是采用加工中心和柔性制造单元等设备，零件一次装夹后能完成几乎所有部位的加工，不仅可消除多次装夹引起的定位误差，而且可大大减少加工辅助操作，使加工效率进一步提高。

(4) 高柔性。只需改变零件程序即可适应不同品种零件的加工，且几乎不需要专用工装夹具，因此，加工柔性好，有利于缩短产品研制与生产周期，适应多品种、中小批量的现代生产需要。

四、数控机床的控制方式

数控机床种类较多，但按照机床的运动轨迹可将其控制方式分为 3 类。

(1) 点位控制。点位控制只控制机床移动部件的终点位置，而不管移动轨迹如何，并且在移动过程中不进行切削。数控钻床、数控镗床、数控冲床等属于这种控制方式，如图 5.3(a)所示。

(2) 直线切削控制。直线切削控制除控制运动的起点与终点的准确位置之外，还要求刀具运动轨迹为一条直线，并能控制刀具按照给定的进给速度进行切削加工。一些数控车床、数控镗铣床属于这种控制方式，如图 5.3(b)所示。

(3) 连续切削控制。连续切削控制又称轮廓控制，能够对刀具与工件的相对移动轨迹和速度进行连续控制，并在移动时进行切削加工，可以加工任意斜率的直线、圆弧和曲线。多数数控铣床、数控车床、数控磨床、加工中心等采用这种控制方式，如图 5.3(c)所示。

按数控系统能同时控制的机床坐标轴数，数控机床有 2 轴控制、2.5 轴控制、3 轴控制、4 轴控制和 5 轴控制之分。

2 轴控制可以同时控制 2 个坐标轴的运动，机床可以加工平面曲线，如图 5.3(c)所示。

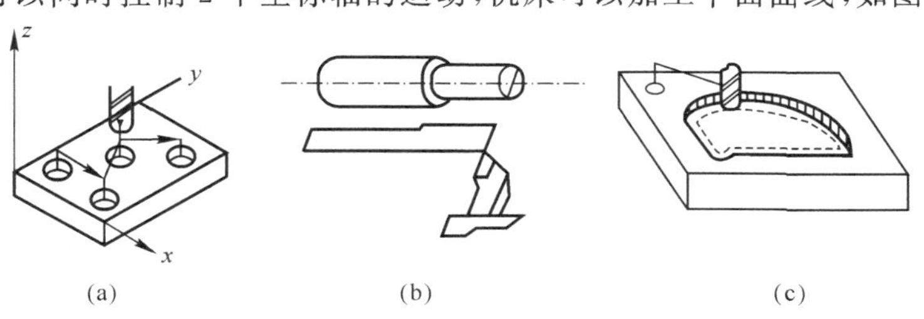

图 5.3　数控机床的控制方式

2.5 轴控制能连续控制 2 个坐标轴的运动，第 3 轴为点位控制或直线切削控制，能实现 3 个坐标方向的二维控制，因此，可以将立体型面转化为平面轮廓加工，如图 5.4 所示。

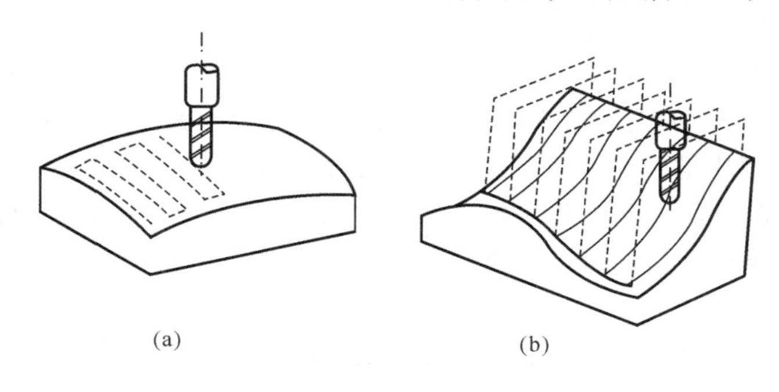

图 5.4　2.5 轴数控加工

3 轴控制能同时控制 x、y、z 这 3 个坐标轴，刀具能在空间任意方向移动，因而能够加工空间曲线，如图 5.5 所示。

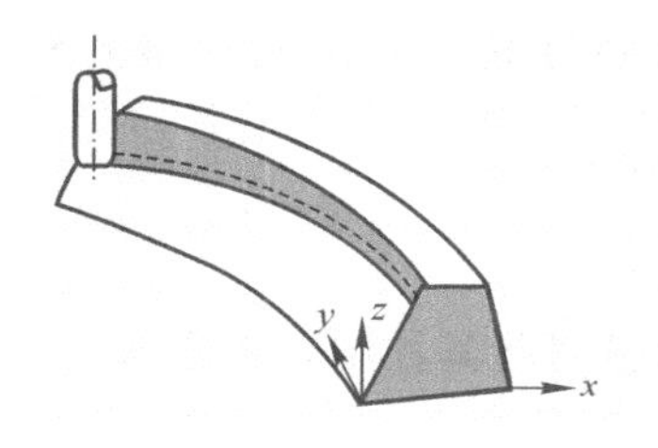

图 5.5　3 轴数控加工

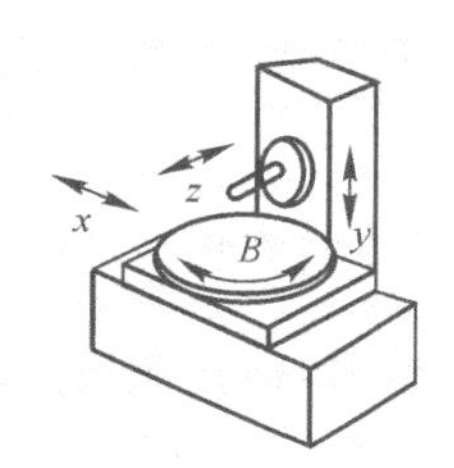

图 5.6　4 轴联动机床

4 轴控制能同时控制 4 个坐标轴的运动，即除了 3 个直线移动的坐标外，再加 1 个旋转坐标，如图 5.6 所示。

5 轴控制除了控制 3 个直线移动坐标之外，再加上 3 个旋转坐标中的任意 2 个，这时刀具可以在空间任意方向定位，可使刀具与曲面保持一定角度，进行复杂曲面的加工，如图 5.7 所示。

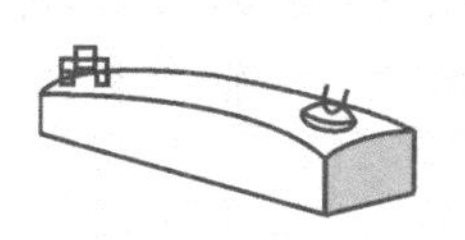

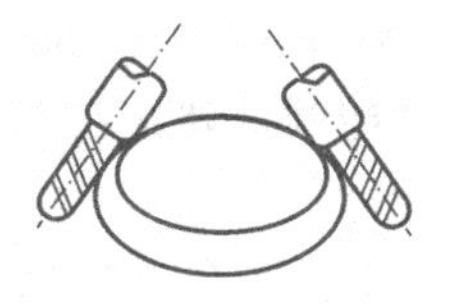

图 5.7　5 轴联动数控加工

五、数控机床的类型

数控机床种类、型号繁多，按其加工工艺方式可分为金属切削类数控机床、金属成型类数控机床、特种加工数控机床和其他类型数控机床。在金属切削类数控机床中，根据其自动化程度的高低，又可分为普通数控机床、加工中心机床和柔性制造单元。

普通数控机床和传统的通用机床一样，有车床、铣床、钻床等。这类数控机床的工艺特点和相应的通用机床相似，但具有复杂形状零件的加工能力。

加工中心机床常见的是镗铣类加工中心和车削加工中心，是在相应的普通数控机床的基础上加装刀库和自动换刀装置而构成的。其工艺特点是工件经一次装夹后，数控系统能控制机床自动地更换刀具，连续自动地对工件加工面进行铣（车）、镗、钻等多工序加工。

柔性制造单元是具有更高自动化程度的数控机床。它可以由加工中心加上搬运机器人等自动物料储运系统组成，有的还具有加工精度、切削状态和加工过程的自动监控功能。

六、数控机床的发展

自1952年美国研制出世界上第一台数控铣床后，德国、日本、苏联等国于1956年分别研制出本国第一台数控机床。我国于1958年由清华大学和北京第一机床厂合作研制出第一台数控铣床。

20世纪50年代末期，美国K&T公司开发了世界上第一台加工中心，从而揭开了加工中心的序幕。1967年，英国首先把几台数控机床连接成具有柔性的加工系统，这就是最初的FMS。70年代末，计算机数控系统的研制成功，使数控机床进入了一个较快的发展时期。

80年代以后，随着CNC系统及其他相关技术的发展，数控机床的效率、精度、柔性和可靠性进一步提高，品种规格系列化，门类齐全，FMS也进入了实用化。80年代初出现了投资较少、见效快的柔性制造单元（FMC）。

目前的趋势以发展数控单机为基础，并加快了向FMC/FMS及计算机集成制造系统全面发展的步伐。数控设备的范围也正迅速延伸和扩展，除金属切削机床之外，不但扩展到铸造机械、锻压设备等各种机械加工装备，而且延伸到非金属加工行业中的玻璃、陶瓷制造等各类装备。数控机床已成为国家工业现代化和国民经济建设的基础与关键设备。

最早的数控系统是由电子管、继电器和模拟电路组成的，一般称为第一代数控系统。随后，在50年代末出现了采用晶体管和印制板电路的第二代数控系统。60年代中期，小规模集成电路在数控系统中的应用使数控系统发展到了第三代。这三代数控系统均为硬件式数控，零件程序的输入、运算、插补及控制功能均由硬件电路完成，功能简单，设计周期较长。

70年代初，小型计算机逐渐普及并被应用于数控系统，数控系统中的许多功能由软件实现，简化了系统设计，并增加了系统的灵活性和可靠性，计算机数控技术从此问世，数控系统发展到第四代。1974年，以微处理器为基础的CNC系统问世，标志着数控系统进入了第五代。1977年，美国麦道飞机公司推出了多处理器的分布式CNC系统。到1981年，CNC系统达到了全功能的技术特征，体系结构朝柔性模块化方向发展。1986年以来，32位CPU在CNC系统中得到了应用，CNC系统进入了面向高速、高精度、柔性制造系统的发展阶段。

随着微机技术的发展，90年代以来，数控系统正朝着以通用微机为基础、体系结构开放和智能化的方向发展。1994年基于PC的NC控制器在美国首先出现，此后得到迅速发展。基于PC的开放式数控系统可充分利用通用微机丰富的硬软件资源和适用于通用微机的各种先进技术，已成为数控技术发展的潮流和趋势。

在伺服驱动方面，随着微电子、计算机和控制技术的发展，伺服驱动系统的性能不断提高，从最初的电液伺服电机和步进电机开环控制驱动发展到直流伺服电机和目前广泛应用的交流伺服电机闭环（半闭环）控制驱动，并由模拟控制向数字化控制方向发展。高性能数控系统已普遍采用数字化的交流伺服驱动，使用高速数字信号处理器和高分辨率检测器，以极高的采样频率进行数字补偿，实现伺服驱动的高速高精度化。同时，新的控制方法也被不断采用，以进一步提高伺服控制精度，如 FANUC 15M 采用前馈预测控制和非线性补偿控制方法。

第三节　计算机数控系统

一、数控系统的组成

数控系统一般由输入/输出装置、数控装置、驱动控制装置、机床电器逻辑控制装置四部分组成，如图 5.8 所示。

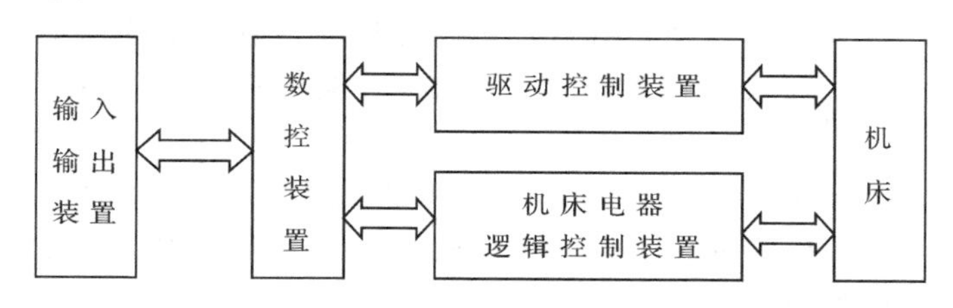

图 5.8　数控系统的组成

输入装置将数控加工程序和其他各种控制信息输入到数控装置，输入内容及数控系统的工作状态可以通过输出装置观察。常见的输入/输出装置有纸带阅读机、磁盘驱动器、键盘和操作面板、显示器等。

数控装置是数控系统的核心。数控装置有两种类型：一是完全由硬件逻辑电路构成的专用硬件数控装置，即 NC 装置；二是由计算机硬件和软件组成的计算机数控装置，即 CNC 装置。NC 装置是数控技术发展早期普遍采用的数控装置，但是由于 NC 装置本身的缺点，特别是计算机技术的迅猛发展，导致现在 NC 装置已基本被 CNC 装置取代。因此，本节主要针对 CNC 装置进行介绍。

计算机数控系统由硬件和软件共同完成数控任务，基本组成如图 5.9 所示。软件的采用使得计算机数控系统可以实现各种硬件数控装置所不能完成的功能，如图形显示、系统诊断、各种复杂的轨迹控制算法和补偿算法、智能控制、通信及连网功能等。

现代 CNC 系统采用可编程控制器（PLC）取代了传统的机床电器逻辑控制装置，即继电器控制线路。用 PLC 控制程序实现数控机床的各种继电器控制逻辑。PLC 既可位于数控装置之外，称为独立型 PLC；也可以与数控装置合为一体，称为内装型 PLC。

二、数控系统的硬件组成

数控系统本质上是一台计算机。在硬件方面，它经历了电子管、晶体管、小规模集成电路、微处理机到当前基于 PC 的结构等五代的发展。在体系结构上，经历了 NC（硬线数控）、

CNC到目前基于PC的NC三个阶段。早期的数控系统运算速度低，功能处理需要专门硬件来完成。而当前计算机性能的提高，使得功能处理可以由更为灵活的软件方法来实现，特别是在PC上实现，有力地推动了数控系统的发展。目前应用的数控系统还存在专用计算机和通用计算机两类结构，其中前者由生产厂家专门设计制造，后者则使用与PC兼容的通用化的工业PC。PC的通用性和软件的柔性使得当前数控系统正向着PC平台、软件方式及开放结构发展。

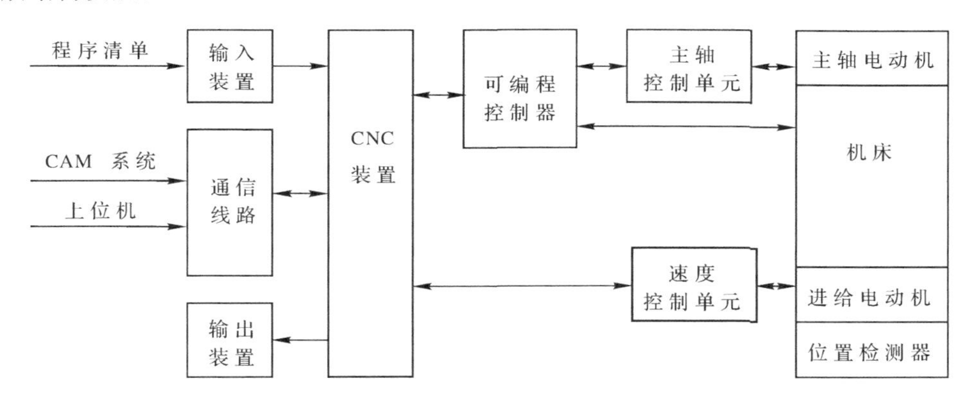

图5.9　CNC系统组成

1. 硬件组成

数控系统是实时控制系统，其操作处理可分为集中式和分布式两类结构。前者是在单处理器上以软件调度来完成各功能任务的控制，硬件简单但软件较为复杂，要求CPU处理速度较高；后者采用多处理器结构按其功能进行分布处理，硬件较为复杂，但结构明晰且软件设计较为方便。通常，为降低成本，在普及型系统上采用单处理器结构，而中高档系统则一般使用多处理器结构。不管采用何种结构，数控系统的硬件组成包括以下部分，如图5.10所示。

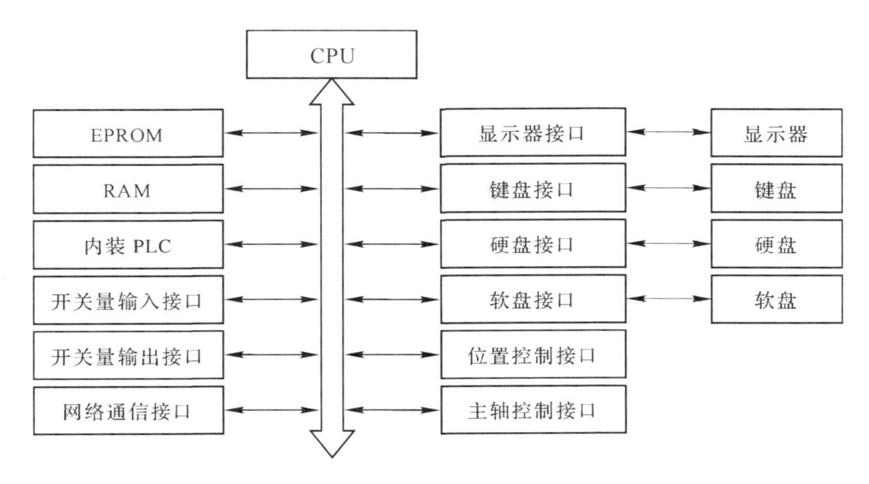

图5.10　数控系统的硬件组成

（1）计算机部分。该部分是 CNC 的核心，主要包括微处理器和总线、存储器、外围逻辑电路等。这部分硬件的主要任务是进行数据运算、系统程序和零件程序存储、系统定时与中断信号的管理等。

（2）外部设备及接口。其任务是提供人机交互和程序信息等的输入/输出及存储。外部设备通常包括显示器、键盘、硬盘驱动器、软盘驱动器、操作面板等。

（3）输入/输出（I/O）接口。I/O 接口用于 CNC 系统与机床之间的开关信号输入/输出，主要任务是进行电平转换、功率放大和信号隔离等。现代 CNC 系统利用 I/O 接口及软件处理构成内装式 PLC，进行机床电器的顺序逻辑控制和各种按钮、开关、继电器及状态等的控制，实现机床的动作控制。

（4）位置控制接口。位置控制接口是 CNC 与伺服驱动的硬件接口，实现坐标轴的运动控制，系统的控制精度与速度等主要性能取决于该部分的接口性能。

（5）主轴控制接口。主轴是切削加工的动力轴。数控系统不仅要控制主轴的转速，而且要控制主轴的位置定向，满足自动换刀及加工等要求。

（6）通信接口。通信接口用于数控系统与上位计算机的通信。通常采用串行通信接口，如 RS232C、RS485 等，目前正在向现场总线和网络化方向发展。

2. 大板结构和模块化结构

CNC 系统的体系结构主要可分为专用结构和基于 PC 的结构两类。专用结构的数控系统按其电路板特点可分为大板结构和模块化结构；按所用处理器配置可分为单处理器结构和多处理器结构。

早期的数控系统采用大板结构，特点是将 CNC 装置内的运算处理、位置控制及 I/O 接口等电路尽可能地安装在一块板上，而一些其他相关子板则插在主板上面。由于电路集成度低、元件多而板子很大而得名。大板结构的 CNC 装置为专门设计，结构紧凑，成本低，便于批量生产，但功能固定，不易扩充、升级，一般用于批量大和指定用途的普及型系统。

为克服大板结构功能固定的缺点，便于扩充升级和适合不同应用，现代 CNC 采用总线式、模块化结构，并向开放式结构发展，以获得高的结构柔性和开放性。其特点是将系统的各功能部分分别做成小板插件，形成功能模块，并以总线方式实现连接，以积木形式组成 CNC 装置。这种结构的特点是系统扩充性、通用性好，可以适应各种应用场合；系统设计简单，试制周期短，维护方便，可靠性高；系统易于升级扩充，延长产品市场寿命。模块化结构的典型系统有日本 FANUC 15/16/18 系统、德国 Siemens 840/880 系列等。

3. 基于通用 PC 的体系结构

20 世纪 90 年代以来，PC 技术的迅速发展使其走向工业控制应用。PC 日益提高的性能，使得可用软件方式模拟 CNC 功能；其硬件的高度集成，使得专用结构设计的优势不再明显；PC 的丰富技术资源可以大大简化 CNC 系统设计。因此，在 90 年代初，欧美的一些小公司分别推出了基于 PC 的 CNC 系统。目前，PC－NC 已被各大公司所接受，并推出了相应产品，已成为数控系统的发展方向。

PC 的强大处理能力，使得可用软件方式完成 CNC 的控制功能，且还可完成机床的顺序控制及其他监控功能等。PC－NC 有几种方式：一是在原 CNC 上增扩 PC，即 PC＋NC 结构，其PC作为人机界面、大容量存储和网络通信工作等，并不参与机床实时控制，如FANUC 160、Siemens 840等。二是在PC上增扩由高速数字信息处理器(DSP)等构成的运动控制卡来完成控制，如FANUC open4、美国Delta Tau的PMAC等，其本质上也是PC+NC，即是将基本CNC简化后并集成为运动控制卡。三是在PC上由软件模拟完成所有CNC功能，其运动接口是不带功能处理的简单接口，这种系统称为PC软件数控，特点是硬件成本低。随着PC速度的不断提高，基于PC软件的PC-NC性能也将不断提高，并将成为发展方向。

对于专用结构数控系统，由于专门针对CNC设计，因此，其结构合理并可获得高性价比。为了保护各自的商业利益，各厂家自行设计的封闭式系统的功能、界面、操作系统、软硬件接口各不相同，既不便于使用维护，也给车间自动化系统的集成带来困难。

为适应柔性化、集成化、网络化、数字化制造环境，发达国家相继提出数控系统要向规范化、标准化发展，并推出了开放式数控系统开发技术。例如，美国1987年提出了NGC(The Next Generation Workstation/Machine Controller)及以后的OMAC(Open Modular Architecture Controller)计划；欧洲于90年代提出了OSACA(Open System Architecture for Control within Automation Systems)计划；日本于1995年提出了OSEC(Open System Environment for Controller)计划。

三、数控系统软件

数控系统软件的基本组成如图5.11所示，主要完成如下基本任务：

(1)系统管理。

(2)操作指令处理。

(3)零件程序的输入与编辑。

(4)零件程序的解释与执行。

(5)系统状态显示。

(6)MDI(手动数据输入)。

(7)故障报警和诊断。

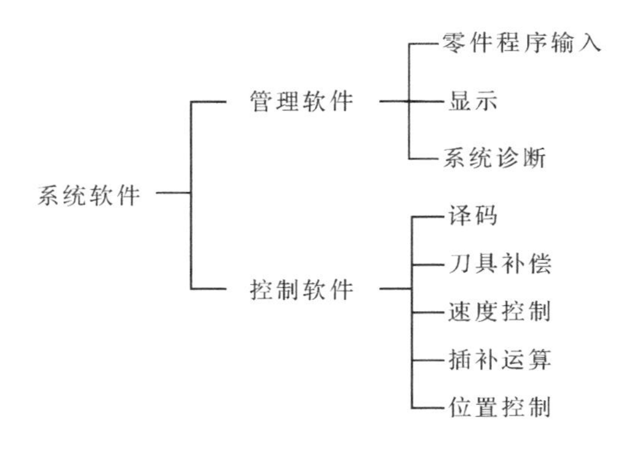

图5.11　CNC系统软件的组成

零件程序执行是数控系统的核心任务。它是零件程序在输入数控系统后，经过译码、数据处理、插补和位置控制计算，输出控制指令由伺服系统执行，驱动机床完成工件加工。其工作过程如图 5.12 所示。

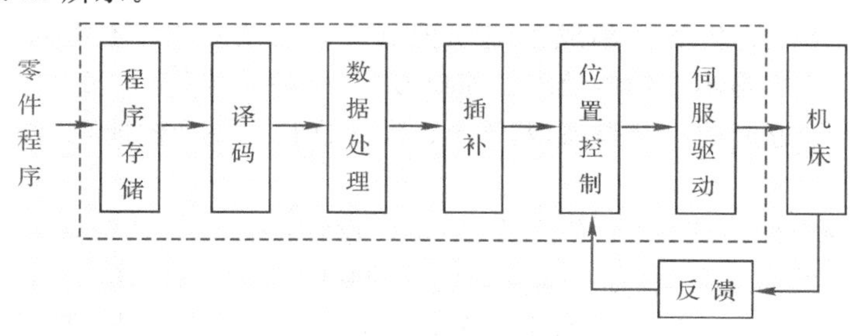

图 5.12　CNC 中零件程序处理流程

（1）零件程序输入。零件程序输入指将零件程序通过 MDI 键盘、软盘、硬盘或网络通信方式输入到数控系统的程序存储器，加工时再从存储器中把程序调出进行处理。

（2）译码处理。译码处理是将零件程序以程序段为单位进行处理，将其中的机床各种运动和功能控制信息及其他辅助信息等按照一定的语法规则翻译成系统后续处理所需的数据形式，并以一定的格式存放在指定的内存区域。译码处理要完成对程序段的语法检查，若发现错误，则进行停机并做报警提示。

（3）刀具补偿。刀具补偿包括刀具长度补偿和刀具半径补偿。为了简化零件程序编制，希望零件程序中直接以零件轮廓本身来描述加工运动过程。由于机床运动是以刀具中心轨迹进行控制，因此，刀具补偿的作用就是将零件程序中的轮廓轨迹转换为刀具中心轨迹，同时对其相邻程序段间的过渡转接和加工干涉的判别进行处理。

（4）进给速度处理。机床的进给速度是根据零件程序的指令速度、操作面板的倍率开关、机床的当前运动状态（加速、减速过程），以及机床各轴的允许范围等来确定当前的加工进给速度。其中加、减速处理是其主要内容。

（5）轨迹插补。零件程序中的运动轨迹或经过刀补处理后的运动轨迹只给出了轨迹类型和起点、终点信息，轨迹插补按照给定的运动规律和运动速度，实时计算机床各坐标轴的运动量，控制各运动轴协调地按照给定轨迹及速度运动。

（6）位置控制。位置控制的任务是根据插补所得的运动数据控制机床伺服系统，实现所需的运动。对于不同的伺服系统，其控制方法有所不同。此外，位置控制还要进行机械间隙和螺距等误差的补偿，以提高机床的运动精度。

第四节　数控加工程序编制

一、数控编程基础

1. 程序指令与程序结构

（1）程序指令。数控系统的指令功能决定了机床的控制能力，对使用操作有重要影响。

数控系统的指令功能包括准备功能、进给功能、主轴功能、刀具功能及各种辅助功能。

①准备功能。准备功能也称为G功能，是用来指定机床动作方式的指令，包括插补、平面选择、坐标设定、刀具补偿、固定循环等。其中，插补功能是数控系统的轨迹控制功能，控制机床坐标轴按给定的轨迹运动。刀具补偿也是重要功能，可使编程人员直接按零件轮廓编程而不必计算刀具中心轨迹，从而简化编程工作。准备功能指令由字母G和2位数字组成，从G00至G99共100个，具体含义参见有关标准规定。

②进给功能。进给功能也称为F功能，用F和其后的数字指定机床进给速度，通常称为指令进给速度。一般使用刀具中心相对于工件每分钟的移动距离来表示进给速度。在多坐标加工时，涉及旋转坐标，除了以进给速度表示之外，也可用进给率的形式指定，此时F后面的数字表示执行该程序段所需时间的倒数。在加工过程中，指令进给速度可由机床的倍率开关进行修调。

③主轴功能。主轴功能也称为S功能，用S和其后的数字来指定机床主轴转速。主轴转速一般以每分钟转数的形式指定。有的机床可以切削点处线速度(mm/min)的形式指定，可使车削端面时保持恒定的线速度，不随切削半径的变化而改变。程序指定的主轴转速可由机床的倍率开关进行修调。

④刀具功能。刀具功能也称为T功能，用T及其后的数字表示刀具号，加工中按刀具号从机床刀库中选择相应刀具。

⑤辅助功能。辅助功能也称为M功能，用来指定机床辅助动作及状态，如主轴正反转、冷却液开关及工件夹紧、松开等。M功能由字母M和其后的2位数字组成，从M00至M99共有100个，具体规定参见有关标准规定。

(2) 程序结构。一个完整的零件加工程序是由若干程序段组成的，而程序段则由一个或若干字组成，每个字由字母和数字组成(有时还包括符号)。它通常包括程序开始字符、若干程序段和程序结束字符。

实际上，零件程序结构随数控系统的不同而不同。例如，某一数控系统的加工程序如下：

```
%O010
N1  G90  G92  X0  Y0  Z0;
N2  G42  X-60.0  Y10.0  F200;
N3  G02  X40.0  R50.0;
N4  G01  G40  X0  Y0;
N5  M02;
```

整个程序以“%O010”作为开始，随后为5个程序段。

一个程序段表示一种动作或操作，由若干字组成，每个字表示一种功能。程序段是按一定格式书写的，不符合规定格式的程序是错误程序，数控系统不能正确处理。

所谓程序段格式就是程序段书写的规则，也就是字、字符和数据在程序段中的表现形式。程序段的一般格式如下：

N* * * G* * X± * * * Y± * * * Z± * * * 其他坐标 F* * S* * T* * M* * CR

其中，N是程序段顺序号，G是准备功能指令，X、Y、Z为坐标指令，F为进给速度指令，S为主轴转速指令，T为刀具指令，M为辅助功能指令，* 为数字，CR是程序段结束字符。

在这种程序段格式中，每一个程序段都是由一系列开头是英文字母，其后是数字的“字”所构成，每个“字”是根据字母来确定其意义。这样的英文字母称为“字地址”，所以这种程序段格式叫做字地址程序段格式，或称为字地址可变程序段格式。后一种称谓是因为这种程序段格式对各“字”的先后排列并不严格，数据的位数可多可少（但不得大于规定的允许位数），不需要的字，以及与上一程序段相同的字可以不写，即“字”有续效性。

这种程序段格式的优点是程序简短、直观、不易出错，应用广泛。国际标准化组织已制定了相应标准（ISO 6983）。我国基本沿用ISO 6983标准，并制定了相应的标准（JB3832—1985）。

需要指出的是，虽然所有数控系统基本上都遵循ISO标准，但数控系统功能的不同以及一些特殊需求，使得不同的数控系统往往具有特定的指令和不同的程序指令格式。因此，编程人员在编制程序前，要认真阅读所用机床的数控编程说明书，严格按照规定格式进行编程。

2. 数控机床坐标系和运动方向

统一规定数控机床坐标轴名称及方向，可使编程简单、方便，并使所编程序对同一类型机床具有互换性。目前，国际上数控机床的坐标轴和运动方向均已标准化。我国于1982年颁布了《数控机床的坐标和运动方向的命名》标准（JB3051—1982），与国际标准ISO 841等效。主要内容如下：

（1）编程坐标的选择。不论机床在实际加工时是工件运动还是刀具运动，在确定编程坐标时，一般看作是工件相对静止，刀具产生运动。这一原则可以保证编程人员在不知道刀具和工件移动的情况下，根据零件图形确定机床的加工过程。

（2）标准坐标系的确定。为了确定机床的运动方向和移动距离，需要在机床上建立一个坐标系，这个坐标系就叫机床坐标系。数控机床上的标准坐标系采用右手直角笛卡儿坐标系，如图5.13所示，大拇指的方向为x轴正方向，食指方向为y轴正方向，中指方向为z轴正方向。

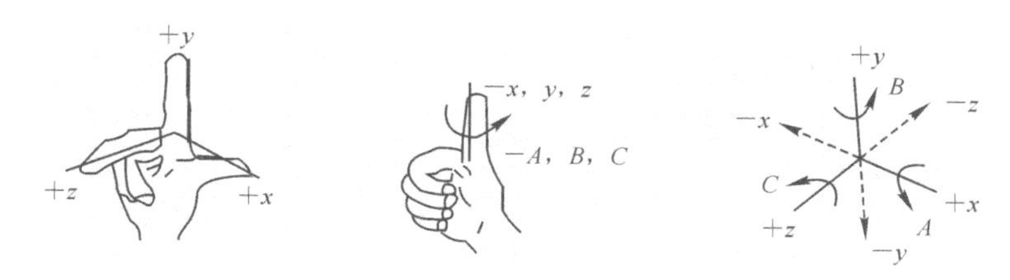

图5.13　右手直角笛卡儿坐标系

（3）工件坐标系。工件坐标系是为确定工件几何图形上各几何要素的位置而建立的坐标系。工件坐标系的原点就是工件零点。选择工件零点时，最好把工件零点与设计基准或工艺基准重合。

（4）机床原点与参考点。机床原点是机床坐标系的原点，是其他所有坐标，如工件坐标系、机床参考点的基准点。从机床设计的角度看，该点位置可以是任意点，但对某一具体机床来说，机床原点是固定的。数控车床的原点一般设在主轴前端的中心。数控铣床的原点位置，有的设在机床工作台中心，有的设在进给行程范围的终点。

机床参考点是用于机床工作台、滑板，以及刀具相对运动的测量系统进行定标和控制的点，有时也称机床零点。它是在加工之前和加工之后，用操作面板上的回零按钮使移动部件回退到机床坐标系中一个固定不变的极限点。机床参考点相对机床原点是一个固定值。

数控机床工作时，移动部件必须先返回参考点，测量系统置零之后即可以机床参考点作为基准，随时测量运动部件的位置。

(5) 编程原点。编制程序时，为了编程方便，需要在零件图上选择一个适当的位置作为编程原点，即程序原点或程序零点。

对于简单工件，一般工件零点就是编程零点，即将工件坐标系作为编程坐标系。对于形状复杂的零件，有时需要编制几个程序或子程序。为了编程方便和减少坐标值计算，编程零点就不一定设在工件零点上，而设在便于程序编制的位置。

(6) 对刀点。对刀点是数控加工时，刀具相对于工件运动的起点。程序就是从对刀点开始的，所以对刀点也称为程序起点或起刀点。在编制程序时，应先考虑对刀点的位置选择。对刀点的选择原则如下：

(ⅰ)选定的对刀点位置应使程序编制简单。

(ⅱ)对刀点在机床上找正容易。

(ⅲ)加工过程中检查方便。

(ⅳ)引起的加工误差小。

(7) 局部坐标系。在程序编制过程中，为了简化程序编制，可以根据零件形状和尺寸标注特点设定若干局部坐标系，如图 5.14 所示。例如，德国西门子数控系统采用 G54～G59 指令建立局部坐标系。一旦设定局部坐标系，就要采用局部坐标系中的坐标值进行编程。

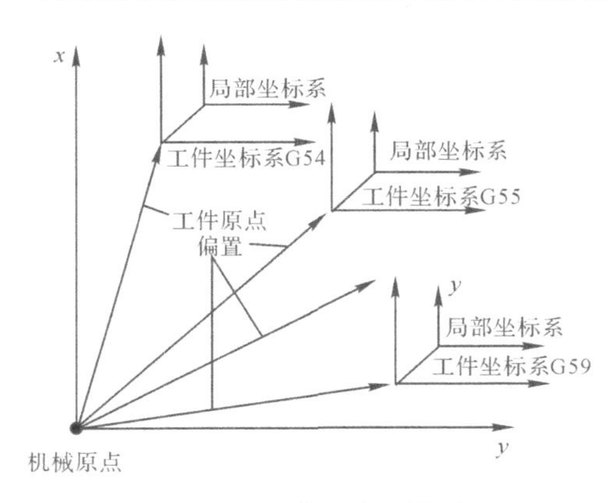

图 5.14　局部坐标系设定

二、数控铣加工编程举例

在数控立式铣床上加工如图 5.15 所示的零件，加工程序编制过程如下：首先，对零件图进行工艺分析，确定刀具路径和选择工艺参数；其次，进行数值计算，求出各个交点或切点的坐标；最后，按照规定格式编写程序。程序见表 5.1。

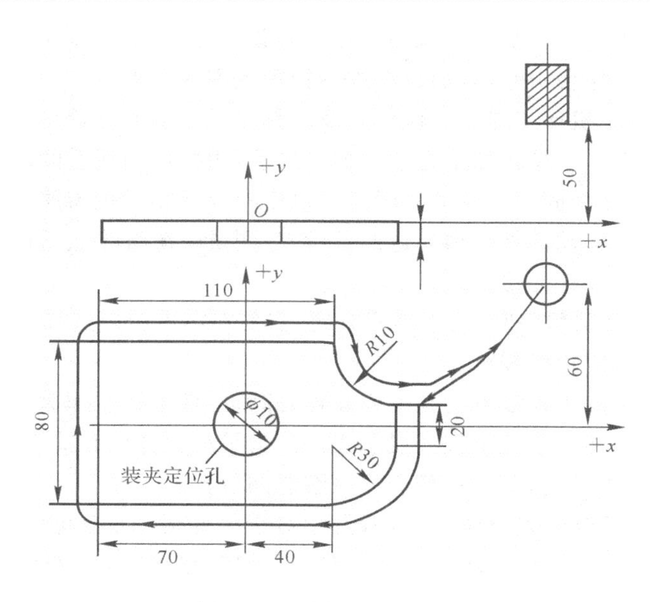

图 5.15 零件及走刀路线

表 5.1 零件加工程序

程　序	注　释
%O001；	程序号
N01 G00 G90 X120.0 Y60.0 Z50.0；	绝对值输入，快速移动到 X120 Y60 Z50
N02 X100.0 Y40 M13 S500；	快速移动到 X100 Y40，切削液开，主轴正转，转速 500 r/min
N03 Z－11.0；	快速向下进给到 Z－11
N04 G01 G41 X70.0 Y10.0 H012 F100；	直线插补到 X70 Y10，刀具半径左补偿，进给速度 100 mm/s
N05 Y－10.0；	直线插补到 X70 Y－10
N06 G02 X40.0 Y－40.0 R30；	顺圆插补到 X40 Y－40，半径为 30 mm
N07 G01 X－70.0；	直线插补到 X－70 Y－40
N08 Y40.0；	直线插补到 X－70 Y40
N09 X40.0；	直线插补到 X40 Y40
N10 G03 X70.0 Y10.0 R30；	逆圆插补到 X70 Y10，半径为 30 mm
N11 G01 X85.0；	直线插补到 X85 Y10
N12 G00 G40 X100.0 Y40.0；	快速进给到 X100 Y40，取消半径补偿
N13 X120.0 Y60.0 Z50；	快速进给到 X120 Y60 Z50
N14 M30；	程序结束，系统复位

三、计算机辅助编程

计算机辅助编程有多种方法，但目前普遍使用的方法是图形交互数控编程。

简单地说，图形交互数控编程就是根据计算机图形显示器上所显示的零件图形，通过人机交互方式指定加工表面和选择刀具及工艺参数，在软件支持下自动生成零件数控加工程序。图形交互编程是建立在CAD/CAM系统基础上的，它是目前使用最广泛的数控加工程序编制方法。下面仅对其处理过程进行简单介绍。

应用CAD/CAM系统编写数控加工程序的主要过程如下：

(1) 零件几何图形定义。如果已有零件CAD模型，可通过CAD/CAM软件调出零件模型，显示在图形终端上；如果没有零件模型，则必须利用CAD/CAM软件在图形终端上建立零件图形，同时，在计算机内自动生成零件模型。零件模型是刀具轨迹计算的依据。

(2) 零件加工表面及加工顺序确定。利用CAD/CAM软件指定零件加工表面及其加工顺序。

(3) 刀具及工艺参数选择。根据加工表面的特征及加工要求，选择所用的刀具和相应的切削参数，以及其他工艺参数。

(4) 刀具轨迹生成。根据加工策略和所选用的工艺参数，CAD/CAM软件自动生成加工表面的刀具轨迹。用户可根据实际需要对刀具轨迹进行编辑、修改和动态仿真，以生成正确的刀具轨迹，并形成刀位数据(CL DATA)。

(5) 后置处理。后置处理的目的是生成数控加工程序。由于各种机床使用的数控系统不同，所用的程序指令代码及格式也有所不同，因此，CAD/CAM软件通常配备多种数控系统的后置处理程序，通过调用相应的后置处理程序对刀位数据进行处理，并生成符合数控系统要求格式的数控加工程序。

CAD/CAM系统图形交互编程是一种广泛使用的先进编程方法，具有以下显著优点：

(1) 这种编程方法不像手工编程那样需用复杂的数学计算和编写程序，而是在计算机上直接面向零件的几何图形以光标指点、菜单选择及交互对话的方式进行编程，编程结果以图形的方式显示在计算机上。因此，该方法具有简便、直观、准确、便于检查的优点。

(2) 通常图形交互编程软件与相应的CAD软件是有机集成在一起的CAD/CAM一体化系统，既可用来进行计算机辅助设计，又可以直接调用设计好的零件图形进行交互编程，从而大大提高编程效率。

(3) 在编程过程中，读取图形数据、计算刀具轨迹、生成及输出程序都是由计算机自动进行的。因此，编程的速度快、效率高、准确性好。

(4) 刀具轨迹可以动态地显示在图形终端上，使编程人员可以及时检验和修正刀具轨迹，从而减少编程错误。

第五节　DNC系统

一、DNC系统的概念及发展

DNC是Direct Numerical Control或Distributed Numerical Control的简称，意为直接数字控制或分布式数字控制。DNC最早的含义是直接数字控制。其研究开始于20世纪60年代。DNC系统指的是将若干台数控设备直接连接在一台中央计算机上，由中央计算机负责NC程序的管理和传送。美国电子工业协会(EIA)给出的定义如下："DNC系统是一个按要求向各台机床分配数据，并将一组 NC 机床与存储零件程序的公用存储器连接起来的系统。”当时建立 DNC 系统的目的主要是解决早期数控设备因使用纸带输入 NC 程序而引起的一系列问题和早期数控设备的高计算成本等问题。

70 年代以后，随着计算机技术的发展和 CNC 系统的出现，数控系统的存储容量和计算速度都大为提高，DNC 的含义由简单的直接数字控制发展到分布式数字控制。它不但具有直接数字控制的所有功能，而且具有系统信息收集、系统状态监视以及系统控制等功能。

80 年代以后，随着计算机技术、通信技术和 CIM 技术的发展，DNC 的内涵和功能不断扩大，与早期的 DNC 相比已有很大区别。它开始着眼于车间的信息集成，针对车间的生产计划、技术准备、加工操作等基本作业进行集中监控与分散控制，把生产任务通过局域网分配给各个加工单元，并对生产状况信息进行采集与反馈。

二、DNC 系统的组成和功能

DNC 系统一般由中央计算机（也称为主机）及存储设备、网络及通信接口、数控机床几部分组成。中央计算机的任务：一是进行数据管理，从存储器中读取零件程序，并把它传递给数控机床；二是控制信息的双向流动，在多台计算机间分配信息，使各机床数控系统能完成各自的操作；三是对设备运行进行监控。中央计算机与数控机床之间的互连和信息交换是 DNC 系统的核心问题。DNC 系统与柔性制造系统的主要差别是没有自动化物料输送系统，因而成本低，容易实现。

DNC 系统的主要功能包括：

(1) NC 程序的上传和下传。其中 NC 程序的下传是 DNC 系统的基本功能。

(2) 制造数据传送。除 NC 程序的上传和下传之外，DNC 系统还具有 PLC 数据传送、刀具指令下传、工作站操作指令下传等功能。

(3) 状态数据采集和远程控制。例如，对机床状态、刀具信息和托盘信息等进行采集，反馈至中央计算机进行处理、统计，并报告给管理人员。数据采集、处理和报告的主要目的是对生产进行监控。

(4) 数据管理。如 NC 程序管理、刀具管理、生产状态数据管理等。

(5) 与其他系统进行通信。通过企业网络系统可方便地实现 DNC 系统与企业其他信息系统，如 MRPⅡ、CAPP 和 CAM 系统等的相互通信。

三、DNC 系统的结构及连接形式

DNC 系统一般都采用星形拓扑结构，如图 5.16 所示。技术的发展使得数控机床具有不同的通信接口，因此，在企业实际应用中，DNC 系统可能采用不同的连接形式和通信方式。

常见的 DNC 系统连接形式如下：

(1) 点到点式连接。数控系统最常见的物理接口是 RS232C 串行通信接口。为了实现计算机对多台数控机床的控制，DNC 系统一般通过多串口卡将中央计算机与多台数控机床连接起来。这是一种最常见、最简便的连接方式，但存在所连设备有限、通信距离短、传输速度慢、可靠性差、通信竞争不易解决等问题。

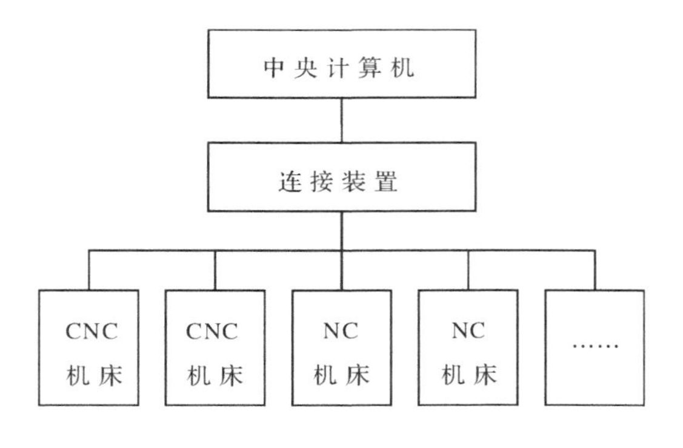

图 5.16　DNC 系统结构

(2) 现场总线式连接。DNC 系统的主机与数控系统通过现场总线连接。DNC 系统的主机与数控系统之间通常要通过现场总线接口板进行接口转换。这种方式可克服点到点式连接中存在的问题，是目前底层设备连接方式的发展方向。现场总线式连接是于 20 世纪 80 年代末发展起来的在制造现场与控制计算机之间的一种数字通信链路，能同时满足过程控制自动化和制造自动化的需要。由于现场总线式连接是基于数字通信的，因此，在现场与控制计算机之间能进行多变量双向通信。

(3) 局域网式连接。DNC 系统的主机与数控系统通过局域网连接，主要的局域网有以太网(Ethernet)和 MAP(制造自动化协议)网等。这种方式要求数控系统具有网络接口，通过直接在 DNC 系统的主机和数控系统中插上相应的 MAP 等网络通信接口卡，并运行相应的软件就可实现数控系统的局域网式连接。局域网式连接是一种较先进的 DNC 通信结构形式，可以方便地与企业网相连，实现信息传递与交换，但相对现场总线式连接来讲，实时性要差些。

国内 DNC 系统的结构多为点到点式连接，只有少数为局域网式连接。即使为局域网式连接，也只是 DNC 系统的主机连到局域网上，DNC 系统的主机与机床数控系统的连接仍为点到点式连接。

第六节　柔性制造系统

一、柔性制造系统的概念

柔性制造系统(Flexible Manufacturing System，FMS)是由计算机控制和管理的具有若干个半独立工作单元和一个物料储运系统组成的自动化制造系统，能根据制造任务的变化迅速进行调整，适用于多品种、中小批量零件的自动化加工。FMS 成功地解决了多品种、中小批量生产中效率低、周期长、成本高的难题，大大增强了工厂对市场的适应能力、应变能力和竞争能力，因而受到高度重视。

柔性是 FMS 最显著的特征。系统的柔性是指对产品制造的柔性，即系统对不同的产品和产品变化进行设置，以提高设备利用率，减少加工过程中零件的中间存储，迅速响应需求变化。FMS 的柔性具体表现如下：

(1) 机床柔性。FMS 中的机床通常为 CNC 机床或加工中心，可通过配置相应的刀具、夹具、托盘、NC 程序等完成给定零件族中任一零件的加工。

(2) 加工柔性。FMS 能够以多种流程加工一组类型、材料不同的零件，即使同一类型的零件也可采用不同的加工手段与方法。

(3) 零件工艺路线柔性。FMS 在零件加工过程中出现局部故障时，能迅速选择新的加工路线，并继续加工，以保证零件按期交付。

(4) 扩展柔性。FMS 在需要时能够方便地、模块化地扩展其规模，并且扩展部分能与原有部分完全融合，形成一个新的整体。

(5) 生产柔性。FMS 能够生产各类零件。

二、FMS 的组成及工作流程

典型的 FMS 由加工系统、物料储运系统和控制系统三大部分组成。

(1)加工系统。加工系统是 FMS 的基础，一般由两台以上的数控机床或加工中心及一些加工辅助设备，如测量机、清洗机、各种特殊加工设备等组成，用于把原材料或半成品转换成成品。目前，FMS 加工的零件主要包括两大类，即棱柱体类零件(如箱体件、平板件等)和回转体类零件。加工前一类零件的 FMS 一般由 2～3 台数控铣床或加工中心组成，加工后一类零件的 FMS 则由数控车床或车削中心组成。

(2)物料储运系统。物料储运系统用于存储和运送各种物料，它包括自动化立体仓库、工件装卸站、传送带、有轨/无轨小车、搬运机器人、上下料托盘等。物料储运系统自动化程度的高低直接决定了 FMS 自动化程度的高低。一般而言，自动化储运系统投资很大，因而在设计储运系统时，应根据 FMS 的加工对象、传输频率、传送要求等具体问题，分别利用不同类型、不同自动化程度的储运系统，以使 FMS 总体效益最优。

(3)控制系统。控制系统是 FMS 的核心，由计算机软、硬件组成，用于制订生产计划、安排工作指令、协调加工过程和运送物料。

在 FMS 中，工件的加工流程从存放毛坯或半成品的装卸站开始。控制计算机始终监视着系统内每一台机床和每一个工件，并力图使所有机床负荷饱满。根据有空闲托盘的工件优先和相对于生产指标落后的工件最优先的原则，挑选下一个被加工工件的类型。装卸工人从计算机终端上得到进行安装工件的指令，并装到托盘上，然后将其编号和托盘代码输入计算机，控制计算机在数据处理后，即安排运输装置，如派一辆自动运输小车将托盘运送到机床旁。机床旁通常有一个工件交换台，接受运输小车送来的工件。在机床结束加工后，工件交换台完成已加工工件和待加工工件的换位，同时接受控制计算机送来的相应加工程序，然后开始新的加工。小车将工件移走后，停在原位上等待下一指令。

工件交换台上的已加工工件也是通过自动运输小车送往指定地点的。如果某种情况使得指定地点不具备接受条件，控制计算机就会挑选条件具备的替代地点。已加工工件最终被送往工件装卸站，在那里从托盘上卸下工件。托盘卸空后，或装上新的工件，或放入仓库待用。

FMS 将数控机床、物料储运系统和控制系统相结合，从而得到最大的机床利用率、最高的生产率和最大的生产柔性。因此，尽管建设 FMS 需要十分昂贵的投资，但仍能获得可观的效益。

由于建设 FMS 需要大量的设备投资，因此，往往根据实际情况建造较小规模的柔性制造单元(Flexible Manufacturing Cell，FMC)。FMC 以加工中心为核心，配备了自动托盘系统和用于装卸工件的机器人。由于 FMC 规模小、设备投资少、适应性好，因此，它已成为 FMS 的重要发展方向之一。

三、FMS 的运行控制

FMS 由控制系统实现所有工作单元的调度、运行控制和协调，包括生产管理、数据发送与采集(如零件加工程序、机器控制程序、零件检验程序等发送到相应设备，生产状况数据的采集)、物料运送、加工控制和工作协调。FMS 是一个复杂的大系统，其控制系统通常采用分级结构，一般由 2～3 级组成，如图 5.17 所示。中央控制器一般远离加工现场，对整个 FMS 实行管理和监控，反映和显示每台机床的一般工作情况和信息，如有关工件标识、所处工作状态(等待、加工、剩余加工时间等)、生产进度、工装状况及变化、托盘状况以及程序运行情况等。每个工作单元(如加工单元、储运系统、检验单元等)又有各自的控制器，便于操作和控制加工过程。

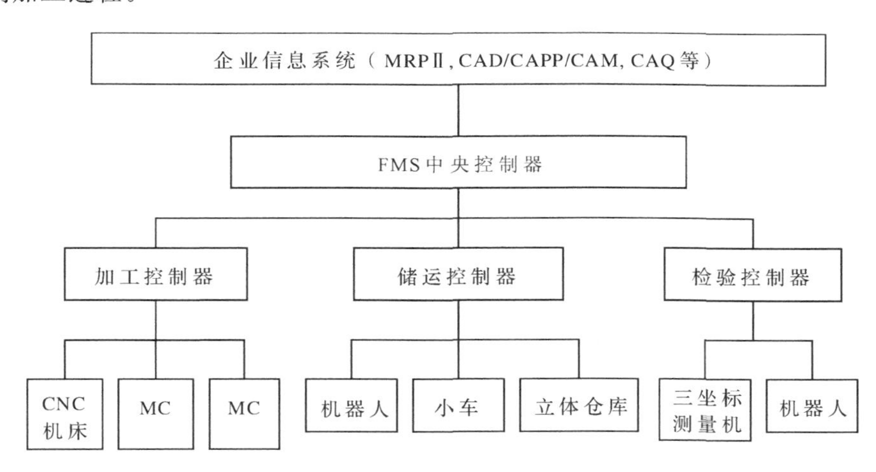

图 5.17　FMS 的控制系统的基本结构

生产管理和调度由中央控制计算机完成，而加工控制则由底层计算机完成。一个完整的制造任务输入计算机后，就分解成在本层内执行的任务，这些指令下达到下一层计算机，并进一步分解成更小的任务。下层计算机在接受任务的同时向上一层反馈信息。可见，在各层之间存在着大量的信息传递和交换，以实现整个 FMS 的正常运行。多级管理的好处主要是功能分散，便于监视和控制，能够减少由于硬软件故障造成的系统失效。

1. 管理层

管理层的任务是确定为完成生产目标所必需的管理工作，包括生产计划管理和调度、设备协调、工作指令发送、数据库管理和维护，如生产计划和作业指令制订、管理报告编制、工装管理和控制、NC 程序管理、生产历史记录、原材料价格分析、经济指标核算等。

2. 协调层

协调层位于管理层之下、底层之上，主要任务是对局部生产状态和过程进行分析判断，实现上下级数据传输，完成控制间的协调和监督。比如，在接受管理层指令后，该层制订生产计划，提出完成计划所需的资源，发出操纵设备命令，从料库调出工件，在装卸站将工件装夹在托盘上，由计算机控制开始执行加工流程，协调工件从一台机床向另一台机床的流动，以避免设备间的矛盾。另外，可利用生产过程仿真系统模拟生产过程。加工完成后，启动检测程序，进行质量检验。

在这一层，操作员的支持是十分重要的。操作员可以向系统询问作业计划和命令执行情况，还可得到其他信息，如有关机床利用率、刀具的概率寿命等数据，通过人机对话实现对质量的控制、新任务的布置、刀具补偿等任务。在显示端，操作员还能看到检验过程，零件公差和误差、刀具磨损需要的补偿值、刀具轨迹、加工过程仿真等过程。

为了使系统能在可能的最佳状态下运行，该层还必须和机器设备的监控系统相联系，将它们的运行情况、故障先兆及时记录，人机交互故障诊断系统能够帮助找出故障发生的原因，以及进行维修指示。

3. 底层控制

底层控制实现对设备的控制和监视，以完成系统的整体加工目标。该层的具体职能是加工命令的安排和调度，物料在储运网络中的流动控制、数据分配、刀具管理、系统监控和诊断，以及在突然故障情况下对系统中断的反应。例如，通过加工命令安排和调度软件，底层控制决定什么时候把下一工件投入生产，根据加工工序的要求，确定什么时候用什么方式将加工后的零件送往何处，传送调度算法保证物料流动的最高效率。

数据传送的任务是由数据分配软件完成的，主要负责将加工控制程序送到加工机床的数控系统，以及控制和传送系统所有其他信息。

系统监视和诊断是底层控制工作的主要内容之一。为此，在 FMS 的各个设备和储运网络中均设置了各种传感器，对生产过程进行实时监测。一旦被监测的特征信号出现异常，则通知管理人员，或必要时中断运行。管理人员可借助诊断系统来确定故障性质，并做出正确的修正措施。

习　　题

1. 什么是数控加工？数控加工主要包括哪些内容？有哪些特点？
2. 简述数控机床的工作原理。
3. 数控机床有哪几种控制方式？试用图解方式说明其含义。
4. 简述数控系统的硬件组成及工作原理。
5. 简述数控系统的软件组成及功能。
6. 简述数控加工程序编制的过程。
7. 什么是机床坐标系和工件坐标系？它们之间有什么关系？
8. 简述应用 CAM 软件编写 NC 程序的过程。
9. 什么是 DNC 系统？简述 DNC 系统的组成和功能。
10. 什么是 FMS？简述 FMS 的组成及控制结构。

第六章　数字化测量与检测

第一节　概　　述

一、数字化测量与检测的概念

1. 测量与检测的内容

为保障产品的制造准确度和协调准确度，需要对产品（零部件、装配体）、工装（型架）等的外形和尺寸进行测量或检测。测量是对某个物理量进行定量评估（得到这个物理量的数值）的过程。检测是一种基于测量的判断和评价。

本章中测量与检测主要针对的是宏观几何特征，在飞机生产中主要包括以下内容：

（1）零部件外形几何量，如梁、长桁、框、孔、特征线等零件特征的形状、尺寸（直径、高度、厚度）、距离、位置、外形轮廓等几何要素数据。

（2）复杂零部件型面，如翼型、壁板、蒙皮、整流罩、发动机叶片等曲面类零件的气动外形或外型面轮廓度，直接影响产品的气动特性。此外，表面质量包括蒙皮对缝之间、机身部段之间等的表面间隙、阶差、钉头凸凹量、外表面波纹度等，以及表面质量缺陷（如划伤、刻痕、压坑、变形等）。

（3）空间位姿，如在工装定位、检验、安装时测量关键点位置，或在零部件装配过程中实时监测交点、装配基准点、关键特征点等的空间位置，获得部件位姿。

（4）内部缺陷，如铸造叶片、复合材料零部件等内部空洞缺陷等。

2. 传统的测量方式

在传统的模线样板—（局部）标准样件协调方法中，产品的形状和尺寸通过模线、样板和标准样件等实体模拟量传递。相应地，传统上也采用模拟量手段，即标准工装实物对比方法对飞机零件及生产工装的外形和尺寸进行测量与检测。这依赖大量卡板、样板、样件、对比样块、检验模胎、量规、塞尺等，其中卡板用于测量气动外形，塞尺用于测量间隙和阶差等。通过人工观测对产品特征进行评价的检测方式有以下问题：

（1）复杂结构或大型尺寸测量难度大、效率低，测量时间长，量具、专用测具制造周期长、费用高。

（2）测量准确度低，由工人判断检测结果，严重依赖工人经验。

(3)模拟量检测结果是定性评价或合格性判断,难以进行定量化、精确化分析。

(4)测量数据采集和处理效率低,产品检验记录依靠手工填写、纸质传递和存档,手工工作量大,质量追溯困难。长期累积的海量检验数据难以有效保管和利用,难以通过统计、分析、挖掘等为产品质量提升、设计和工艺改进等提供决策支撑。

因此,传统模拟量的测量与检测手段已无法满足现代产品研制需求。随着数字量传递体系带来的技术变革,数字化测量模式与技术得到广泛应用。

3. 数字化测量技术

数字化测量是数字化设计与制造的重要环节,核心是采用数字量传递的测量检测工作模式、测量方法、检测设备、系统和软件对被测对象进行测量,经过数据采集、转换、处理与分析、数据显示等,转化成为直观、可视化程度高的数据。在设备和系统层面,三坐标测量机、激光跟踪仪、激光雷达等测量设备和测量技术在产品质量控制方面发挥了重要作用;从数据传递模式上看,基于产品三维数字化模型提取检测信息、生成检测指令,通过数字测量系统(设备)测量产品上相关控制点(关键特征点)信息,并与产品三维模型定义数据直接进行拟合、对比,从而分析实际产品检测与理论模型数据的偏差情况,实现数字化模型定义与数字化测量之间工程数据的数字化传递。

二、数字化测量与检测技术的分类与应用

1. 数字化测量原理及方法的分类

根据测量探头是否与零件表面接触,数字化测量技术主要分为接触式和非接触式两大类。接触式测量以数控技术为基础,通过测头与模型表面接触实现表面数据的获取。典型的接触式测量有三坐标测量机、关节臂测量机等,可实现工件尺寸、形状等的高精度测量,广泛应用于叶片等复杂零件检测。

非接触式测量不需要与待测物体接触,可以远距离非破坏性地对待测物体进行测量,如可利用电磁波、微波、超声波和光波。典型的电磁波技术是工业CT,主要用于零件内部检测和重建;微波、超声波波长较长,分辨率较低,而光波波长短,光学三维传感器的分辨率高,具有测量速度快、精度高、现场适应性好等优点,逐渐成为数字化制造领域主要采用的非接触式测量技术。光学非接触式三维测量技术将光波投射到待测物表面后被待测物表面调制,被调制后经采集、分析计算后可得出被测物的三维面形数据,按光照明方式的不同,测量方法可分为主动式(采用结构光照明方式向物体发射光线信号)和被动式(采用非结构光照明方式,一般是自然光)两种;根据对结构光的时间调制(飞行时间)或空间调制(结构光被待测物表面调制后相位、对比度、强度等性质的变化),包括飞行时间法、三角法、干涉法,如图6.1所示。

(1)飞行时间法(Time of flight,TOF)。飞行时间法属于主动式测量方法,通过光脉冲在空间的飞行时间解算距离信息。利用该原理研制的激光扫描测量系统或TOF相机可以分别通过逐点扫描或一次拍照的方式测量3D物体的深度信息。测量精度受测量系统时间分辨率的影响,目前典型分辨率为毫米或亚毫米。

(2)干涉法。干涉法指将一束相干光通过分光系统分成测量光和参考光,利用两者的相

干叠加来确定相位差，从而获得表面的深度信息。干涉法测量精度高，但测量范围受光波波长限制，只能测量微小位移和微观表面形貌，不适合于宏观物体测量。

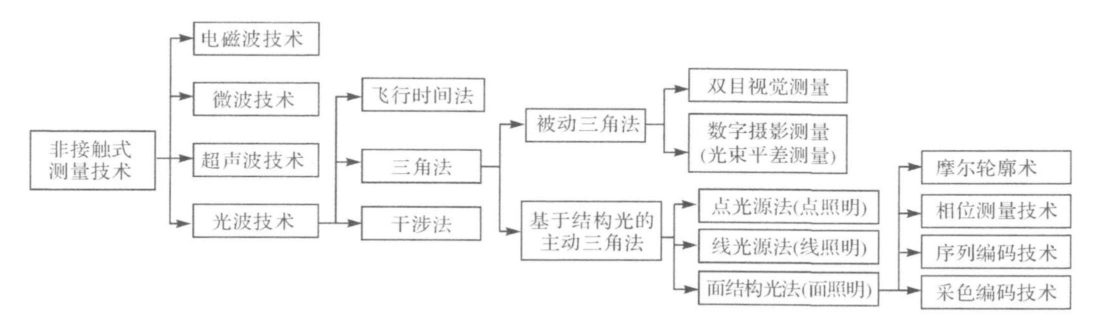

图 6.1　非接触式测量分类

(3)三角法。三角法是最常用的一种光学测量技术，以传统三角测量为基础，通过待测点相对于光学基准线偏移产生的角度变化计算其深度信息。三角法包括主动式和被动式三角测量两大类。被动式三角法包括双目(多目)视觉测量法、数字摄影测量法等。主动式三角法包括点激光扫描、线激光扫描、面结构光扫描等，它们用不同方式从观察光场中提取三角计算所需参数。点激光扫描、线激光扫描采用直接三角法，利用投影光场和接收光场之间的三角关系确定物体三维信息；面结构光扫描采用光栅投射法，即利用物体表面高度的起伏对投射的结构光场(光栅)的相位调制来确定物体三维信息，可采用摩尔轮廓技术(如阴影摩尔)、相位测量技术(如相位测量轮廓术、傅里叶变换轮廓术)、序列编码技术(如格雷编码序列)、彩色编码技术等。

2. 常用的数字化测量系统及应用

现有常用的数字化测量系统包括三坐标测量机、关节臂测量机、激光跟踪仪、激光雷达、室内 GPS(iGPS)、机器视觉、数字摄影测量、光学扫描测量等。测量原理不同使得这些方法获得的数据形式也不尽相同。常用的数字化测量系统技术特点比较见表 6.1。

表 6.1　常用的数字化测量系统技术特点比较

测量系统	测量原理	典型精度	测量方式	典型范围	优　点	缺　点
三坐标测量机	笛卡尔坐标系，光栅测距	LK H-T：1.3 μm+测长 L(mm) /250 μm	接触式	1 000 mm×400 mm×600 mm～4 000 mm×1 600 mm×2 000 mm	精度高、效率高、通用性好	便携性差，测量范围受工作台大小限制
关节臂测量机	非正交系坐标系统，光栅测角	INFINITE 2.0 0.05 mm	接触式	3 m	便携性好、自由度大	自动化程度低，测量效率低

（续 表）

测量系统	测量原理	典型精度	测量方式	典型范围	优　点	缺　点
激光跟踪仪	球坐标系，激光绝对测距，激光干涉测距，光栅测角	AMD：20 μm+0.8 μm/m 干涉仪：4 μm+0.8 μm/m	接触式	35 m	动态性能好，测量范围大，测距精度高、便携性好	单台使用时角度误差较大，价格较贵
室内 GPS (iGPS)	三角测量原理，角速度与时间测角	0.12 mm(10 m)～0.25 mm(40 m)	接触式	2～300 m	全方位测量、测量精度高，测量范围大	需多基站配合使用，价格较高
激光雷达	球坐标系，激光调频相干测距，光栅测角	MV330/350：24 μm (2 m)～201 μm (20 m)	非接触式	MV350：≤50 m；MV330：≤30 m	测量精度、分辨能力和抗干扰性能好.测量范围大，有一定的便携性	预热时间长，测量成本较高
数字化摄影测量	三角测量原理，图像处理技术测角	V-STARS S8：4 μm+4 μm/m	非接触式	≤10 m	工作环境要求低，测量效率高，自动化程度好	误差源较多
电子经纬仪	笛卡尔坐标系，光栅测角	角度精度 0.5′；测量精确度 0.05 mm	非接触式	0～300 m	在中、短距离内具有极高的测量精度；测距通过测角计算得到	转站时需要重新定标
电子全站仪	笛卡尔坐标系，电子测距，电子测角	±(3+2×10⁻⁶)mm	非接触式	0.9～1 800 m	对点时稳定性和安全性更好	不能完全代替水准仪；高精度测距能力不足

三坐标测量机测量精度高，但测量速度慢，变换实物的装夹位置和测量找正工作量大，

测量数据点过少，难以描述实物制造依据外形。激光跟踪仪具有高精度、自动跟踪、实时测量及携带方便等优点，检测范围更大。室内GPS(iGPS)具有多用户测量、测量范围广、抗干扰性好、无需转站及一次标定可多次使用等优点，适合采集指定的标靶点，可以满足大尺寸和全覆盖的需要。激光雷达可进行外形（几何体）扫描测量和单点（表面点）测量，测量精度、分辨能力和抗干扰性能好，测量范围大，具有对半径达到 60 m 的大体积目标进行自动化、非接触的测量能力。机器视觉是利用数字照相机获取被测对象的图像，并通过图像处理来获得三维几何信息的方法，具有高精度、高效率、现场性、全场性等优点。数字摄影测量范围大，方式灵活，可以根据需要自由选择拍摄位置，可以测量复杂曲面表面数据，但采集零件表面粘贴的标记点较稀疏。光学扫描测量可采集复杂曲面表面大量点云数据，速度快、精度高（±0.5 μm），数据点密集，适合测量小尺寸且具有复杂外部曲线的零件（通常不超过 1 m^2），较大、复杂的零件，可以通过变换测量角度进行多角度测量，然后进行数据拼合，但拼合过程容易产生累积误差。

在选用数字化测量技术和系统时需要考虑以下因素：

(1)被测对象特征。

1)点位测量。点的空间位置信息一般是工装、零部件定位的依据，在零部件定位、工装调整，以及装配过程中具有重要作用，其准确度直接影响产品准确度。点位坐标可通过使用三坐标测量机、关节臂测量机、激光跟踪仪、激光雷达、室内GPS(iGPS)等测量。

2)形状特征测量。例如，定位基准边线、加工点法线和组部件边缘轮廓线等通常作为自动钻铆、铣边等操作基准，可采用机器视觉测量、三坐标测量技术等。宽度窄、深度浅的刻线可采用手持式光笔或视觉适配器辅助下的视觉测量或扫描测量等。对于机体内部框、孔等结构特征，由于通视性较差，因此，可采用关节臂测量机。

3)曲面外形（型面）测量：飞机、发动机等产品曲面外形准确度是保证飞机气动、隐身性及发动机性能的关键，复杂曲面外形及装配间隙、阶差、铆钉凸凹量等表面质量特征主要采用数字摄影测量、激光扫描测量等方法，通过零件表面点云数据与三维设计模型匹配、对比，得出零件与数字模型的偏离量，实现外形精准分析。

(2)被测对象外形尺寸、曲率变化、材质等。

零件、组合件级产品外观尺寸相对小，可使用一个单一的测量环境，一般以三坐标测量机、关节臂测量机为主，配合使用激光扫描等非接触式测量方法。

大部件或整机测量主要采用激光跟踪仪、室内GPS(iGPS)、数字摄影测量等技术。测量时涉及测量设备处于不同位置多次测量、转站测量，甚至多种测量系统共同使用，形成优势互补的多源测量场（如结合室内GPS(iGPS)和激光跟踪仪测量关键特征以监控大部件的位姿）。

当零件表面曲率变化大或有棱边等特征时，需要考虑测量数据是否具有细节描述能力。不同材质的表面亮度及反光性对视觉测量有影响。

(3)测量精度要求。

由于不同技术所能达到的测量精度不同，因此，需要根据测量精度要求选择方案。测量系统误差主要来源于仪器自身信息采集及计算误差、测量目标（靶球）安装和定位误差、测量系统转站误差、不同测量系统间的转换误差、环境影响误差等。

控制误差可采用以下方法：选择高精度测量设备，提高算法精度；准确安装定位测量目标；合理布置测量设备，减少转站次数，并设置合理的转站点（如激光跟踪仪的主要误差是由角度编码器误差产生的，布置设备时应尽量减少测量头的摆角）；不同测量系统间设定合理的转换接口和算法，减少数据格式转换次数；提供良好的测量环境（包括减少振动、减少空气扰动，维持适当温度和湿度或采用环境补偿技术等）。

3. 数字化测量与检测技术的作用

（1）质量控制与工艺改进。数字化测量与检测手段可为工装、零部件的外形准确度提供量化评价，从而保证产品质量和产品性能。另外，可以在测量数据不断积累的基础上，通过测量数据统计分析、数据挖掘、机器学习等方法找出影响产品质量的关键因素，为工艺设计与改进提供参考，从而实现制造质量持续提升。

（2）逆向工程与模型重建。利用测量得到的数据可以在数字化设计系统中进行模型重建。例如，进行自由曲线、曲面拟合，通过进行求交、裁剪、延伸等获得曲线、曲面模型；曲面三维重建的步骤包括数据（点云）导入与处理、生成网格、生成 3D 曲线与光顺、测量与分析、生成曲面及实体数模等。

（3）现场测量支持下的加工与装配。随着大尺寸精密测量技术的发展，数字化测量已融入产品加工制造、装配过程中，支持工装夹具的安装与校准检验、零部件加工的准确定位与补偿、零部件与工装之间关键特征点的空间协调性分析、装配阶段柔性装配定位、组部件姿态计算等，大幅度提升了加工与装配的精度。例如，在装配过程中利用激光跟踪系统、柔性工装系统、数据处理与分析系统共同构成大尺寸数字化装配平台，对装配部件关键协调特征进行快速、精确的现场测量，获取准确的外形信息及空间姿态，并以测量数据为依据，驱动部件的定位、移动、调姿等，实现测量驱动的大部件自动对接装配。

三、数字化测量与检测技术的发展趋势

数字化测量与检测技术逐渐呈现新的特点，包括测量的在线化，测量、监测与实时控制一体化，测量的自动化，测量的现场化、便携化、集成化等。

1. 测量的在线化

零件加工中，经常需要在工序或工步之间进行测量，判断是否符合公差要求，或根据加工余量设定下一步加工参数。从机床上拆下零件，搬运到指定地点通过固定的测量设备进行的测量称为离线测量。离线测量往往要对零件进行重复装夹等操作，二次定位再加工会引起定位误差，影响加工精度，尤其是复杂易变形的薄壁类零部件，同时降低了机床使用效率，导致生产周期延长。

在线测量是相对于离线测量而言的。在线测量技术指通过在线测量系统实现零件加工后保持位置不变，直接对零件进行测量的技术（在机测量），甚至是在加工状态下实时对刀具或加工尺寸进行测量，如图 6.2 所示。在线测量系统一般是在数控机床基础上开发集成测量系统实现的。

在机测量是在线测量的一种实现方案，可通过将机床测头、工业相机、传感器、激光扫描测量系统等与机床主轴结合，在工件的加工工序中插入自动化精密找正、自动化检测等环

节，加工完成某步骤后，保持工件在机床上的状态并对工件进行检测。以数控加工中的在机测量为例，通过在线测量系统编写数控程序，将尺寸测量融入数控加工程序中，可及时发现工件加工误差，并反馈给数控系统以改变机床的运动参数，直到加工完成。在叶片等薄壁零件加工中已普遍通过在机测量确认精加工余量，并及时调整加工参数，避免了反复装夹和重复定位，在提高加工精度、降低废品率的同时节省了装夹、调整时间，提高了生产效率和经济性。

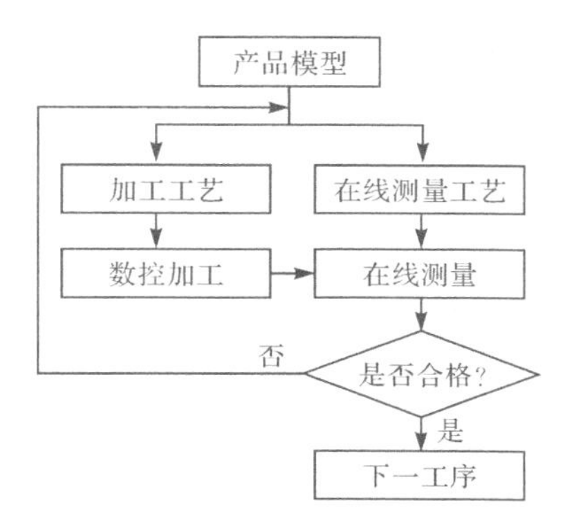

图 6.2　数控加工中的在线测量流程

在线测量技术还可以用于对切削力、震动、温度、声信号等的在线监测，判断或推断刀具磨损状态、工件表面粗糙度等，进而自适应调整切削参数，或对刀具磨损、热形变等误差进行自动补偿等，从而保证加工质量。

2. 测量、监测与实时控制一体化

数字化测量逐渐和数据处理技术与控制技术结合，使产品质量控制由制造完成“事后检验”发展为“实时跟踪”，再发展到“智能测量、反馈控制”模式，即对零件各类几何、状态要素的精确采集和实时获取，实时监控、分析，进一步建立与加工执行系统的信息反馈控制渠道，使得测量技术由辅助生产演变为一体化生产的重要组成部分。例如，在加工中，通过在机测量获取零件的实际位置和形状信息后，在加工程序中对加工参数进行调整，或通过修正刀具运动轨迹进行误差补偿，实现智能加工或自适应加工，从而提高加工精度。又如，在飞机装配中，根据测量数据进行分析计算，并将产生的装配决策传递至执行单元，构成完整的智能制造数据流闭环反馈控制体系。

3. 测量的自动化

为了提升测量效率和自动化程度，测量手段逐渐从手工干预测量向自动化测量转变。例如，依据三维模型自动生成检测规程，并通过仿真优化测量方案。此外，测量系统逐渐与机器人系统结合。例如，激光跟踪仪和数字摄影测量系统都已经拥有机器人式自动化测量系统，可将跟踪仪靶标加装在机械手或龙门框架上，利用程序自动定位功能将其送到指定测量位置执行测量程序。自动化测量是数字化测量技术发展的重要方向。

4. 测量的现场化、便携化、集成化

便携式测量技术的特点是设备可以随身携带，部署方便，应用更灵活、更柔性，并且能够适应车间恶劣的环境，包括温度、湿度、灰尘、粉尘等。典型的现场型测量系统的代表是各种便携式关节臂测量机、拍照式测量系统，以及面向现场大尺寸测量的激光跟踪仪等。测量设备也从多系统独立运行向多系统综合集成应用的方式转变。

第二节　数控测量机

由于三坐标测量机是一种广泛应用的测量设备，因此，本节主要介绍三坐标测量机的原理、结构，各种测头的结构原理和三坐标测量机的发展趋势。

一、三坐标测量机的组成

三坐标测量机是20世纪60年代发展起来的一种高效率的新型精密测量仪器。它广泛应用于制造、电子、汽车和航空航天等工业中。三坐标测量机作为一种检测仪器，主要用于对零件和部件的尺寸、形状及位置进行检测。

三坐标测量机出现以前，测量空间三维尺寸已有一些原始方法，如采用高度尺和量规等通用量具在平板上测量，以及采用专用量规、心轴、验棒等量具测量孔的同轴度及相互位置精度。早期的测长机可在一个坐标方向上进行工件长度的测量，即单坐标测量机。后来出现的万能工具显微镜具有 x 与 y 两个坐标方向移动的工作台，可测量平面上各点的坐标位置，即二维测量，也称为二坐标测量机。因此，如果具备 x，y，z 方向的运动导轨，就可测出空间范围内各测点的坐标位置。

三坐标测量机的原理是将被测物体置于三坐标测量机的测量空间，可获得被测物体上各测点的坐标位置，根据这些点的空间坐标值，经计算可求出被测物体的几何尺寸、形状和位置。

在三坐标测量机上装置分度头、回转台（或数控转台）后，系统具备了极坐标（柱坐标）系测量功能，这种具有 x，y，z，c 这4个轴的坐标测量机称为四坐标测量机。按照回转轴的数目，也可有五坐标测量机。

作为一种测量仪器，三坐标测量机的功能是比较被测量与标准量，并将比较结果用数值表示出来。三坐标测量机需要三个方向的标准器（标尺），利用导轨实现沿相应方向的运动，还需要三维测头对被测量工件进行探测和瞄准。此外，三坐标测量机还具有数据自动处理和自动检测等功能，需要由相应的控制系统与计算机软、硬件实现。因此，三坐标测量机的基本结构由机械系统、测头和控制系统组成。

1. 三坐标测量机的机械系统

三坐标测量机的机械系统如图6.3所示，由三个正交的直线运动轴构成空间直角坐标系。其中，x 方向导轨系统就在工作台上，移动桥架梁是 y 向导轨系统，中央滑架上下移动是 z 向导轨系统。三个方向上装有光栅尺作为增量式数字测长元件，用以度量各轴位移值。测长元件也可用激光干涉仪。装在 z 轴端部的测头直接检测零件表面被测点的坐标值。

三坐标测量机的结构材料对其测量精度、性能有很大影响。常用的结构材料有铸铁、钢、花岗岩、陶瓷和铝等。三坐标测量机移动部件通常设计成高刚性、小质量移动部件。导轨副要求摩擦力小，且应具有很高的承重能力及封闭刚度。滚动轴承导轨容易产生双向滞后，且须防尘，目前基本上已不采用。应用最多的是气浮导轨，摩擦力极小，无磨损，缺点是刚性较差。三坐标测量机电机驱动的传动机构要求工作平衡且双向运动时无间隙。最常用的传动机构是齿轮齿条，驱动装置一般采用直流伺服电机，少数用力矩电机。

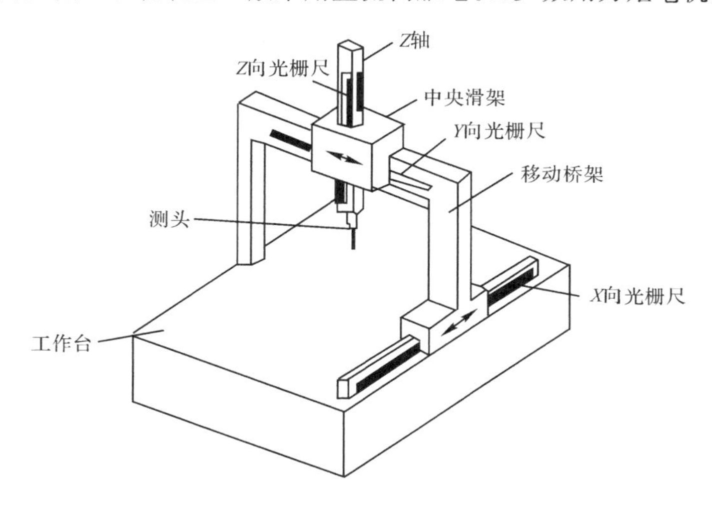

图 6.3　三坐标测量机的机械系统示意图

2. 三坐标测量机的控制系统

控制系统是三坐标测量机的关键组成部分之一。其主要功能是读取空间坐标值，控制测量瞄准系统对测头信号进行实时响应与处理，控制机械系统实现必需的运动，实时监控三坐标测量机的状态以保障整个系统的安全性与可靠性。

（1）控制系统的分类。按自动化程度，三坐标测量机可分为手动型、机动型和 CNC 型。早期的三坐标测量机以手动型和通过操纵杆控制机械运动的机动型为主，随着计算机技术及数控技术的发展，CNC 型控制系统已日益普及。

（2）空间坐标测量及控制。作为测量设备，三坐标测量机不仅要有高精度的长度基准，而且应有空间坐标值的读取与控制系统。一方面，控制系统要定时读取空间坐标值，以便检测三坐标测量机的状态；另一方面，当瞄准系统发出采样控制信号时，要实时地将当时的空间坐标值采样读入，作为以后数据处理的输入参数。因此，精确、实时地读取空间坐标值，是控制系统的一项关键任务。

（3）测量进给控制。测量进给控制与数控机床的加工进给基本相同。一般地，三坐标测量机在 x,y,z 三个方向的正交直线运动和旋转工作台的转动，都是通过各自独立的单轴伺服控制器实现。测头的运动是由 CPU 控制 3 轴按一定的算法联动实现，由单轴伺服器及插补器共同完成。

（4）控制系统的通信。控制系统的通信分为内部通信和外部通信。内部通信是指三坐标测量机计算系统的主计算机和控制系统两大部分之间的相互传送命令、参数、状态和数据等。内部通信采用成熟、流行的标准，主要有串行 RS232 和并行 IEEE—488 标准。外部通信是三坐标测量机与 CAD/CAM 系统的数据交换。

（5）测量机软件。测量机软件包括控制软件与数据处理软件。测量机软件可进行坐标变换与测头校正，生成探测模式与测量路径，还用于基本几何元素及其相互关系的测量、形状与位置误差测量、齿轮、螺纹与凸轮的测量、曲线与曲面的测量等，具有统计分析、误差补偿和网络通信等功能。

3. 测头

三维测头，即三维测量传感器，可在三个方向上感受瞄准信号和微小位移，以实现瞄准和测微两项功能。按照结构原理，测头可分为机械式、电气式和光学式三类；按照测量方法，测头可分为接触式和非接触式两类。机械式主要用于手动测量；光学式多用于非接触式测量；电气式多用于接触式自动测量。

（1）机械测头。机械测头多为硬测头，主要用于手动测量。然而，人工直接操作，测量力不易控制。硬测头多用于精度要求不太高的小型测量机中，成本较低，操作简单。

（2）电气测头。电气测头是应用范围最广、使用最多的一种测头，测头多采用电触、电感、电容、应变片、压电晶体等作为传感器接受测量信号，可达到很高的测量精度。电气测头又分为触发式和模拟式两种。

①触发式测头的结构特点使它主要用于离散点的测量。测量时，从探测起始点开始，沿测量进给轨迹向预定的测量终点运动时，在探测轨迹的某点与被测工件接触，测头发出采样信号。控制系统将 x，y，z 三个采样值锁存。为保证测头不致过量位移或与工件其他部分接触，测头再沿原轨迹返回至某个安全点。

②模拟式测头是一个高精度的三维测量装置，有一套精密机械机构使测端在 x，y，z 三个方向产生小的平移，用高精度传感器对这三个位移进行测量。当测量端与被测工件接触时，测端沿接触点曲面的方向移动，内部的高精度测量系统将小位移测量出来，构成测端位移值。该位移是矢量，既有大小的信息，也有方向的信息。

当测端位移达到设定的触发值时，它也像触发式测头一样，发出一个采样信息，得到三个轴的坐标值。然后，通过计算得到测头中心的坐标值。

采用模拟式测头不仅可以得到测头在空间的精确位置，而且可以实现与工件表面相接触的连续测量，即扫描测量。

（3）光学测头。光学测头一般与被测物体没有机械接触，具有如下优点：

①没有测量力和摩擦，可以用于测量各种柔软和易变形的物体。

②可以快速对物体进行扫描测量，测量速度和采样频率较高。

需要指出的是，用光学测头测量物体，并不是直接测量物体本身的几何形状。除物体的形状、尺寸特性之外，物体的辐射特性和表面特性（如照明情况、表面反射情况、阴影、对谱线吸收情况等）都会影响测量的准确度。

近年来，光学测头的发展非常迅速，是测量技术的一个重要发展方向。

二、三坐标测量机的测量软件

1. 坐标测量数据流程

在三坐标测量机上，从建立机床绝对坐标系到测量结果输出的整个数据流程见图 6.4。

（1）测量坐标系。测量坐标时，测头的测端及被测零件都在三坐标测量机的坐标系（也称检测空间)内。最常用的是空间直角坐标系,而三坐标测量机本身就已构成这种坐标系。

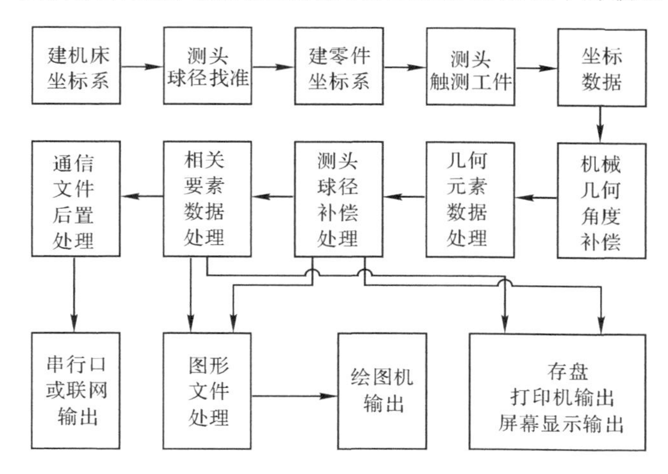

图 6.4　坐标测量数据流程框图

如图 6.5 所示,在三坐标测量机三个轴的某一行程终点处设置一个“绝对零点”作为原点,以三个轴的方向为坐标所建立的空间直角坐标系,称为机床绝对坐标系。在零件测量程序重复使用时,或当停电、停机后恢复运行时,均以此坐标系为基准自动寻找(数控测量机)测量空间内固定位置上的被测零件。测量零件时,要对零件进行三维找正,这时需要在零件上建立三维坐标系,称为零件坐标系。

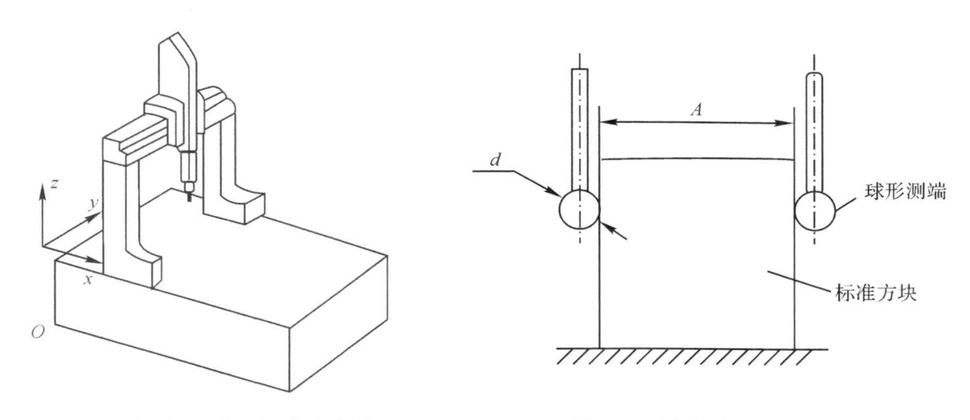

图 6.5　机床绝对坐标系示意图　　　　图 6.6　测头球径校准测量

(2) 测头球径校准。一般的三坐标测量机都使用接触式测头检测零件轮廓的坐标值。直接触测工件表面的测头部分一般为球形测端,数据处理时必须进行补偿。由于球径补偿值与实际球径不同,因此,须在测量机上用“标准方块”或“标准球”(都是已知尺寸的高精度校准基准)对测头球径做标准测量,如图 6.6 所示。

$$d = L - A$$

式中,d 为名义球径,L 为测值,A 为标准器具的标准尺寸值。

(3) 机械几何精度补偿。三坐标测量机测量时有运动误差和定位误差。对于机械几何误差，可采用不同的方法获得误差值，然后建立补偿数学模型，利用此模型对坐标测量的原始数据进行补偿，可获得正确的坐标测量值。这种误差补偿方法可使坐标测量误差（由几何误差引起）降低40％～70％。

（4）坐标检测的数据处理。几何元素数据处理主要是对单个几何元素项目进行数据处理，如平面、孔、圆等。形状公差测量以一个已知的几何元素为基准，在采集被测元素的坐标点数值后，再做与两个几何元素相关的计算。

空间曲面测量时，一般是固定一个坐标系，然后按截面测量曲线。例如，固定 x 坐标、y 方向作进给（按等距或不等距），z 方向即可采集轮廓表面坐标值。

2. 测量软件

三坐标测量机的精度与速度主要取决于机械结构、控制系统和测头，功能则主要取决于软件和测头，操作方便性也与软件密切相关。现代三坐标测量机大都采用微机，操作系统采用 Windows 系统，测量软件可归纳为可编程式和菜单驱动式。

对于可编程式测量软件，用户能根据软件提供的指令对测量任务进行联机或脱机编程，可以对三坐标测量机的动作进行微控制。对于菜单驱动式测量软件，用户可通过点菜单的方式实现软件系统预先确定的各种不同的测量任务。

根据软件功能的不同，三坐标测量机测量软件可分为基本测量软件、专用测量软件和附加功能软件。

（1）基本测量软件。基本测量软件是三坐标测量机必备的最小配置软件，它负责完成整个测量系统的管理。通常具备以下功能：

①运动管理功能。运动管理功能包括运动方式选择、运动进度选择、测量速度选择。

②测头管理功能。测头管理功能包括测头标定、测头校正、自动补偿测头半径和各向偏值、测头保护及测头管理。

③零件管理功能。零件管理功能包括确定工件坐标系及原点、不同工件坐标系的转换。

④辅助功能。辅助功能包括坐标系、地标平面、坐标轴的选择，公制、英制转换及其他各种辅助功能。

⑤输出管理功能。输出管理功能包括输出设备选择、输出格式及测量结果类型的选择等。

⑥几何元素测量功能。几何元素测量功能包括点、线、圆、面、圆柱、圆锥、球、椭圆的测量；几何元素组合测量功能，即几何元素之间经过计算得出诸如中点、距离、相交、投影等功能；几何形位误差测量功能，即平面度、直线度、圆度、圆柱度、球度、圆锥度、平行度、垂直度、倾斜度、同轴度等的测量。

（2）专用测量软件。专用测量软件是针对某种具有特定用途的零部件的测量问题而开发的软件，通常包括齿轮、螺纹、凸轮、自由曲线、自由曲面等测量软件。下面仅以轮廓测量为例进行简要说明。

轮廓测量主要解决空间自由曲线、曲面的测量问题，如凸轮、叶轮等，可分为二维和三维曲线测量。就其测量方法而言，又可分为点位测量及连线扫描测量。在测量零件时，所得结果为测头中心轨迹，与被测曲线偏离一个球半径。在法线方向进行测头半径补偿后，才得出实际曲线上各点的坐标值。因此，轮廓测量的关键是要确定被测轮廓诸点的法线方向，以便进行测头半径补偿,得到准确的测量值。

(3) 附加功能软件。为了增强三坐标测量机的功能和用软件补偿方法提高测量精度,三坐标测量机还提供有附加功能软件,如最佳配合测量软件、统计分析软件、随行夹具测量软件、误差检测软件和误差补偿软件与 CAD 软件等。

三、测量路径的规划与生成

测量路径是测头的运动轨迹,建立测量路径的目的是有序、快速、高效地探测分布在元素表面的各个实际点的坐标,并保证在检测过程中测头与工件或其他物体不发生碰撞。手动式三坐标测量机的测量路径是由测量操作者自主确定的,而 CNC 测量机则由软件控制。测量路径有三大要素,即名义探测点、名义探测点法矢和避障点的集合。

设计测量路径应主要考虑以下 3 个方面:第一是安全,即从当前测点移到下一测点的途中,测头不得与工件发生干涉;第二是路径短、速度快,即根据三坐标测量机的加、减速特性,测头能以最短的时间到达下一测点;第三是行走路线自然。

测量路径可以通过下列几种途径生成:

(1)交互输入。测量软件系统一般都具有测点编辑器功能,使用测点编辑器可直接编辑、修改和重组测量路径。

(2)自动生成。测量软件系统具有测量路径自动生成功能。利用此功能,用户只需指定几个待生成要素的特征参数即可,其名义探测点及其法矢和避障点均由软件系统自动生成。自动生成测量路径的先决条件是待测要素在测量坐标系中的位置、方向及其大小必须事先已知。

对于复杂零件的测量,往往包含测量障碍区,如凸台、深孔等,测量中可能发生测头与待测零件发生碰撞或增加测量过程中的探测时间等问题。如何进行测量路径的优化,使得测量头能够以尽可能短的路径安全而有效地遍历待测曲面的检测区域是自由曲面测量中的关键问题。测量路径规划的目的:一是在一定采样点数目下尽可能真实地反映曲面原始形状;二是在给定一定采样点精度下选取最少的采样点。测量路径规划的任务包括测头和测头方向选择、测量点数及其分布的确定、检测路径规划等。

四、基于 MBD 的数字化测量与检测

MBD 技术详细规定了三维模型中产品尺寸、公差的标注规则和工艺信息的表达方式,使数字化模型成为产品完整信息的载体。同样,测量与检测也以模型的三维标注为基础,如图 6.7 所示,数字化产品模型为测量与检测提供理论依据及尺寸公差,而测量得到的质量数据反馈可对产品制造的工艺方案和加工能力进行验证。在数字化制造环境下,基于三维 MBD 模型的数字化测量已成为打通复杂零部件数字化设计、制造、检测一体化流程、提升检测效率与水平的重要一环。图 6.8 为飞机数字化测量与检测的应用框架。

基于 MBD 模型的数字化测量与检测技术是将包含产品制造信息的 MBD 模型(包括设计模型和工艺模型)作为单一信息源和测量依据,测量系统通过识别模型 PMI、规划零件测量特征、编制测量程序、收集分析检测数据及发布报告等,实现设计、工艺和检验的高效协同,提高产品生产质量管控能力。基于 MBD 的数字化测量与检测流程如图 6.9 所示。先

提取三维 MBD 模型的测量任务信息，经过测量工艺规划和仿真后，将指令信息传递给自动测量夹持设备和测量设备，通过集成控制软件按照测量指令采集、保存测量数据，之后通过数据处理软件将数据处理成用户所需求的数据文件，并下载到相关制造与装配分析模块中，实现测量信息集成功能。

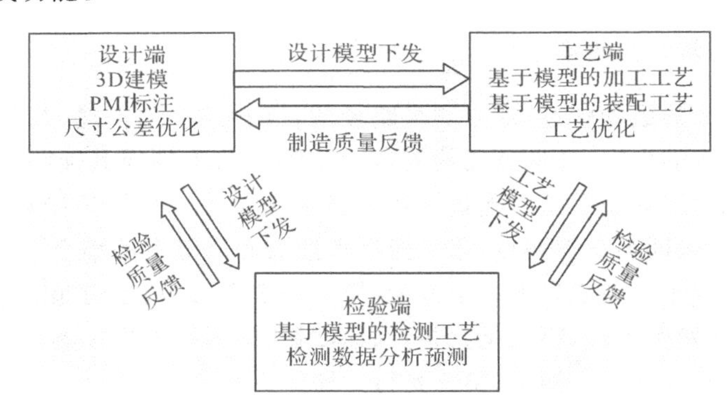

图 6.7　基于模型的测量与检测

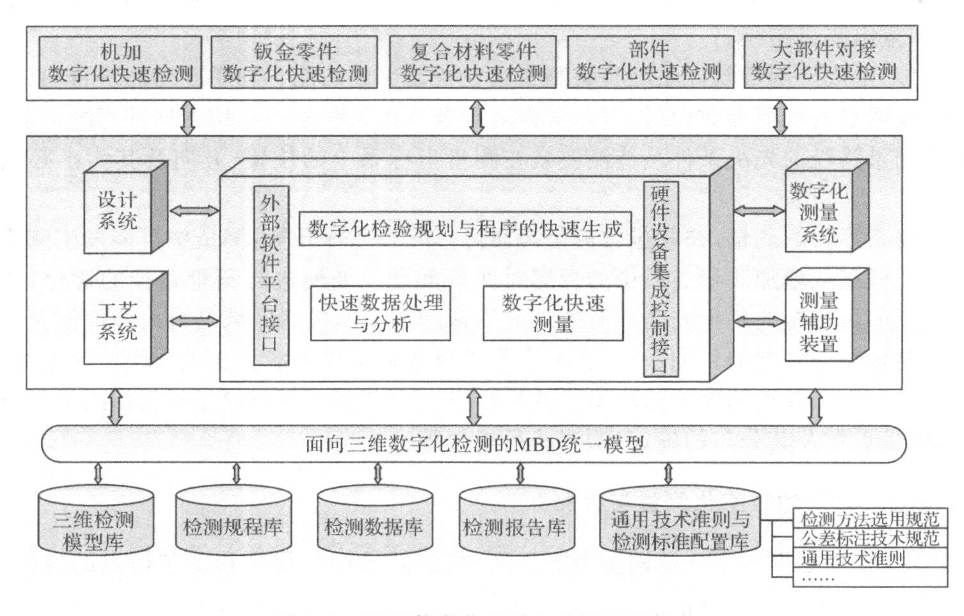

图 6.8　飞机数字化测量与检测应用框架

1. 测量需求识别

为实现基于模型的检测，在现场检测实施前需从三维模型中识别并提取有效的 PMI 信息及检测特征。对于产品设计、工艺三维模型中已定义的测量特征信息，可通过对设计平台(如 NX、CATIA 等)进行二次开发，读取 MBD 模型(含几何特征和 PMI)，识别 PMI 信息及相关联的几何特征，包括检测对象几何特征与尺寸形位公差等检测信息，获取测量需求。

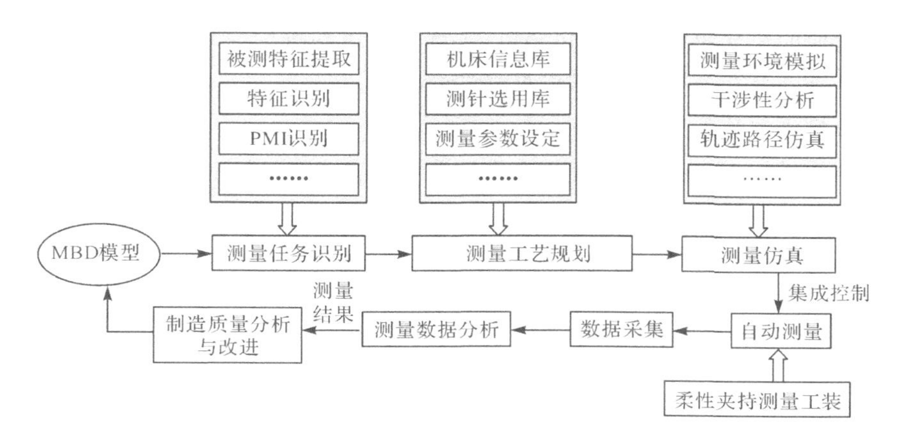

图 6.9　基于 MBD 的数字化测量流程

2. 测量工艺规划

测量工艺规划是规范测量行为、保证零部件检测有效性的重要手段。通过制订合理的测量工艺顺序，明确检测对象、过程、步骤、方法、工具和检测要求，为零部件现场检测提供指导和依据。需要依据工艺文件、工艺模型、加工内容和加工方式，并按质量体系和检验工作要求等制订测量工艺规程，包括以下几点。

(1)依据检测工序的先后制定测量顺序。

(2)定义零件检测特征，选择合理的测量方式、测量设备、器具、测量流程。

(3)在检测对象的几何表面上进行合理的测点布局，规划测量路径并进行优化与仿真，生成无碰撞的检测路径，包括测量特征创建、单特征测点规划、单特征检测路径规划、多特征检测路径规划和检测路径发布等。

(4)生成测量程序文件。以 MBD 模型为依据，进行测量程序的编制，编制的程序可以直接在三坐标测量机上使用。

(5)根据相关标准制订详细的测量技术原则和结果评价信息，生成规范化检测工艺规程文件。

(6)通过 PDM 系统对测量工艺规程进行会签、审批、发布和版本管理。

3. 自动化测量

数据传递和数字驱动是 MBD 数字化检测的核心思想。自动化检测基于数字化模型，利用测量软件(如 PC－DMIS、ARCO－CAD、UG/eM－quality)按照基本几何特征(点、线、面、圆等)读取模型上的相关要素，获得测量特征的数字理论量值(包含特征的位置坐标值和矢量值)，依据理论的数字量值及理论点构成的测量路径，执行测量程序驱动三坐标测量机对实际零件进行测量。以叶片为例，叶片截面轮廓线可通过 IGES 格式导入 WIN3DS 软件 DATA 模块下，在轮廓线的不同位置设置不同的扫描密度点，保证不同曲率的部位都能够得到精确测量。

自动化测量还可以根据需要开发柔性自动化检测辅助测量装置，与测量设备共同构成零部件自动化检测系统，如利用工件运动机构与承载测量仪的机械手之间的协调运动完成对工件待测表面的多视角快速自动化测量,实现数控运动机构、辅助测量装置,以及机器视觉综合检测系统的有效集成,以提高测量效率。

4. 测量与检测结果采集、分析

产品检验结果数据包括自检、互检和专检的实际测量值、执行人员、检测时间以及测量器具等相关信息。检验数据的采集方式有手工录入、数显量具、数字化检测设备、在机在线检测设备等。随着无线数据传输,人工智能技术,如语音识别、基于机器视觉的图像识别、人工可穿戴设备等的发展和应用,自动采集方式越来越广泛。例如,可通过开发现场辅助数据采集接口,利用通用数据采集器与测量设备、量具连接,实现制造过程检测数据的自动采集与上传。

在数据采集过程中,系统应能够对检验数据进行处理与质量评判,对完整性进行校核,根据特性间的关联关系进行自动检索和计算,如计算孔轴配合、间接测量特性、工序间数据引用等。针对复杂产品检测中多种测量设备共同构建测量场,并与三维数模对比分析的需求,须实现数据的快速处理与分析,包括异构测量数据的拼合、融合、去噪、光顺、过滤等数据预处理方法,基于点云数据的检测特征要素的抽取与分析,测量数据与数字化模型的对齐配准与质量评价,基于三维数模和检测规范的误差分析评估等。

检测完成后,可在各阶段产品数字化模型上关联产品的实际检测信息,如产品测量数据、检测结果、检测报告等,因此,数字化模型可以作为传递产品质量数据信息的载体,快速、直观地传递反馈产品的质量状况。

5. 测量流程管理与集成

作为生产过程的一个重要环节,检验通常由生产管控平台(如 MES)进行管理协调,将检测环节作为流程中的一个节点,实现无缝集成,如图 6.10 所示。当需要对零组件进行检测时(如工序检验、成品检验,自检、专检等),MES 调用数字化检测系统执行具体的检测操作,基于网络将检测任务信息发布到各个现场检测终端,包括测量程序文件、检测模型、相关规范、工艺文件、程序指导说明、零件及工具清单、报告说明等。终端通过任务信息(零件号、批次序号、工序号等)调用相应的检验规划和测量程序,采集检测数据,检测完成后将检验结果反馈至 MES,完成完工确认,形成作业闭环;平台汇总各个检测终端的检测结果。

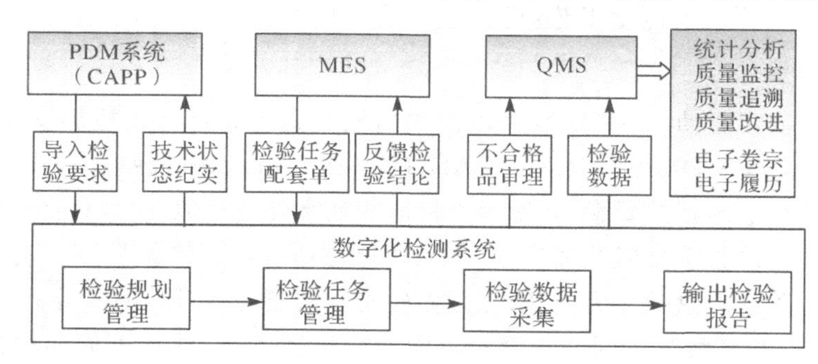

图 6.10　数字化检测系统与 PDM、MES、QMS 等系统的集成

此外,数字化检测平台检测数据支持与质量管理系统(Quality Management System,

QMS)等应用集成，支持产品质量追溯和改进，如管理、查询产品检验记录数据和检测报告，形成零组件电子档案、电子卷宗和电子履历，帮助管理人员对检测数据进行分析、统计和挖掘，实现产品质量统计过程控制(Statistical Process Control，SPC)、产品实时质量状态监控、制造工艺改进和设计优化迭代等，最终形成数字化设计、制造、质量检测、改进优化的闭环控制。

第三节　大尺寸光学测量

一、激光跟踪仪测量

1. 测量原理与系统组成

激光跟踪仪测量系统是一种基于测长技术和角度传感的高精度、便携式球坐标测量系统，基本原理如图 6.11 所示。激光源发射的激光跟踪目标反射器，通过激光测距系统和水平测角、垂直测角系统测得球坐标系下的 1 个长度值和 2 个角度值，从而确定空间目标点(目标反射器)在直角坐标系下的三维坐标[式(6-1)]。由于需要将目标反射器(靶镜)等合作目标与被测物相连，因此，属于接触式测量。靶镜理论上可以是反射镜、角锥镜或猫眼镜，而实际采用的多是猫眼镜。激光测距系统可以是激光干涉仪或绝对测距仪，用光干涉法精确测出激光系统与目标靶镜之间的距离 γ_m；两个角度，即俯仰角 θ_m(垂直角 β)和偏摆角 φ_m(水平角 α)，由角度编码器测得，高精度编码器安装在可精确控制角度的内、外回转轴上。同时激光跟踪仪也会通过自身的校准参数和气象补偿参数对测量过程中产生的误差进行补偿。目前激光跟踪仪制造商包括 Leica、API、FARO 等。

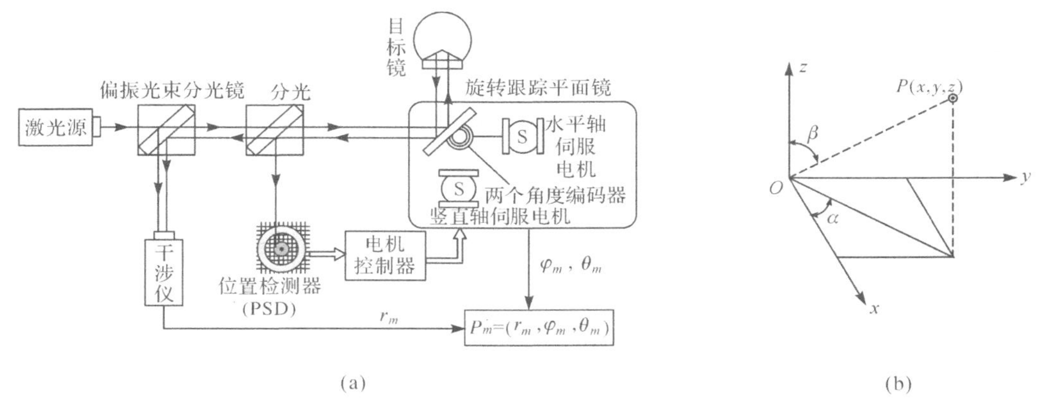

图 6.11　激光跟踪仪测量系统基本原理

(a)激光跟踪仪测量原理；(b) 空间目标点

$$\left.\begin{aligned} x &= OP\sin\beta\cos\alpha \\ y &= OP\sin\beta\sin\alpha \\ z &= OP\cos\beta \end{aligned}\right\} \tag{6-1}$$

激光跟踪仪测量系统主要由以下几部分组成(见图 6.12)：①激光跟踪头，包括激光干涉仪、绝对测距仪、角度编码器、步进马达及运动部件；②控制机，包括干涉系统、角度编码器计数装置、驱动马达、跟踪处理器及网卡；③反射球，主要将入射的平行激光束按原路返回激光跟踪头；④气象传感器，与周围空气接触，根据环境变化进行补偿；⑤用户计算机，一般安装 Spatial Analyzer(SA)等测量分析软件，并进行数据处理。

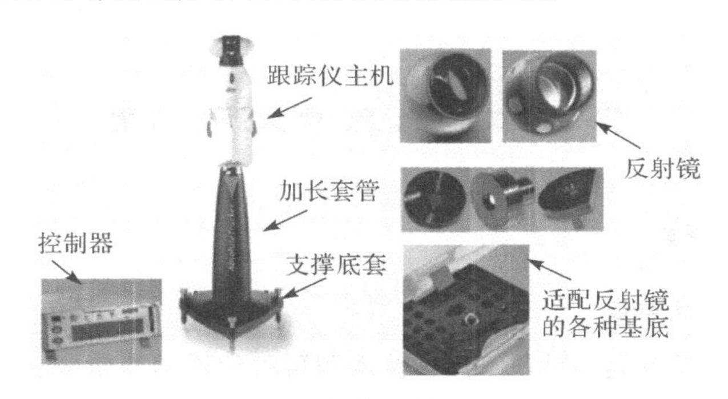

图 6.12　激光跟踪仪测量系统

2. 测量方法

激光跟踪仪测量技术发展较早，测量精度高、范围广，高精度测量范围达 30 m，最大的测量范围则高达为 320 m。激光跟踪仪广泛应用于航空、航天、造船、机械制造等领域定位安装、尺寸检测及逆向工程，如飞机的大部件对接定位测量与反馈、工装的数字化测量与校准、飞机水平测量、机体骨架装配数字化定位等。测量时在部件、工装定位器等的待测点上放置测量工具球，激光跟踪仪可实时跟踪待测点位置。然而，由于激光跟踪仪只能测量靶球中心的单点坐标，因此，其应用范围受到限制。若用于测量复杂零件型面外形数据，则需要将靶球沿工件表面移动进行动态测量，测量效率较低，限制了其在复杂部件全尺寸检测上的应用。

激光跟踪仪测量中涉及如下技术：

(1)构建基准坐标系。式(6-1)中的坐标是在激光跟踪仪测量坐标系下，为了能得到全局坐标系(飞机坐标系或装配坐标系)下的坐标，需要进行坐标系转换。坐标系的转换采用公共点转换法，即根据已知的公共点在两个坐标系中的坐标求得两个坐标系间的转换参数。在装配场地的地基上都有参考基准点(地标点、TB 点)，在激光跟踪仪坐标下测量 TB 点坐标，根据测量值与理论坐标值可求解激光跟踪仪坐标系与全局坐标系的变换矩阵，从而得到全局坐标系下的测量值。

如图 6.13 所示，设全局坐标系为 $G-xyz$，激光跟踪仪测量坐标系为 $M-xyz$。T_i为地标点，其在两个坐标系下的坐标分别为

$$\boldsymbol{P}_i^G(x_i^G, y_i^G, z_i^G), \quad i=1,2,3,\cdots,n$$

$$\boldsymbol{P}_i^M(x_i^M, y_i^M, z_i^M), \quad i=1,2,3,\cdots,n$$

根据坐标系变换规则，存在旋转矩阵 $\boldsymbol{R}$ 和平移向量 $\boldsymbol{t}$，使得

$$\boldsymbol{P}_i^G=\boldsymbol{R}\boldsymbol{P}_i^M+\boldsymbol{t}, \quad i=1,2,3,\cdots,n \tag{6-2}$$

使用四元坐标，又可以写作

$$\begin{bmatrix}\boldsymbol{P}_i^G\\1\end{bmatrix}=\begin{bmatrix}&\boldsymbol{R}&&\boldsymbol{t}\\0&0&0&1\end{bmatrix}\begin{bmatrix}\boldsymbol{P}_i^M\\1\end{bmatrix}, i=1,2,3,\cdots,n \tag{6-3}$$

其中，$\boldsymbol{t}$ 表示 $M-xyz$ 到 $G-xyz$ 的平移变换向量

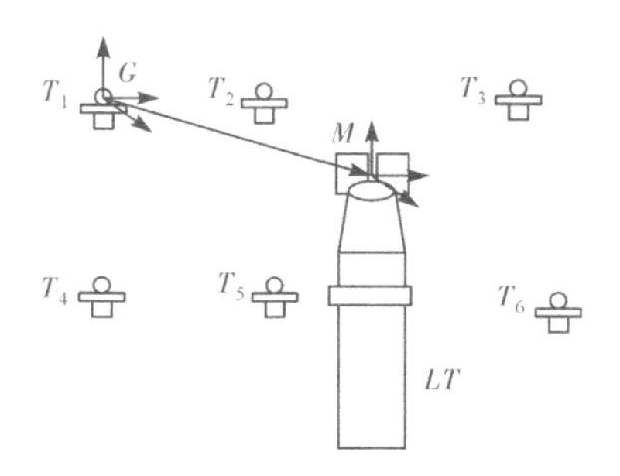

图 6.13　坐标系转换

$$\boldsymbol{t}=\begin{bmatrix}x\\y\\z\end{bmatrix} \tag{6-4}$$

矩阵 $\boldsymbol{R}$ 表示 $M-xyz$ 到 $G-xyz$ 的旋转变换矩阵。矩阵 $\boldsymbol{R}$ 有很多特性，可以方便计算和变换，例如，矩阵 $\boldsymbol{R}$ 是一个正交矩阵

$$\boldsymbol{R}^{-1}=\boldsymbol{R}^{\mathrm{T}} \tag{6-5}$$

多次旋转变换可以统一到一个旋转变换矩阵中

$$\boldsymbol{R}=\boldsymbol{R}_1\boldsymbol{R}_2\cdots\boldsymbol{R}_n \tag{6-6}$$

因此，$M-xyz$ 到 $G-xyz$ 的旋转变换，可以简单地拆分为绕 x,y,z 轴的旋转变换的组合

$$\begin{aligned}\boldsymbol{R}&=\begin{bmatrix}\cos\gamma & -\sin\gamma & 0\\ \sin\gamma & \cos\gamma & 0\\ 0 & 0 & 1\end{bmatrix}\begin{bmatrix}\cos\beta & 0 & \sin\beta\\ 0 & 1 & 0\\ -\sin\beta & 0 & \cos\beta\end{bmatrix}\begin{bmatrix}1 & 0 & 0\\ 0 & \cos\alpha & -\sin\alpha\\ 0 & \sin\alpha & \cos\alpha\end{bmatrix}\\&=\begin{bmatrix}\cos\gamma\cos\beta & \cos\gamma\sin\beta\sin\alpha-\sin\gamma\cos\alpha & \cos\gamma\sin\beta\cos\alpha+\sin\gamma\sin\alpha\\ \sin\gamma\cos\beta & \sin\gamma\sin\beta\sin\alpha+\cos\gamma\cos\alpha & \sin\gamma\sin\beta\cos\alpha-\cos\gamma\sin\alpha\\ -\sin\beta & \cos\beta\sin\alpha & \cos\beta\cos\alpha\end{bmatrix}\end{aligned} \tag{6-7}$$

因此，矩阵 $\boldsymbol{R}$ 可以使用欧拉角 α,β,γ 来确定。

当点数 $n>3$ 时，问题归结为寻找 $\hat{\boldsymbol{R}},\hat{\boldsymbol{t}}$，使得

$$\Sigma^2=\sum_{i=1}^{n}\|\boldsymbol{P}_i^G-\hat{\boldsymbol{R}}\boldsymbol{P}_i^M-\hat{\boldsymbol{t}}\|^2 \tag{6-8}$$

取最小值。可通过最小二乘法、四元素法、奇异值分解法(Singular Value Decomposition, SVD)等求解。需要注意的是这个过程中涉及测量误差和转换误差。

(2)转站测量。在全机水平测量时，激光跟踪仪一次测量难以获取全部测量数据，通常采用转站测量的方法。通过公共点或公共特征来建立转站坐标系是常用方法，即激光跟踪仪在不同的站位测量一定数量(工程上一般为 7 个以上)公共测量点，通过测量分析和最佳拟合计算后将不同站位各自坐标系统一到全局坐标系，建立不同站位之间的联系。如图 6.14 所示，各站位测量坐标系 M_i 通过测量共同点可统一到全局坐标系 M_0 上。

为降低转站测量中带来的误差影响，应尽量保持公共测量点位置等环境条件的稳定性，

并降低多次测量的人为操作误差。同时,可在数据处理阶段采用多站网络融合法获得激光跟踪仪的测站最优方位估计、转站公共点的最佳估计位置及测量不确定度等。

二、激光雷达测量

1. 测量原理与系统组成

激光雷达是一种球坐标系的测量系统,利用高精度反射镜和红外激光光束测量点的方位角、俯仰角、距离。其中方位角和俯仰角通过内置于主机中的两个编码器测量(类似于激光跟踪仪的测角原理),距离通过调频相干激光雷达技术测量。其工作原理为:雷达主机发射的红外激光被分为两束,一束直接到达被测物表面,并被反射,所用传输时间为目标时间;另一束传入已知长度的光纤内,输出时间为标准时间,两束光纤信号被汇合,并输出一个混频信号。通过目标时间与标准时间之差计算出激光雷达到目标的距离。通过多根固定长度的光纤,采用比较测量的方式来完成空间距离测量。最后通过球形坐标系和笛卡尔坐标系的转换得出被测点的空间三维坐标,如图 6.15 和式(6-9)所示。

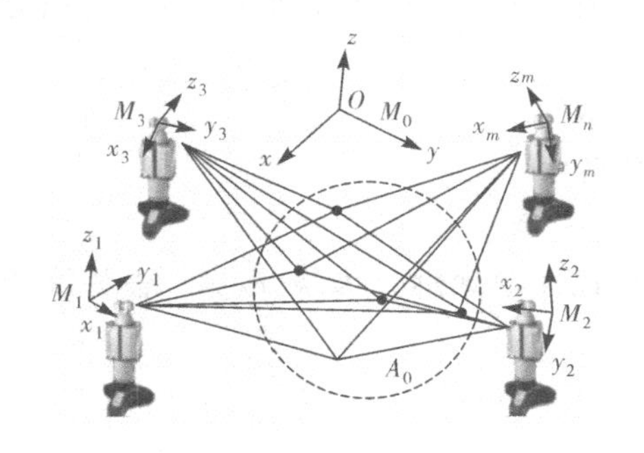

图 6.14　转站测量

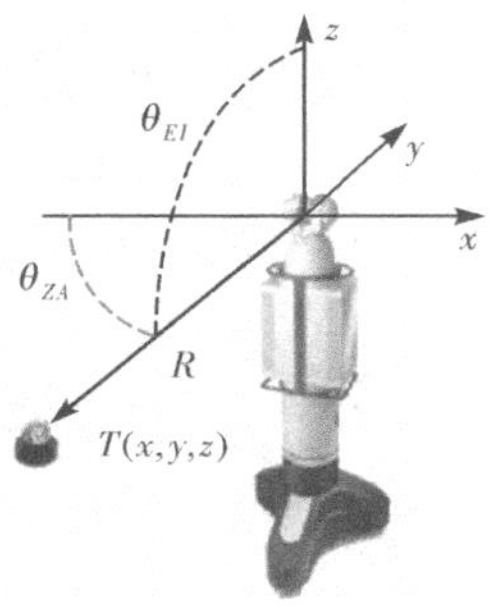

图 6.15　激光雷达测量原理

$$\left.\begin{aligned} x &= R\cos\theta_{AZ}\sin\theta_{EI} \\ y &= R\sin\theta_{AZ}\sin\theta_{EI} \\ z &= R\cos\theta_{EI} \end{aligned}\right\} \tag{6-9}$$

式中:R 为测量距离;θ_{AZ} 为测量偏转角;θ_{EI} 为测量俯仰角。

激光雷达系统硬件由扫描头、基座、电源、计算机、UPS 不间断电源、打印机等组成(见图 6.16)。

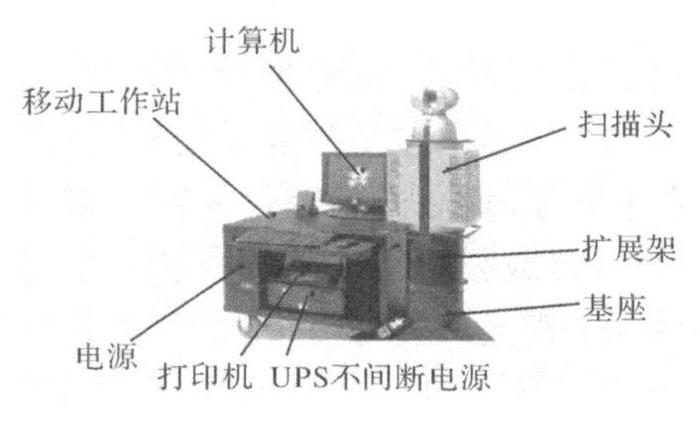

图 6.16　激光雷达系统

2. 测量方法

激光雷达可进行外形扫描测量(几何体)和单点测量(表面点),并且能够实时、自动跟踪测量,测量精度、分辨能力和抗干扰性能好,精度可与激光干涉仪相比;测量范围大,具有对半径达到 60 m 的大体积目标进行自动化、非接触的测量能力,广泛应用于测量大尺寸几何外形,如空客 A380 的机翼、机身段及发动机进气罩等。激光雷达系统属于非接触式测量,既不需要激光跟踪仪安装的猫眼反射镜或探头,也不需要摄影测量的圆形靶点贴片,只要在检测范围内且激光点能射到的地方均可测量。因此,激光雷达可用于检测特殊环境中的工件,如高温环境、低温环境和处于辐射中的工件等。目前商业激光雷达系统主要有 TopScan 和 Metris 系列。图 6.17 为空客 A380 机身段对接中使用激光雷达精确测量对接舱段上连接位置,数据处理后,在 SA 软件中显示了垫片实际位置及偏差。

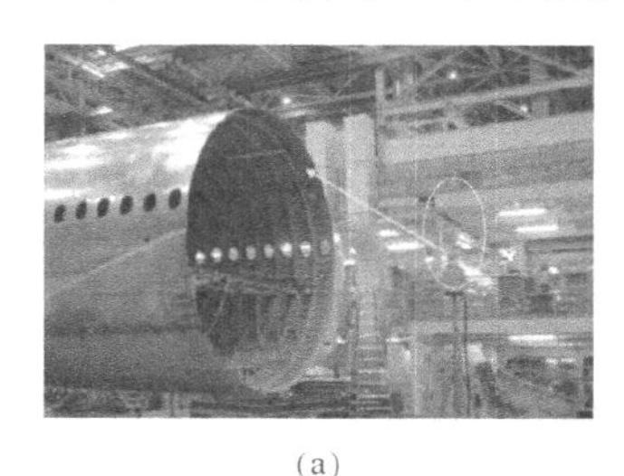

(a)

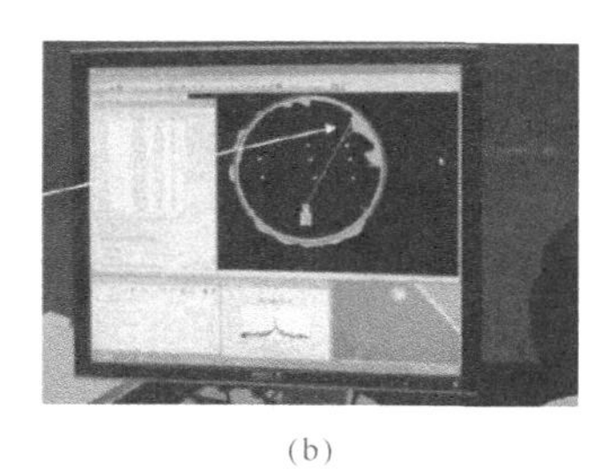

(b)

图 6.17　激光雷达应用于机身段对接

(a)测量现场;(b)软件分析

(1)坐标系转化。与激光跟踪仪类似,激光雷达测得的坐标也是测量仪坐标系,为了得到全局坐标系下的坐标,需要测量基准参考点,并根据测量值与理论值进行坐标系转换(求得旋转变换和平移矩阵),从而将测量坐标系转化到全局坐标系下,进一步进行测量数据的偏差分析。

(2)转站测量。在进行测量时,若雷达在同一位置无法获取到待测物体的所有信息,则需要通过测量位置的移动来实现,即需要对仪器进行转站。与激光跟踪仪类似,转站即仪器通过测量公共目标的位置解算出各站仪器坐标系到统一的测量坐标系之间的坐标转换参数,实现测量数据的统一性。

三、室内 GPS(iGPS)测量

1. 测量原理与系统组成

室内 GPS(iGPS)的核心是激光发射器,测量布局和原理如图 6.18 所示。发射器匀速旋转并向外发射两束红外平面激光(扫描光),每个发射器有特定的旋转频率,转速约为 3 000 r/min。两束扇形光束从上面看大约呈 90°水平角,相对于纵轴倾斜约为 30°,这两个光束在整个测量区域内扫描。同时每当转至一个预定初始位置时会触发基座上的红外脉冲激光器发出全向光脉冲,作为旋转平台单周旋转起点的时间同步标记光信号(同步光)。图 6.18 示意了发射器发射扇形光束与接收器接收信号时序图。接收器根据接收光信号的周期以及光信号脉冲宽度等基本特征,判别发出光信号的发射器编号以及光信号类型。接收器感光单元的内置光电二极管将发射器发出的光信号转化为电信号,预处理电路将原始光电流信号进行放大，并通过阈值判断将其二值化为逻辑脉冲。由光信号转化成的逻辑脉冲被输入时间数据处理电路中进行计时，并通过同一发射器基站两个扫描光信号与一个同步光到达时间间隔解算出水平方位角和垂直俯仰角。只有方位角和俯仰角不足以计算接收器的空间位置，若接收器接收两个及以上发生器信号，则可以利用三角测量原理计算目标点的空间三维坐标。通过基站发出的信号，众多接收器都能够独立地计算出自己当前的位姿。

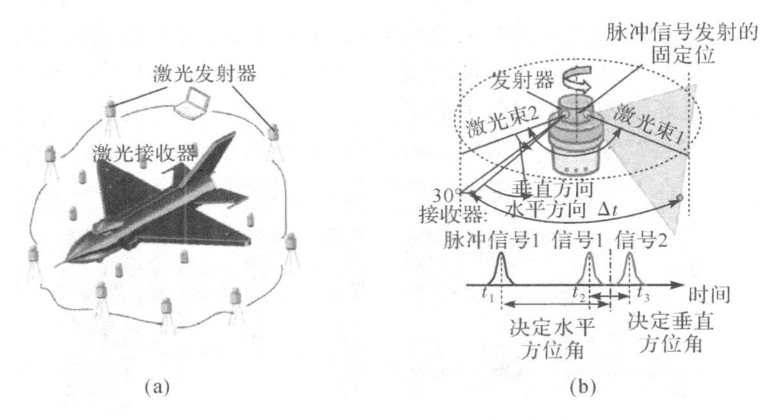

图 6.18 室内 GPS(iGPS)测量原理

(a)系统布局；(b)测量原理

室内 GPS(iGPS)测量系统主要由以下几部分组成：①激光发射器，包括转台、基座两部分；②接收器，主要由基体、传感器(3D 智能靶镜)及信号接口，常见的接收器有圆柱形接收器、球形接收器和矢量棒接收器；③测量控制网，利用有线及无线网络实现数据的有效传输及存储，在大尺度空间内实现高效测量并动态更新测量网络；④系统软件，每套室内 GPS(iGPS)测量系统都配有客户软件、计量软件及数据管理系统。

2. 测量过程与方法

与激光跟踪仪相比，室内 GPS(iGPS)测量具有大尺寸空间测量、多目标点测量、实时连续测量的优点。同时，室内 GPS(iGPS)测量具有不受温度影响，支持多工具、多用户、多系统并行测量和无遮挡等优点，同一测量场内各测量目标点的测量精度唯一，设备理论精度可达 0.25 mm，并且测量数据较为稳定(其测量误差到达一定值后就不随测量对象范围的变大而变大)，特别适用于大部件和超大部件精密测量和定位，包括跟踪测量、坐标测量和准直定位等，以及对 AGV 小车的导航、对机器人和产品的定位(见图 6.19)。在多架次同时进行装配对接的飞机生产线中优势体现得尤为明显。

(1)测量场构建。高精度、大尺寸的数字化测量场需要规划数字测量设备的空间架构，室内 GPS(iGPS)发射器通常固定在墙壁上，被测特征点选取被测产品表面上的目标点，其设置基础稳固、可靠，可代表被测产品的位姿。测量 1 个点至少需要 2 个发射器。在实际测量中，考虑测量精度、测量场范围、测量场内的遮挡等问题，室内 GPS(iGPS)系统需采用多个(大于 2 个)发射器进行组网。室内 GPS(iGPS)测量设备精度与其发射器数量有关，发射器越多，测量越精确。3 个激光发射器相对 2 个激光发射器提高 50%，4 个激光发射器相对 3 个激光发射器提高 30%，5 个激光发射器相对 4 个激光发射器提高 10%～15%。因此，在规划室内 GPS(iGPS)测量设备时，应确保测量目标在测量全过程中可至少接收 4 个激光发射器的信号。根据被测量目标的分布位置特点制订合适的测量计划。一旦测量场建立,既可通过接收器实时测量采集数据。

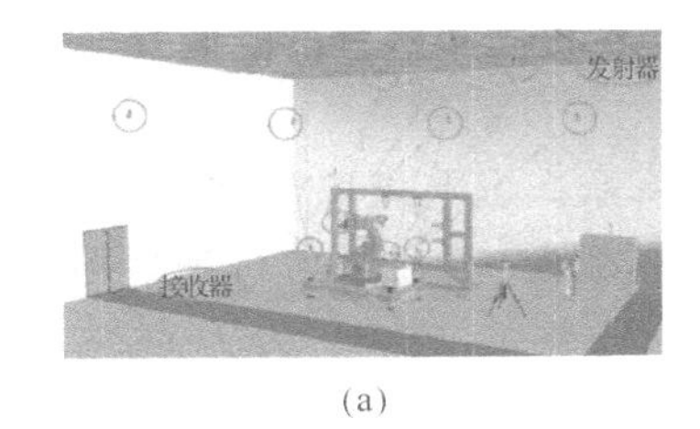

(a)

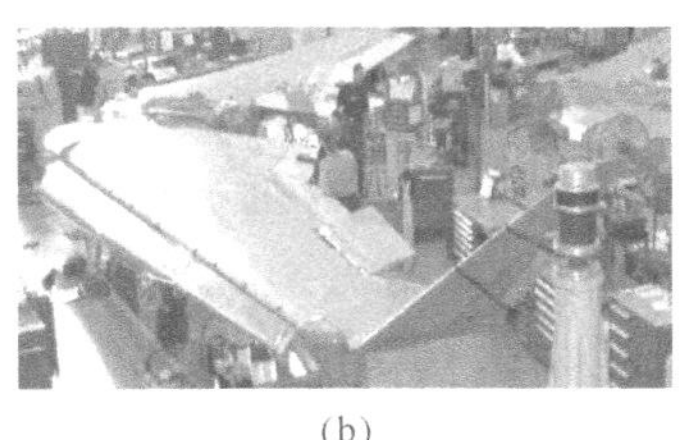

(b)

图 6.19　室内 GPS(iGPS)用于自动化制孔测量和机翼装配定位测量
(a)室内 GPS(iGPS)应用于自动化制孔;(b) 室内 GPS(iGPS)应用于机翼装配定位

(2)系统组网标定。室内 GPS(iGPS)测量系统是由多个激光发射器组成的基于三角定位法的测量技术,因此,对发射器的方位标定是测量空间点坐标的前提。室内 GPS(iGPS)测量系统标定是指测量前将每个发射器自身的坐标系经过未知参数解算统一到同一个测量坐标系下。由于室内 GPS(iGPS)发射器测得的角度值都在自身坐标系下,因此,在测量开始前需对组网发射器的 6 个自由度精确信息进行标定,可以采用参考点组网标定或自由组网标定,使所有发射器统一到同一个坐标系下。在测量系统稳定的条件下,系统一次标定后,就可以多次使用,无需转站。

参考点组网标定方式是预先在测量场内布设若干接收器,这些接收器在全局坐标系内的位置是已知的,这些已知位置的接收器称为参考点,每个发射器通过观察这些参考点就可以计算出在全局坐标系内自身的 6 个自由度方位。利用参考点的距离残差最小二乘法可以求解计算出在全局坐标系内发射器的方位,并且参考点的数量越多、分布越广,系统的稳定性就越好,发射器的标定精度也就越高。

自由式组网的标定工具为标准杆(矢量杆),杆的两头安有室内 GPS(iGPS)接收器,2 个接收器之间的长度是已知的。自由式组网标定法的标定数据为标准杆的矢量数据。使用标准杆在室内 GPS(iGPS)测量空间采集标准杆数据。例如,在 6 个不同位置分竖直、横向、斜向 3 种不同姿态摆放基准尺并完成空间坐标值的采集,通过标准杆的矢量长度残差的最小二乘法作为目标函数,求发射器的方位。对采集的数据进行分析处理,通过优化计算发射器到标准杆上接收器的方位的交叉算法,可以优化计算出在同一坐标系内每一个发射器的方位。在发射器的位置重新标定后,采集点被重新计算,得出的位置估计也相应变化,因此,标定的计算过程需迭代,直至标定精度满足要求。

第四节　其他光学测量技术

一、机器视觉测量

1. 原理与系统组成

机器视觉测量以计算机图像处理为主要手段,从一个或多个摄像系统获取的二维图像中确定三维面形数据，即单目、多目视觉。其中代表性的是根据仿生学原理的双目视觉测量，采用两台照相机分别从两个不同角度获取物体的两幅二维图像，计算机根据一个空间物点在两幅图像上的不同位置信息（视差），以及摄像机之间位置的空间几何关系进行分析，获得该点的三维坐标值。

双目立体视觉的基本几何模型如图 6.20 所示。设左摄像机 $O-xyz$ 位于世界坐标系的原点且无旋转，图像坐标系为 $O_l-x_ly_l$，有效焦距为 f_l；右摄像机坐标系为 $O_r-x_ry_rz_r$，图像坐标系为 $O_r-x_ry_r$，有效焦距为 f_r。P 是空间任意点，P_1，P_2 为 P 在左、右两台摄像机上的像点。P 在 $O-xyz$、$O_r-x_ry_rz_r$ 两个坐标系中的坐标关系可通过空间转换矩阵 $\boldsymbol{M}_{lr}$ 表示。

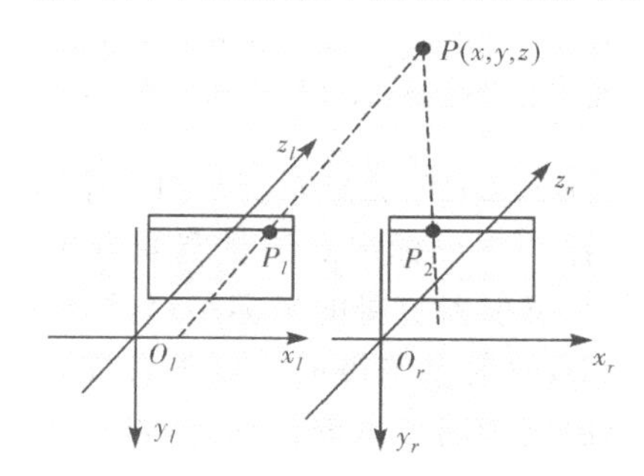

图 6.20　双目立体视觉的几何模型

$$\begin{bmatrix} x_r \\ y_r \\ z_r \end{bmatrix} = \boldsymbol{M}_{lr} \begin{bmatrix} x \\ y \\ z \\ 1 \end{bmatrix} = [\boldsymbol{R} \quad \boldsymbol{T}] \begin{bmatrix} x \\ y \\ z \\ 1 \end{bmatrix} = \begin{bmatrix} r_1 & r_2 & r_3 & t_x \\ r_4 & r_5 & r_6 & t_y \\ r_7 & r_8 & r_9 & t_z \end{bmatrix} \begin{bmatrix} x \\ y \\ z \\ 1 \end{bmatrix} \tag{6-10}$$

$$\boldsymbol{R} = \begin{bmatrix} r_1 & r_2 & r_3 \\ r_4 & r_5 & r_6 \\ r_7 & r_8 & r_9 \end{bmatrix}, \quad \boldsymbol{T} = \begin{bmatrix} t_x \\ t_y \\ t_z \end{bmatrix} \tag{6-11}$$

式中：$\boldsymbol{R}$ 和 $\boldsymbol{T}$ 分别为 $O-xyz$、$O_r-x_ry_rz_r$ 两个坐标系之间的旋转矩阵和原点之间的平移变换矢量。

$O-xyz$ 坐标系中三维点坐标可以表示为

$$\left.\begin{aligned} x &= z x_l / f_l \\ y &= z y_l / f_l \\ z &= \frac{f_l(f_r t_x - x_r t_z)}{x_r(r_7 x_l + r_8 y_l + f_l r_9) - f_r(r_1 x_l + r_2 y_l + f_l r_3)} \end{aligned}\right\} \tag{6-12}$$

因此，当已知焦距 f_l，f_r 和空间点在左、右两台摄像机中的图像坐标 (x_l, y_l)，(x_r, y_r) 时，只要求出旋转矩阵 $\boldsymbol{R}$ 和平移矢量 $\boldsymbol{T}$ 就能得到空间点的三维坐标。

2. 测量过程与方法

一个完整的立体视觉系统通常由图像获取、摄像机标定、特征提取、立体匹配、深度计算等部分组成。

机器视觉测量过程如下：

(1)摄像机标定。在测量前,必须先确定系统两台相机的一些内、外参数,包括两台相机的相对位置参数(平移向量和旋转矩阵),以及相机的焦距、主点、畸变等内部参数。摄像机标定即通过实验和计算得到摄像机内、外参数。目前有两步法、张正友标定法等多种摄像机标定方法,通常采用标准 2D 或 3D 精密靶标,通过摄像机的图像坐标与三维世界坐标的对应关系求得这些参数,手持标定板呈不同角度和方位,用双摄像机对标定板进行拍摄,得到多组标定用图像。根据标定板和线性相机模型闭式求解系统内、外参数的初始值,进一步建立相机的非线性模型,对包括径向和切向畸变参数在内的双目立体系统的内、外参数进行优化。图 6.21 为常见的基于棋盘格图案的张正友标定法的标定板。

图 6.21　张正友标定法的标定板

(2)图像采集。图像采集指即通过图像传感器,如数码相机等获得图像并将其数字化。

(3)特征提取。特征提取指从图像对中提取对应的图像特征,以进行后面的处理。

(4)图像匹配。图像匹配指将同一空间点在不同图像中的映像点对应起来,由此得到视差图像。图像间的立体匹配是双目立体视觉最重要也是最困难的一步,其实质就是给定一幅图像中的 1 个点,寻找另一幅图像中的对应点,这 2 个图像点为空间同一个点分别在两幅图像上的投影。常用的匹配方法包括基于图像灰度的匹配、基于图像特征的匹配和基于解释的匹配等。

(5)三维信息恢复。三维信息恢复指由相机标定参数和两幅图像像点的视差关系,求出每个空间目标靶点的三维坐标。

机器视觉方法的系统结构比较简单,适应性强,可在多种条件下灵活测量,目前在机器视觉领域广泛应用,缺点是需要大量相关匹配运算,空间几何参数校准复杂,计算量大,测量精度较低。遮掩或阴影的影响使得被测物体某些部分有可能只出现在立体点对的一个观察点上,有时满足对应点匹配计算的候选点有可能出现假对应。因此,机器视觉方法常用于三维目标识别、理解,以及用于位置、形态分析,不适合精密测量。例如,在飞机装配中,视觉测量被广泛用于机器人自动钻铆设备及装配质量检测。定位钉和定位孔是常用的定位基准,形状为正多边形或圆形。通过标定后视觉测量设备获取定位基准图像,经基准滤波与噪声抑制、基准特征提取、基准边线拟合、基准中心坐标计算、位置修正等步骤,得到定位基准坐标,可用于修正因变形、夹紧力、制造误差等带来的装配误差,有效提高自动制孔的位置精度。

二、数字摄影测量

1.测量原理与测量系统组成

数字摄影测量获取被测对象信息的基本原理:通过 1 台(或多台)高分辨率数字摄像机

从不同角度和方位对被测物拍摄一系列图像(采用回光反射标志得到物体表面的准二值数字影像),这些图像相互之间有一定重叠,经计算机图像处理(标志点图像中心自动定位、自动匹配、自动拼接和自动平差计算等)后可以解算出相机间的位置和姿态关系,以及标志点的空间三维坐标。具体而言,建立一个以相机固有成像参数(内参数)、各次拍摄时的相机位姿参数(外参数),以及各编码点三维坐标为优化变量的整体优化目标函数;通过非线性优化方法解算出相机内参数和外参数;利用求解出的相机内、外参数,根据多视图几何理论解算测量场景中非编码目标点三维坐标。

如图 6.22 所示,设测量点 P_i 由 j 个摄站(j 条光线)相交,则共有 j 个共线方程,见式(6-13)。根据最小二乘原理,将多个光线的共线方程联立求解(光线束法平差)可以求得目标点的空间坐标。

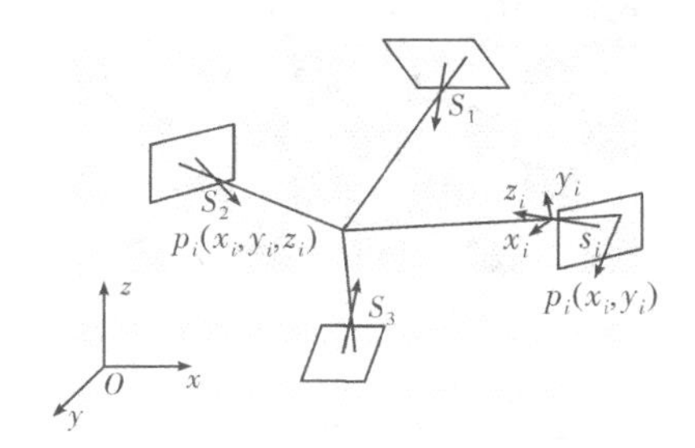

图 6.22 数字摄影测量原理

$$\left.\begin{aligned} y_{ij}-y_{oj}+\Delta x_{ij} &= f_j\frac{a_{1j}(x_i-x_{sj})+b_{1j}(y_i-y_{sj})+c_{1j}(z_i-z_{sj})}{a_{3j}(x_i-x_{sj})+b_{3j}(y_i-y_{sj})+c_{3j}(z_i-z_{sj})} \\ y_{ij}-y_{oj}+\Delta y_{ij} &= f_j\frac{a_{2j}(x_i-x_{sj})+b_{2j}(y_i-y_{sj})+c_{2j}(z_i-z_{sj})}{a_{3j}(x_i-x_{sj})+b_{3j}(y_i-y_{sj})+c_{3j}(z_i-z_{sj})} \end{aligned}\right\} \tag{6-13}$$

数字摄影测量系统通过对物体表面进行摄影测量得到点云信息,具有非接触测量、适应性好、测量速度较快、精度较高、灵活性强等优点,主要用于产品外形尺寸检验、测量辅助装配、快速成形、逆向工程等方面,可以应用于大型零部件快速、精确的现场测量,获取其准确的外形信息及空间姿态。其缺点是由于数字摄影测量系统对现场光线及测量对象材质比较敏感,容易受到外界环境和光源的干扰,且当被测目标数量增加时,数据处理过程复杂性提高,延长数据处理时间,测量实时性难以保证。

与机器视觉测量相比,两者有相同的几何理论基础,即为小孔成像与透视投影原理,需要解决的基本问题类似,只是由于应用场景不同导致所采用的数学模型和方法上有细微差别。摄影测量采用精度更高、理论更加严密的区域网光束法平差,而计算机视觉往往采用运动恢复结构(Structure From Motion,SFM)和集束平差求取最优解。在数学问题的解法上,摄影测量习惯采用最小二乘、条件平差、间接平差等粗差探测方法对结果进行优化,其解法偏向于利用初值进行迭代求解,为了达到更高精度往往进行多次迭代,耗时较长。而计算机视觉常采用 SVD 分解、L-M 迭代等矩阵分解方法直接求取满足条件的解,这种方法速度更快,往往不需要特定的初值,但由此将会面临多解问题以及局部最小值问题。

数字摄影测量系统主要由手持式数字相机、计算机、PCMCIA 接口组成。三维数字摄影测量的商品化产品已很多,代表性的数字摄影测量系统有 V-STARS 系统、DPA-Pro

系统、Portable CMMs 系统、Tritop 系统等。Tritop 系统的测量范围为 0.5～100 m，测量误差为 4 μm+4 μm/m。

2. 测量过程与方法

数字摄影测量过程和场景如图 6.23 所示。

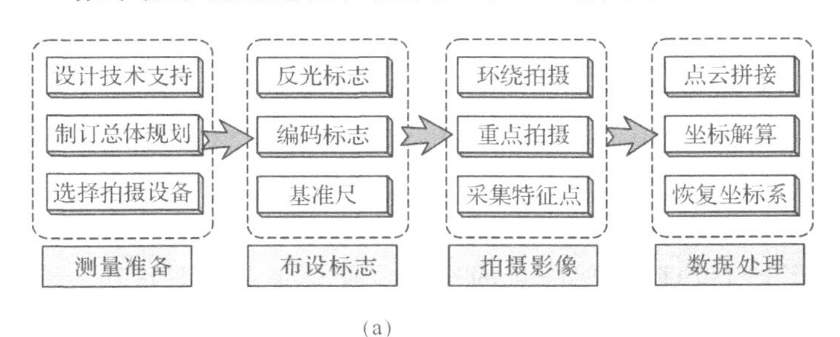

(a)

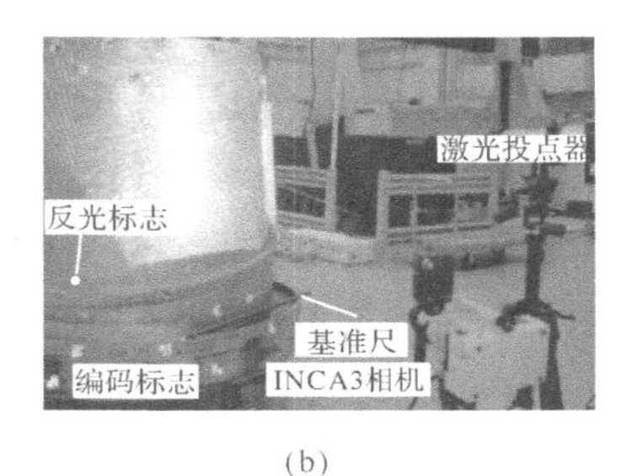

(b)

图 6.23　数字摄影测量过程和场景

(a)数字摄影测量过程；(b)测量场景

(1)测量准备。针对结构复杂的零部件测量时，拍摄前需要制订详细的测量计划，分析被拍摄部件的结构，为其划分拍摄带，并为特殊测量区域制订拍摄方案；考察拍摄工作环境，选用合适的测量设备等。

(2)布设标志。光学测量方法对零件的表面光学有一定的要求，在一般测量环境下，杂光光源的影响非常突出，而且飞机部件具有表面光洁、金属制、自身色调差别微小、缺乏纹理等特点。摄影测量通常需要在零件表面布设人工标志(定向反光标志)或采用激光投点器将被测物目标化，即以反光点的空间坐标反映零件表面的实际轮廓信息。标记点间的最大间隔距离不宜过大，否则由于数据点过于稀疏而难以描述曲面。根据测量经验，通常球面的测量要求每 10°上至少分布一个测量点；对于自由曲面，测量点的分布与曲率半径相关，设某区域的曲率半径为 R，测量数据最大间隔距离则为 $2R\times 3.14/36$，但一个曲面上的最少测量数据数量要多于 26。

除圆形定向反光标志(非编码目标点)之外，测量过程中还需要用到编码标志(编码点)。由于摄像机镜头视场角和摄影距离的限制，每幅像片只能覆盖一部分被测物，摄影图像拼接和完整被测物信息构建需要以编码标志为公共特征点集传递测站之间的位置关系。因此，须保证每次拍摄中有 5 个以上编码点成像在图中。

通过摄影测量获得的点云数据只包含测点之间的相对位置关系(等比缩放体)，并不具备尺寸信息，需要使用基准尺还原物体的真实尺寸。对机翼、机身、垂平尾等大尺寸部件进行测量时，可借助激光跟踪仪测量基准长度，即在待测部件周边布设 3～6 个激光跟踪仪标点，以能完整包络整个待测量飞机部件为宜，通过激光跟踪仪采集每个靶标点的相对空间坐标，获得它们之间的距离尺寸。在摄影测量时同时采集激光跟踪仪靶标点，利用测得的尺寸信息进行尺寸标定。

(3)拍摄。考虑相机镜头视场角、摄影距离、测量精度、测量场地等问题，针对飞机部件的摄影测量一般采用局部摄影、整体解算方法进行。围绕飞机部件进行均匀拍摄测量，针对难拍摄部位与重点部位进行重复拍摄，实现对部件全面的摄影。

(4)数据处理。整体解算以编码标志作为图像之间的公共连接点。匹配每幅图像里具有相同点号的编码标志,利用编码标志已知空间坐标通过后方交会统一像片坐标系,同时得到各图像的外方位元素;根据图像已知的外方位元素,利用核线匹配原理对非编码标志点进行同名点匹配;利用光束法平差统一进行解算计算所有标志点的坐标,获得部件外形点云。

以测量获得的点云为基础可以分析产品与设计模型的符合程度,实现零件外形准确度检测、偏差分析、质量评估等。测量获得的图像点云与理论设计模型的坐标系并不相同,需通过配准来进行点云与理论模型的三维数据比较及图形化显示(见图 6.24)。测量点云与模型的配准就是寻找坐标变换,使得一组配准点与其在数模上对应的最近点(理论配准点)之间的距离之和最小,可以通过成熟的迭代优化方法,如最近点迭代(Interactive Closet Point,ICP)方法求解。采用数据配准约束理论,配准点的选取应保证足够的配准稳定性。目前商用测量数据分析软件中,大都提供最佳配准和六点定位等配准方法,支持人工交互拾取方法,或者根据模型的几何特征(如采用使法矢分布范围尽可能大的原则)来选取配准点。

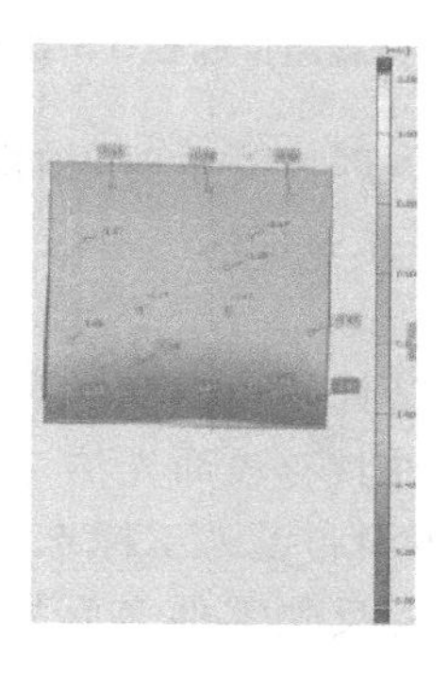

图 6.24　配准分析

三、结构光扫描测量

1. 测量原理与系统组成

光学扫描测量属于主动式测量,一般基于三角测量原理,即投影系统发出结构照明光束(点、线、面结构光),经被测物表面进行空间调制,图像接收系统接收携带被测物三维表面信息的光信号,解调系统对图像信息进行分析,解算出物体三维面形信息。测量过程可以看作是三维表面信息的调制、获取和解调过程。投影系统包括点激光、线激光、面结构光。

(1)点激光扫描和线激光扫描。点激光扫描、线激光扫描测量采用直接三角法,如图 6.25 所示,通过将激光点或线投射到物体上并由传感器捕获其反射,利用投影光场和接收光场之间的三角关系确定物体三维信息。由于传感器位于距激光源的已知距离处,因此,可以通过计算激光的反射角来进行精确的点测量。点激光扫描需要二维方向扫描,线激光扫描只需要一维扫描。激光扫描既能够以高分辨率快速获得高密度点云数据,也可直接采集目标的结构及表面属性,常用于飞机蒙皮接缝宽度、阶差等装配质量的现场快速检查。

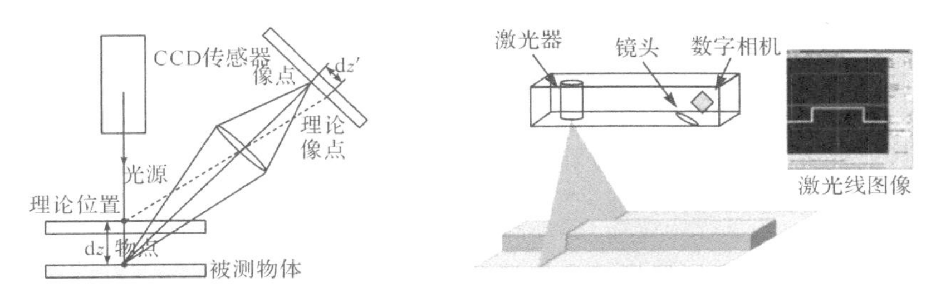

图 6.25　点激光和线激光扫描

(2)面结构光扫描。面结构光扫描测量采用光栅投射三角法,如图 6.26 所示。利用物体表面高度的起伏对投射的结构光场(光栅)的相位调制来确定物体三维信息。具体方案是使用 LCD 投影仪或其他稳定光源在被测物体表面投射结构化光场,稍微偏离投影仪的一个或多个传感器(或相机)同步采集图像,然后对图像进行分析计算视场中每个点的距离,可采用摩尔轮廓技术(如阴影摩尔)、相位测量技术(如相位测量轮廓术、傅里叶变换轮廓术)、序列编码技术(如格雷编码序列)、彩色编码技术等,获得物体表面密集点云的三维坐标。使用的结构光可以是蓝光或白光。计算过程包括图像采集、相机标定、特征提取、立体匹配和三维点云计算与处理等步骤。面扫描方法一次拍摄可以得到上百万的点云数据,稠密点云能反映物体表面丰富的细节特征和复杂自由曲面的全场数据,主要用于对曲面类零件如蒙皮气动外形的测量。常用的测量系统有 Atos 光学扫描系统,Atos 系统单次扫描测量范围为 $320\times240\sim1\ 400\times1\ 050\ \mathrm{mm}^2$,测量误差为 $10\ \mu\mathrm{m}+10\ \mu\mathrm{m/m}$。要得到更为完整的表面点云数据,需变换测量系统的角度和方位进行多次测量。

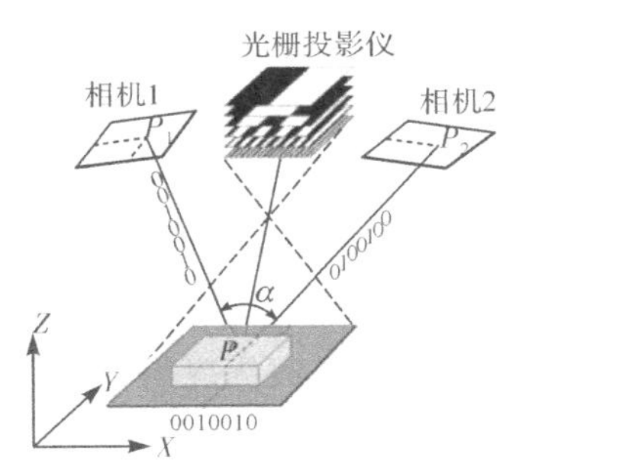

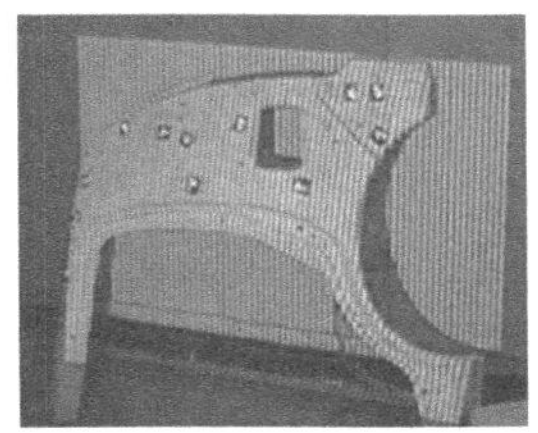

图 6.26　面结构光扫描

2. 典型应用与方法

激光扫描和面结构光扫描测量的操作步骤包括着色、贴标记点、扫描实体、获得数据、优化数据、输出点云等。图 6.27 为结构光扫描获得的机身样件点云。大尺寸或复杂曲面很难在一个位置完成整个曲面点云扫描测量,故需要针对不同区域分别进行扫描形成独立的局部点云数据,然后拼接成完整的外形点云。拼接的原理是以不同点云数据中的公共几何特征点集(如标记点)为基准,将一块点云中的特征点集通过平移和旋转变换统一到另一个点云特征点集所在的坐标系中。假设点云 A 和点云 B 中有 n 个特征点,拼接即求得两个特征点坐标系之间的最优旋转与平移矩阵,并据此将其他点云数据也通过相同变换进行转换,使两块点云对齐，从而实现图像拼接。公共几何特征点既可以处于待测对象上，也可以位于待测对象之外(要防止测量对象与标记点之间相对移动)。

由获得的点云数据可以与理论模型对比以进行定量误差分析，通过点云数据与数字化模型进行配准(最佳拟合)获得各点的偏离距离，并通过设置公差带和颜色设置直观显示偏差分布情况和检测结果。

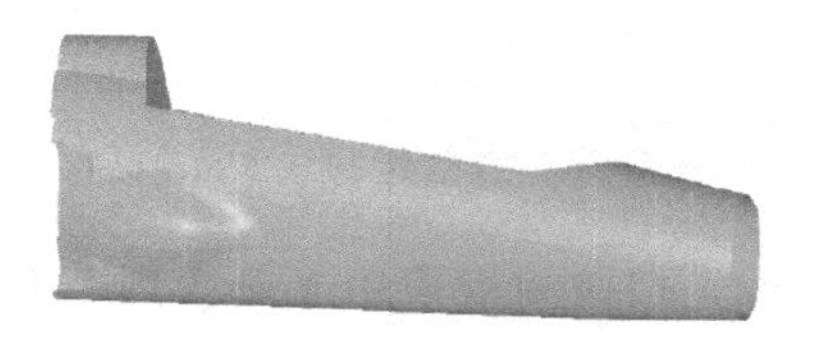

图 6.27　结构光扫描测量机身样件

四、光学测量技术的综合应用

1. 需求

一方面，实际工程中，有时需要综合测量自由曲线/型面、形位特征、关键点等多种几何要素数据，如在对飞机外形测量时，不但需要测量影响气动特性的蒙皮外形自由曲面，而且需要测量配合面等关键部位特征、特征线、各对接部位的边界线等，既涉及自由曲面的测量，也涉及形位的测量，且各部位测量要求不同。

另一方面，不同测量系统有不同局限性。例如，当扫描大型物体时，拼接次数越多，累计误差越大；室内 GPS(iGPS)测量虽能实现大尺寸多用户测量，但精度不高；激光跟踪仪具有高精度等优点，但测量复杂型面外形数据效率低，限制了其在复杂部件全尺寸测量上的应用。因此，需要综合利用各种数字化测量技术解决生产环节中的数字化检测问题。

2. 测量数据融合

综合应用不同测量系统时，多种类型或多个测量系统共同构建测量场，同一目标点的坐标测量数据来源于不同的测量设备，即相对于不同的基准坐标系。统一不同测量系统的坐标系到某一全局测量坐标系，是实现多种数字化测量系统数据融合的重要步骤。可通过布置公共测量点，分别使用两套测量系统在各自坐标系中依次测量多个(3 个以上)公共测量点，通过坐标变换进行最佳拟合，实现不同测量坐标系的匹配。

测量数据的异构性是指测量场中的各个测量设备在装配现场复杂环境下采集的数据并非等精度数据，在进行坐标系转换与统一的过程中，需要考虑到不同来源的测量数据的精度权重，既要实现测量数据本身的融合，也要实现测量数据精度的融合。

3. 应用案例

图 6.28 是一个综合采用摄影测量、结构光面扫描测量、手持式光笔测量开展机身蒙皮外形数字化综合测量的例子。测量前在被测部件及其装配工装上布设摄影测量编码点和非编码目标点。编码点布置在全场，作用是求解出相机内、外参数，需保证每次拍摄中有 5 个以上编码点成像在图像中。普通目标点布置在需要结构光扫描测量的部位，可用于对多视角扫描的点云进行高精度的拼合；布设密度要保证每次结构光面扫描的范围内有 3 个以上

不共线的普通目标点。先采用摄影测量对蒙皮表面布设的目标点(靶点)进行全局定位,系统根据拍摄的所有图像自动解算所有靶点的空间位置,构造一个涵盖所有靶点的全局坐标系,再用结构光扫描测量方法从各个角度对蒙皮等复杂自由曲面外形进行扫描,获得大量表面点云数据;同时可采用光笔等测量离散刻线。结构光面扫描测量、手持式光笔测量均需要测量一定数量的摄影靶点。通过这些靶点,各种测量手段、各个测量视角下获得的测量数据可以在整体坐标系下实时自动拼合,解决逐次拼合累积误差大等问题。

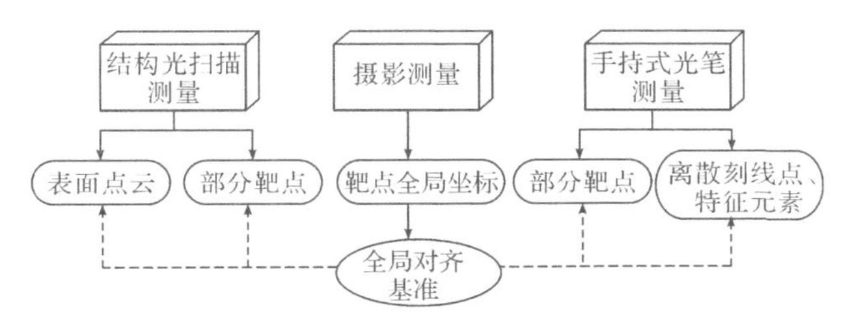

图 6.28　数字化测量综合应用

习　题

1. 常用的数字化测量与检测技术和系统有哪些?各有什么优、缺点?
2. 简述三坐标测量机的组成及其工作原理。
3. 基于 MBD 的数字化测量与检测流程是什么?
4. 如何构建激光跟踪仪测量的基准坐标系?
5. 简述激光雷达和室内 GPS(iGPS)的测量原理。
6. 机器视觉测量的原理是什么?
7. 简述数字摄影测量的原理和测量过程。
8. 简述结构光扫描测量的分类、测量原理和应用场景。
9. 综合使用不同光学测量方法时如何融合测量数据?

第七章　数字化装配与连接

第一节　概　　述

一、数字化装配的概念

1. 装配

装配是将零组件按照设计技术要求进行组合、连接形成更高一级的装配部件或整机的过程。飞机等复杂航空航天产品的装配包括段件装配、部件装配、大部件对接装配等，装配质量对飞机服役性能有重要影响。由于飞机零部件数量多、结构复杂，装配精度要求高，且大部分零件，如蒙皮、腹板、长桁等尺寸大、刚性小，因此，在装配过程中易发生变形，造成装配难度大、协调过程复杂、装配周期长。据统计，飞机装配工作量一般约占全机工作量的一半，装配成本可达总成本中的40%。因此，装配一直是航空、航天复杂产品研制生产的重要环节。

因为飞机零部件刚性小，所以在装配过程中需采用型架等装配工装，对进入装配的零件、组合件、板件或段件精确定位、夹紧，并限制装配过程中的连接变形，保证飞机结构的形状和尺寸，使产品满足装配准确度及互换协调性要求。因此，工装在飞机装配过程中占有非常重要的地位。

2. 数字化装配技术及系统

飞机装配技术经历了手工装配、半自动装配、自动装配和数字化装配等发展阶段。传统飞机装配模式采用模拟量传递的互换协调方法，基于相互联系制造和实物传递协调原则将产品的设计要求(数据)传递到最终产品上。为了保证装配顺利，常常需要按模线、样板、标准样件等制造相应的标准工装和专用生产工装。首先，专用工装结构一般具有刚性骨架，用内型或外型卡板作为主要的定位夹紧件，工装的安装和校验过程传递环节长，定位精度相对较低，从而限制了飞机的装配质量和可靠性；其次，刚性工装设计制造周期长，存储占地面积大，延长了飞机研制周期。此外，传统装配通常依靠工人的技能，如定位夹紧件精度主要依靠手工修整，质量一致性差，严重时甚至影响飞机的使用性能。

20世纪80年代开始，数字化装配技术逐渐用于飞机制造中。数字化装配技术是数字化技术、计算机技术、虚拟现实技术、仿真技术、优化技术与装配技术的集成，不仅包括狭义上利用计算机工具分析零件间的约束关系，进行装配仿真分析，并优化零件装配顺序和路径（即数字化装配工艺设计工作），而且包括装配过程中数字化柔性工装、数字化测量（激光跟踪定位）、数控自动钻铆、自动化集成控制、机械随动定位等多种技术的综合应用，可克服传统装配模式存在的问题，大幅度缩短工装制造周期，提高装配质量，降低研制成本。

飞机数字化装配系统是综合应用产品数字化定义、基于数字化标准工装的协调技术、数字化模拟仿真技术、数字化测量技术、软件技术、自动化控制和机械随动定位等数字化装配技术形成的数字化装配集成系统，包括部（段）件数字化装配系统和部件数字化对接总装系统。

飞机数字化装配代表了数字化研制技术从飞机产品设计到零部件制造、进一步向部装和总装的延伸和发展，使数字化产品的数据能从飞机研制周期的上游畅通地向下游传递，使数字化研制技术真正完全地集于一体，从而实现产品数字化定义、数字化测量和数字化装配的有效集成。

二、数字化装配的特点

1. 数字量协调

数字化装配采用数字量协调方式，即以产品数字模型的方式对产品、工装在统一基准下进行精确描述，并采用高精度的数字化加工与测量设备将数字量传递到实物上，使最终装配的飞机产品满足设计时的互换协调要求，实质上就是关键特征的数字化传递过程。采用MBD技术后，以MBD模型提供飞机产品之间、工装之间、产品与工装之间的协调关系，作为设计、制造、检验所有零件、加工工装、装配工装和检验工装的数字量标准，用数控技术直接进行形状与尺寸的数字量传递，形成物化的产品，并通过数字化测量系统实现工装、产品的测量和装配，得到产品数字量信息，形成封闭的数据环。装配数字量协调贯穿设计、加工及装配阶段。

(1)设计阶段。设计阶段主要通过产品或工装三维模型数字量方式传递协调基准、产品几何形状与尺寸，建立统一的基准及合理的公差分配，达到各要素间的准确协调。装配工装的结构设计应适应数字化测量的需要，如在结构上增加安装光学测量工具球点的结构特征等。

(2)加工阶段。加工阶段针对设计阶段生成的各类三维模型，进行工艺设计、后置处理，生成加工指令，由数控设备加工出产品零件外形及工装定位元素，通过工装的制造准确度保证装配协调性。

(3)装配阶段。装配阶段利用数字化测量系统完成工装、型架的安装及产品装配。装配工装的安装检验需要通过数字测量系统测量工装相关控制点（关键特性）的位置，建立起基准坐标系统，在此坐标系中安装工装定位器。具体可通过激光跟踪仪测出光学工具点的实际坐标值，根据与设计给定的理论坐标值的偏差调整定位器位置，当两者偏差在公差范围内时即确定了定位器的空间位置。同样，在产品装配时，将产品上关键特征点的测量数据和理论模型数据进行比较，分析偏差情况，作为检验产品是否合格及进一步调整的依据。

2. 数字化测量与控制

数字化测量与数字化设计、数字化制造形成闭环，是实现数字量传递和协调的支撑手段。飞机装配、连接过程中依赖数字化测量系统提供精准的测量数据，并通过数字化控制实现零部件的精确定位、调整、夹持，测量系统和控制系统的精度直接影响了装配效率及质量。

在飞机装配过程中使用的数字化测量系统有激光跟踪仪、激光雷达、数字照相测量系统、室内GPS(iGPS)系统、电子经纬仪、光学准直仪等。装配过程中主要用于测量和定位各种工艺装备或零部件，评价产品的几何尺寸或位置特性。例如，在中外翼总装部件下架前需要用激光跟踪仪测量产品上的预定点，用以评价产品型面的正确性。相对于传统用检验卡板检查产品的方法，数字化测量数据准确、稳定，实现了产品的精准装配，提升了飞机制造准确度。

3. 数字化柔性装配

数字化装配不再依赖传统型架，而是采用可重构、模块化柔性工装，并通过数字化调整实现工装的快速重构，可简化型架结构及安装过程，满足多品种、多型号产品的装配需要，从而大幅减少飞机装配所需的生产工装，降低制造成本和生产周期，同时提高产品的装配质量。例如，数字化柔性装配使波音737新一代飞机标准工装减少了80%，F-35飞机标准工装减少了95%，使B747机翼装配误差由原来的10.16 mm减小到0.25 mm，精度提高了近50倍。

第二节　数字化装配工艺设计与仿真

一、数字化装配工艺设计

1. MBD装配模型与MBD装配工艺模型

产品的设计与建模逐步采用MBD技术来完整表达产品信息，即将产品信息中的几何形状信息与尺寸、公差、工艺信息、检测、质量等信息集成到产品的三维实体模型中，并作为生产、制造、检验等的唯一数据源，在不同的部门之间进行共享和共用。

MBD装配模型与MBD装配工艺模型属于不同阶段产生的产品数字化模型。MBD装配模型是设计阶段产生的，包括由MBD零件模型构成的产品装配几何零件列表，以及文字表达的非几何信息(公差配合、BOM表等)。通过产品模型的定义，能够全面掌握设计技术要求，保证整个产品设计及工艺规划过程中数据的唯一性。

MBD装配工艺模型是装配工艺设计过程产生的，即采用三维MBD模型的方式表达装配工艺设计信息。基于模型的三维装配工艺设计以MBD装配模型为基础，以BOM为载体，构建装配工艺模型，并完成三维工艺规划、详细工艺设计与仿真优化。MBD装配工艺模型包括产品结构的静态描述和装配操作过程的各种数据，如装配工艺信息、安装列表和工装资源等。一方面，它在装配工艺驱动下，将获取的各种所需信息融合到模型中；另一方面，它又作为一个信息载体向各环节输出工艺信息，为装配工艺设计过程提供数据支持。

2. 数字化装配工艺设计过程

数字化装配工艺设计过程包括四个阶段，如图7-1所示。首先，从数据管理系统中接收三维MBD模型、EBOM等设计数据；其次，进行顶层装配工艺规划，创建顶层PBOM、

MBOM 等工艺数据；然后，进行装配顺序、装配路径、工装等装配工艺详细设计以及资源库的创建。在基于 MBD 的工艺设计环境中可直接依据三维实体模型开展三维工艺编制工作，进行零组件以及标准件的划分，对装配指令进行工步级的细节编辑，最终生成现场使用的三维可视化工艺指令。该过程中使用 PDM 进行 BOM 编制及数据管理，使用装配仿真系统进行装配工艺仿真，采用 CAPP 系统进行工艺设计。

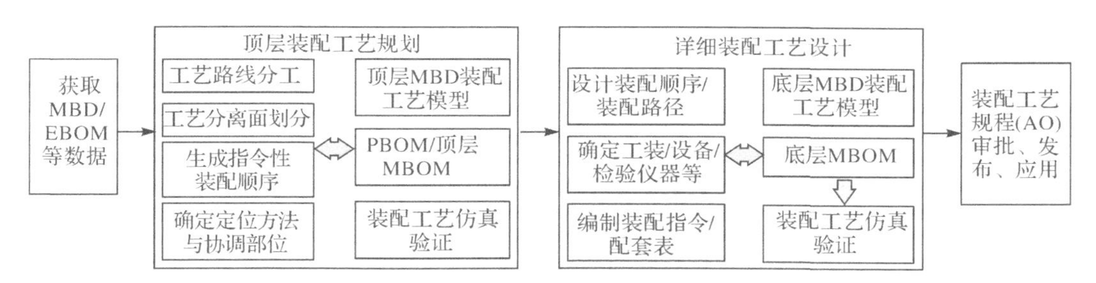

图 7-1　数字化装配工艺设计过程

(1)顶层装配工艺规划。通过装配工艺顶层规划，创建工艺信息和制造技术要求，以指导详细工艺设计、工装设计，并作为生产控制与管理的技术依据；具体由工艺设计部门根据产品设计模型和 EBOM，分析产品组成和装配约束关系，进行工艺路线分工、工艺分离面划分、生成指令性装配顺序、安排零组件主要工序、确定定位和协调方法等；采用 MBD 技术后，这些信息将以 MBD 形式表达在三维数字化模型中，形成装配工艺模型。该过程同时按照工厂的生产实际、制造能力、经济性和工艺要求对 EBOM 进行适当调整或重新组织，形成新的 BOM 结构，即完成 EBOM 向 PBOM、顶层 MBOM 的转换。

BOM 划分的基本工作流程和界面如图 7-2 所示。PBOM 划分是指工艺部门根据企业业务分工、加工能力，以及零件的加工和装配特点，在 EBOM 原有属性基础上划分工艺路线，增加工艺分工信息、构建工艺分装件和组合件，确定零部件需要流转的车间和交付顺序，形成与生产高度关联的产品结构树，为生产组织、布局、车间分工提供依据。MBOM 划分指工艺部门根据产品的结构特点和装配要求划分成不同的装配单元，确定装配顺序，形成满足装配要求的 MBOM 结构树。装配单元指可以独立组装达到工程设计尺寸与技术要求，并作为进一步装配的独立组件、部件或最终整机的一组构件。在 PBOM 的基础上分析产品的装配约束关系，采用从大部件划分到小组件的逐层划分顺序，将产品划分为若干个装配单元，进一步确定单元装配顺序，结构化定义装配工艺及装配工序节点，添加属性信息，完成顶层 MBOM 的构建。顶层 MBOM 由多层次的装配单元和 AO(装配工艺指令)编号构成，描述了装配单元的装配层次关系及装配路线，可有效组织和管理装配工艺数据，为进一步进行装配工艺详细设计提供基础。

(2)装配工艺详细设计及装配工艺指令(AO)生成。装配工艺详细设计是对顶层装配工艺的进一步细化设计，进行装配工序设计和装配工步设计及优化，包括装配顺序规划、工装关联以及装配路径规划，确定装配基准、装配方向、装配尺寸、配合公差等工艺要求。在三维环境下，对产品设计模型进行三维装配工艺信息标注，形成底层三维装配工艺模型。

工艺人员完成装配工艺详细设计后，生成装配工艺规程文件。AO 是用于规定生产管理单元的完整工艺流程和流程各环节的控制要求及记载生产过程中质量数据的工艺文件。以装配单元为基础建立 AO 件，并根据工位数量建立多个 AO，定义 AO 代号和名称，确定 AO 对应装配单元在装配过程中所需要的装配工序，完善装配工序的基本信息，定义装配工步节点，在 AO 节点下创建工步，并添加工步属性和描述信息。添加工艺参数、工艺标准、工时定额、材料定额、操作要求等制造信息，关联各装配工序的配套零组件、装配约束、配套装配资源等信息，包括添加装配工装、设备、检具和辅助材料等，添加零件、组件和接插件等消耗件等，最终完成底层 MBOM 构建。

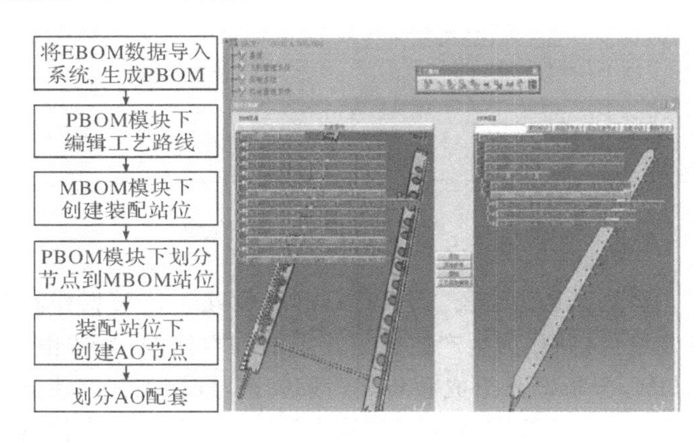

图 7-2　BOM 重构的流程和界面

(3)装配工艺数据发布及现场应用。将数字化装配工艺设计系统生成的 AO 数据包(工艺流程、视频、图片、工艺文件等)传到工程数据集成管理平台，对工艺数据进行统一管理，生成为 AO 文件及附件关联数据，并发起审批，对三维装配工艺数据进行签审和发放，完成业务数据发布和归档。

采用 MBD 技术后，装配操作人员的工作依据与工作方式将发生深刻变化，生产现场取消了二维工程图纸和纸质装配工艺指令，用三维 AO、可视化装配仿真文件，以及结构化的视图标注指导现场装配作业。工艺指令可发布到 MES 系统，通过装配车间各工位的数字化应用终端设备，将三维数据传递到装配操作现场，指导现场装配人员快速、准确操作。发放的三维装配工艺数据包括 BOM 信息、工艺路线、装配工艺模型、装配工序模型、装配仿真动画、零部件明细表、工装模型、技术要求和管理技术信息等。这些多媒体工艺数据及其三维数字化产品、工装数据，成为工人技术培训、生产现场指导工人工作的技术依据。

二、装配工艺仿真技术

在进行复杂产品装配工艺设计时，需要验证工艺可行性、合理性，通常利用数字化仿真系统对装配工艺进行仿真分析，以便发现可能的问题，进而进行调整和改进，提高装配的一次成功率。对结构尺寸大、装配装备密集、装备类别繁多、操作空间狭小的飞机装配而言，装配仿真是验证和优化装配工艺的必要手段。与产品设计阶段的数字化预装配(数字样机仿真)不同，装配工艺仿真更接近装配实际，需要考虑装配工艺流程、布局、工装设备等因素，具体包括装配质量仿真、装配工艺过程仿真、人机工效仿真、装配生产线仿真等。

1.装配质量/容差仿真

针对产品的关键特性，如平面度、安装角等，利用产品及工装的模型，根据装配工艺中零组件的定位方式建立零组件及工装之间的装配约束关系，并引入零组件和工装制造偏差，建立装配偏差传递模型，对装配精度进行预测分析，并根据预测结果改进可能导致装配精度超差的工艺内容，包括零组件装配顺序、定位方案以及工装精度的优化等。

2.装配工艺过程仿真

根据产品的工艺指令、模型及资源等信息，在三维装配仿真系统（如 DELMIA）中搭建装配环境，引入工装、夹具、工具等模型，定义装配顺序、装配路径，进行仿真验证，检查装配过程中资源之间的干涉碰撞情况，确认装配顺序是否合理、装配路线是否可达、装配方式是否可行、工装是否可用等；若有干涉发生，则需分析干涉区域和干涉原因，并进行调整；对于大部件对接调姿过程，可进一步导入部件、测量系统，以及定位支撑系统的三维模型，检验测量和调姿方案，进行对接全过程仿真；若有应用自动化定位及自动钻铆等大型设备，则需要开展设备工作情况仿真，分析产品与夹具、设备之间的干涉和操作空间情况，确认设备使用的合理性。

3.人机工效仿真

很多工步的装配空间小，开敞性、操作性差，利用特定的人体三维模型结合装配工艺模型进行人机工效仿真，分析装配人员在装配过程中的各种姿态、视野、运动路径等，对装配人员的工作状态进行评估，包括分析产品的可视性（人眼和视觉、测量工具等可达到的感知或工作范围）、工人装配操作的可达性（装配人员的身体能否到达装配位置进行装配操作，空间是否便于操作）、姿态的舒适性（负荷、空间、时间、色标、劳动强度等因素是否在装配人员体力、心理、触觉、视觉等承受范围内）、安全性（对人员、设备的安全生产要求及造成的影响）等，并针对性地调整装配工艺规程，使装配过程更加合理化、人性化。

4.工艺布局与生产线仿真

为了保证装配线上的高效和均衡生产，可利用离散事件仿真系统开展生产线运行层面的仿真。建立三维装配系统布局，按照设计的装配工艺流程和站位分配任务，开展融合产品、资源、流程及操作者等的三维动态运行仿真，分析站位、工序的生产时间和生产平衡性，预测产能、交货期、生产瓶颈，从而帮助改进工艺、生产布局或生产管理策略，从而避免生产延误或等待，提高装配生产效率。

第三节　数字化装配工艺装备

一、柔性装配工装

1.特点

柔性装配工装指基于产品数字量尺寸协调体系的模块化、可自动调整重构的装配工装，一般具有柔性化、数字化、模块化和自动化的特点，代表了装配工装的发展方向。柔性化表现在工装具有快速重构调整的能力，使得一套工装可以用于多个产品的装配，这也是柔性工装的最根本特点；数字化体现在工装从设计、制造、安装到应用均广泛采用数字量传递方式，柔性工装基于数字量传递，实现了工装的数字化定位和控制；模块化体现在柔性工装硬件上主要由模块化结构单元组成，可通过重构模块化结构单元实现工装的柔性；自动化体现在各模块化单元可自动调整重构。

柔性工装在多型号复杂产品装配生产中具有传统工装不可比拟的优势。首先，柔性工装具备针对产品变化的快速响应能力，可以适应多型号产品研制生产要求，这种工装与产品间"一对多"的模式可以减少工装数量和设计制造成本，大大缩短工装准备周期。其次，柔性工装采用数字化驱动和数字控制技术取代了模拟量定位方式，实现了飞机装配工装的数字化定位，提高了工装定位准确度；同时，柔性工装的数字控制调形重构功能使工装重构前后具有基本相同的定位精度，保证了装配工装的协调性。最后，柔性工装结构开敞性好，在产品装配时更适合应用数控钻铆等各种自动化连接设备，通过集成形成各种形式的自动化装配单元。

需要注意的是，应用柔性工装需要在产品设计阶段充分考虑装配定位、工装安装、数字化测量等工艺需求的可实现性，即采用面向柔性装配的产品设计思想。典型的例子包括统一加工、装配及测量基准；对主要结构件（梁、框、肋和接头等）建立装配自定位特征，如小的突耳、装配导孔、槽口和形成定位表面等，或者将光学测量靶标及其工艺定位件设计在变形较小的结构件上；在机身上设计专用工艺接头用于运输和定位器支撑等。

2. 组成

柔性工装由软件和硬件两部分组成。软件主要包括控制软件、测量软件、装配仿真软件和优化计算软件等，硬件主要包括组合在一起的多个模块化结构单元、数控系统、数字化测量设备等。结构单元按功能划分可分为静态框架和动态模块，其中静态框架主要由标准件与连接件组装而成，是整个工装系统的结构基础；动态模块有多个自由度，通过可调整连接装置依附在静态框架上，通过调整自由度或连接装置来改变状态，以适应不同产品，一般根据具体产品的特征和需求进行设计和配置。典型的数字化柔性装配工装的构成见图 7.3。

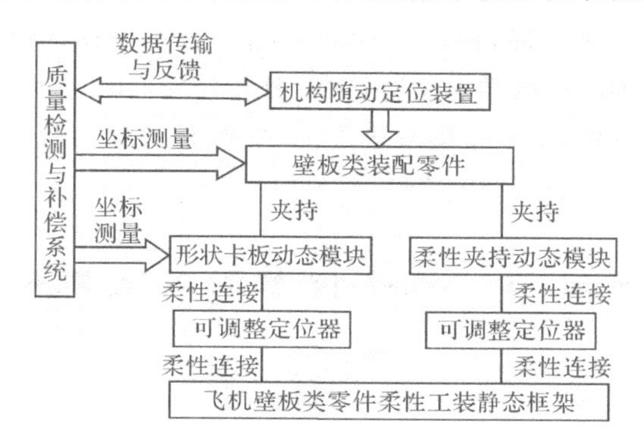

图 7.3　数字化柔性装配工装的构成

3. 定位过程

与传统工装的固定定位器相比，柔性工装的定位依靠高精度数字化控制系统实现。柔性工装的定位执行机构也称为随动定位装置，工装定位过程也是随动定位装置的调整控制过程。定位数据以数字量形式传递给控制系统，控制系统把定位数据以数字量形式传递给定位执行机构，由伺服驱动机构带动定位执行元件对装配件进行调整和运动，完成零件的定位。运动到位后由专门的锁紧机构锁紧。定位执行元件的位置准确度决定了柔性工装的定位精度。

定位数据从生成到传递给数控系统到最终定位，整个过程实现了全数字量传递，是柔性工装高定位精度的保证，而数字量形式的驱动数据则是所有数字量传递的源头和基础。柔性工装的数字量驱动数据主要有三种类型：理论驱动数据、实测驱动数据和优化驱动数据，如图 7.4 所示。理论驱动数据是通过对零件数模和工装数模进行装配仿真，根据装配仿真结果计算得到的工装驱动数据；由于没有考虑零件及工装的制造误差，应用理论驱动数据工装往往不能到达最佳位置，但其生成迅速，简便易用。实测驱动数据是利用数字化测量设备获得装配件上定位关键点的实际位置数据，然后经过坐标变换以及各种补偿计算转化得到的。实测驱动数据准确，精度高，但其生成需要借助数字化测量设备，周期较长，适用于机加承力件的装配。优化驱动数据是通过对理论数据和实测数据进行比较分析，并优化计算得到的工装驱动数据，其生成需要借助专门的优化算法，而且要利用理论数据和实测数据，因此，生成周期较长，应用复杂，但其精度高，主要用于装配过程复杂、装配精度要求高的飞机部件装配或大部件对接装配中。

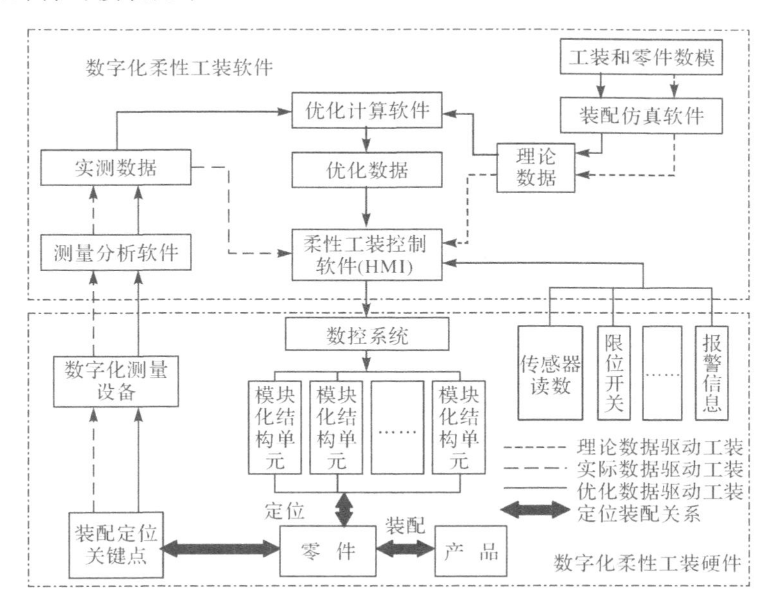

图 7.4　柔性工装运动驱动数据生成及传递方式

4. 主要类别及应用

飞机装配中应用较多的柔性工装主要有行列式结构柔性工装、多点阵真空吸盘式柔性工装、分散式部件装配柔性工装、大部件自动对接/总装柔性工装等。

(1)多点阵真空吸盘式柔性工装。多点阵真空吸盘式柔性工装的模块化单元为带真空吸盘的立柱式单元，在空间具有3个方向的运动自由度，通过调节吸盘位置，控制立柱式单元产生与待装配件曲面外形一致并均布的吸附点阵，利用真空吸盘的吸附力，可精确定位并夹持零件，实现对工件的精确、可靠定位。其中各模块化单元的运动调整主要通过伺服电机驱动，其控制系统一般采用标准数控系统的形式，通过现场总线控制多个模块化单元的自动调整。图7.5是西班牙M. Torres公司的多点阵成形真空吸盘柔性工装。

图7.5　数字化柔性装配工装

多点阵真空吸盘式柔性工装在应用时采用理论数据驱动：先根据装配件数模及工装数模计算得到工装理论驱动数据，然后将理论驱动数据传给控制系统，控制各模块化单元迅速调形重构，生成与壁板曲面符合并均匀分布的点阵。模块化单元调整到位后，根据零件上的定位特征和工装的定位特征使零件上架，启动真空系统，可靠地吸附夹紧零件，最后完成装配。多点阵真空吸盘式柔性工装有立式、卧式和环式三种结构形式。在机身壁板类组件的装配中，主要应用立式结构和环式结构；卧式结构工装一般用在一些复合材料结构的水平尾翼和垂直尾翼的装配。

(2)行列式结构柔性工装。行列式结构柔性工装由多个独立分散、行列式排列的立柱单元(模块化结构)构成，每个立柱单元上装有夹持单元。夹持单元一般具有3自由度的运动调整能力，从而可通过调整各立柱单元上多个夹持单元的排列分布来适应不同零件，其结构原理如图7.6所示。行列式结构柔性工装开敞性好，多与自动钻铆机配合使用。

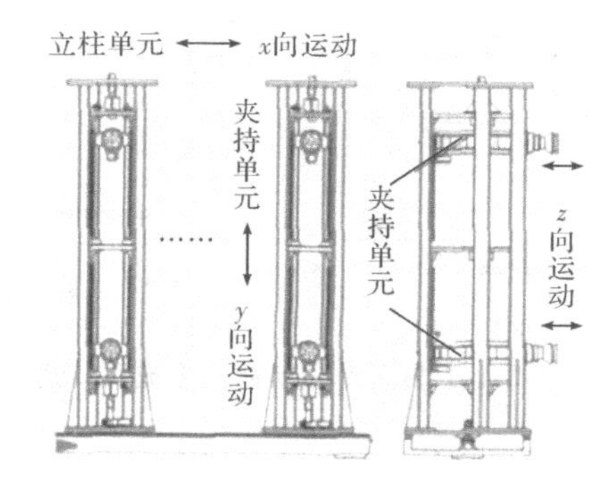

图7.6　行列式结构柔性工装

行列式结构柔性工装在应用时与多点阵真空吸盘式柔性工装类似，也采用理论驱动数据。理论数据可根据零件数模得到，所有零件对应的工装理论驱动数据都可以存在一个数据库里，当需要装配某个零件时，可直接调用。行列式结构柔性工装主要用于大型飞机机翼壁板和翼梁部件的定位、支撑及调姿装配，如波音737、777等机型的翼梁和空客A340、A380等的机翼壁板等。

(3)分散式部件装配柔性工装。分散式部件装配柔性工装是一个集成了定位器、定位计算软件、控制系统(包括人机操作界面)和数字化测量系统的综合集成系统，如图7.7所示，主要用于机身部件或机翼部件的装配。在应用过程中采用的是优化的工装驱动数据，工装先根据待装配部件的数模计算出工装的理论驱动数据，构成部件的各组件安装到定位器上，然后定位器在控制系统驱动下到达理论位置，此时利用激光跟踪仪等数字化测量系统测量各组件的实际位置数据，将其值与理论位置数据进行比较，如果符合公差要求，则进行装配；如果不符合公差要求，就需要重新计算定位位置，重新调整定位器，直到满足装配误差要求。当前应用广泛的分散式部件装配柔性工装系统包括M. Torres公司的MTPS系统和AIT公司的自动定位准直系统，分别应用于空客系列飞机和波音747飞机的机身部件装配。

(4)大部件自动对接/总装柔性工装。与分散式结构柔性工装类似，大部件自动对接/总装柔性工装集成了工装机械结构、测量系统、控制系统和计算机软件。工装驱动采用优化的驱动数据，工装在控制系统的控制下完成定位位置的调整、固定。大部件自动对接/总装柔性工装的主要机械执行机构分为三种形式：柱式结构、塔式结构和塔—柱混联结构。

柱式结构以Pogo柱为代表，通过锁紧机构与飞机部件上的工艺球头连接，由伺服电机驱动定位器在x、y、z方向上移动，控制立柱的位置和高度，3～4台或更多定位器并联重构就可以支撑、定位飞机部件，实现位姿调整。柱式结构具有结构简单、定位精度高、工作可靠、可重组、占地面积小和工作空间开敞性好等优点，但其承载质量相对较小，多用于支线客机或军机等中小型飞机的装配中。图7.8为ARJ21－700翼身对接采用的柱式结构工装。

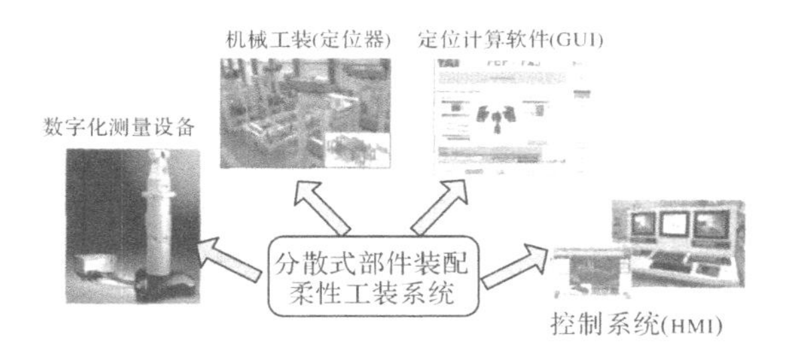

图7.7　分散式部件装配柔性工装系统

图7.8　ARJ21－700翼身对接采用柱式结构

塔式结构平台形体较大，具有像伸缩臂一样的运动调整部分，可从侧面支撑和驱动部件，承载质量大，但结构复杂，多用于大型客机如空客A380的对接(见图7.9)。

塔—柱混联结构吸收了上述两种结构的优点，定位器不直接与部件相连，而是采用连接托架支撑部件(示意图见图7.10)，通过定位器驱动托架对部件空间位姿进行调整。这种形式开敞性好，承载质量大，而且部件在调整时受力条件好、调整更灵活，更适合于大型结构和复合材料部件等，代表了飞机大部件自动对接/总装柔性工装的发展方向。波音787和空客A350总装中均采用此类对接平台。

图 7.9　塔式结构工装

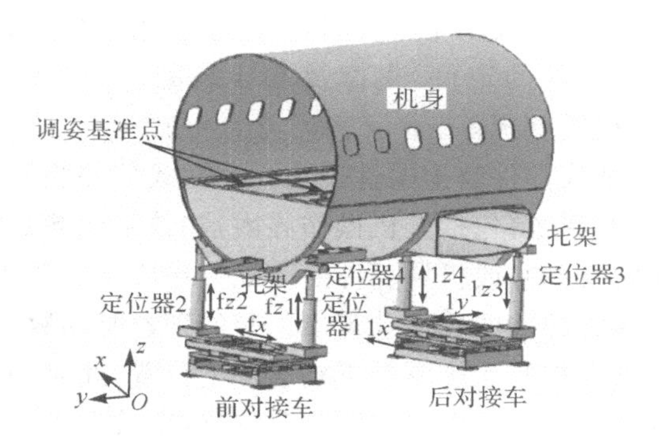

图 7.10　托架式工装

二、自动精密制孔与自动钻铆系统

机械连接是现代飞机制造的主要连接形式。以铆接为例，飞机装配需要数量巨大(数百万个)的铆钉连接。同时，占 70%～80%的疲劳损伤发生在机械连接部位，因而连接质量对产品寿命有重要影响。传统手工铆接效率低，精度低，质量受人工影响大。采用基于数字化的自动连接技术是提升飞机使用寿命、减少故障率的有效手段。自动连接技术主要有两种模式：一是模式自动制孔然后自动铆接；二是钻孔铆接的整体自动化。

1. 自动精密制孔装备

自动精密制孔装备可以满足飞机长寿命、高效率与高质量制孔需求，包括自动进给钻制孔系统、螺旋铣孔系统、五坐标机床制孔系统、机器人/机械臂自动制孔系统、柔性轨道自动制孔系统、爬行机器人制孔系统等。自动进给钻制孔系统可以提高制孔效率，保证质量一致性，常见的有 Cooper、Lubbering 等产品；螺旋铣孔系统通常用于大型孔的加工，如 Novator 的螺旋铣孔设备；五坐标机床制孔系统主要用于飞机壁板等大型曲面部件高效率、高质量制孔；机械臂制孔由工业机器人和末端执行器组合而成，有 GEMCOR、Broetje、EI、KUKA 等公司产品；柔性轨道制孔是一种柔性制孔设备，可用于部件对接的自动制孔，代表性的有 EI 和 AIT 公司产品；爬行机器人制孔系统具有自主移动、智能定位和柔性制孔等特点，可用于机身对接装配中，典型的有 M. Torres、Serra、Alema 等公司产品。近年来，我国自主知识产权的自动精密制孔装备也取得了长足进展。

2. 自动钻铆系统

作为数字化装配的重要环节，数字化自动钻铆将装配过程中工件定位、夹紧、钻孔、锪窝、涂胶、送钉、铆接等若干操作一次性自动完成，广泛应用于大型组件(如大型机翼和机身壁板、机翼大梁、飞行操纵面组件等)和部件装配中，是提高飞机装配效率、保证连接质量、提高疲劳寿命的重要技术手段。

自动钻铆系统近几年发展迅速，由原来结构简单、功能单一的带托架自动化钻铆机发展成为装配工装和钻铆连接设备从结构到功能上都高度一体的数字化自动钻铆系统，通常由定位、测量、控制、送料、末端执行器等相应装置组成。不同的自动钻铆系统还可以完成普通铆钉、干涉配合铆钉及高锁螺栓等连接件的自动安装。典型的产品包括美国 GEMCOR、EI

公司、德国 Broetje 公司的自动钻铆系统。

自动钻铆工艺流程如图 7.11 所示，以机翼壁板类部件为例，利用自动钻铆系统进行铆钉装配连接，在上钉装置导引下借助定位系统将装夹在数控托架上的壁板部件进行铆钉安装，并检测铆钉是否安装到位。若安装到位，则继续完成铆接工作，并自动进入下一铆接工位；否则，重新送钉，并重复上述步骤。因此，自动钻铆技术是将工艺装备、定位技术、控制技术、实时在线检测技术集于一体的先进数字化装配连接技术，定位精度可达到±0.025 mm，铆接后结构寿命可以提高 6～7 倍。

因为工业机器人更为灵活，所以机器人数字化钻铆是自动化装配系统的另一个发展方向。F－18E/F 战机的机翼内侧蒙皮壁板也用工业机器人进行数字化铆接装配工作，在数字化控制下能自动、有序地完成自动钻孔、铰孔、划窝，并安装连接件使蒙皮和隔框进行装配。

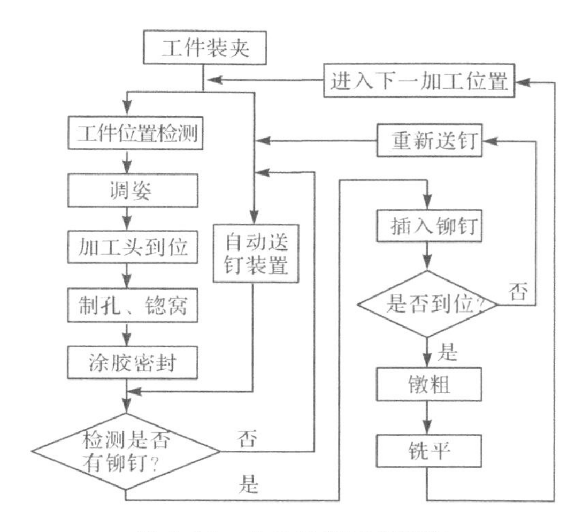

图 7.11　自动钻铆工艺流程

数字化自动铆接系统涉及系统变形分析与误差补偿、高精度控制、末端执行器设计、柔性工装、夹持点布局、自动钻铆仿真等技术。

(1)误差补偿技术。自动钻铆系统结构尺寸大，在自重以及工件重力等因素下，数控托架会发生变形，造成加工点位置偏差，影响铆接质量。在进行数控编程时需要考虑变形因素，对托架变形误差进行修正补偿，从而提高装配精度。托架系统误差补偿技术的难点在于空间多自由度不同姿态下的变形分析与误差计算，可通过力学分析，利用空间坐标转换关系构建托架变形模型，采用多次调平与迭代优化策略建立托架变形补偿算法，为误差补偿提供数据支持。

(2)仿真技术。由于自动钻铆机运动机构复杂，在连续自动铆接作业过程中，铆接系统各运动机构之间、系统与部件之间易发生干涉和碰撞，因此，需要通过对几何运动过程进行仿真分析来检测干涉问题，同时检验铆接路径的效率。自动钻铆仿真技术主要依托 CAD/CAM 及优化软件进行仿真分析。

(3)钻铆末端执行器。自动钻铆工艺过程的孔位检测、铆接、换刀等工序需要由末端执行器完成，使得末端执行器成为自动钻铆系统的核心技术之一。多功能钻铆末端执行器将检测、定位、控制技术集于一体，具有照相测量、法向检测、压紧、自动制孔、调速、自动换刀、自动铆接等功能，主要包括照相测量单元、法向测量单元、自动制孔单元、自动铆接单元等。在光源的照射下，照相测量单元的 CCD 相机通过拍摄工件的图像，并通过图像处理得出工件的尺寸参数，计算出定位孔的坐标值，与理论坐标比较，判断工件定位孔的位置偏差，并且把数据反馈给控制系统进行二次定位，保证孔的位置度；法向测量单元用于检验和调整末端执行器与蒙皮表面的位置关系，实现加工位置的精确定位，保证钻铆的法向（即与加工位置蒙皮法向重合的矢量方向）精度，提高钻铆质量；自动制孔单元主要完成制孔操作；自动铆接单元主要完成制孔后的铆接操作，其设计和制造需考虑铆接方式对安装方式及结构的影响、铆钉输送机构的动作、铆接冲击力对末端执行器和机器人结构的影响等因素。

（4）自动钻铆系统的工装。目前自动钻铆系统柔性工装主要有两种：一种是与柔性工装设备结合，如机翼壁板自动化铆接装配行列式柔性工装，该工装设备开敞性好，利用数控系统可以实现大型飞机机翼壁板和翼梁自动化铆接装配；另一种是提高自动钻铆系统本身装备柔性，如为应对波音商用飞机机身段单侧表面超过 1 200 个大孔径复合材料铆接装配孔而设计的轻量级可移动拆装的自动钻铆装配系统，该系统可一次性完成多种机身段表面孔的铆接装配。在发展上述自动钻铆系统柔性工装的同时，柔性工装向低成本化方向发展。比如，机器人自动钻铆系统通过减少甚至消除工装达到无型架装配，大大降低了装配成本。

第四节　数字化装配过程

在数字化装配过程中，零部件的定位、调姿是关键环节，在大型部件装配（如机身装配）和总装（如机身机头对接、翼身对接）中尤为重要。本节以飞机大部件对接装配为例讨论数字化装配过程。

一、大部件数字化对接装配系统

1. 总体组成

数字化对接装配系统主要由定位支撑系统、控制系统、数字化测量系统、软件系统等组成，如图 7.12 所示。其中，定位支撑系统通过执行控制系统发出的运动指令实现部件的准确定位、姿态调整和对接；控制系统接收程序指令驱动定位支撑系统的工装定位器进行协调运动；数字化测量系统用于构建大尺寸空间测量场，实现装配坐标系的拟合和构建、空间测量点的测量、测量数据的评估和处理等；软件系统为部件数字化自动对接装配提供支持。数字化对接装配系统具有定位精度高、可自动控制和通用性强（能够适应不同尺寸的机身机翼结构）的特点，可大幅提高飞机装配质量、缩短装配周期。

2. 数字化测量系统

产品数字化装配依赖数字化测量系统对装配部件位姿进行跟踪测量，如通过激光跟踪仪构建基准，通过获取产品上光学目标点的位置计算产品位姿并指导调整。此外，数字化测量系统还用于装配质量(如对接面外形测量)测量和检验,可采用水准仪、光学经纬仪、数字摄影测量、结构光扫描测量等手段。

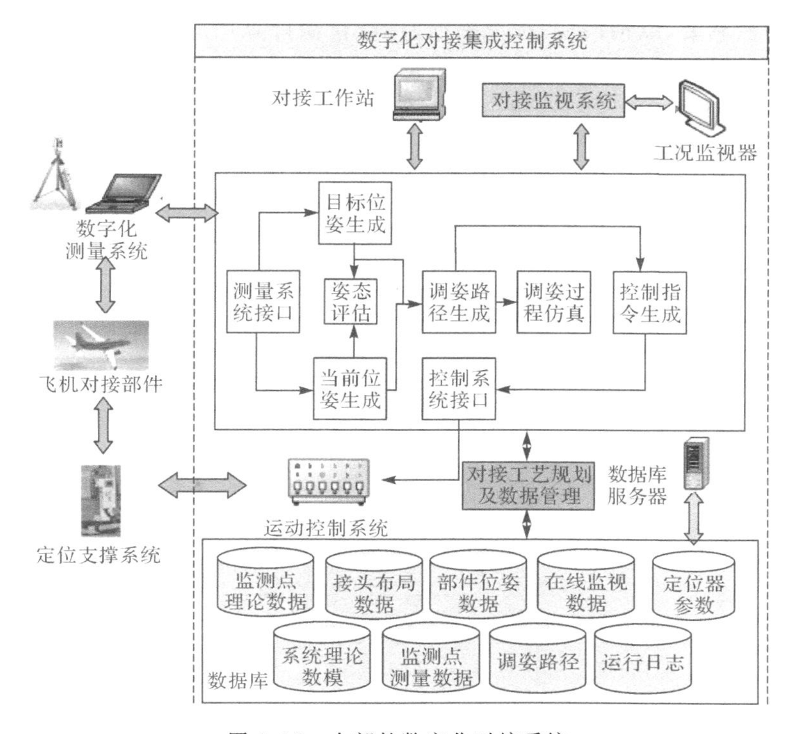

图 7.12　大部件数字化对接系统

3. 定位支撑系统

定位支撑系统可采用 Pogo 柱或托架等机械执行机构,其中常用的运动系统组件是数控定位器,由带反馈的伺服电机控制的三轴运动机构构成,可执行控制系统发出的运动指令,通过伺服电机带动丝杠执行线性运动,并由多个定位器的运动组合来执行平移、旋转等动作。例如,在 C-919 前机身装配的定位支撑系统中,机械执行运动系统共由 8 个定位器立柱对称分布组成。4 个上部立柱和 4 个下部立柱分别实现客舱地板网格和上、下半部的运动执行。

4. 控制系统

控制系统通过对各个电机发出同步或不同步运动指令,驱动工装定位器实现定位器单轴运动或运动轴的多轴联动,并可同时控制多个定位器移动,从而驱动部件定位调姿。例如,C-919 前机身总装中使用了比较成熟的西门子 SIMOTION 控制系统,允许进行逻辑编程,可将运动控制(同步控制、定位),以及工艺控制(接口感应器、气压、锁紧销的控制、激光跟踪仪的电源、站位信号等)进行集成。

5. 软件系统

软件系统可与上述其他系统交互,实现各种复杂的数据处理算法,以支持数字化测量场构建、测量方案规划、姿态分析、路径计算、模拟仿真、定位元件控制等功能,如图 7.13 所示。

典型的算法包括基于工件、定位器光学目标点实时数据实现坐标变换，计算部件空间位姿，生成调姿路径；离线和在线装配仿真和可装配性评估；提供多种对接自动调姿和手动调姿手段，如按指定路径调姿、点动调姿、按原路返回等；自动计算产品运动轨迹，并将计算结果和控制信号发到运动控制系统，自动调整定位器带动产品沿轨迹运动到达最终位置，等等。

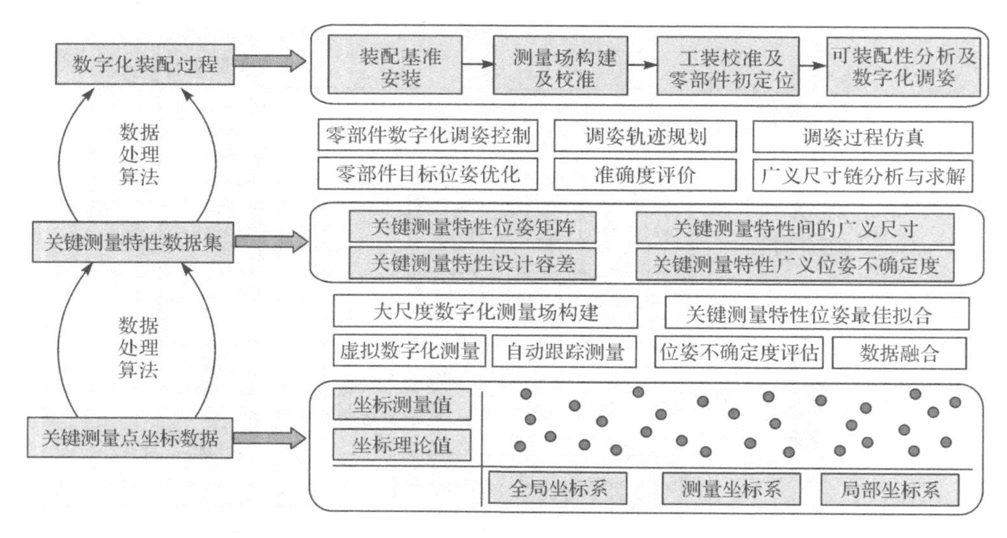

图 7.13　测量装配过程中的算法

二、大部件数字化对接装配过程

数字化对接装配流程如图 7.14 所示。将待装配部件放置到工装定位器上，将包含测量基准点理论信息的数模导入测量软件中。测量时，数字化测量系统首先通过测量参考基准点（如地标点）把测量坐标系转换到飞机装配坐标系下；其次测量待装部件上目标点，计算出部件在装配坐标系下当前实际位姿，进一步根据与理论目标位姿的偏差规划调姿运动轨迹，并求解使装配部件运动到对接目标位置的各个机械调姿装置的运动量（平移距离和转动角度等）；然后通过控制系统将数据传输给工装和终端执行机构，驱动定位器不断调整部件位姿趋近于最终位置，直到部件的实测数据与理论数据的偏差在精度要求范围内，此时部件姿态到位，或编制出完整的报告，为操作者提供调整定位器位姿所需的信息；最后进行钻孔连接。以下是其具体步骤。

1. 装配前测量及零部件装载

为保证对接部件总装定位调姿顺利，需在对接前分析零部件制造误差。例如，通过扫描测量相应的对接区域表面产生测量点云并拟合成实际部件对接表面，将其与理论数模进行比较，分析形位误差，进一步分析对接部位的可装配性及对接质量。以 C－919 前机身为例，测量分析的重点包括客舱地板网格 8 个测量基准点的状况，蒙皮前、后两端面的平行度，下半部两端关键孔（K 孔）的位置情况，长桁的位置情况等。当部件上述位置偏差处于允许的范围内时方可进行装配。

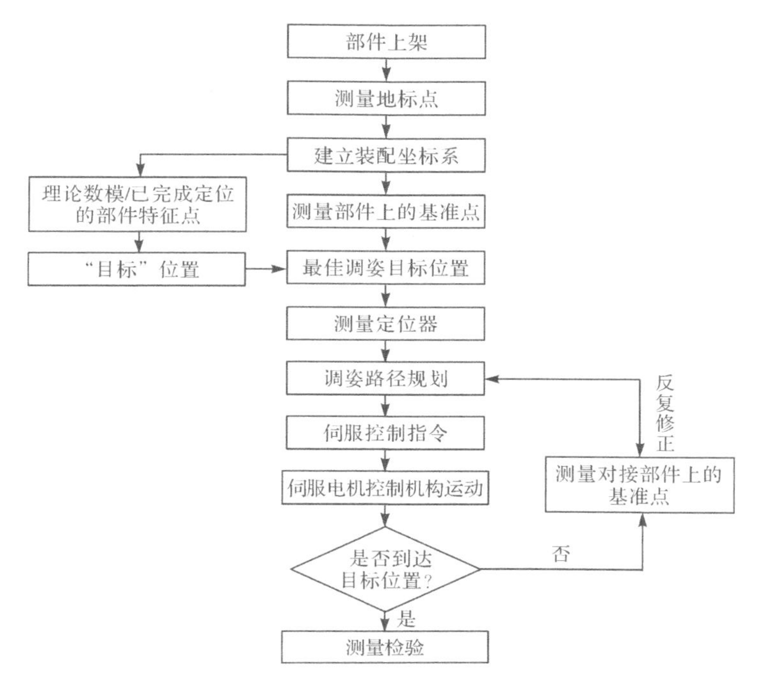

图 7.14　数字化对接装配过程

大部件数字化对接之前，需要对伺服系统的初始位置进行标定。通过测量定位器上的光学目标点，拟合出定位器支撑点的实际坐标，调整伺服系统以确保其支撑点的初始位置在定位器自身坐标系的原点。大部件数字化对接过程中的定位精度则由伺服定位系统本身的精度保证。

托架等对接工装就绪后，将待装配部件通过 AGV 小车和吊装运送至工装站位中，通过预设和微调定位器，调整部件与定位器相对位置，将待装配部件初步装载到定位器上。

2. 布局测量系统

数字化测量系统需要根据测量目标点进行布局，装配测量环境中有三类测量点，见表 7-1。

表 7-1　测量点的类别

类　型	布置位置	作　用
地标点(TB/ERS)	车间地面	建立装配坐标系
产品上的测量基准点	装配对象上，如部段上孔位，对接面上的关键点	测量产品位姿
工装上的测量点	工装定位器上预制孔位	计算球头中心位置坐标，用于定位器位置标定、部件轨迹与定位器各轴运动转化、调姿规划计算

(1)装配场所地坪上的公共观测点(地标点)。地标点是用于建立飞机装配坐标系(或飞

机坐标系)的基准点,是整个测量的基础。地标点以地面上平整、稳定的点作为基准点的靶标(Tooling Ball,TB)位置;地标点间隔较大,多方向(非一条线上)排布,覆盖整个测量场;地标点有装配坐标系下的理论坐标值,通过测量地标点并将实测值与理论值进行拟合,可把测量坐标系转换到装配坐标系下,保证后续数据测量和对接过程都在装配坐标系下完成。图 7.15 为两个地标点布局示意图例子,一种以飞机对称中心线为中心布置长方形的地标测量系统,以 3 m 的间距均布;另一种为多方向排布。

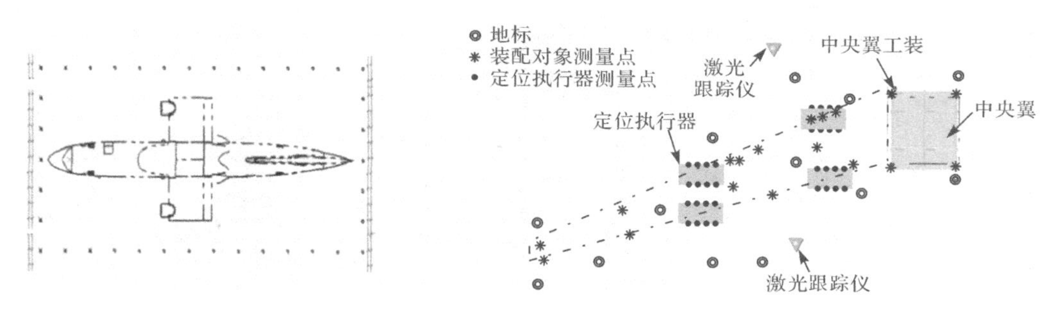

图 7.15 地标点布局例子

(2)装配对象上的测量目标点(基准点)。装配对象上的测量点用来描述装配对象在空间的位姿,以及对接面的实际位置和几何形状。测量点一般位于定位精度高、不易变形部位和主要承力点附近,并要求它们在部件上的位置可由部件装配保证其精确位置,同时在部件调整移动过程中不易发生挡光干扰。选取的测量点要包络整个部件,按照激光跟踪仪测量原理和空间几何算法,3 点可以确定物体空间位姿,故至少需要测定产品上 3 个测量点,一般选取的测量点数量越多,越能精确反映部件空间位置。例如,在中央翼盒和左外翼对接时,外翼上的测量基准点采用其水平测量点,即位置分别在 8#、16#、29#、37#肋与前梁、后梁的交叉点附近(见图 7.15 和图 7.16),此外还包括内、外发动机吊挂下翼面接头上的 6 个交点孔,共 14 个基准点,均在下翼面。其中位于 8#肋和 16#肋的前 4 个测量点作为主要基准点,其他测量点作为辅助测量。

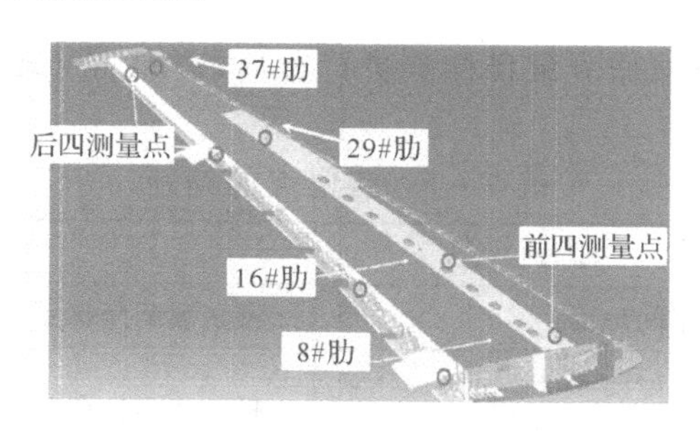

图 7.16 左外翼上的水平测量点

(3)装配工艺装备(如数控定位器)上的测量点。自动定位器上的测量点包括定位器底座上的测量点和移动端顶部球座上的测量点,如图 7.17 所示。定位器底座上的测量点是为了确定自动定位器在装配坐标系中的位置,以及用于对接系统在工作一定时间后进行系统检定;每个数控定位器底座上可根据尺寸大小布置 4 个或 8 个测量点。定位器球座上的测量点用于确定对接初始时连接球头球心位置，作为运动算法的输入参考；每个球座上设置 4 个或 8 个测量点，测量点较多能保证在装配现场多个位置激光跟踪仪均能至少捕捉到 3 个点，以实时跟踪定位器的位置。测量点要求布置在定位器调整移动过程中不易发生挡光干扰的地方。

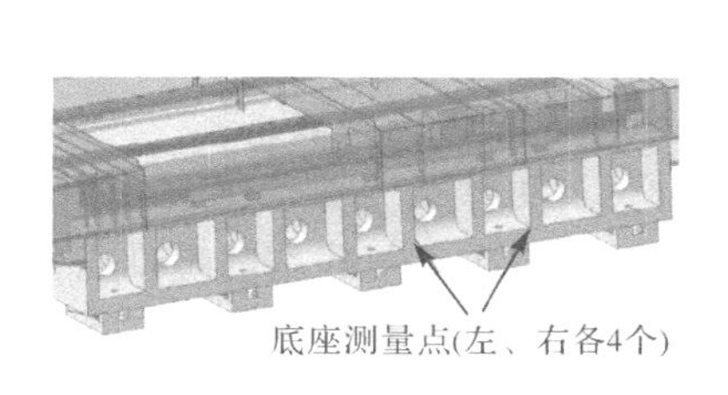

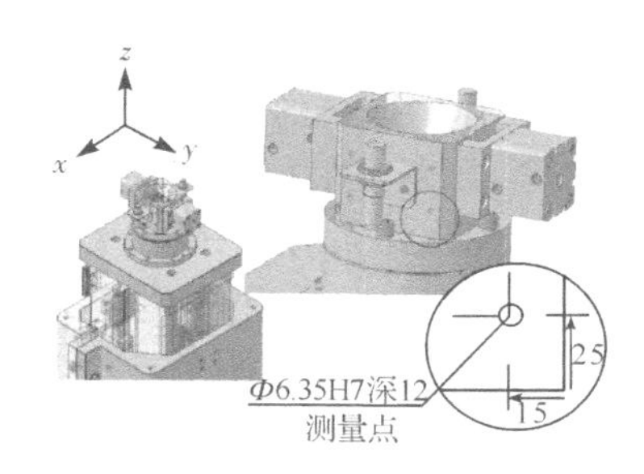

图 7.17 数控定位器底座和球座上的测量点示意图(单位:mm)

布置激光跟踪仪位置时需考虑以下要求：保证测量过程中不发生断光、颤动等现象；激光跟踪仪尽量靠近对接工作区，但同时俯仰测角不宜过大，因此，不能过于靠近产品，否则会降低测量精度；同时兼顾到周围测量点的测量范围，并且水平测角不宜过大；激光跟踪仪基本高度小于 1.7 m，因此，测量范围多为机翼下翼面，必要时可将其安装在型架平台上，这样可以从上方测量机翼上表面的测量点。

大部件数字化对接时，测量点的空间范围大，可采用多台激光跟踪仪集成在线测量系统以提高测量效率，通过软件接口连接一台计算机控制多台激光跟踪仪建立测量环境。为避免部件调整、移动时可能会挡住激光束或引起过大俯仰角从而被迫迁移跟踪仪，可在布局时进行光路干涉检查分析，确保跟踪仪能够跟踪测量。例如，针对图 7.15 中外翼与中央翼盒的装配，可初步将 2 台激光跟踪仪设置在左外翼的前、后两侧附近，对于左外翼上的 14 个测量点，前梁激光跟踪仪(LT1)负责测量 8 个点，后梁激光跟踪仪(LT2)负责测量 6 个点，进一步开展激光跟踪仪的水平测角和俯仰测角分析，假设对接时左外翼向着中央翼盒方向水平移动 1 m 行程，两个激光跟踪仪位置测量照射的水平测角和最大距离如图 7.18 所示。

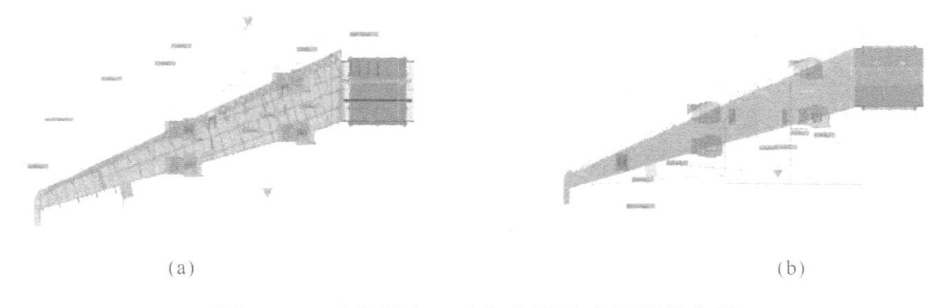

(a) (b)

图 7.18 两个激光跟踪仪位置及水平测角分析

(a)前梁前方激光跟踪仪位置及水平测角分析；(b)后梁后方激光跟踪仪位置及水平测角分析

3. 构建装配坐标系

大部件数字化对接装配涉及的坐标系包括激光跟踪仪测量坐标系、飞机装配坐标系、部件局部坐标系、定位器坐标系(用于计算球头坐标系和实现定位器调姿路径逆解等),如图7.19所示。坐标系建立指统一调姿部件测量、调姿系统与飞机装配坐标系的关系。通常使用厂房地面的地标点作为对接装配的基准,通过测量各个地标点的坐标实际值,并根据装配坐标系下相应的理论坐标值,构建现场测量坐标系与飞机装配坐标系之间的映射关系(坐标系转换矩阵),从而将对接部件上各个光学目标点的实际测量值转换到装配坐标系下。常见的位姿求解方法有非迭代的单四元数法、奇异值分解法(SVD)、正交矩阵法、双四元数法、线性子空间法等,思路是根据点在两个坐标系中的坐标计算转换参数。

每次设定装配坐标系时,一般需要测量3个地标点,更多的点拟合效果更好,对于多个地标点,可以与它们对应的坐标值进行最佳拟合。此外,每次参与建站的基准点所构建的测量空间,必须要包含后续所有测量点位,才能保证建站坐标系的有效精度。

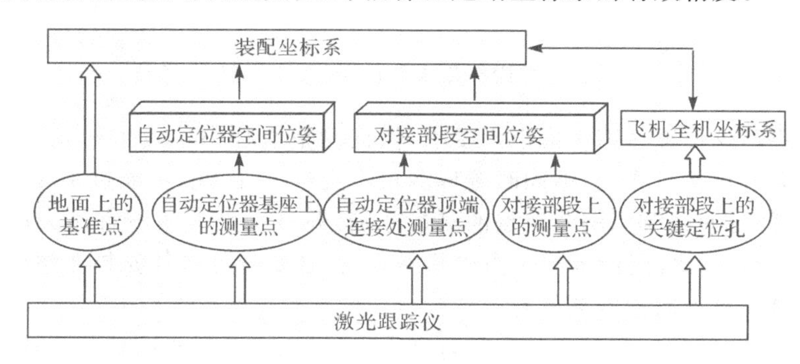

图7.19　测量点与坐标系的关系

4. 部件位姿与工装坐标系的实时跟踪测量

建立起装配坐标系后,就可以对装配中的零部件进行实时跟踪测量。用激光跟踪仪测量对接部件的各个基准点在装配坐标系中的位置。测量点靶标采用靶球,并配合靶球座。部件上相应测量点根据测量孔径尺寸的大小选择是否采用相应的转接衬套(如直径大于6.35 mm的孔则需加转接衬套)。部件位姿与工装坐标系的实时跟踪测量可采用手动目标测量或自动目标测量:手动测量采用人工的方式引光和固定靶球,受人为因素的影响较大;自动测量仅需要利用预览镜头将测量激光定位到靶球球心所在的大致位置,激光跟踪仪可自动搜索靶球中心进行测量,返回测量值。

通过测量数控定位器上的测量点确定工艺接头的球头球心在装配坐标系中的实际坐标。一种方案是利用三坐标测量机找出测量孔中心与球窝中心的相对位置关系。数控定位器球座上测量孔与球窝通常是高精度数控加工一次成形,在认为零件刚性足够的前提下确定它们之间的相对坐标。装配中可利用激光跟踪仪测量球座上测量点,进而获得球窝中心点坐标。另一种方案是用激光跟踪仪测定底座与球座测量点之间的相对位置关系,通过实时测量出定位器底座测量孔中心坐标,进而确定球窝中心点坐标。上述方法测量计算得到的是球窝中心坐标,而部件调整位姿算法中重复使用到的是连接球头的球心坐标,由于球窝与球头配合间隙较小,精度很高(其制造同心度为0.02 mm),因此,可利用球窝坐标作为球头坐标使用,或在后期计算和控制运动都将计入这个小量误差。

测量系统在进行数据采集和辅助装配时会带入多种误差,对最终装配结果会有一定的影响，因此，要有对测量数据的误差分析。测量数据误差除激光跟踪仪的测量误差、靶球安装定位误差、转站误差之外，还有温度、湿度、压力、光线、气流、环境变化的影响。

5.偏差分析及目标位姿确定

根据激光测量系统实时反馈的部件基准点的位置，通过与其在装配坐标系下的理论位置进行比较，分析产生偏差的可能原因，作为后续部件调姿参数设置及部件运动轨迹规划的主要参考依据。图7.20是装配中客舱地板的当前状态、理论状态及其偏差，其中对应于两个K孔的位置偏差较大，可通过检查下半部壁板与外形卡板的间隙、比对上总装架前的测量数据、观察K孔耳片是否被挤压下陷等多种方法来查找偏差产生原因。

由于存在制造误差，部件上目标点一般无法调整到与理论值完全吻合的状态，因此，可通过最佳拟合方法计算出部件应处于的最优位姿（平均误差最小），作为部件调姿的目标。

实测值			理论值			偏差值		
x	y	z	x	y	z	Δx	Δy	Δz
11540.55	-485.37	-1295.60	11539.00	-500.00	-1292.00	1.55	14.63	3.60
11541.01	-485.57	-767.89	11539.00	-500.00	-765.00	2.01	14.43	-2.89
11540.16	-495.21	761.97	11539.00	-500.00	765.00	1.16	4.79	3.03
11539.97	-496.68	1287.79	11539.00	-500.00	1292.00	0.97	3.32	4.21
16848.37	-491.47	1290.74	16848.00	-500.00	1292.00	0.37	8.53	1.26
16848.93	-489.33	763.43	16848.00	-500.00	765.00	0.93	10.67	1.57
16850.12	-482.08	-766.32	16848.00	-500.00	-765.00	2.12	17.92	-1.32
16849.74	-497.43	-1293.67	16848.00	-500.00	-1292.00	1.74	2.57	1.67

图7.20　调姿前数据测量结果

6.调姿方案规划

在确定部件的目标位姿后，可根据现场测得的当前实际位姿，得到装配位置的修正值，进一步规划定位器调姿及移动路径。调姿路径规划是指通过规划定位器路径，使部件平稳运动到目标位姿状态。由于部件上测量点在数字化模型上均有具体坐标（部件局部坐标系），因此，可以计算部件局部坐标系相对于装配坐标系的状态矢量（旋转矩阵$\boldsymbol{R}$和位置矢量$\boldsymbol{T}$）。先分别计算部件局部坐标系当前状态矢量和目标状态矢量，调姿过程即从当前状态矢量经平移和旋转调整到目标状态矢量的过程；接着分别计算平移调整量、姿态调整量，其中姿态调整量由姿态变换矩阵解得等效转轴和等效转角；然后对位置调整量和角度调整量分别在调姿时间进行规划。调姿路径规划的约束条件通常包括装配单元空间位置几何关系的约束，各轴驱动力最小且驱动力平衡，运动速度快且平稳，保证部件在运动过程中不出现干涉碰撞等。为保证部件调姿过程的连续性、平稳性，调姿过程不仅要满足运动结束后位姿达到理论位姿的要求，同时调姿过程定位器运动初始速度、加速度和结束调姿时的运动速度和加速度均应为0，且调姿过程无速度、加速度的突变。工程上通常使用五次多项式进行轨迹规划。路径规划过程获得了定位器各轴的调姿路径，通过插值，将每一条规划路径细化到一定精度。

调姿轨迹方程确定后，最终要由定位器的运动来实现，因此，需要根据轨迹方程逆解出各个定位器驱动轴的驱动量。数控定位器通过工艺接头与装配单元连接，形成并联机构。根据并联机构逆运动原理，可将装配单元运动分解到三坐标方向运动的数控定位器上，通过每一个支撑点的三坐标运动，使部件在各支撑点复合运动的过程中进行姿态调整。具体而言，需要先得到球头在装配坐标系和部件局部坐标系下的坐标和运动函数，进一步得到定位器各个轴的运动函数，分别求一阶导数、二阶导数，得到定位器各轴的运动速度和加速度函数，即为定位器的运动学逆解。

大部件数字化对接装配过程往往需要进行一次或多次的运动调姿，方可到达目标位姿状态，可根据实际情况和偏差原因逐步分多次进行调节、反复迭代，这就需要规划最优运动轨迹，在部件初始状态到目标状态轨迹中合理插值设置多步“中间位姿”，且计算获得部件从前一步位姿运动到后一步位姿的空间 6 个自由度的变化量。软件系统可自动生成一个理论运动路径，按照该路径将产品拟合移动到最优位置，技术人员需根据实际情况判断该理论路径是否可行，并根据偏差产生的原因进行多次调节逐步逼近理论位置。因此，待装配部件调姿并不是直接将其调整至最终的位置，为了防止发生碰撞，留有一定距离用于最后对接。例如，在翼身对接时，将外翼调平到与中央翼同等高度、倾角的位置，然后平移靠近机身；机头机身对接时，把机头调整到距离理论对接安装位置的 y 向 400 mm（长桁搭接为 300 mm，给定 100 mm 的安全距离）的位置，再使机头向中机身方向水平移动 400 mm。

7. 实施部件调姿与对接

调姿时，将调姿路径文件下载到定位器控制器，由控制系统开启调姿运动过程，通过伺服电机带动丝杠执行线性运动，驱动多个定位器运动组合来执行装配单元平移、旋转等位姿调整。在调姿运动过程中，实时测量和监控部件上的各基准点位置，并及时修正运动路线，直到部件的实测位姿与理论数据的偏差达到公差允许范围内，当系统所计算的位置已经无法再优化时，表明部件准确定位。再次测量部件上基准点，产生最终数据测量报告。如图 7.21 所示，该数据表明和调姿拟合前相比，误差已明显降低。在调姿完毕后，将数控定位器锁死进行下一步连接，并继续下一部件的装配。为了确保装配过程的安全，需采取逐步拟合接近的方式，经过多次拟合调姿、平移对接后，才能使产品到达最佳拟合位置。

实测值			理论值			偏差值		
x	y	z	x	y	z	Δx	Δy	Δz
11538.87	-500.14	-1292.16	11539.40	-500.00	-1292.00	-0.53	-0.14	0.16
11539.53	-499.92	-764.46	11539.40	-500.00	-765.00	0.13	0.08	0.54
11539.22	-500.52	765.43	11539.40	-500.00	765.00	-0.18	-0.52	0.43
11539.23	-499.58	1291.24	11539.40	-500.00	1292.00	-0.17	0.42	-0.76
16847.60	-499.99	1292.23	16848.00	-500.00	1292.00	-0.40	0.01	0.23
16847.96	-500.26	764.90	16848.00	-500.00	765.00	-0.04	-0.26	-0.10
16848.60	-500.06	764.86	16848.00	-500.00	765.00	0.60	-0.06	-0.14
16848.03	-499.84	1292.20	16848.00	-500.00	1292.00	0.03	0.16	0.20

图 7.21　调姿前数据测量结果

8. 连接及质量检验

飞机大部件数字化对接后，需要检测其相对位置的正确性，判断是否符合产品图样和技术条件的要求，通常采用水准仪、光学经纬仪、数字摄影测量、激光扫描测量、室内 GPS（iGPS）等测量飞机表面的关键点来检验。然后对需要装配的部件连接部位（如对合面）进行数控铣削、制孔、铆接。最后进行对接装配质量检验，完成产品外形结构数据的采集，并形成测量数据报告。

习　　题

1. 什么是数字化装配技术？数字化装配技术有哪些特点？
2. 数字化装配工艺设计过程包含哪些主要工作？
3. 装配工艺仿真包含哪些方面的内容？如何实现？
4. 柔性装配工装的组成和运行机制是什么？
5. 柔性装配工装有哪些类别？各自的原理和工作方式是什么？
6. 数字化对接装配系统由哪些子系统组成？各起到什么作用？
7. 简述大部件数字化对接装配过程？
8. 装配测量环境的测量点有哪几类？各有什么作用？
9. 布置激光跟踪仪需要考虑哪些因素？
10. 简述调姿方案规划的原理和过程。

第八章　数字化制造管理

生产管理属于现代企业管理的重要组成部分，既是加工制造前期计划指令制定和生成的重要阶段，也是对制造指令与计划指令的执行过程进行控制和管理的重要手段。近年来，计算机技术、数据库技术、网络技术等信息技术和先进的生产管理理念相结合，产生了数字化生产管理技术和系统，并广泛应用于生产管理和控制过程中，不仅改变了生产过程管理的面貌，而且对改进生产管理模式、提高管理水平和效益起到了巨大的推动作用。数字化生产管理与运行控制已成为数字化制造的重要组成部分。本章在介绍生产管理基本概念的基础上，介绍数字化生产管理与运行控制系统的特征、功能与组成，并简要介绍在数字化生产管理环境下的制造执行过程和执行系统的组成与功能。

第一节　概　　述

一、生产管理的基本概念

1. 生产过程

生产过程是指围绕完成产品生产的一系列有组织的生产活动的运行过程。生产管理对生产系统来说，就是对生产过程进行计划、组织、指挥、协调、控制和考核等一系列管理活动的总称。

狭义的生产过程指产品生产过程，是对原料进行加工，使之转化成为成品的一系列生产活动的运行过程。广义的生产过程指企业生产过程或社会生产过程。企业生产过程包含基本生产、辅助生产、生产技术准备和生产服务等企业范围内各项生产活动协同配合的运行过程。

从工艺角度分析，产品生产过程由基本工艺过程、辅助工艺过程和非工艺过程等几部分组成，如图 6.1 所示。基本工艺过程是改变产品对象的几何形状、尺寸精度、物理化学性能和组合关系的加工制造过程。辅助工艺过程是为保证基本工艺过程顺利实现而进行的一系列辅助性工作，如工件的装卡、设备调整试车、检验等。非工艺过程指生产过程中运输、库存保管等过程。

生产过程的组织形式主要可以按照生产工艺专业化(Job Shop)原则和产品对象专业化(Flow Shop)原则进行分类。生产工艺专业化原则是按照不同的生产工艺特征来建立不同的生产单位，在各生产单位中集中了相同类型的设备和相同工种的工人，利用相同或相似的工艺方法加工不同类型的工件。常见的形式有锻造车间、铸造车间、机械加工车间等。

产品对象专业化原则是按照不同的加工对象（产品、零件）建立不同的生产单元或生产线。生产单元或生产线配备了完成产品的全套生产设备、工艺装备和相关专业技能的工人，产品的全部或大部分都在该生产单元或生产线内完成。常见的形式有汽车生产线、家电生产线等。

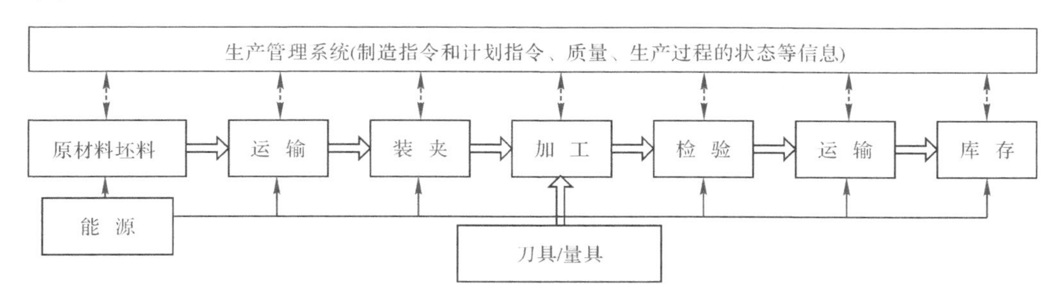

图 8.1　生产过程图

2. 生产类型

按照生产的连续程度可以分为连续型生产和离散型生产两种类型。机械加工是典型的离散加工类型。根据产品的品种和产量的不同，离散型生产可以进一步分成大批量生产、单件小批量生产、多品种中小批量生产和大批量定制生产等。

(1)大批量生产。大批量生产指在较长时间内重复进行一种或少数几种类似产品的生产，通常以大批量流水线方式进行，最典型的例子是汽车制造业。大批量生产的特点：效率高，工人分工细，高度专业化，设备及工艺专业化；工人熟练程度高，工人重复做简单的操作；作业计划简单，一旦流水线调试能够正常生产时，就按节奏进行，无须规定细节；产品质量容易保证；成本低，管理重点是设备的定期维护，工人出勤管理以及在线质量控制。

(2)单件小批量生产。单件小批量生产指接到订单后才开始组织生产，如船舶、大型电机、桥梁、大型建筑等。单件小批量生产的特点：多品种，每种产品的订货不多，加工过程较长；加工设备较为通用，设备调整时间长，效率不高；要求工人是多面手。

(3)多品种中小批量生产。这种生产介于大批量生产和单件小批量生产之间，主要特点：通常应用成组技术；缩短交互作业时间；严格管理制度，减少库存。

(4)大批量定制生产。随着市场竞争的加剧和计算机技术在现代制造业中的广泛应用，传统的生产方式正面临极其深刻的重大变革。客户的个性化需求开始受到广泛的重视，为客户定制生产已经成为企业争夺市场份额的重要手段。先进制造技术、计算机技术，以及网络技术的发展，使得按客户的个性化需求进行定制生产从理想成为现实。客户可以选择配置自己所需的个性化产品，而企业可以通过产品设计、制造和销售资源等的重复使用来降低定制产品的生产成本，用接近大量生产的价格向客户提供个性化的定制产品。这种生产将两种完全不同的生产方式（即大批量生产和定制生产）融合在一起，称为大批量定制生产。大批量定制生产以大批量的效益进行定制生产，即定制产品的成本要像大批量生产的成本那样低，定制产品的交货期要像大批量生产那样短，定制产品的质量要像大批量生产的质量那样稳定，然而产品是按照客户的个性化需求定制的。大批量定制生产的主要特点：企业生产的产品真正是客户所需要的；产品的生产能够适应市场的快速变化；生产成本低；生产周期短；生产过程和生产质量能够持续改善。

3. 生产管理的基本内容

生产管理是企业对所有和生产产品或提供服务有关活动的管理，是对生产过程所涉及的活动进行计划、组织与控制。对于生产系统，生产管理是整个系统的运行控制部分，主要功能是对产品制造的数量、品种、资源，以及制造过程等进行计划、调度、执行和控制（见图8.2）。

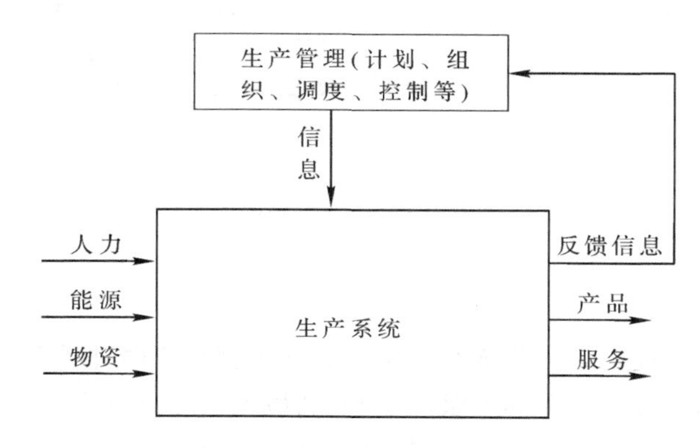

图 8.2 生产系统运行示意图

狭义的生产管理主要包括生产计划和生产控制两个方面。生产计划，即制订生成计划指令，决定什么时候生产、生产多少、生产什么产品，以及利用什么资源进行生产等；生产控制，即对生产指令（制造指令和计划指令）的执行过程进行控制和管理，一方面，平衡车间的生产活动，调度和分配生产任务；另一方面，监控和收集生产操作系统的状态（即人员、设备、车间物料等的状态），并实时对车间状态和突发事件进行响应。

广义的生产管理主要包括与企业生产相关的计划、组织和控制等活动。计划包括对市场未来需求的预测，确定品种、产量、劳动力水平、产品交货期，编制不同层次的生产计划，组织采购作业或车间生产作业，对生产进行合理的控制。组织包括合理组织生产要素（包括劳动者、劳动资料、劳动对象和信息）。合理组织生产的最终目标是使企业在质量、成本和交货期三个方面最优。生产系统控制则包括投料控制、订货控制、生产进度控制、库存控制等。物料计划强调的是系统的计划功能，而准时化生产强调的则是车间现场控制的功能。

二、数字化生产管理系统

1. 数字化生产管理的特点

生产管理经历了机械化、自动化等两个大的历史阶段。进入 21 世纪后，随着计算机、数据库和网络等信息技术与现代先进的生产管理理念的不断融合，生产管理逐渐朝着强调信息的集成和共享的数字化生产管理方向发展。数字化生产管理围绕生产计划与生产控制等过程，针对生产任务和目标，运用数字化定量表达、存储、处理和控制方法，及时、准确地采集、存储、更新和有效地组织管理与生产有关的产品信息、计划信息、资源信息、生产活动状态信息等，并进行及时的信息处理、统计分析和反馈，为优化生产过程与经营决策提供快捷、准确的数据和参考方案。数字化生产管理能满足现代生产管理的小批量多品种、生产提前期短和产品质量高的要求。

数字化生产管理主要有实时性、精确性、集成性、自反馈性、决策支持性、适应柔性生产和小批量多品种的生产模式等特点，由于这些特性使得数字化生产管理更加适合现代企业环境的要求。

(1) 实时性。计划信息在下达过程中可以通过网络及时地送到各个操作人员手中，资源信息和生产活动状态信息，以及生产过程中需要及时响应的事件可以及时上传到计划和控制系统，使系统能够及时做出响应和处理。

(2) 精确性。数字化生产管理中计划信息的精确性可以大大地提高，从而提高了计划的可行性和合理性。计划的粒度可以非常细，计划的准确性得益于制造指令和计划指令的执行状态等各种信息的及时反馈。

(3) 集成性。数字化生产管理的各种计划、组织、管理和控制的手段、方法和软件系统集成在数字化生产管理系统平台之上。各种系统能够实时进行信息交换、功能集成和管理工程的协同，整体发挥各个软件的技术特点和功能。

(4) 自反馈性。各种计划信息、生产活动的状态信息在执行和实施过程中可能会出现不可预测的问题，数字化生产管理系统可以在出现故障时，自动反馈状态信息，并及时响应和处理出现的问题。

(5) 决策支持性。由于响应的实时性、信息的准确性和系统的集成性，能够对历史生产数据进行统计分析，因此，数字化生产管理能够对企业的经营管理和决策支持起重要的的支撑作用。

2. 数字化生产管理系统的内容

数字化生产管理系统是利用计算机软件技术、网络技术和数据库技术将先进的生产管理理念和管理过程进行固化，形成标准、通用、自动进行生产管理的软件系统。数字化生产管理是计算机软件、硬件与生产管理理念、生产管理过程的融合与集成。CAD、CAPP、CAM、FMS、MRPⅡ/ERP、MES等技术和软件在企业的生产管理过程中的广泛应用，极大地提高了数字化生产管理的水平。因此，在现代生产管理过程中，把用于生产管理的各种软、硬件与管理方法和制造过程集成起来，形成数字化生产管理系统。该系统由若干子系统构成，主要功能包括计划管理、资源管理、库存管理、生产过程控制等。在网络环境下，计算机管理与控制保证了制造过程中的物料、能量的正常流通和信息的正确传递与交换。

数字化生产管理系统是计算机软、硬件，生产管理理念与生产过程的集成。计算机硬件包括服务器、客户机、网络设备，以及加工控制设备等。软件包括基础性软件(操作系统、数据库软件等)、面向生产过程管理的功能性软件(CAPP、计划管理、资源管理、质量控制等)，以及实现功能性软件集成的软件框架(MRP、ERP和MES等)。

三、数字化生产管理的发展历程

1. 物料需求计划(MRP)

数字化生产管理的发展历程如图 8.3 所示，早期的 MRP 是基于物料库存计划管理的生产管理系统。MRP 的目标是围绕所要生产的产品，应当在正确的时间、正确的地点、按照规定的数量得到真正需要的物料，按照各种物料真正需要的时间来确定订货日期与生产日期，以避免造成库存积压。

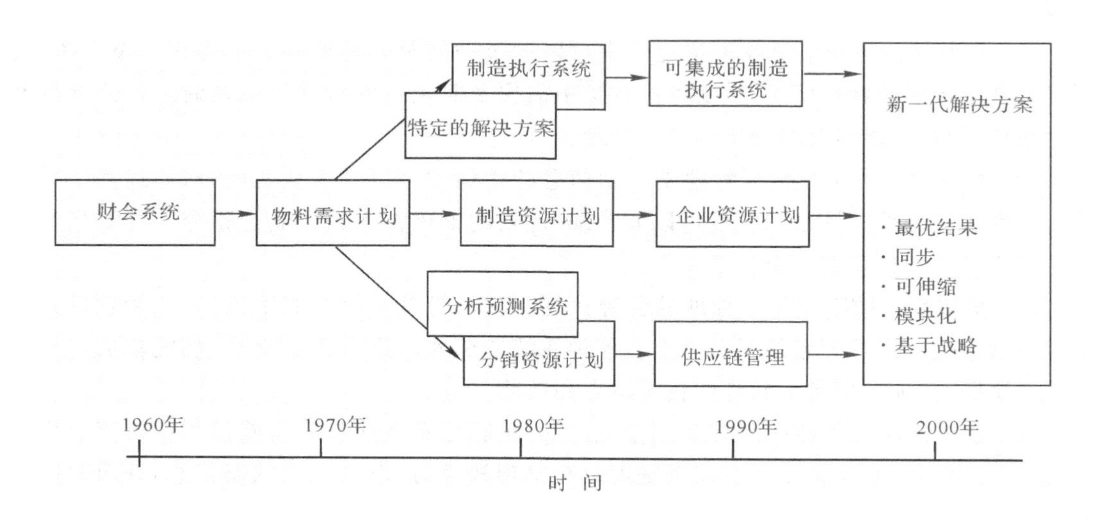

图 8.3 数字化生产管理系统的演化过程

MRP 基本原理是将企业产品中的各种物料分为独立物料和相关物料，并按时间段确定不同时期的物料需求，基于产品结构的物料需求组织生产，根据产品完工日期和产品结构制订生产计划，从而解决库存物料订货与组织生产问题。MRP 以物料为中心的组织生产模式体现了为顾客服务、按需定产的宗旨，计划统一可行，并且借助计算机系统实现了对生产的闭环控制，比较经济和集约化。

2. 制造资源计划(MRPⅡ)

20 世纪 70 年代末和 80 年代初，MRP 经过发展和扩充逐步形成了制造资源计划的生产管理方式。在 MRP Ⅱ 中，一切制造资源，包括人工、物料、设备、能源、市场、资金、技术、空间、时间等都被考虑进来。MRP Ⅱ 的基本思想是基于企业经营目标制订生产计划，围绕物料转化组织制造资源，实现按需按时进行生产。MRP Ⅱ 的主要技术环节涉及经营规划、销售与运作计划、主生产计划、物料清单与物料需求计划、能力需求计划、车间作业管理、物料管理(库存管理与采购管理)、产品成本管理、财务管理等。从一定意义上讲，MRP Ⅱ 实现了物流、信息流与资金流在企业管理方面的集成，能为企业生产经营提供一个完整而详尽的计划，使企业内各部门的活动协调一致，形成一个整体，提高企业的整体效率和效益。

3. 企业资源规划(ERP)

90年代以来,MRP Ⅱ经过进一步发展完善,形成了目前的ERP。与MRP Ⅱ相比,ERP除包括和加强了MRPⅡ的各种功能之外,更加面向全球市场,功能更为强大,所管理的企业资源更多,支持混合式生产方式,管理覆盖面更宽,并涉及了企业供应链管理,从企业全局角度进行经营与生产计划,是制造企业的综合集成经营系统。ERP所采用的计算机技术更加先进,形成了集成化的企业管理软件系统。

4. MRPⅡ/ERP和MES集成阶段

MRPⅡ/ERP运用计划技术来提升制造企业内部和外部的交流能力。使用这些系统的制造商在跨功能活动的协调中提高了发现潜在客户的出货和供应问题的能力。然而MRPⅡ/ERP在制订一个实际车间计划方面有很多不足。从MRPⅡ/ERP产生的分派单很少能够跟上实时要求。这有很多原因,主要原因在于MRPⅡ/ERP认为资源是无限的,跟不上车间之间的实时信息更新。MRPⅡ/ERP产生了4个严重的问题:

(1)不正确的BOM结构。

(2)陈旧的工艺路线。

(3)不切合实际的提前期定义。

(4)没有能够从车间反馈回实时信息,调度计划不切合实际。

制造执行系统(MES)产生了一个更加实际的过程模型,提供连接实际消费操作的物料定义,基于提升库存控制的实际执行时间来生成精确的提前期。精确的能力模型紧密集成时间操作和计划时间的措施被用于细化过程模型,并帮助这些模型更精确地代表计划的实际操作。MES与MRPⅡ/ERP结合,产生支持执行制造计划的物料需求,包括所有的资源约束,因此,整个组织遵循一个统一的可以执行的计划,计划的结果比单独的MRPⅡ/ERP提供的计划更加精确。MES通过融合执行驱动的方法提升和扩展了MRPⅡ/ERP的能力。这些方法为制造企业提供了压缩周期、减少在制品、提高附加值和使投资回报率最大的更实际的计划。

第二节　制造计划管理

制造计划是任何一个制造企业运营管理中不可缺少的功能和环节,计划制订的科学与否直接关系到生产系统运行的好坏。

制造计划,又称生产计划,是为制造企业、制造车间或制造单元等制造活动的执行机构制定在未来的一段时间(称为"计划期")内所应完成的任务和达到的目标。制造计划的制订是一个复杂的系统工程,需要借鉴和利用先进的管理理念、数学运筹与规划方法,以及计算机技术,在制造企业现有的生产能力约束下,合理安排人力、设备、物资和资金等各种企业资源,以指导生产系统按照经营目标的要求有效地运行,最终按时、保质、保量地完成生产任务,制造出优质产品。

随着数字化技术的飞速发展,信息技术的相关成果逐渐融入到制造计划的制订过程中,产生了数字化制造计划(Digital Manufacturing Planning)的若干技术、方法和软件系统。在数字化制造体系下,充分利用信息技术在数据储存、传递和处理等方面的优势,科学地制订制造计划,能够更加迅捷地把握市场需求的变化信息,既能够合理地利用企业生产活动的历史信息,也能够迅速、准确地对市场需求和企业生产能力的变化做出调整,动态而柔性地更改计划内容。近年来,随着数字化模拟与仿真技术的发展,基于企业模型的能力状况进行的生产执行仿真技术日渐成熟,可以通过对制造过程的模拟运行分析,判断计划的合理性和可行性,并对可能发生的情况做出一定的预测。

目前,制造计划的制订、执行跟踪、调度和控制已经成为企业资源计划系统和制造执行系统的核心功能之一。

一、制造计划

制造计划按照不同的层次可以分为企业战略规划、生产经营计划和执行作业计划,如图8.4所示。这三类计划的主要内容、计划编制周期、制订和执行的人员均有所不同。

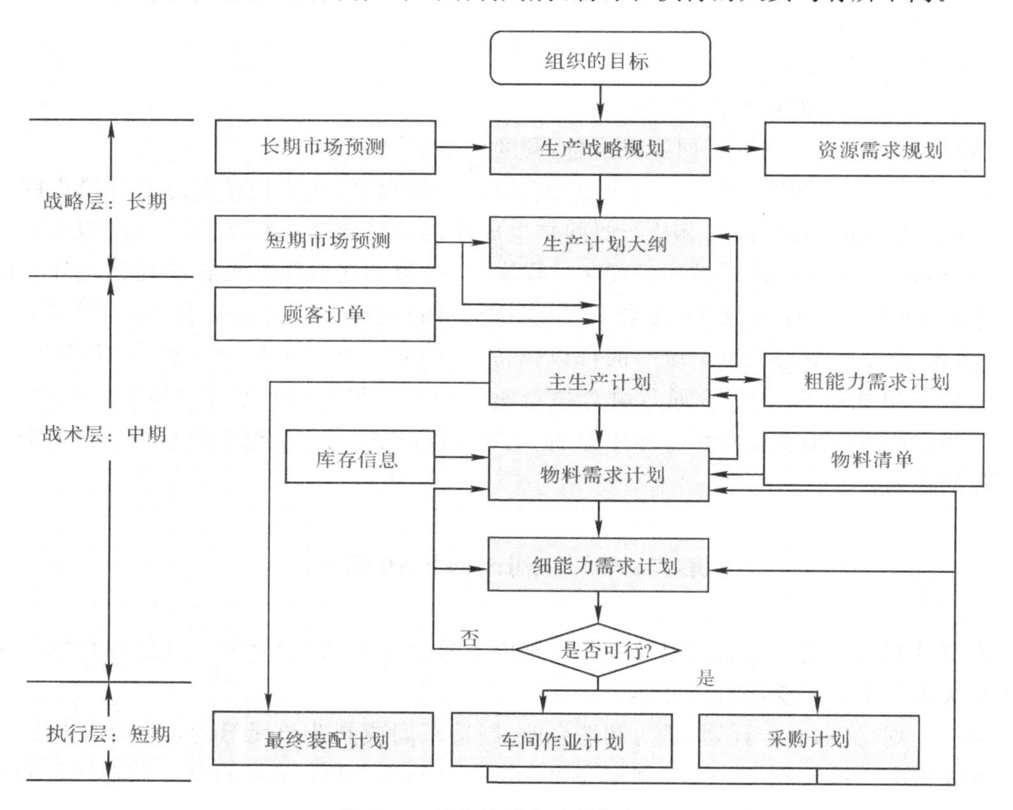

图8.4　制造计划的总体框架图

任何一家企业都应有一个总的战略规划,制定了企业的发展目标、发展方向,用以指导企业的一切活动。这对企业来说是一个纲领性的文件,直接关系到企业在市场竞争中的生存和发展问题,生产经营计划和执行作业计划都是围绕战略规划制订的。一般来说,战略规划由高层管理人员参与制订，覆盖周期通常为 3～5 年或更长时间。制订战略规划时需要对市场有深刻的洞察和准确的把握，并能预见市场发展的方向和趋势。对高层管理人员来说，要求他们能够掌握市场信息、具备辨析能力、了解竞争环境、驾驭企业发展。

企业战术层面的经营计划比战略规划的时间跨度要短一些，通常为 1 年左右，经营计划是将战略规划细化，变成切实可行的年度工作的计划。如果战略规划是制订新产品策略，那么经营计划就是为该产品调配相应的资源。一般说来，计划的过程要牵涉资源负载的分析，目标和任务的设定既不能超越资源的负荷能力，又不能闲置太多资源，前者是不切实际的，后者是资源浪费。计划的编制是一个反复调整、不断完善的动态过程，有时这种动态的完善和调整会延续到执行现场，成为车间管理中的调度和控制活动。在企业，经营计划的制订往往由生产计划部门负责。

作业计划的时间周期一般比较短，集中在战术层和执行层，涉及人力、设备等资源的安排使用。根据时间的长短，作业计划又分为长期作业计划和短期作业计划。长期作业计划，即生产计划大纲或总生产计划，实际是将企业的目标转变为作业项目，包括人力资源的增减、作业任务的外包与否、人员的培训等。短期作业计划，包括主生产计划、物料需求计划和车间作业计划等，详细内容见表 8.1。

表 8.1　制造计划的种类与内容

制造计划的层次与类型		计划周期	计划的主要内容	制订人/部门
战略层	市场需求预测	3～5 年	长期预测：预测国家宏观经济政策、产业发展环境、产品的科技竞争能力等	高层管理者
		1 年以内	短期预测：市场的竞争态势，销售量的变化情况等	管理人员 市场销售人员
	生产战略规划	3～5 年	从企业战略发展角度，考虑产品开发方向，生产能力调整和技术发展策略	高层管理人员
	资源需求规划	1 年左右	配合生产战略规划，对企业的资源进行规划，如对企业的机器、设备和人力资源是否满足战略规划的要求进行分析，这是一种较高层次的能力规划	管理人员
	生产计划大纲	1 年	又称综合生产计划，对企业在年度范围内所要生产的产品品种及其数量做结构性的决策，以平衡企业总体的生产能力、资金需求、销售任务、生产技术准备、总体物资和配套供应等，起到了总体协调企业年度经营的作用	生产计划部门

（续 表）

制造计划的层次与类型		计划周期	计划的主要内容	制订人/部门
战术层	主生产计划	每月	这是整个计划系统中的关键环节，一个有效的主生产计划是生产部门对用户需求的一种承诺，充分利用企业资源，协调生产与市场，实现生产计划大纲中所表达的经营计划。主生产计划针对的不是产品群，而是具体的产品，是基于独立需求的最终产品	生产计划部门
	物料需求计划	每月	物料需求计划是在主生产计划的最终产品模型基础上，根据零部件展开表（即物料清单BOM）和零件的可用库存量（库存记录文件），将主生产计划展开成最终、详细的物料需求和零件需求及零件外协加工的作业计划，决定所有物料何时投入、投入多少，以期按期交货。在物料需求计划的基础上，考虑成本因素就扩展形成制造资源计划	生产计划部门
	粗能力需求计划	每月	粗能力需求计划与主生产计划相对应，主生产计划是否合理，是否能够按期实现的关键是计划是否与现实的生产能力相吻合。因此，主生产计划制订完毕后，要进行初步的能力和负荷分析，主要集中在关键工作环节的分析。若不符合，则一方面调整能力；另一方面修正负荷	生产计划部门
	细能力需求计划	每月	细能力需求计划与物料需求计划相对应，物料需求计划规定了每种物料的订单下达日期和下达数量，接下来就是生产能力的分析，细能力计划对生产线上所有的工作中心都要进行能力和负荷的平衡分析	生产计划部门
执行层	生产作业计划	周、日、班次	规定每种零件的生产开始时间和结束时间，以及各种零件在每台设备上的加工顺序，在保证零件按时完工的前提下，使设备负荷均衡并使在制品库存尽可能少。生产作业计划将以生产订单的形式下到制造车间	生产计划部门
	最终装配计划	不定期	把主生产计划的物料组成最终产品	生产计划部门
	外协采购计划	每月	根据物料需求计划的BOM，外协生产或购买所需的物料、零件等	生产计划部门 采购人员

二、数字化制造计划系统

数字化制造体系下的制造计划系统主要有 MRP 计划系统、JIT(Just In Time)计划系统、TOC(Theory Of Constraint)计划系统和 APS(Advanced Planning System)四个主要流派,各自蕴含的原理和方法均有所不同,但通过与信息技术相结合,得以充分发挥计算机的信息处理优势和网络的信息传输能力,形成了快捷、准确和全面的制造计划制订办法,以提高战术层和执行层的生产效率。

1. MRP 计划系统

物料需求计划系统是一种将库存管理和生产进度计划结合在一起的计算机辅助生产计划管理系统。

物料需求计划最初是基于 20 世纪 20 年代提出的订货点法理论,根据生产计划的节点进行库存的采购和补充。但是,在处理相关需求(相对于独立需求而言,意指关联的需求,比如需要 A,要先有 B 和 C)方面存在问题,而且只是开环的计划,无法准确满足计划的要求,后期结合车间执行反馈的能力,物料需求计划发展成为闭环的 MRP 系统。MRPⅡ扩大了 MRP 的内涵,增加了财会管理职能,将生产、库存、采购、销售、财务和成本等子系统进行信息集成,逐步发展成为一个覆盖企业全部制造资源的管理信息系统。ERP 又将顾客需求及供应商的制造资源和企业的生产经营活动整合在一起,进行整体化管理。

从 MRP 系统的发展脉络可以发现,其针对车间作业的计划核心模块是一脉相承的,包括原理、技术、方法也是基本一致的。故而,在此仅介绍典型的 MRP 计划系统,原理框架如图 8.5 所示。

(1)MRP 计划系统的原理。MRP 计划是以零部件为对象的生产进度计划。通常,它是根据产品结构中的零件层次关系来编制零件的生产进度。MRP 计划系统最为关键的文件形式就是物料清单(BOM),以此来描述零件在产品中的层次关系和数量。

MRP 计划系统根据产品设计文件、工艺文件、物料文件和生产提前期(Lead Time)等资料自动生成 BOM 表。BOM 表的内容包含了某一产品的所有物料,不仅包含产品本身的所有零部件和原材料,而且包含产品的包装箱、包装材料和产品的附件、附带工具等。BOM 表既要反映各种零部件在产品的层次关系和数量关系,又要标明它们的生产提前期和投入提前期;它们的制造性质,是自制还是外购;它们的物料分类,属 A 类还是 B 类或 C 类。对有些物料还要标明它的有效期限。BOM 表中包含十分丰富的信息,是企业各主要业务部门都需要使用的基本且重要的管理文件。BOM 表的数据准确性直接影响 MRP 系统的质量。

MRP 在编制零部件的生产进度时,是以产品的交货期(或计划完工日期)为基准,朝着工艺过程的逆向,按生产投入提前期的长度,采用倒排法来编制的。在确定各零件的生产进度时,暂不考虑生产能力的约束,故此种计划编制方法又称无限能力计划法。

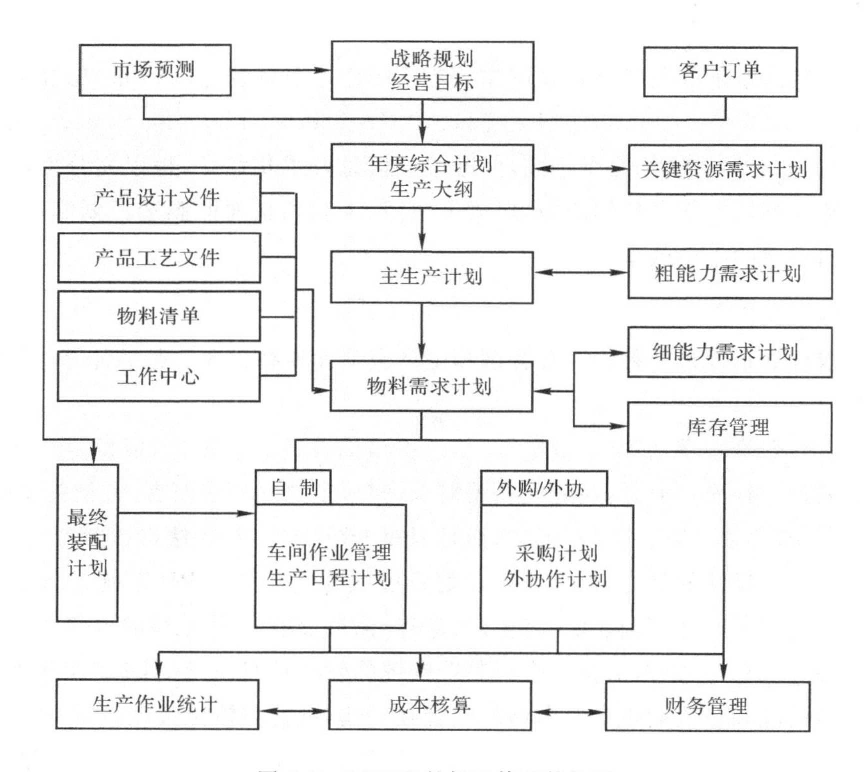

图 8.5 MRPⅡ的标准体系结构图

现假设产品 A 由部件 A1 和 A2 及零件 a3 构成，A1 和 A2 又分别由 a11、A12、a13 和 a21、a22 组成。A12 由 a121 和 a122 组成。产品 A 的产品结构树如图 8.6 所示。

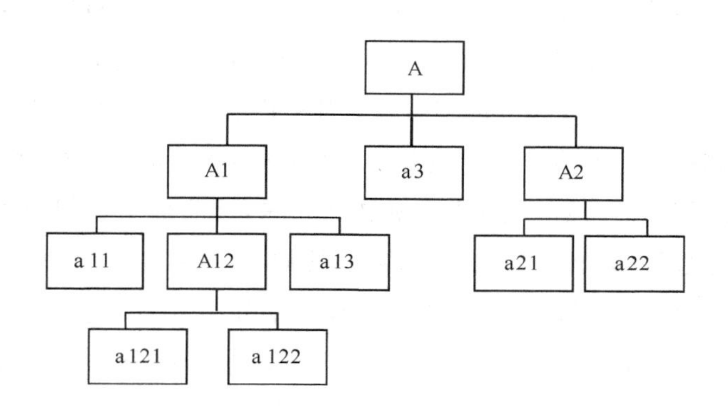

图 8.6 产品 A 的产品结构树

其 BOM 表如表 8.2 所示。

表 8.2　产品 A 的 BOM 表

产品名称:A　　　　　　　　　　　　　　　　　　　　　　　投入提前期(总):5.5 周

物料代码:10000　计算单位:台　质量:15 kg　生产批量:30　　　装配提前:1 周

物料名称	物料号	层 次	计量单位	每台数量	制造类型	ABC 分类码	投入提前期	生效日期	失效日期
A1	11000	.1	件	1	自制	A	2.5 周	2005-09-01	
a11	11100	..2	件	2	自制	B	3.0 周	2005-09-01	
A12	11200	..2	件	1	自制	A	3.5 周	2005-09-01	
a121	11210	...3	件	1	自制	B	5.5 周	2005-09-01	
a122	11220	...3	个	4	外购	C	4.5 周	2005-09-01	
a13	11300	..2	个	2	自制	C	3.0 周	2005-09-01	
A2	12000	.1	件	1	自制	B	2.0 周	2005-09-01	
a21	12100	..2	件	1	自制	C	2.5 周	2005-09-01	
a22	12200	..2	个	2	外购	C	3.0 周	2005-09-01	
a3	13000	.1	件	1	外购	B	2.0 周	2005-09-01	2005-12-31

以产品 A 的计划完工日期为基准,采用倒排法排出的该产品的生产进度安排表,如图 8.7 所示。

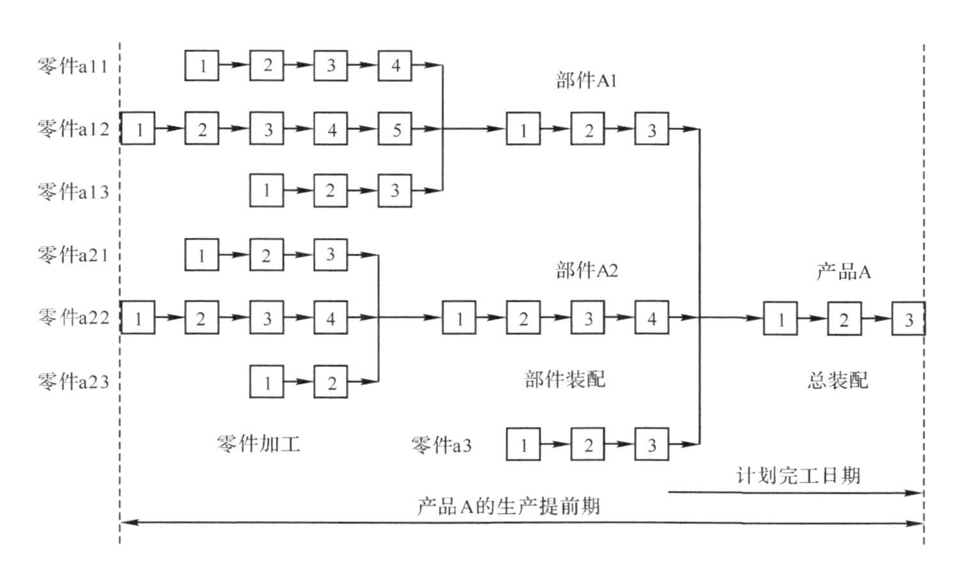

图 8.7　倒排法编制的产品 A 的生产进度示意

(2)MRP 计划编制的步骤和方法。MRP 的计划依据是主生产计划。主生产计划规定了产品的产量和要求的完工日期及大致的开工时间。计算机系统编制计划的步骤如图 8.8 所示,根据 BOM 表的资料,可自动生成 MRP 计划,而且是对计划期要生产的所有产品同时编制,一次完成。

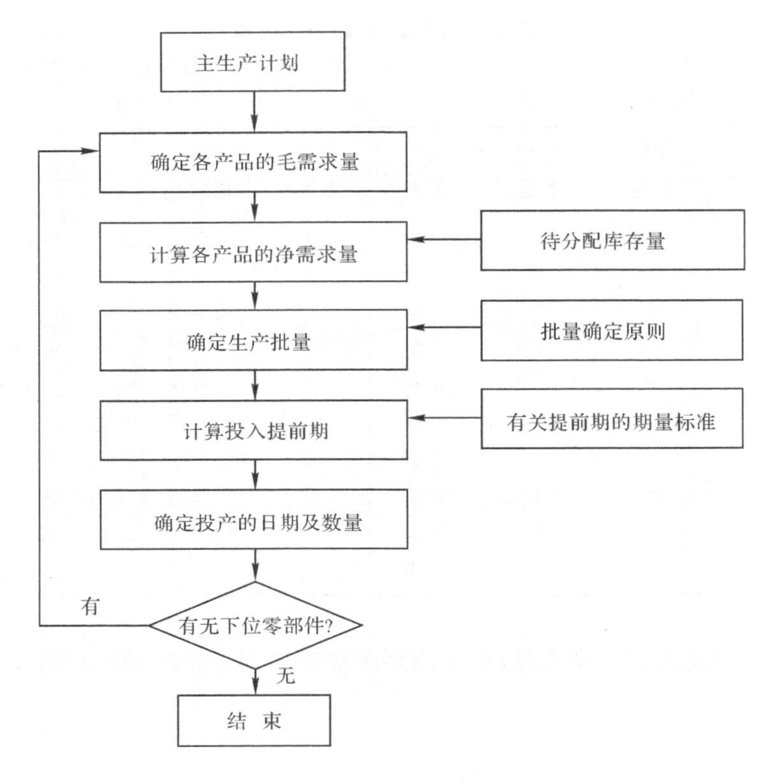

图 8.8 MRP 编制步骤示意图

(3)滚动编制及其意义。滚动计划(Rolling Plan)是一种动态编制计划的方法。滚动计划的编制规则是每走一步向前看两步,增强了计划的预见性和计划间的衔接,提供了计划的应变能力,是一种先进的计划编制方法,如图 8.9 所示。

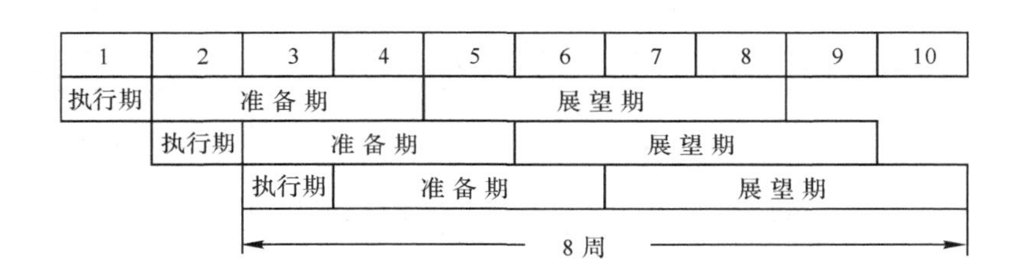

图 8.9 滚动计划示意图

传统的方法是每一个计划期(图示为 8 周)编一次计划,当计划期较长时,在计划的实施后期,往往由于实际情况已经发生了很多变化,原来的计划失去了指导意义,此时只能靠临时的调度来解决。滚动计划一般把计划分为三个时区:执行区、准备区和展望区。离当前最近的为执行区,稍远的与执行区衔接的为准备区,最远的为展望区。

滚动计划的编制方法是每经过一个执行期编制一次计划,每个计划的长度仍为 8 个星期,每次根据实际情况的变化及时修正计划,使计划切合实际,可执行性好。同时仍保持在计划期(8 周)做全面安排,保持计划的前瞻性和整体性。滚动计划使两个计划期之间的连续性、衔接性好,从而使计划的质量得到提高,但是这种计划编制方法的工作量大大增加,手工根本无法胜任,因此,MRP 计划系统的出现正好发挥了计算机运算速度快和数据处理能力强的特点,取得良好的效果。

以往的主生产计划的滚动期是"月",或每接受一批新订单滚动编制一次。MRP 的滚动期通常设为"周",班组的生产日程计划则每天滚动一次。每滚动一次,计划就重编一次,为了减少重新编制的操作,采取了两种方式切换进行的方式,也就是说,可以采用净改变(Net Change)和完全重编(Regeneration)。净改变只修改计划期内有变化的部分,局部重编。完全重编则要运行一次计划编制程序,重编一个新计划。采用何种方法,应视具体情况而定。

2. JIT 计划系统

顾名思义,JIT 计划系统的核心思想是在需要的时候才去生产所需要的品种和数量,既不要多生产,也不要提前生产。JIT 计划系统,又称丰田生产系统(Toyota Production System),是丰田生产方式中最具特色,且有别于传统汽车行业大量流水生产的计划系统。JIT 计划系统属于拉式系统,是由需求驱动的,而 MRP 系统等推式系统,是由计划驱动的。

拉式系统不制订主生产计划,所有的车间执行管理靠生产调度中心随时根据市场变化和实际销售情况调整,生产计划指令完全由需求驱动。生产计划在当月内随时进行调整,所以计划数量与实际销售量不会有很大的出入,从而大幅度降低库存储备。拉式生产建立在所有工序都存在必要的在制品库存的前提基础上,适用于按订单装配(ATO)的生产类型。

JIT 计划系统的主要运行方式如图 8.10 所示,企业根据市场预测,同样要编制年度、季度、月度生产计划,并将计划发至各车间。下发的生产计划不作为生产指令,只是供车间做生产准备工作的参考。生产指令由掌管短期计划的生产调度部门编制下达,且只发给装配车间(企业生产过程的最后工序)。前面的车间只是在接到由后序工序传递过来的看板后,严格按照看板规定的品种、数量、时间的要求进行生产。

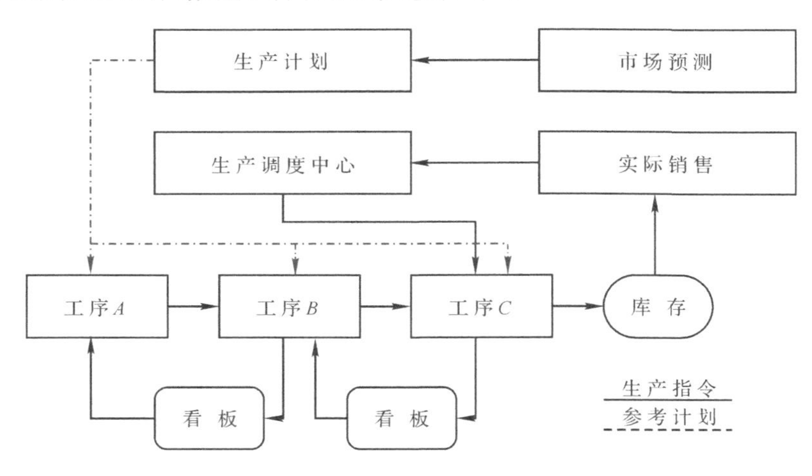

图 8.10　JIT 计划系统运行示意图

看板是 JIT 计划系统中最为重要的管理工具。看板的作用是传递信息。看板的种类有生产看板、运输看板、外协看板和临时看板等。生产看板就是一道生产指令；运输看板则是取货、送货的运输指令；外协看板是企业向协作厂索取协作件的订单，适用于与本企业有固定协作关系的供应商；临时看板有补废用的废品看板，需要加班生产时使用的看板等。看板的使用规则如下：

(1)看板必须跟随实物，与工件一起转移。

(2)每一种看板严格按照自己的路线运行。

(3)看板必须对所需工件提供完整的信息，如工件名称、代码、材质、一批数量、工序代号、工序名称、需要的时间等。

(4)不合格品不使用看板。

3. TOC 计划系统

约束理论(TOC)的指导思想实质上是寻求系统的关键约束点，集中精力优先解决主要矛盾。TOC 计划系统先确定瓶颈工序和瓶颈资源，编制产品关键件生产计划，在确认关键件的生产进度的前提下，编制非关键件的生产计划。一般来说，瓶颈工序的前导和后续工序采用不同的计划方法，以提高计划的可执行性。

TOC 计划系统进行编制计划的步骤如下：

(1) 搜索系统中存在的瓶颈工序。

(2) 以产出量为判断标准，运用运筹学等方法优化瓶颈工序的资源利用效率，围绕瓶颈资源制订生产计划。

(3) 根据瓶颈工序的计划编制其他各工序的计划。

(4) 提高瓶颈工序的能力。

(5) 如果瓶颈工序不再制约总的产出，就回到步骤(1)，否则转到步骤(2)。

4. APS

APS 是进行有限能力计划的应用系统，是基于约束理论，通过事先定义的规则，由计算机自动进行排产的过程。APS 是一个计划排程软件包，能高效地帮助制造企业控制生产计划。APS 的应用弥补了 MRPⅡ/ERP 基于无限能力的理论，通过缺料分析、能力分析，由人工干预完成生产计划制订的不足。它能通过各种规则及需求约束自动产生详细计划，能对延迟订单进行控制及再计划，并管理控制能力及各种约束。这些约束包括资源工时、物料、加工顺序，以及根据求解需要自定义的其他约束条件等。APS 的应用方法可以根据车间目标建立一个资源能力与生产设备能力模型，并通过选择高级算法模拟计划规则，以及根据生产的工艺路径、订单、能力等复杂情况自动调配资源，生成一个优化、符合实际的详细生产计划，达到优化计划排程的目标。

第三节　生产调度

生产调度(Production Scheduling)是在生产作业计划的基础上确定生产任务(如工件)进入车间的顺序，以及车间运行中各种制造资源的实时动态调度。一般将生产调度分解为生产任务(如工件加工)的静态排序、动态排序和系统资源实时动态调度三个子问题。

一、生产任务的静态排序

生产任务的静态排序(Off-Line Sequencing)是指根据零件生产作业计划规定的生产进度,进一步具体地确定每个工件在每台设备上的加工顺序和生产进度,同时也确定了每台设备(工作地)、每个工作人员、每个工作班次的生产任务。

任务排序是在有限的人力、设备资源上,规定任务执行的顺序和时间,使多项任务目标能够顺利完成,并实现一定的优化。排序问题是运筹学的一个分支,下面简要地介绍一下生产任务排序的基本概念、分类和方法。

1. 排序问题的目标函数

生产任务排序的好坏,直接影响以下三个方面:

(1)能否按时交货。

(2)可否减少工件在工序间的等待时间,能否缩短工件的生产周期和减少在制品占用量。

(3)可否减少设备的闲置时间,提高设备利用率。

通常将以上三条目标作为衡量排序优劣的标准。但是这三条目标有时是相互矛盾的。例如,要想减少设备闲置时间,往往会使工件等待的时间加长。反之,要使工件尽量少等待,设备就会等待,设备的闲置时间就增加。最好是把三者综合成一项指标,用总费用(在制品库存费用、设备闲置费用和不能按期交货的缺货损失费用之和)来衡量。但是用总费用作为排序问题的目标函数,会使问题的求解大大复杂化,目前还没有好的解决办法。因此,现在都以上述三项指标分别作为排序的目标函数。

2. 生产任务排序的分类

生产任务排序问题有很多分类方法,最常见的分类方法是按机器设备、工件和目标函数的特征进行分类。

按机器的数目不同,生产任务排序问题可以分为单台机器的排序问题和多台机器的排序问题。对于多台机器的排序问题,按工件的加工路线不同,又可以分为流水型(Flow Shop)排序问题和非流水型(Job Shop)排序问题。所有工件的工艺路线都相同的属于流水型排序问题,每个工件的工艺路线各不相同的则是非流水型排序问题。

按工件到达的情况不同,生产任务排序问题可以分为静态排序问题和动态排序问题。当进行排序时,所有的工件都已到达,并已准备就绪,可以对全部工件进行一次性排序的,属静态排序问题;工件陆续到达,要随到随安排的,或者情况发生变化,需要不断调整的,则是动态排序问题。

按目标函数的不同,生产任务排序问题可以分为多种不同的排序问题。例如,同属多台机器的排序问题,使平均的流程时间最短和使误期完工工件的数量最少,这是两种不同的排序问题。机器设备、工件和目标函数的不同特征,以及一些其他因素的差别,构成了多种多样的排序问题。

3. 生产任务排序方法

(1)约翰逊法。约翰逊法适用的条件是 N 个工件经过有限台设备加工,所有工件在有限设备上加工的次序相同。约翰逊法的目标是要求得到全组零件生产周期最短的生产进度表。

约翰逊法的排序规则(设备数为2):如果满足 $\min\{t_{1k};t_{2h}\} < \min\{t_{2k};t_{1h}\}$,就将k工件排在h工件之前。

式中,t_{1k},t_{2k} 为k工件第1工序、第2工序的加工时间;t_{1h},t_{2h} 为h工件第1工序、第2工序的加工时间。

约翰逊法的进行步骤如下:

①列出零件组的工序矩阵。

②在工序矩阵中选出加工时间最短的工序。如果该工序属于第1工序,则将该工序所属工件排在前面。反之,最小工序是第2工序,则将该工序所属的工件排在后面。若最小工序有多个,则可任选其中一个。

③将已排序的工件从工序矩阵中消去。

继续按照①②③排序,直到所有工件的投产顺序制订完毕。

例如,有5个工件在2台设备上加工,加工顺序相同,先在设备1上加工,再在设备2上加工,工时列于表8.3,用约翰逊法排序。

表8.3 加工工时表

工 件	作业工时/min	
	设备1	设备2
A	5	2
B	3	6
C	7	5
D	4	3
E	6	4

具体步骤如下:

第一步,取出最小工时 $t_{2A}=2$。若该工时为第1工序的,则最先加工;反之,则放在最后加工。此例是A工件第2工序时间,按规则排在最后加工。

第二步,将该已排序工件划去。

第三步,对余下的工作重复上述排序步骤,直至完毕。此时 $t_{1B}=t_{2D}=3$,B工件第1工序时间最短,最先加工;D工件第2工序时间最短,排在余下的工件中最后加工。最后得到的排序为B—C—E—D—A。整批工件的停留时间为27 min。

(2)关键工序法。关键工序法进行排序的工作步骤如下:

①按工序汇总各零件的加工工作量,定义加工工作量最大的工序为关键工序。

②比较各零件首尾两道工序的大小,并把全部零件分成三组:“首<尾”分在第一组;“首=尾”分在第二组;“首>尾”分在第三组。

③各组分别对组内零件进行排序。

第一组,每一零件分别将关键工序前的各工序相加,根据相加后的数值按递增序列排队。

第三组，每一零件分别将关键工序之后的工序相加，根据相加后的数值按递减序列排队。

第二组，当第一组的零件数少于第三组时，本组零件按第一组的规则排列；当第三组的零件数少于第一组时，本组零件按第三组的规则排列。

④全部零件的排序按第一组排在最前，第二组排在中间，第三组排在第二组的后面。

(3)优先规则法。优先规则法是目前解决生产任务排序的最常用的启发式方法。1977年，S. S. Panwalker 和 W. Iskander 归纳整理出了 100 多个调度的优先规则。其中最主要的规则如下：

①SPT(Shortest Processing Time)规则：优先选择加工时间最短的工序。

②FCFS(First Come First Served)规则：先到的先服务，优先安排最先到达的工件。

③MWKR(Most Work Remaining)规则：优先安排待加工作业总量最大的工件。

④LWKR(Least Work Remaining)规则：优先安排待加工作业总量最少的工件。

⑤MOPNR(Most Operation Remaining)规则：优先安排待加工工序数最多的工件。

⑥DDATE(Due Date)规则：优先安排交货期最近、要得最急的工件。

⑦SLACK 规则：优先安排宽裕时间最少的工件。宽裕时间是指从现在时刻到交货日期的时间段中，扣除该工件待加工的作业时间后剩余的时间。宽裕时间最少的，任务紧迫性最高，安排优先加工。

⑧RANDOM 规则：随机选择一个工件，当两个工件的优先级等同时，常采用本规则做最后抉择。

二、生产任务的动态排序

生产任务的动态排序(On-line or Real-time Sequencing)是指制造系统处于运行过程中，对系统内的被加工任务进行实时再调度的功能。以柔性制造系统(FMS)为例，当系统处于运行状态时，在一个加工中心的托盘交换站前有多个被加工的工件处于等待状态，等待的工件集合称为等待队列。这种等待队列从静态排序的观点看虽然是经过优化的，如使系统的通过时间(Make Span)最小，但在运行过程中，仍会出现一些不可预见的扰动而导致零件优先级改变，如被加工工件交货期的改变，由于系统内某些设备的故障而延误了正常加工任务等。所有这些系统扰动都会使原来已优化的静态排序变成非优化的排序，有时甚至会影响生产任务负荷平衡的结果，因此，在制造系统运行过程中必须有一个根据实时状态改变生产任务的加工顺序或工艺路径的环节，这就是生产任务的动态排序。

由于动态排序在算法的实时响应性能方面要求很高，因此，通常采用与静态排序不同的策略，其中使用最多的是人工智能领域的启发式规则和遗传算法等。

三、资源的实时动态调度

生产任务在制造系统内的流动(传输、存储)和加工都必须依靠系统资源运行来实现，这些资源包括数控机床或加工中心、物料储运设备、刀具、夹具、机器人或机械手各种控制装置，以及操作人员等。系统资源运行要服从生产计划调度指令的安排。虽然在上述生产任务计划、静态排序和动态排序等阶段中已将系统资源作为制订计划与调度策略的约束条件，即考虑了系统内各种资源的优化利用问题，但问题本身的复杂性以及系统状态可能出现的无法预料的情况，使得系统并不能完全保证在适当的时间内为生产任务提供所需要的系统资源，因此需要在系统运行中对系统资源进行实时调度，以保证生产任务所形成的物料流成为“平滑”(Smoothing)的流动状态。

资源实时动态调度涉及的对象包括加工设备、刀具、夹具、机器人、自动小车、缓冲托盘站等。特定的制造系统，一般要重点调度系统内具有“瓶颈”性质的重要资源，如关键机床。

生产计划和调度问题的复杂性，使得解决制造系统的规划问题更多地是从理念的角度进行假设、归纳、简化和发展。在实施数字化制造的生产管理中，更多的以系统整体优化为目标的计划和调度方法得到了重视和发展。常用的生产计划和调度优化方法有近似/启发式方法和基于统计优化的方法，诸如模拟退火法、遗传算法等，这些方法为解决生产计划和调度优化问题提供了新思路和新途径。求解生产计划和调度问题的主要技术和分类，如图 8.11 所示，有兴趣的同学可以参照有关文献，深入学习。

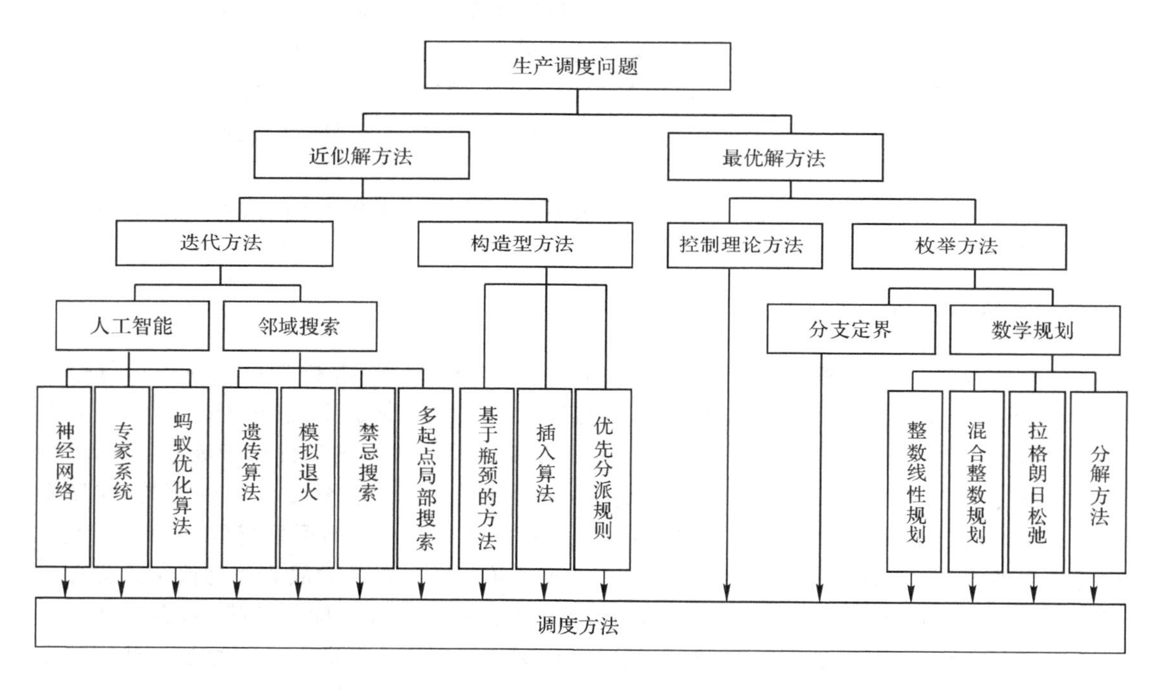

图 8.11 求解生产计划和调度问题的主要技术和分类

第四节 制造执行控制

生产管理系统包含生产过程计划和生产过程控制。制订生产计划、主生产计划、生产能力计划等，都属于生产过程计划。而这些计划指令和制造指令如何得以执行和对执行过程的监控是属于制造执行控制的内容。

美国先进制造研究机构(ARM)定义制造执行系统(MES)为位于企业上层的计划管理系统和底层工艺控制之间的面向车间层的信息系统。它是计划管理层和底层控制层之间架起的一座桥梁,制造执行系统的任务是根据上级下达的生产计划,充分利用车间的各种生产资源、生产方法和丰富的实时现场信息,快速、低成本地制造高质量的产品。制造执行系统在企业综合自动化系统中起到承上启下的作用。

制造执行系统为操作人员、管理人员提供计划的执行和跟踪以及所有资源(人、设备、物料、客户需求等)的当前状态。MES能通过信息的传递对从生产命令下发到产品完成的整个生产过程进行优化管理。当工厂中有实时事件发生时,MES能及时对这些事件做出反应、报告,并用当前的准确数据对它们进行约束和处理。这种对状态变化的迅速响应使MES能够减少企业内部那些没有附加值的活动,有效地指导工厂的生产运作过程,同时提高工厂及时交货的能力,改善物料的流通性能,提高生产回报率。MES还能通过双向直接通信在企业内部和整个产品供应链中提供有关生产行为的关键任务信息。

一、制造执行系统在数字化生产管理系统中的地位和作用

图8.12清楚地描述了制造执行系统在数字化生产管理中起到了承上启下的作用。制造执行系统的定位符合数字化生产管理递阶控制的思想。

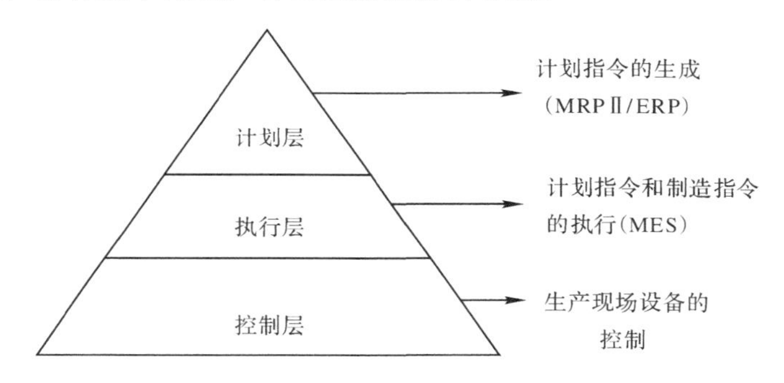

图8.12　数字化生产管理的层次模型

(1)计划层。计划层指数字化生产管理中的计划系统,以客户订单和市场需求为计划源头,充分利用企业内的各种资源,降低库存,提高生产经营的效益。从数字化生产管理的角度来看,MRPⅡ/ERP属于企业的计划层。

(2)执行层。执行层指上层和底层的信息枢纽,强调计划的执行和制造过程的控制,把上层的计划层和车间的生产现场控制有机地集成起来。

(3)控制层。控制层指对生产设备的开启、运行和停止进行控制等,完成计划指令和制造指令执行的控制。主要包括分布式控制系统(DCS)、可编程控制器(PLC)、数控和直接数控(NC/DNC)、监控和数据采集(SCADA),以及其他控制产品制造过程的计算机控制方法。

从数字化生产管理的层次模型来看,制造执行系统在计划管理层和底层的控制层之间架起了一座桥梁,实现了计划、执行和控制的集成。计划软件缺少足够的现场控制的实时信息,不能实现与控制系统的紧密连接;相反,控制层软件缺乏计划信息,不能实现对生产的有效管理和控制。这种状况造成了数字化生产管理的信息传递瓶颈,集中反映了数字化生产

管理在发展初期只重视计划管理和底层控制，忽视车间执行能力的现象。因此，MES 的主要作用是完成面向生产过程实时生产调度和状态反馈，一方面，将面向车间（生产单元/生产线）的生产管理的计划指令细化、分解，并结合制造指令形成面向设备的操作指令传递给底层的控制层；另一方面，实时监控底层设备的运行状态，采集设备、仪器的状态数据，经过分析、计算处理，向计划层反馈生产现场的各种资源的状态。

虽然制造执行系统是面向制造过程的，但它与数字化设计、制造和管理的其他系统有着大量的信息共享和交换。计划系统（MRPⅡ/ERP）将分派的工作传给 MES 系统，同时计划系统依赖 MES 提供“真实的”生产状态、生产能力、成本等信息。供应链的主计划和调度信息是 MES 排定生产活动的依据之一，而 MES 系统向 SCM 提供实际的订单状态、生产能力等信息。销售和服务管理系统必须和 MES 有信息交换，因为成功的报价和发货都需要了解生产活动信息。产品工程系统向 MES 提供产品模型、工艺指令、工艺参数等信息。图 8.13 说明了制造执行系统与供应链管理（SCM）、计划管理系统（MRPⅡ/ERP）、销售与客户服务管理（SSM）、产品及产品工艺管理（P/PE）、财务和成本管理（FCM），以及生产底层控制管理系统之间的关系。

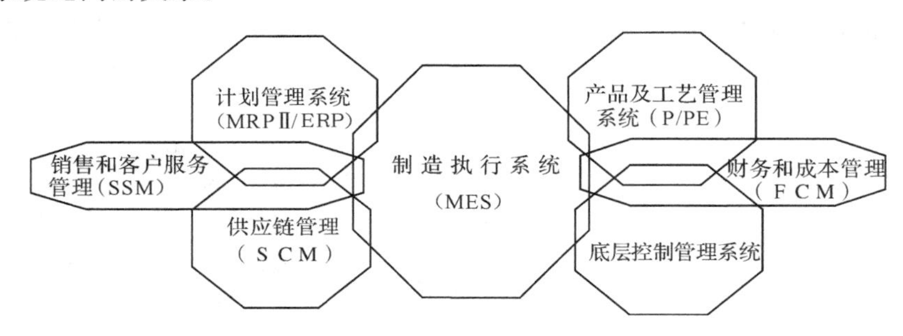

图 8.13　制造执行系统的定位

二、制造执行控制的功能

MES 的任务是根据上级下达的生产计划，充分利用车间的各种生产资源、生产方法和丰富的实时现场信息，快速、低成本地制造出高质量的产品。其生产活动涉及订单管理、设备管理、库存跟踪、物料流动、数据采集，以及维护管理、质量控制、性能分析、人力资源管理等。MES 汇集了车间中用以管理和优化从订单到成品的生产活动全过程的相关硬件或软件组件，控制和利用实时准确的制造信息来指导、响应，并报告车间发生的各项活动，同时向企业决策支持系统提供有关生产活动的任务评价信息。

许多企业通过实施 MRPⅡ/ERP 来加强管理。然而上层生产计划管理受市场影响越来越大，明显感到计划跟不上变化。面对客户对交货期的苛刻要求，面对更多产品的改型，订单的不断调整，企业决策者认识到，计划的制订要依赖于市场和实际的作业执行状态，不能完全以物料和库存情况来控制生产。同时 MRPⅡ/ERP 软件主要是针对资源计划，这些系统通常能处理昨天以前发生的事情（做历史分析），亦可预计并处理明天将要发生的事件，但对今天正在发生的事件往往留下了不规范的缺口。传统生产现场管理只是一黑箱作业，已无法满足今天复杂多变的竞争需要。因此，如何将此黑箱作业透明化，找出任何影响产品品质和成本的问题，提高计划的实时性和灵活性，同时又能改善生产线的运行效率已成为每家企业所关心的问题。制造执行系统的出现恰好能解决这一问题。MES是处于计划层和车间层操作控制系统(SFC)之间的执行层，主要负责生产管理和调度执行。

制造执行系统在数字化制造中起着承上启下的作用，在企业资源管理系统产生的生产计划指导下，收集底层控制系统与生产相关的实时数据，安排短期的生产作业的计划调度、监控、资源调配和生产过程的优化工作，如图8.14所示，具体包括以下功能：

(1)资源分配以及状态管理。对资源状态及分配信息进行管理，包括机床、辅助工具(如刀具、夹具、量具等)、物料、人员等及其他生产能力实体，以及开始加工时必须具备的文档(工艺文件、NC加工代码等)和资源详细历史数据，对资源的管理还包括为满足生产计划的要求而对资源的预留和调度。

(2)工序级详细生产计划。负责生成工序级操作计划，即详细计划，提供基于指定生产单元相关的优先级、属性、特征、方法等的作业排序功能。其目的是安排一个合理的序列以最大限度地压缩生产过程中的辅助时间。该计划是基于有限能力的生产执行计划。

(3)生产调度管理。以作业、订单、批量以及工作订单等形式管理和控制生产单元中的物料流和信息流。生产调度能够调度车间规定的生产作业计划，对返修品和废品进行处理，用缓冲管理的方法控制每一个工作站的在制品数量。

(4)文档管理。管理与生产单元相关的图纸、工艺文件、工程更改记录等，具有管理和维护生产历史数据的功能。

(5)现场数据采集。负责采集生产现场中各种必要的实时更新的数据信息。这些信息包括设备的状态、刀具的状态、人员信息等生产现场的各种实时信息。

(6)人力资源管理。提供实时更新的员工状态信息数据。人力资源管理可以与设备的资源管理模块相互作用来确定员工工时以及计算产品成本。

(7)在线质量管理。把从生产现场采集到的各种数据进行实时分析处理，以控制在制品的质量，根据分析结果对现场出现的问题采取相应的措施。

(8)生产过程管理。监控生产过程，对可自动处理的事件和问题进行自动处理和修正；对生产中发生的不能处理和控制的事件或问题进行报警，及时将故障参数信息发送到上层计划和控制系统，并向用户提供纠正错误的决策支持。

(9)生产设备维护管理。跟踪和指导企业维护设备和刀具以保证制造过程顺利进行，并产生阶段性、周期性和预防性的维护计划。

(10)产品跟踪和制造数据管理。通过监控工件在任意时刻的质量状态和工艺状态来获取产品质量的历史记录，实现最终产品使用情况的可追溯性，并向用户提供该产品的质量信息。

(11)性能分析。能够提供实时更新的实际制造过程的结果报告，并将这些结果与过去的历史记录及所期望的经营目标进行比较，为经营决策分析提供基础的分析数据。

三、制造执行过程的管理

在制造执行过程中，MES层、MES上层和MES下层有不同的功能，各层之间存在着大量的数据交换，数据交换的过程构成了制造执行管理的主要内容。

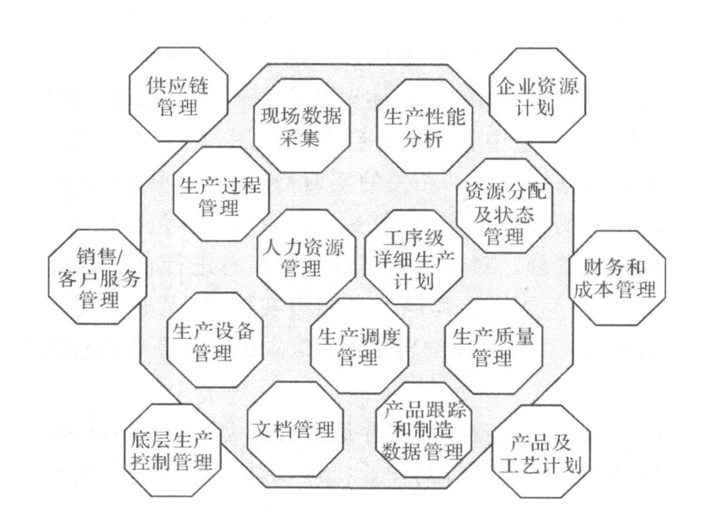

图 8.14　制造执行系统的功能

如图 8.15 所示，在制造执行过程中，MES 系统与计划管理系统、销售和客户服务管理系统、供应链管理系统、产品及工艺管理系统、财务和成本管理，以及底层控制管理系统等都有信息交换。MES 上层主要有供应链管理、销售和服务管理、企业资源规划和产品设计/过程管理。其中供应链管理包括预测、分销、后勤管理、运输管理、电子商务和企业间的供应计划系统；销售和服务管理包括网络营销、产品配置设计、产品报价、货款回收、质量反馈与跟踪等功能；产品和过程管理包括计算机辅助设计和计算机辅助制造、过程建模和产品数据管理。MES 下层则是底层生产控制系统，包括 DCS、PLC、DNC/NC 和 SCADA，以及这几种类型的组合。

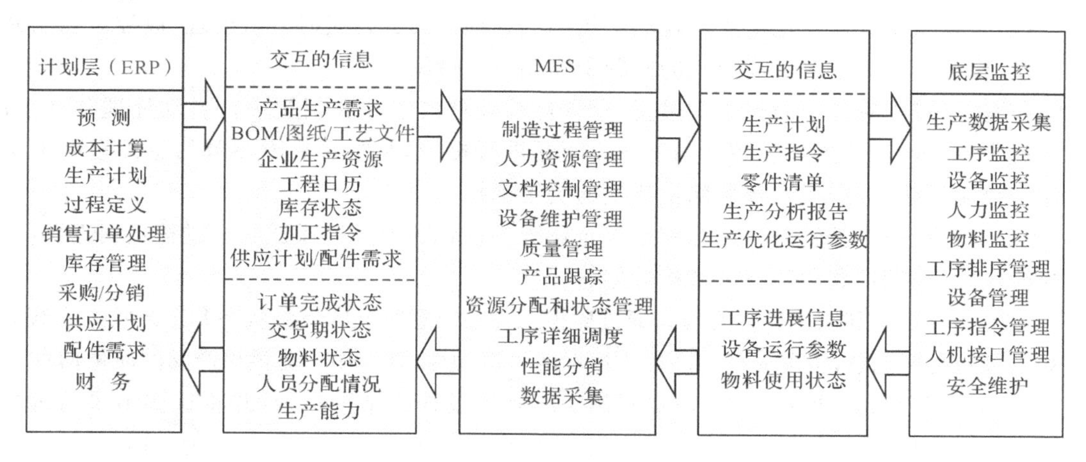

图 8.15　制造执行过程中的信息交换

在信息交互关系上，MES 向上层 ERP/供应链提交周期盘点次数、生产能力、材料消耗、劳动力和生产线运行性能、在制品(WIP)的存放位置和状态、实际订单执行等涉及生产运行的数据；向底层控制系统发布生产指令控制及有关的生产线运行的各种参数等；同时分别接受上层的中长期计划和底层的数据采集、设备实际运行状态等，如图8.15所示。MES接收企业管理系统的各种信息，以便充分利用各种信息资源实现优化调度和合理的资源配置。

习　题

1. 阐述数字化生产管理与传统的生产管理之间的异同点，并分析数字化生产管理发展各阶段的典型系统之间的异同点。

2. 请参考“丰田模式”和ERP的有关书籍，列举推动式生产管理模式和拉动式生产管理模式之间的异同点。

3. 试根据本章给出的制造类型分类方法、制造策略类型分类方法和制造系统的管理类型，对你熟悉的车间或企业进行分析，并说明理由。

4. 参考有关文献，丰富并阐释本章图8.11中关键技术的内涵。

5. 全面阐述MES在数字化制造管理系统中的核心地位。

第九章　数字化设计与制造集成

第一节　概　　述

数字化设计与制造集成从20世纪80年代中期强调的功能集成，设计、制造和管理的集成，经历了90年代基于并行工程和业务重组的业务流集成，发展到21世纪基于制造网络的企业间集成。随着信息技术的发展及其在制造领域的广泛应用，以及全球经济的一体化，集成和协同仍然是数字化设计与制造发展的基本特征。其演变过程如表9.1所示。

表9.1　数字化设计制造集成的演变过程

时　间	20世纪80年代	20世纪90年代	21世纪
空间跨度	部门内	企业内部门间	企业间
时间跨度	产品开发过程的不同阶段	产品开发过程	产品全生命周期
重　点	信息集成	过程集成	企业间集成
关键技术	局域网，CAD/CAPP/CAM	Internet/Intranet，PDM/ERP	新一代Internet，EAI，能力平台

围绕企业核心竞争力的提升，数字化设计与制造集成分别沿着产品开发、企业管理和生产制造等三条主线展开。

在产品设计开发方面，完整的产品定义信息在横跨整个企业和供应链范围内产生、管理、分发、传递和使用，产品信息覆盖了产品从概念到回收的全生命周期，对产品信息的管理，把人、过程和信息有效地集成起来，实现多功能、多部门、多学科、多外协供应商之间的紧密协同。产品开发过程已经从基于CAD/CAPP/CAM的功能集成，经过基于产品数据管理的信息集成，向产品全生命周期支持协同的人、信息、过程的全面集成的方向发展。

在企业管理方面，为了在激烈的市场竞争中实现"提供最好的产品与服务，获得最大利润"的目标，企业在经营与生产计划方式等方面采用现代管理技术，实现从企业内部生产的信息流、物流、资金流、价值流、工作流过程的集成优化管理到支持企业间联盟的管理组织，以及客户关系管理(CRM)和供应链管理，有效地集成并管理包括供应商、客户、动态联盟等在内的人、财、物、产、供、销等信息，实现企业整个经营过程的高度优化。企业资源计划管理从企业订单，生产计划到车间层的管理与控制，实现企业内人、财、物的集成管理；通过供应链管理和客户关系管理实现供应商和客户间的集成、协调与控制。

在企业生产制造方面，制造系统从过去多层次的制造工厂向快速响应制造的制造执行单元方向发展。专业化、单元化的制造系统以扁平式的单元直接连接到供应链上参与企业间的协作。制造单元一方面，集成了车间包括生产计划、调度、数控加工工艺规划等在内的软件系统和机床、测控设备等硬件系统；另一方面，利用网络手段与供应商及客户形成全面的集成。基于制造执行系统的制造单元，通过对制造资源的封装和集成，实现制造单元的可重构性、开放性和容错性，并在全社会范围内实现制造资源的优化配置和集成共享。

第二节　CAD/CAM 系统的信息集成

一、CAD/CAM 信息集成的提出

数字化设计与制造技术是伴随计算机技术在产品设计与制造中的应用而逐步发展起来的。受计算机技术发展进程的制约，这些应用都是从局部环节的突破开始而逐渐扩展开来的，经过多年的积累，形成了一系列成熟的数字化设计与制造单元技术，如 CAD/CAE/CAPP/CAM 等。这些独立的系统分别在产品设计自动化、工艺设计自动化和数控编程自动化等方面起到了重要的作用。然而产品生产中各个环节在功能分工上的差异，以及相关支持技术的制约，使得这些应用系统之间在模型定义、存取方法和实现手段等各个方面存在明显的异构现象，不能实现系统之间产品信息的自动传递和交换，从而形成了一个个自成一家、信息封闭的功能单元，称为“信息化孤岛”。

“信息化孤岛”严重阻碍了生产过程中不同单元、不同部门之间对产品和制造资源信息的共享过程。例如，CAD 系统采用面向数学和几何学的模型，虽然可完整地描述零件的几何信息，但工艺信息和产品生命周期的其他生产环节所必需的非几何信息，如精度、公差、表面粗糙度和热处理等，只能附加在零件图纸上，无法在计算机内部逻辑结构中得到充分表达。由于缺乏完备的产品模型及其在产品生命周期中的各种数据，因此，对 CAPP/CAM 等后续应用系统来说，CAD 提供的信息不够完善。建立 CAPP 子系统和 CAM 子系统时，都需要补充输入上述非几何信息，甚至还要重复输入加工特征信息，人为干预多。另外，CAD 系统设计的结果(图纸和有关的技术文档)不能直接为 CAPP 系统所利用，在进行工艺过程设计时，还需人工将这些图样、文档等纸面上的文件转换成 CAPP 系统所需的输入数据，并通过人机交互方式输入给 CAPP 系统进行处理，输出零件加工工艺规程。当使用 CAM 系统进行计算机辅助数控编程时，同样需要人工将 CAPP 系统输出的纸面文件转换成 CAM 系统所需的输入文件和数据，然后再输入到 CAM 系统中。各独立系统所产生的信息不能共享，需经人工转换和大量的重复工作，不但影响工程设计效率的进一步提高，而且更为严重的是，在人工转换过程中难免发生错误，可能给生产带来很大的危害。同一产品的相关信息要由不同部门分别使用、多头维护，影响了数据的更新与同步性，破坏了信息的统一性、准确性。如果 CAD 系统所产生的信息能够直接提供给后续的 CAPP/CAM 等系统使用，将大大提高 CAD/CAM 系统的效率。

CAD/CAM 集成是数字化设计与制造系统中最早出现的信息集成方式，是针对 20 世

纪70年代中后期的“信息化孤岛”问题应运而生的，因而CAD/CAM集成主要侧重于产品信息共享的层面。从信息的观点看，CAD/CAPP/CAM(3C)集成就是按照产品设计与制造的实际进程，在计算机内组织起连续、协调和科学的信息流，在集成的全过程保证程序流程及其数据传输在集成系统内的畅通，保证信息流有效的集成、存取和使用。3C系统的集成要求产品设计与制造紧密结合，目标是产品设计、工程分析、工程模拟、直至产品制造过程中的数据具有一致性，且直接在计算机间传递，从而跨越由图纸、语言、编码造成的信息传递的“鸿沟”，减少信息传递误差和编辑出错的可能性，支持实现产品的设计、分析、工艺规划、数控加工及质量检验等工程活动的自动化处理。

3C系统的信息集成可以采用不同的体系结构和实现方式，常见的信息集成方式有基于数据接口技术的信息集成、基于特征建模技术的信息集成和基于工程数据库管理技术的信息集成三种方式。

二、基于数据接口技术的CAD/CAM信息集成

针对各个数字化单元所采用的产品描述模型各不相同的状况，为实现相互间的信息传递，人们利用接口技术在每个单元系统中设置了相应的数据转换模块，即数据接口。单元系统中的数据接口负责对外来数据进行转换和解释，使之能够被本系统所接受。这样，在信息交换的双方都拥有了能够解释对方数据的接口模块之后，它们之间的信息共享就可以顺利实现了。CAD/CAM系统中典型的数据接口有针对特定数据类型的专用型接口和基于IGES/STEP等数据交换标准的通用型接口。

图9.1为基于专用数据接口的CAD/CAM信息集成。它的特点是原理简单，易于实现，效率较高，但由于每一个接口都是针对不同数据的专用型接口，因而当数据类型较多时接口的数量会急剧增加，系统的开发和维护工作量会大幅提高。因此，基于数据接口技术的信息集成适用于子系统数目较少且数据结构稳定的局部集成系统。

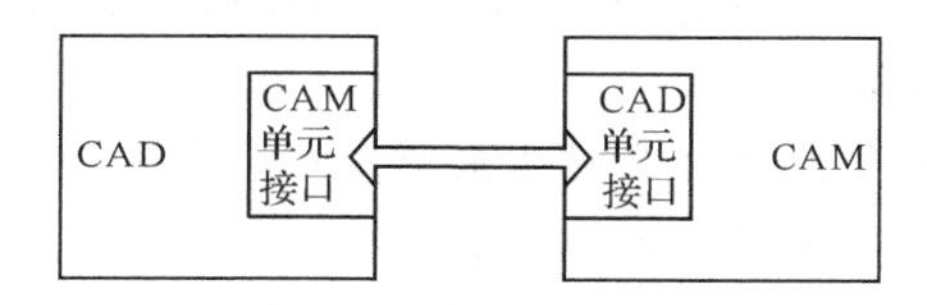

图9.1　基于专用数据接口的CAD/CAM信息集成

针对专用型数据接口的缺陷，人们提出了制定数据交换标准，建立通用数据接口的信息集成方法。如图9.2所示，每个单元系统拥有一个单一的数据交换接口，包括前置处理和后置处理两个方面的功能。其中前置处理负责将自身的数据格式转换成标准数据格式，供其他单元应用；与此相反，后置处理则负责将外来的标准数据格式转换成本地系统所需要的数据格式。通过这种以数据交换标准为中介的双向数据转换，单元系统的接口可以处理格式各异的数据形式。

建立不同平台系统之间共同遵循的交换标准及产品公共的通用信息模型，能够保证设计信息直接、快速和准确地转化为制造信息。在产品数据建模方面，目前应用最广泛的产品数据交换标准主要是IGES和STEP标准(参见第二章)。

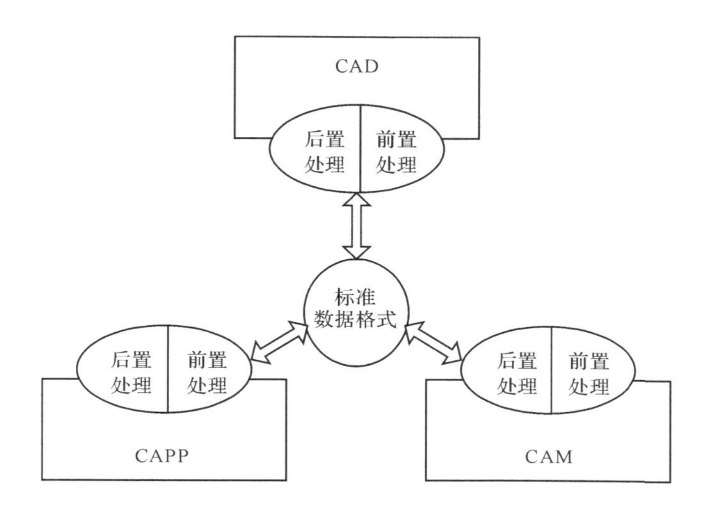

图 9.2　基于数据交换标准的通用接口集成

三、基于特征建模技术的 CAD/CAM 信息集成

如前所述，“信息化孤岛”形成的根本原因是各单元只关注本单元所需要的产品局部信息，而且分别采用各自不同的表达方法。例如，CAD 系统只关注产品的几何信息与拓扑信息，而对与加工制造密切相关的精度信息、材料信息及工艺分析特征等关注不够。这种产品描述的局限性迫使产品信息必须在不同系统之间相互交换，不能很好地实现互认与统一。这就是单元之间产品信息的异构性所引发的问题。

特征建模技术正是针对这一矛盾应运而生的，通过建立面向产品零件的整体化特征模型来为 CAD/CAM/CAPP 等产品与设计与制造的多个环节同时提供信息支持，如图 9.3 所示。这里所谓的特征是指与产品设计与制造的局部环节相关联的产品信息的片段，产品零件的特征通常包括以下三类：

(1)形状特征：指与零件的结构形状相关的信息集合。

(2)材料特征：零件所用的材料牌号与规格、毛坯状态、热处理等信息。

(3)精度特征：零件加工时所遵循的尺寸公差、形位公差、表面粗糙度等技术要求信息。

在这些特征中，通常以形状特征为核心。形状特征是进行产品特征建模的主体，材料特征和精度特征则作为特征模型的共同组成部分而存在。

为实现 CAD/CAPP/CAM 之间的数据交换与共享，基于特征建模技术的信息集成将产品设计中要求的高层次信息以特征的形式表示。通过特征技术实现 CAD 与下游 CAPP/CAM 等应用系统的信息集成要求 CAD 系统采用基于特征的造型方法，见图 9.3。

零件信息包括零件管理信息、特征信息和形状几何信息三个部分，分别对应于零件层、特征层和几何层。零件层包括了特征列表和各特征所共同具有的管理信息，如零件名、零件号、材料、批量和热处理等。特征层反映的是零件的所有单元特征信息及特征间关系信息，单元特征信息包括特征标识信息、形状特征信息、尺寸公差信息、表面质量要求等，特征关系信息主要由位置尺寸和位置公差组成。几何层则反映了 CAD 系统的底层几何信息。将零件信息分层次表达，可以方便不同应用系统从共享零件信息模型的不同层次提取相应信息，例如，CAPP 主要利用零件信息模型中的零件层和特征层信息。

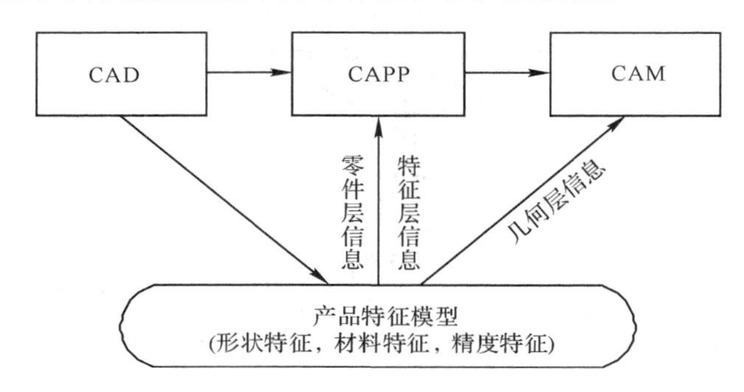

图 9.3　基于特征建模技术的信息集成

四、基于工程数据库管理技术的 CAD/CAM 信息集成

早期的 CAD/CAM 信息集成主要是通过数据文件来实现的，不同子系统之间要通过数据接口进行信息转换与解释，而且传输效率不高。为了提高数据的传输效率和系统的集成化程度，保证各系统之间数据的一致性、可靠性和数据共享，将数据库管理技术引入 CAD/CAM 系统的集成之中成为人们的自然选择。通过建立面向产品设计与制造过程的工程数据库，用统一的产品数据模型来描述产品信息，使各个系统之间可以直接进行信息交换，真正实现 CAD/CAM 之间的信息交换与共享。基于工程数据库管理技术的信息集成如图 9.4 所示。

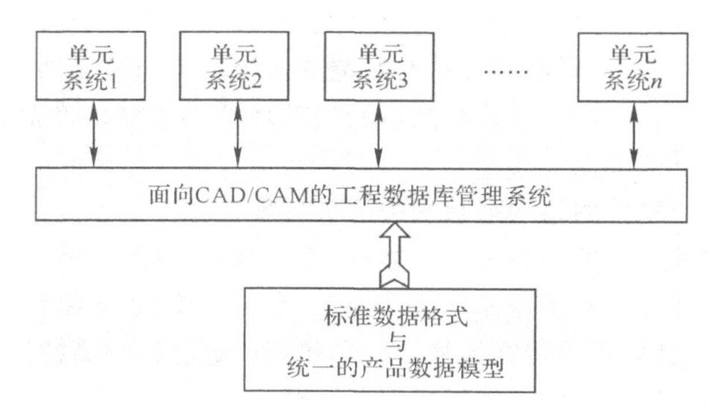

图 9.4　基于工程数据库管理技术的信息集成

第三节　数字化设计与制造系统集成

一、背景

随着 CAD/CAPP/CAM 等系统在制造企业中的广泛应用，企业强烈要求产品设计、工

艺设计、数控编程(即3C)系统之间数据和信息的自动化传递和转换,提高产品开发效率。在企业使用PDM技术之前,3C集成系统主要采用专用数据格式文件来交换信息,集中体现于统一的数据库及统一的数模、算法等方面,并且大多是针对企业原有技术条件、某类产品生产品种及规模而设计开发的,主要通过大量的编程工作来实现数据接口的前置处理和后置处理、流程定义、固定的数据输出格式等,只注重当前功能的可实现性,并没有过多考虑到系统以后的可扩展性。这种集成模式是独立应用的集成模式,应用系统中各对等层次间的通信不充分,不能有效地分解应用逻辑,缺乏坚实的安全措施,可扩充性和可移植性差。一旦产品开发任务、开发流程、产品数据文档格式发生变化,这些3C集成系统就难以适应这些变化,往往需要重新组织人员开发,造成大量的人力、物力、财力的浪费。由于没有利用集成框架,因此,每次在集成系统中增加新系统需要额外的工作来解决新系统与已存在系统之间的集成关系,造成系统接口的重复设计和开发、系统服务不一致和重复以及用户接口的不一致。

同时,CAD/CAM技术的应用对数据管理提出了新的需求。企业需要新的技术手段管理和维护设计与制造中的数据,进行文件查询、管理产品设计版本,管理产品结构配置,管理文件审批发放过程,确保这些数据的及时性和正确性,并且使这些数据能在整个企业内得到充分的共享,同时还要保证数据免遭有意或无意的破坏。这些都是迫切需要解决的问题。

二、PDM技术

产品数据管理(PDM)技术是20世纪80年代开始兴起的一项管理企业产品生命周期与产品相关数据的技术。它继承和发展了设计资源管理、设计过程管理、信息管理等各类系统的优点,并应用了并行工程方法学、网络技术、数据库和面向对象等技术,有效地解决了企业信息集成、CAx之间的信息交换和过程优化管理等企业“瓶颈”问题。

关于PDM的定义请参考第一章。PDM系统的功能是用于管理在整个产品生命周期内所有与产品有关的信息,有助于工作小组、部门、科室或企业在整个产品生命周期内对产品数据和开发过程实施管理。这里所说的产品数据是指与产品开发、制造和维护有关的,以及支持产品开发、制造和维护的全部信息。过程数据则是指工程发布、工程变更管理和其他与工作流有关的数据。PDM为不同地点、不同部门的人员营造了一个虚拟协同的工作环境,是所有信息的主要载体,在产品开发过程中,可以对它们进行创建、管理和分发。从PDM在制造业的实施情况分析,其功能主要应包括以下几个方面:

1. 产品结构与配置管理

产品结构与配置管理是PDM的核心功能之一,利用此功能可以实现对产品结构与配置信息和BOM的管理。用户可以利用PDM提供的图形化界面来查看和编辑产品结构。

在PDM系统中,零部件按照它们之间的装配关系被组织起来,用户可以将各种产品定义数据与零、部件关联起来,最终形成对产品结构的完整描述,传统的BOM表可以利用PDM自动生成。在企业内,同一产品的产品结构形式在不同的部门并不相同,因此PDM系统还提供了按产品视图来组织产品结构的功能。通过建立相应的产品视图,企业的不同部门可以按其需要的形式来对产品结构进行组织。当产品结构发生更改时,可以通过网络化的产品结构视图来分析和控制更改对整个企业的影响。

2. 图文档管理

图文档管理以产品为中心，把产品结构映射为管理对象，每个对象都包含与之相关的所有信息和过程。也就是说，每个对象的所有相关数据，如设计图纸、说明书、NC 代码、工艺文件等在产品结构树上会“挂”在相应的零件和装配体上。

PDM 图文档管理提供了对分布式异构数据的存储、检索和管理功能。在 PDM 中，数据的访问对用户来说是完全透明的，用户无须关心数据存放的具体位置。PDM 的安全机制使管理员可以定义不同的角色，并赋予这些角色不同的数据访问权限和范围，通过给用户分配相应的角色使数据只能被已授权的用户获取或修改。同时，在 PDM 中数据的发布和变更必须经过事先定义的审批流程后才能生效，这样就使用户得到的总是经过审批的正确信息。

3. 工作流程管理

PDM 的生命周期管理模块管理产品数据的动态定义过程，其中包括宏观过程（产品生命周期）和各种微观过程（如图样的审批流程）。对产品生命周期的管理包括保留和跟踪产品从概念设计、产品开发、生产制造直到停止生产的整个过程中的所有历史记录，以及定义产品从一个状态转换到另一个状态时必须经过的处理步骤。不同的企业可以依据企业的工作习惯预先指定审批步骤，通过对产品数据各基本处理步骤的组合来构造产品设计或更改流程，确定各个工作阶段的先后次序及对应的审批人员和角色，同时规定审批通过的规则，包括指定任务、审批和通知相关人员等。流程的构造建立在对企业中各种业务流程分析的基础上。

4. 动态权限设置

企业投入大量的人力、物力和财力研制出的新产品的技术资料是企业的宝贵财富。为了保护这些数据，必须加以严格的权限控制。合理安排人员的角色及其权限势在必行，PDM 的权限动态设置模块应运而生，在这个模块中，系统管理员可以对合法用户的信息加以维护，包括用户自身信息的定义、修改，以及用户身份、状态等信息的管理，从而使用户动态地获得权限。

5. 工程变更管理

工程变更是在制造业的生产过程中经常出现的重要活动，特别是在航空、航天、汽车等领域。因为工程变更必须有规范的过程约束与流程控制，所以与流程管理是紧密联系在一起的。工程变更包括工程变更请求和工程变更指令两部分内容，工程变更请求只有通过提交流程管理部门进行审核与审批后才能实施。原信息修改后，要求通知到相关人员，并要求修改相关受影响的信息。

6. 项目管理

PDM 应提供用于项目计划的工具，辅助企业制订项目的周详计划，帮助企业在计划中明确项目的目标、任务间的制约关系，发现其中的缺陷，进行资源的合理调度。计划工具可以通过甘特图、图形化的网络图等手段直观地显示整个项目的进度安排、资源调度，以及任务间的约束关系。仅仅只有一个周详的计划，对成功的项目管理是不够的，成功的项目管理还需要一个强有力的监督、监控手段来保证任务的有效执行。

7. 外部集成工具

企业的情况千差万别，用户的需求也是多种多样的，没有一种 PDM 系统能适应所有企业的情况，这就要求 PDM 系统必须具有强大的客户化和二次开发能力。现在许多 PDM 产品提供了二次开发工具包，PDM 实施人员或用户可以利用这类工具包来进行针对企业具体情况的定制工作。这是 PDM 的一项重要功能，通过系统提供的接口，实现和第三方软件的集成。

PDM 是一组集成的应用，可以在产品设计、生产、市场营销等环节提高工作人员的工作效率和过程运行效率。完善的 PDM 系统必须能够将各种功能领域的应用集成起来，并符合各种严格的要求。

三、基于 PDM 的数字化设计与制造系统的信息与功能集成

信息集成不是简单地从技术上实现各部门之间的信息共享，而是要从系统运行的角度，保证系统中每个部分，在运行的每个阶段都能将正确的信息在正确的时间、正确的地点以正确的方式传送给需要该信息的人。

PDM 系统的出现为设计与制造系统的集成提供了一个集成框架。所谓集成框架，指在异构、分布式计算机环境中能使企业内各类应用实现信息集成、功能集成和过程集成的软件系统。PDM 将产品设计、分析、制造、工艺规划和质量管理等方面的信息孤岛集成在一起，对产品整个生命周期内的数据进行统一的管理，为实现企业全局信息的集成提供信息传递的平台和桥梁，已经成为常用的 3C 或 4C(CAD/CAE /CAPP /CAM)集成平台，PDM 将 CAD/CAE/CAPP/CAM 集成起来形成的一体化系统称为 C4P 系统。不同的 4C 系统都可从 PDM 中提取各自所需要的信息(如 MBD 模型)，再把结果放回 PDM 中，从而真正实现 4C 集成。为了做到这一点，PDM 在关系型数据库的基础之上加上面向对象层，使得 4C 之间不必直接进行信息的传递，所有的信息传递都可以通过 PDM 这样的中间平台来进行，从而克服了传统的 4C 系统之间集成的复杂性。

C4P 系统通常是一个层次化的结构，如图 9.5 所示，其顶层是各种面向产品开发过程的数字化设计开发系统，如 CAD/CAE/CAPP 等，最底层则是通用的数据库管理系统(DBMS)，两者之间则是面向特定产品开发过程的产品数据管理系统，包括对产品信息进行统一化表达的对象模型和具体的 PDMS 软件结构两部分。

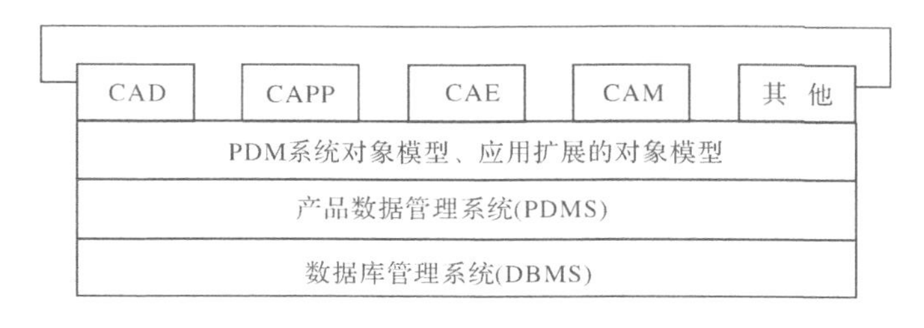

图 9.5　C4P 系统的层次化技术结构

C4P 技术的实现利用了许多先进的管理观念和成熟的信息技术，如电子文档管理中的数据文档管理和网络通信技术；并行工程中的工作流管理、协同工作和信息集成技术；成组技术中的分类编码和零件族技术；数据仓库技术中的数据库管理、版本管理和历史数据技术；STEP 标准中的产品数据描述和零件族管理技术；跨平台的 Web 技术与应用软件集成的面向对象的嵌入式与连接技术。通常，基于 PDM 系统的 CAx 系统集成可分为 3 个层次：封装、接口和集成。其实现方式如下：

(1)封装。所谓封装是指把对象的属性和操作方法同时封装在定义对象中，用操作集来描述可见模块的外部接口，从而保证对象的界面独立于对象的内部表达。为了使不同的应用系统之间能够共享信息，以及对应用系统所产生的数据进行统一管理，只要把外部应用系统进行封装，PDM 就可以对它的数据进行有效管理。封装意味着用户看不到对象的内部结构，但可以通过调用操作，即程序部分来使用对象，这充分体现了信息隐蔽原则。封装性使得程序设计在改变一个对象类型的数据结构内部表达时，可以不改变在该对象类型上工作的任何程序。封装使数据和操作有了统一的模型界面。

封装可使在 PDM 系统的统一用户界面下启动 CAx 应用程序。这种集成方式实现最为简单，但也只提供较少的功能，PDM 系统无法管理 CAx 文件中的数据，如特征、约束、装配关系等。封装可以通过 PDM 或 CAx 系统提供的封装工具来实现，开发人员可以通过定义文件类型(或文件后缀)，以及应用程序的环境变量等条件，使 PDM 系统能够在需要时自动启动外部工具以处理某种类型的文件。

(2)接口。接口提供了较为紧密的系统集成，PDM 系统与 CAx 系统之间可以进行一些数据交换，某些 CAx 数据，如零件号和材料信息可以传送到 PDM 系统中。这种集成方式要求对系统的数据结构有所了解，通过 PDM 与 CAx 系统的 API 接口，提取部分重要信息，实现 PDM 与 CAx 系统的部分信息交换。

(3)集成。完整的集成具有自动双向交换所有相关信息的能力。这种集成方式要求了解 PDM 与 CAx 系统的底层数据结构，并在此基础上通过编程实现二者间的数据访问。通过详细分析 CAD/CAM 的图形数据和 PDM 产品结构数据，制定统一的产品数据之间的结构关系，只要其中之一的结构关系发生了变化，另一个就自动随之改变，始终保持 CAD/CAM 的装配关系与 PDM 产品结构树的同步一致。PDM 环境提供了一整套结构化的面向产品对象的公共服务集合，构成了集成化的基础，以实现以产品对象为核心的信息集成。

PDM 或产品生命周期管理(Product Lifecyce Management, PLM)系统支持下的设计与制造集成体系如图 9.6 所示。PDM 系统为产品研制过程提供了一个数据、功能和业务过程集成环境；数据集成层主要是三维 MBD 模型，CAD 系统构建的 MBD 模型包含了几何信息、三维标注信息、工艺信息、制造过程信息等，为产品生命周期中的后续工艺设计、工装设计、数控编程、产品制造及检测等提供了数据集成基础；通过 PDM 平台规范化的数据组织，CAD/CAE/CAPP/CAM 等各系统间可以传递和共享 MBD 模型，即功能集成；各环节用户获取 MBD 模型，提取所需信息，并使用数字化设计制造系统逐步构建其他类型的产品数字化模型(如 MBD 工艺模型、工装模型等)，实现产品设计、工艺设计、生产制造和检验等环节的业务协同和集成，如图 9.7 所示。具体过程如下：产品设计人员利用 3D 设计平台工具进行设计构型的全三维数字化定义，将 MBD 设计模型保存在 PLM 系统中进行统一管理、审签、发布和传递。产品设计模型发放后，工艺设计人员从 PLM 系统中获取设计部门发放的三维模型，并根据需要采用相应的工艺设计、工装设计、NC 编程、加工仿真和虚拟装配等软件进行工艺设计和仿真分析。以工艺设计为例，利用 MBD 设计模型构建工艺模型要通过特征信息提取、工艺推理和工艺信息表达等。信息提取可借助二次开发工具依次提取各个特征的参数。利用数字化工艺系统、三维建模系统进行加工元、加工工步、工序定义，生成工序 MBD 模型，进一步将一系列工序 MBD 模型组织成工艺 MBD 模型。这个过程中可以利用设计 MBD 模型的模型文件、PMI 信息等。工艺设计完成后，将三维工艺模型、工艺信息和轻量化工序模型等工艺设计结果保存到 PLM 系统中进行审签并发布，审签归档后，生产现场和 MES 系统可以从 PLM 系统中获取工艺信息及带标注的轻量化工序模型指导生产。

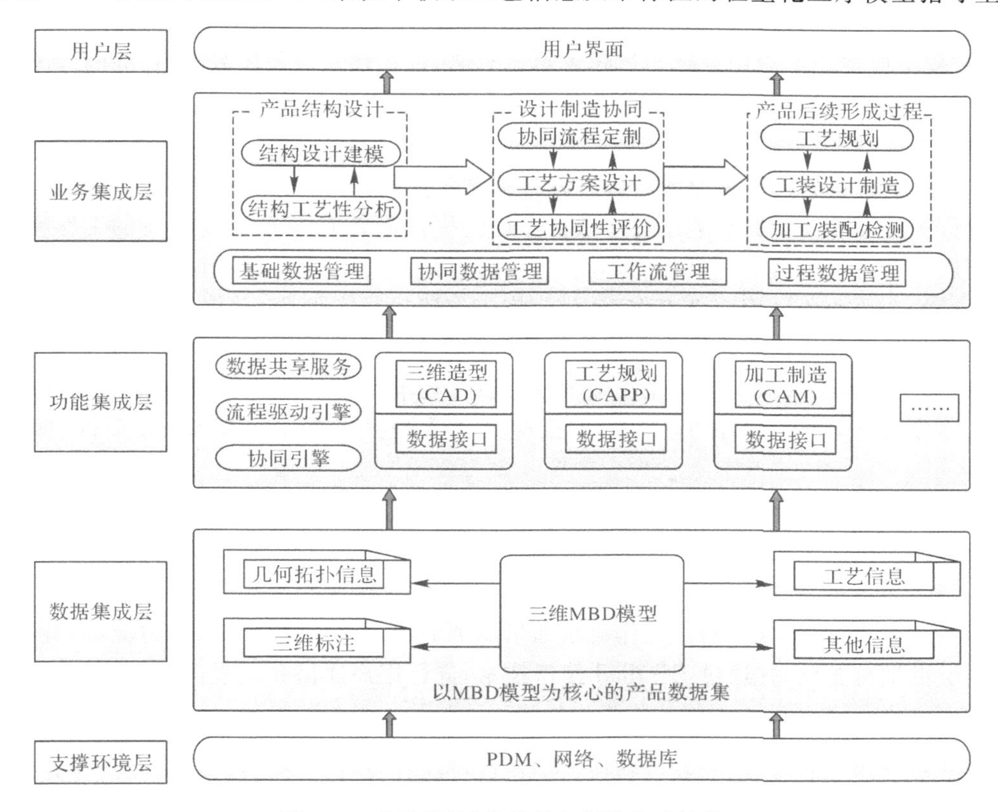

图 9.6　基于 PDM 的设计与制造集成体系

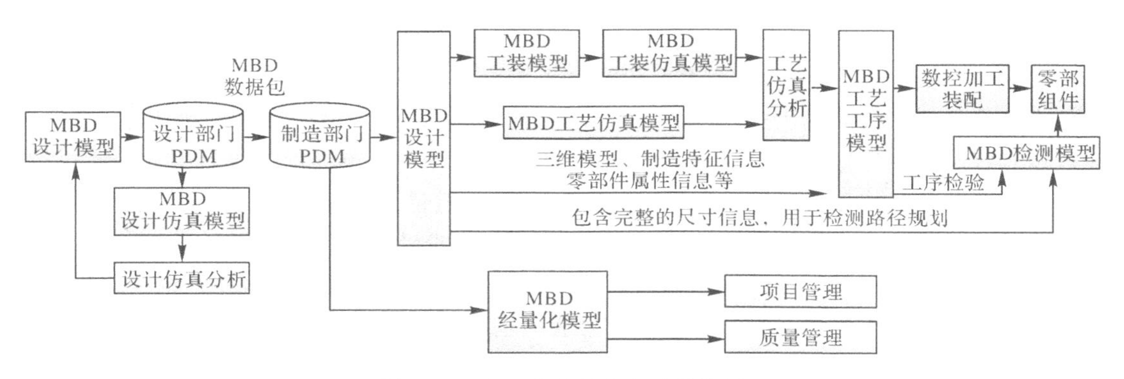

图 9.7　PDM 支持的业务过程协同

四、基于 PDM 的设计与制造过程集成

1. 过程集成与工作流

过程集成是在信息集成的基础上进行流程之间的协调，消除流程中各种冗余和非增值的子流程(活动)，以及由人为因素和资源问题等造成的影响流程效率的一切障碍，使企业流程总体达到最优。并行工程就是一个典型的过程集成的例子。实现过程集成后，就可以方便地协调各种企业功能，把人和资源、资金及应用合理地组织在一起，获得最佳的运行效益。另外，过程集成实现了应用逻辑与过程逻辑的分离，过程建模与具体数据、功能的分离，这样就可以在不修改具体功能的情况下，通过修改过程模型来完成系统功能的改变，从而大大提高企业的灵活性和对市场的反应能力。

工作流与过程管理主要是对产品开发过程和工程更改过程中的所有事件和活动进行定义、执行、跟踪和监控。其功能组件一般由工作流模板定义工具、执行工作流的工作流引擎、工作流监控和管理工具等组成。工作流的实现过程是：使用图形化工作流设计工具，根据过程重组后的企业业务过程定义工作流模板；将工作流模板实例化，并提交工作流引擎执行；使用工作流监控和管理工具跟踪分析工作流的执行情况。工作流程管理的主要功能如下：

(1)工作流程编辑器。工作流程编辑器提供过程单元定义手段，并根据用户的指定将过程单元连接成需要的工作流程，规定了提交工作流程执行的设计对象，如部件、零件、文档等。

(2)工作流程管理器。工作流程管理器接收工作流程编辑器提交的流程定义数据，建立有关人员的工作任务列表，记录每个任务列表的执行信息，支持工作流程的异常处理和过程重组。

(3)工作流程通信服务器。工作流程通信服务器根据工作流程的进展情况，向有关人员提供电子审批与发放，并通过 E-mail 接口技术，进行用户通信和过程信息传递。

2. 基于 PDM 的设计与制造过程集成技术

传统串行作业的设计、开发过程往往会造成产品开发过程中出现反复，使产品开发周期加长、成本增加。如果把产品设计中的各个串行过程尽可能多地转变为并行过程，在设计时考虑到后续环节的可制造性、可装配性，就可以减少反复，缩短开发时间。并行工程(CE)便是基于这一思想的一种先进制造模式，要求在设计一开始就考虑产品整个生命周期中从概念形成到产品报废的诸多因素，在产品设计的上游阶段及早地考虑下游阶段和制造的需要，消除产品设计完工以后的大返工、大更改的不良影响，从而达到缩短产品开发周期、降低产品成本和提高产品质量的目的，增强企业的新产品开发能力及市场竞争能力。

并行工程是以缩短产品开发周期、降低成本、提高质量为目标，把先进的管理思想和先进的自动化技术结合起来，采用集成化和并行化的思想设计产品及其相关过程，在产品开发的早期就充分考虑产品生命周期中相关环节的影响，力争设计一次完成，并且将产品开发过程的其他阶段尽量往前提。它在原有信息集成的基础上，更强调功能和过程上的集成，并在优化和重组产品开发过程的同时，不仅要实现多学科领域专家群体协同工作，而且要求把产品信息和开发过程有机地集成起来，做到把正确的信息在正确的时间以正确的方式传递给

正确的人。这是目前最高层次的信息管理要求。

PDM提供了并行化设计过程的管理。

(1)它支持异构计算机环境,包括不同的网络与数据库,能实现产品数据的统一管理与共享,提供单一的产品数据源,以产品结构配置为核心,把与产品有关的所有信息组合在一起,实现产品相关信息的统一有效管理。

(2)它能方便地实现对应用工具的封装,便于有效地管理应用工具产生的信息,提供应用系统之间的信息传递与交换平台。PDM是成熟的信息集成平台,支持异构、分布式的计算机环境,并通过封装、接口、集成三个层次上的应用集成有效地管理应用工具产生的信息。

(3)它可以提供过程管理与监控,为并行工程中的过程集成提供了必要的支持。PDM系统不仅提供了丰富的工作流功能,而且可以有针对性地开发具有企业特色的工作过程,把各种相关的工作流集成在产品生命周期循环中。

PDM的集成协同环境可以支持将传统的串行产品开发流程转变为集成、并行的开发流程,使设计制造各部门、各角色协同工作,并实现流程的自动化。例如,组建由多学科人员组成的动态产品开发团队,使下游过程(工艺设计、工装设计、数控编程等)工艺人员在产品设计阶段就参与进来,基于三维MBD模型分析产品的可制造性、可装配性,对设计模型进行工艺预审及会签,提前准备工艺和工装设计等。工艺审查意见通过PDM系统反馈至设计师,实现设计、工艺、制造等人员的并行协同,从而提高产品设计、制造效率和一次成功率。在这个过程中,PDM可采用基于模型成熟度的预发布机制,在设计数模达到一定成熟度后,通过同步机制将产品设计模型从设计单位PDM协同环境中同步到制造单位PDM协同环境中,对产品的可制造性进行验证;产品设计到某一成熟度时,工艺员和工装设计员应用各自的工具软件进行工艺规划、工艺设计和工装设计;上游数据发生变化时,下游模型可以进行更新。

五、基于SOA框架的应用集成与过程集成

面向服务的体系架构(Service-Oriented Architecture,SOA)如图9.8所示,其中主要包括服务消费者、服务提供者、服务注册和服务协议四个角色。Web服务(Web service)是一种SOA的实现技术,其中服务提供者通过Web服务描述语言(Web Services Description Language,WSDL)采用业务流程建模工具定义其Web服务,并通过统一描述、发现和集成(Universal Description,Discovery and Integration,UDDI)注册中心进行注册和发布;服务请求者通过UDDI连接器向UDDI注册中心发送服务检索请求;UDDI注册中心查找到所需服务后,通过WSDL向服务请求者提供该服务的接口描述和具体所在位置;服务请求者获取服务的WSDL后,利用简单对象访问协议(Simple Object Access Protocol,SOAP)来绑定和调用该服务;服务间的数据传递与转换则通过基于可扩展标记语言(Extensible Markup Language,XML)格式的中间文件实现。不同的Web服务可以通过编制组合成新的服务,快速、灵活地构建新的应用程序和业务流,最大限度地提升复用性。

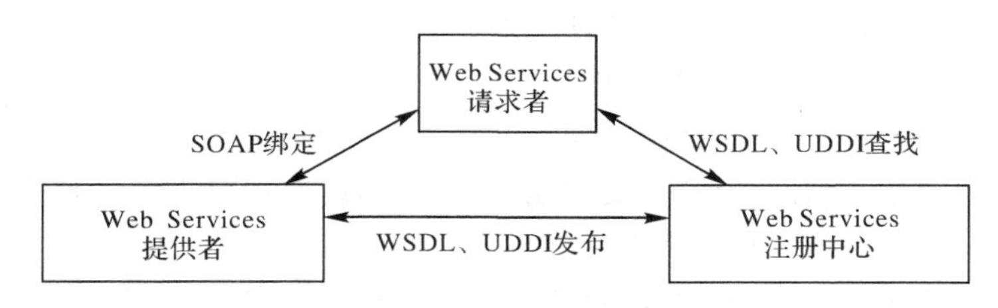

图 9.8 Web 服务体系

采用 SOA 架构的应用系统集成模式是一种基于服务层的应用集成模型，可以将企业的设计制造应用系统、业务功能、业务数据封装为 Web 服务，解决企业资源发现、共享和应用集成问题。在基于 Web 服务的企业应用集成模型中，企业的所有系统都成为松散结构中的组件，如图 9.9 所示。应用系统既可以是已有的应用系统，就也可以是新开发的 Web 服务。如果是已有的应用系统，就需要先将此应用系统封装成 Web 服务组件：先描述接口，生成描述该系统功能和调用方法的 WSDL 文件；然后生成服务器端基于 SOAP 的服务框架，并在此基础上开发适用于已有系统的适配器；最后将服务描述文件通过 UDDI 的 API 发布到 UDDI 注册服务器中。

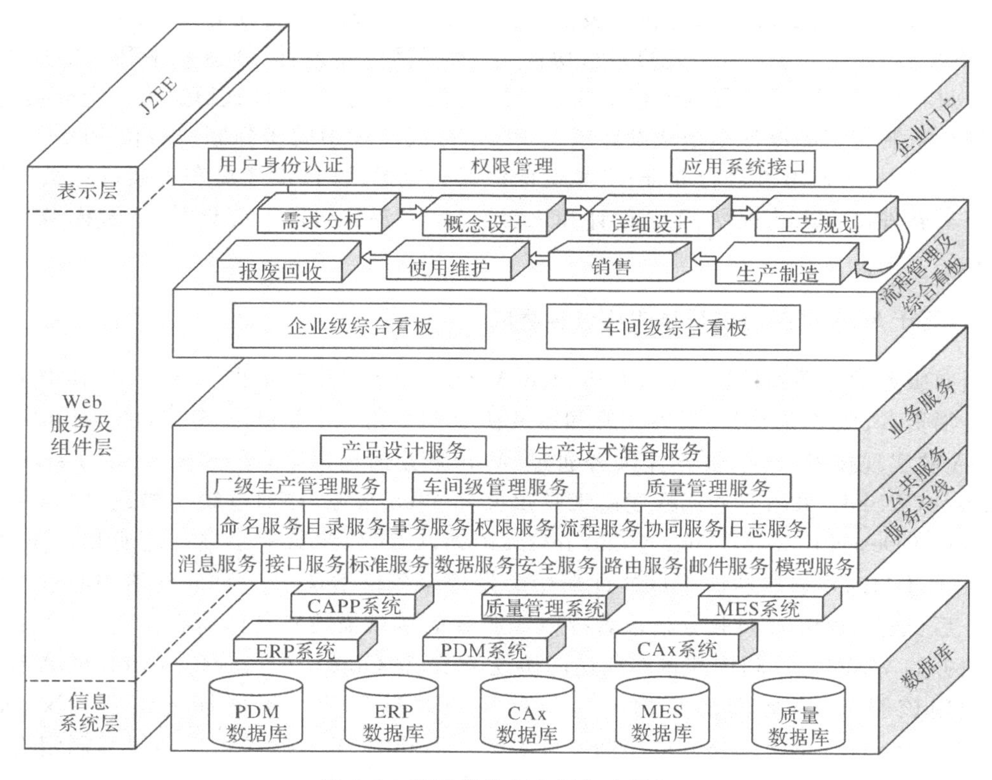

图 9.9 基于服务的应用集成框架

Web 服务可以通过 Web 服务业务流程执行语言（Web Services Business Process Execution Language，WS-BPEL）以松散耦合的方式将服务组合为不同的业务流程，即业务功能封装为 Web 服务后，可进一步组装成一个业务流程(如图 9.10)。WS-BPEL 是一种面向流程、依赖于 WSDL 的服务合成语言，将原子业务流程服务和子业务流程服务定义为合作伙伴链接(PartnerLink)、调用(invoke)、接收(receive)、发送(reply)等基本活动，以及顺序(sequence)、并行执行(flow)等结构化活动，以实现对已定义业务流程服务的重用与组合。通过服务的发布和发现机制，封装成标准服务的业务流程可以发现，并调用其他业务流程服务，业务流程服务在相互发现和共享的基础上进行编制和组合，从而实现业务流程间的相互调用。当某业务流程发生变化时，只需通过修改流程定义文档重构服务即可实现流程的灵活变更，以满足新业务流程的需求。

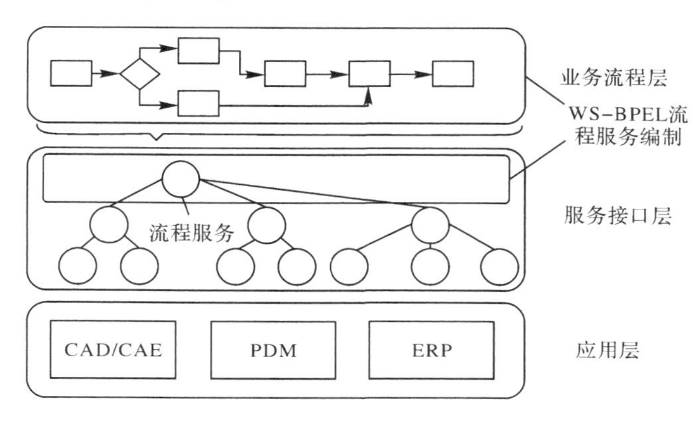

图 9.10　SOA 服务层次结构

实施 SOA 体系可基于企业服务总线(Enterprise Service Bus，ESB)。ESB 是一个开放、基于标准的消息传输框架，用来部署与管理 SOA 解决方案。从概念上来说，ESB 结合了传统的企业应用集成(Enterprise Integration Application，EAI)技术与 Web 服务、XSLT (eXtensible Stylesheet Language Transformations)、编排技术，为 SOA 提供了一个完备的基础结构，将业务逻辑封闭到中间件中，将服务器上的多个逻辑层迁移到总线上来，针对不同应用提供不同的适配器接口，完成粗粒度服务和其他组件之间的互操作，从而实现服务间的集成与管理。

六、产品设计与生产的集成

将以设计为中心的 PDM/CAx 系统和以生产为中心的 ERP/MES 系统进行集成是打通设计、工艺、制造、生产管理各环节，实现数字化企业信息流程的一项重要工作。PDM 与 ERP 系统之间存在着共享数据和过程的需求，PDM 系统管理的重点是产品的设计及工艺信息，这些信息同时是生产、采购等业务环节开展工作的基础，因此，PDM 既作为 CAx 软件的集成平台，又是 ERP 中产品数据信息的源头。

作为设计与生产之间的信息集成形式，ERP 系统可通过调用 PDM 集成平台接口自动获取设计产生的 EBOM、PBOM、MBOM、工艺路线、任务进度数据、估计成本、技术指标参数、加工方法、工装、设备需求、能力数据、工艺定额等信息，生成物料需求计划，而无须再人工输入；ERP 也可以通过 PDM 这一桥梁将产品有关的生产计划、材料、维修服务等信息自动传递或交换给 CAx 系统。例如，工艺设计时，PDM 系统中可直接从 ERP 中查看和选择物资编码等基础数据进行 PBOM 材料维护。PDM 系统也为 MES 系统提供制造和检验的数据源头，可向 MES 系统传递产品设计及工艺数据，并将信息随着 MES 作业指令传递到生产现场工位终端。工艺变更的联动管理使工艺变更后生产现场能通过 MES 系统快速响应。设计与生产之间通过相互集成，构成完整的企业信息系统。另外，PDM 与 ERP 系统之间也开始相互渗透。PDM 厂商开始将 EBOM 与 MBOM 统一在 PDM 系统中进行管理，同时将经营计划、生产计划集成于 PDM 系统中，而 ERP 系统也在设法将 PDM 系统的功能集成进来。

七、知识集成

随着企业信息量急剧增加，信息的更新速度越来越快，数据的异构性是分布式系统间信息通信、互操作和集成的主要障碍。为实现多系统间信息的有效重用、共享，需要应用程序能够理解的语义。知识集成就是对企业异构的知识资源进行统一的组织和描述，达到在语义上能够共同理解和互操作，进而通过对知识进行有机组织和分析，发现知识间的关联，提高知识的重用效率。简单地说，知识集成是从多个不同的知识源融合信息和概念的过程，这些知识源往往是分布和异构的。近年来，随着知识组织以及知识管理的深入研究，知识集成方法和技术向本体(Ontology)、知识图谱(Knowledge Graph)、语义网(Semantic Web)、关联数据(Linked Data)等方面发展，领域知识间由原本简单的数据链接转变成知识间的语义互联，以实现企业知识的集成共享。

领域知识的形式化表达包括谓词逻辑知识表示方法、框架式知识表示方法、基于语义网络的知识表示方法、基于本体的知识表示方法等。其中基于本体的知识表示方法能够保证知识传递和共享过程中知识理解的唯一性，可以满足知识类型多样、语义关系复杂的要求，在知识表示和知识重用等方面有较多应用。关于本体的定义有很多，一个广为引用的定义如下："本体是共享概念模型的明确的形式化规范说明。""概念模型"指通过抽象出客观世界中一些现象的相关概念而得到的模型，"明确"指所使用的概念及使用这些概念的约束都有明确的定义，"形式化"指能被计算机处理，"共享"意味着本体体现的是共同认可的知识，反映的是相关领域中公认的概念集。本体的目标是捕获相关领域的知识，确定该领域内共同认可的词汇，通过概念之间的关系来描述概念的语义，提供对该领域知识的共同理解。按照领域依赖程度，本体可分为顶层本体、领域本体、任务本体和应用本体等。其中领域本体描述的是特定领域(如制造、地理、医疗等)的概念及概念之间的关系的集合，是设计师在协同设计过程中进行知识获取、表达以及共享的基础。本体描述语言是用来描述和表达本体信息的。本体描述语言分为传统的本体描述语言和基于语义 Web 的本体描述语言两大类，后者包括 RDF/RDFS、DAML+OIL、OWL 等。企业信息集成中通过构建领域本体描述深层次的语义信息，可减少或消除领域概念及术语间的混乱，为各应用系统之间互操作和信息共享提供基础。

知识图谱由谷歌公司于 2012 年正式提出，它以本体作为模式层的知识表达与存储方法，利用本体所定义的概念和关系的形式化描述，表征实例化后实体的类型与实体之间的关系。相较于抽象的本体概念，知识图谱在概念的基础上以"实体—关系—实体""实体—属性一值"的形式组织信息。知识图谱具有如下特点:① 数据及知识的存储结构为有向图结构。有向图结构允许知识图谱有效地存储数据和知识之间的关联关系。② 具备高效的数据和知识检索能力。知识图谱可以通过图匹配算法实现高效的数据和知识访问。③ 具备智能化的数据和知识推理能力。知识图谱可以自动化、智能化地从已有的知识中发现和推理多角度的隐含知识。因此,可在领域知识的本体模型基础上,构造基于语义模型的企业知识图谱,以满足企业大规模数据集成的需求,然后利用企业知识图谱构建分散异构信息的虚拟视图,并根据这一虚拟视图集成和获取企业各类信息。

第四节　数字化设计与制造的企业间集成与协同

一、背景

世界已经步入知识经济和网络经济时代,知识经济对制造业的影响表现在产品和消费观念的改变,产品设计与制造过程的数字化、智能化、网络化,经营过程的全球化和虚拟化。从全球范围看,经济全球化的趋势日益显现,竞争环境更加激烈。由于一家企业的资金,人员素质与知识和技能,设施与设备,设计与开发、制造能力,营销能力等都存在着局限性,在全球范围内日趋激烈的市场竞争中不可能取胜,因此,企业必须面对全球制造的新形势,联合其他企业进行优势互补,共享技能、核心能力及资源,快速响应动态和不可预测的市场环境,增强敏捷性和市场竞争力。跨企业的集成和协同成为制造技术的重要发展趋势。

Internet 改变了信息传递方式和企业组织管理方式,在经济全球化和制造全球化趋势下,企业的研制和生产经营活动将不再仅局限于自己内部的集成,而应把自身视为全球化网络集成环境中的一个节点,更加着眼于知识、信息的获取和共享,利用计算机网络实现对跨企业分布的制造资源的快速调集与利用。

目前,这种企业间协作模式已经在工业中获得了广泛重视和应用,成为当今主流经营模式。许多企业摒弃了过去那种从产品设计、零件制造、原材料采购、产品装配直到销售都自己负责的经营模式,转而在全球范围内寻找最佳合作伙伴,形成虚拟企业(动态联盟)。例如,美国福特汽车公司的一种车在美国设计,在日本生产发动机,由韩国的制造厂生产其他零件和装配,最后再运往美国和世界市场上销售。制造商这样做的目的显然是追求低成本、高质量,最终目的是提高竞争能力。

企业间集成的基本思想是将企业内部的资源、业务流与企业外部的资源、业务流有机地集成起来,并统一进行管理,达到全局动态最优目标,以适应在新的竞争环境下市场对生产和管理过程提出的高质量、高柔性和低成本的要求。

二、数字化设计与制造的企业间集成模式

网络信息技术的飞速发展为企业间设计与制造集成提供了工具和平台。一些新的数字化设计与制造企业间集成模式迅速兴起。协同产品开发/协同产品商务、虚拟企业、企业间协同制造、网络化制造/制造网络、分布式生产网络、供应链、转包生产、跨企业制造执行系统、制造网格、云制造等一系列具有相似内涵的制造模式已经得到了深入研究或应用。尽管

概念和侧重有所不同，但其表现的实质均为企业间设计与制造的协同与集成模式。下面简单讲述其中的主要概念。

1. 虚拟企业

1991年，美国里海大学发表了《21世纪制造企业战略》，提出了敏捷制造（Agile Manufacturing）和虚拟企业（Virtual Enterprise，VE）的概念。1995年，美国国防部和自然科学基金学会资助10家面向美国工业的研究单位，共同制定了以敏捷制造和虚拟企业为核心内容的"下一代制造"计划。敏捷制造强调针对某一市场机遇，由不同企业的部分或全部迅速组成一个临时性的联盟组织，即虚拟企业。该组织的不同成员完成产品价值链上不同的功能，在计算机网络的支持下协作，共享技能、核心竞争力和资源，以更好地响应市场机会。虚拟企业是通过信息技术联系起来的企业动态联盟，这种联盟是一种有时限、非固定、相互依赖、相互信任、相互合作的组织，虚拟企业可以克服时间和空间上的限制，把位于不同地域、处于不同资源技术层次的多家企业整合起来，从而快速响应市场，以求得共同的、更大的效益。

虚拟企业的运行需要跨企业或分布式制造执行系统支持。有许多研究项目旨在建立支持虚拟企业运行的基础架构或技术，如NIIIP、PRODNET、PLENT、ESPRIT、VIRTEC、VEGA、VIVE、GLOBEMAN21等。通常采用跨企业的工作流管理系统集成协作企业提供的工作流过程和服务。整个制造过程根据虚拟企业中企业的核心技术、资源及其在虚拟企业中的角色被分配给不同成员企业，因此，虚拟企业制造业务过程是分布在异构和自主的企业节点中执行的，并且每家企业的制造过程可能进一步分解为多个子过程来执行。

2. 协同产品开发（研制）与协同设计

随着制造和知识的全球化，跨企业、跨地区的协同产品开发已成为现代复杂产品的主要研制方式，如空客A380、F-35，以及我国的C919等。协同产品开发所涉及的团队成员、开发知识、数据资源更加广泛，开发过程的综合与协同更加复杂，影响着企业组织结构、设计方法、生产模式、供应体系等方方面面。异地协同研制模式的开展需要利用以PDM/PLM为核心的协同研制平台，支持多学科、跨专业的协同，管理产品设计、数据协同、工艺设计、生产制造等全生命周期研制过程，实现跨企业研制过程的贯通与数据的有效流转。以C919为例，协同研制工作平台通过对产品数据的有效控制和管理、电子化的工作流程、各类应用工具的集成，实现了以产品结构为核心的协同研制，并将涉及的各方用户及供应商紧密联系在一起，消除跨企业、跨地域协同的障碍，使处于异地异构环境下的各角色人员能够方便地共享信息，交换设计数据，从而支持整个产品生命周期过程中并行和协同的飞机设计、生产、客户服务和管理。

产品协同商务（Collaborative Product Commerce，CPC）的理念把传统PDM的功能扩展到了广义企业的信息、流程和管理集成平台的高度。CPC利用Internet技术，把产品设计、工程、原料选用（包括制造和采购）、销售、营销、现场服务和客户紧密地联系在一起，形成一个全球知识网。CPC能让个体在整个产品生命周期中协同开发、制造和管理产品，而不管他们在产品商业化流程中担任什么角色，不管他们使用什么样的工具，不管他们在什么地理位置或供应网中位于何处。被授权的CPC用户可以使用任何一种标准的浏览器软件查看广义企业信息系统视图中的信息，这一视图对一组分散的异构产品开发资源进行操作。一般这些资源位于多个信息仓库中，并且由相互独立的实施和维护系统来管理。因此，CPC产品可以用来建立新一代电子商务所必需的广义企业基础结构，用于协同完成产品的开发和管理工作。

协同设计是协同产品研制中的一个阶段，是以分布网络环境为基础联合分散的各领域专家、工作小组开展某个项目的研究或设计，各专家或工作小组分别承担该项目一定的设计任务，并行、交互地开展设计工作，在信息技术的支持下协同完成某个特定项目。按照时间和空间，协同设计包括异步集中式、同步集中式、异步分布式、同步分布式等模式。异步分布式是协作成员在不同时间、不同地点进行工作；同步分布式是多个协作成员在不同地点、同一时间进行工作，这要求协同研制平台具备计算机支持的协同工作（Computer Supported Collaborative Work，CSCW）或计算机支持的协同设计（Computer Supported Collaborative Design，CSCD）环境，如协同批注、同步浏览、音视频交互等。该领域的研究包括 Internet 环境下异地协同设计平台，CAD 并行协同工作原理、合作运行与管理控制机制，协同工作环境下产品建模（包括建模理论、方法、参数管理等），异地产品模型数据的动态实时转换、传输，产品模型数据的异地修改等。

3. 网络化制造的相关概念

网络化制造是将以网络为代表的信息技术用于产品设计、制造、管理、供销等产品全生命周期中的各个活动中，实现全生命周期中的信息、过程、业务集成与资源共享，达到快速响应市场目的所涉及的一系列制造活动。其内涵是将网络技术与制造技术相结合，快速形成虚拟网络企业联盟，充分利用社会资源，协作开展产品开发和设计、制造、销售、采购和管理等产品全生命周期的业务活动，高速度、高质量、低成本地为市场提供所需的产品和服务，提高企业群体竞争力。网络化制造是企业为了提高自身竞争力，快速响应市场需求，利用网络突破企业生产经营的地域约束，实现企业间协同和资源共享的先进制造模式，是在需求与技术共同驱动下发展起来的。网络化制造对传统制造企业的生产和经营产生了巨大的影响，在组织生产、过程管理、产品销售等各个方面提供了新的方法和思路。

网络化制造的相关概念还包括分散网络化制造、分布式网络化制造、网络化协同制造、网络化集成制造、制造网络等。尽管在名称上不同，其实质和内涵却很类似，即采用先进网络技术、制造技术和其他相关技术构建基于网络的制造系统，实现企业间协同和各种社会资源的共享集成，高速度、高质量、低成本地为市场提供所需的产品和服务。网络化制造有如下特征：

（1）客户化。网络化制造技术充分体现面向用户的思想，主要表现在面向客户的设计、定制、监督、更改、维护与维修。

（2）分布性和开放性。在网络化制造系统中，各个节点在逻辑结构或地理位置上是分布的，能独立、自主地完成各自的子任务，但为完成系统的整体任务，彼此间还需进行大量的交互活动，相互协商、协调与合作以协同完成任务。

（3）信息共享。各个节点都有各自以各种形式（如文件、数据库、知识库和电子表格等）存在的数据、知识和信息资源，这些信息需要通过一定的方式实现交换和共享。

（4）网络化。利用 Internet 将分布在不同地理位置的制造资源连接成一个有机的整体，实现信息交流和资源共享，产品生产通过竞争合作方式进行。

(5)动态性。构成客户化分布式网络制造的成员不像传统企业那样一成不变，而是为了共同的利益通过某个市场机遇暂时联合在一起。

(6)集成性。在 Internet/ Intranet 和分布式数据库管理系统的支持下，分布式网络制造系统在功能、信息和生产制造过程实现有效集成。

(7)互操作性。各节点或应用系统间能够交互、相互协调与合作以协同完成共同的任务。

网络化制造的研究内容比较广泛，涉及总体体系模型、网络数据库、分布式计算与信息协议、基于网络的系统集成技术、标准规范、应用实施方法等各个方面，包括异地智力、物质资源建模与管理、异地分布式作业调度模型、任务冲突解决、基于网络的异地协同工作机制、异地设计与制造的产品模型数据管理系统、安全防范机制等。

4. 供应链管理

制造外包(Outsourcing)或转包(Subcontract)是一种广泛应用的企业间协同制造形式。当前，许多大型制造企业不再独立生产整个产品的所有零部件，独立完成制造业务过程，而是委托专业制造厂加工某些零部件和配套装置，以减少投资、降低成本和风险。另外，中小企业为了赢得竞争，通常作为转包生产企业参与到大型企业的生产活动中，作为一个节点为整个生产循环增加价值。在转包生产环境中，制造企业生产计划部门通常会将复杂产品结构划分为标准(通用)外购件、外协(转包)生产零部件和自制零部件三类，其中标准(通用)外购件可以从市场上采购；外协(转包)生产零部件一般通过转包生产的模式由若干外协生产厂为其提供配套制造，也可视为向供应商采购；相对整机而言，这两类零部件的制造工艺和技术复杂性都比较简单，主制企业购买这些零部件，经过装配和总装后交付产品。例如，在波音 747 飞机的 400 多万个零部件中，绝大部分是由 65 个国家中的 1 500 家大企业和 15 000家中小企业提供的，其中也包括转包到我国大型飞机工业公司的各种机型的平尾、垂尾、舱门、机身、机头、翼盒等零部件。空中客车公司也与全球各大公司建立了行业协作和合作关系，在 30 个国家拥有约 1 500 名供货商网络，将零件转包给法国、德国、西班牙和英国等国家的工厂，每家工厂负责生产飞机的一个完整部件，然后再运抵空中客车公司在图卢兹和汉堡的总装厂。

从物料获取、物料加工并将成品送到用户手中这一过程来看，原材料供应商、零部件供应商和配套生产厂等合作伙伴也有自己的供应商和配套厂，生产和流通过程所涉及原材料供应商、生产商、批发商、零售商，以及最终客户等企业和部门组成的一个供需网络称为供应链(Supply Chain)。供应链一般分为内部供应链和外部供应链，内部供应链是指企业内部物料生产和流通过程中所涉及的采购部门、生产部门、仓储部门、销售部门等组成的供需网络；而外部供应链则是指企业外部与企业相关的产品生产和流通过程中所涉及的原材料供应商、外协生产厂商、客户等组成的供需网络。

供应链管理(Supply Chain Management，SCM)是企业有效经营的重要环节，通过物流、信息流、资金流、工作流和价值流将供应商、制造商、批发商和零售商等相关企业或组织集成在一起，对这些具有不同目标的企业或组织之间的行为进行协调，提高供应链的敏捷性，使企业能够以最低的成本、准确的时间、准确的地点将高质量的产品送到顾客手中。供应链管理的目的是获得可持续的竞争优势。

5. 基于制造服务的企业间设计制造集成

早期，中小企业面临着资金或资源的缺乏，无法购买和运维大型设计软件、计算软件、仿真软件等，因此，应用服务提供商（Application Service Provider，ASP）作为一种新的商务服务模式得到了应用。随着SOA和Web服务技术的发展，制造也可以以服务的形式提供，或者以服务的方式获取。利用该思想可以构建基于服务的网络化集成制造模式，如图9.11所示，其中跨企业制造过程包括一系列活动，每家参与企业根据自己的资源或能力，通过制造服务的方式完成制造流程中的部分环节，实现企业间集成。

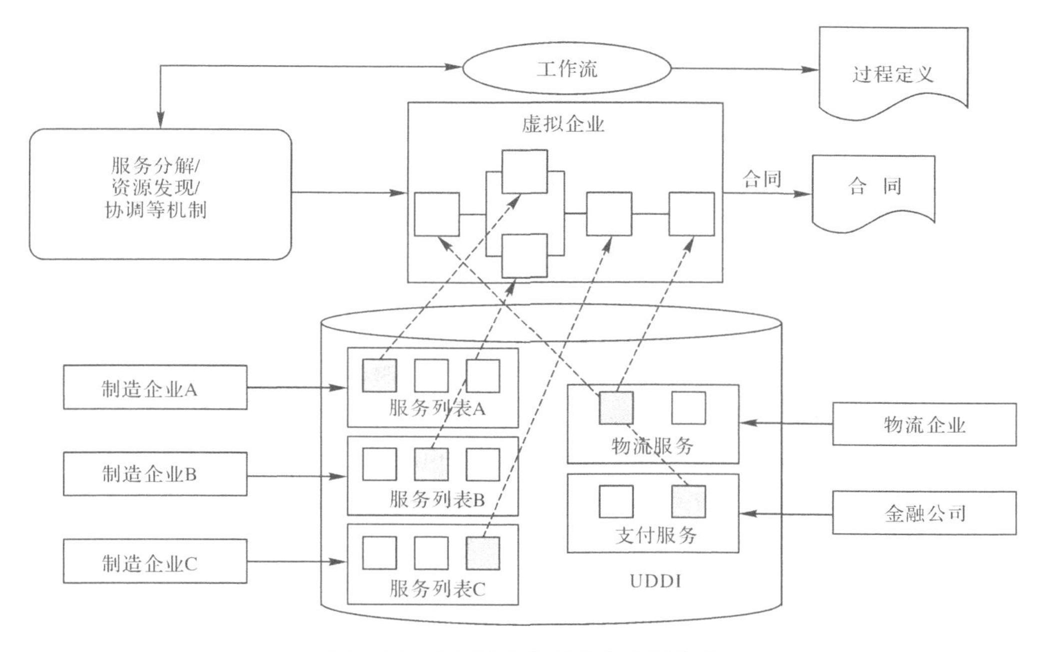

图9.11　基于服务框架的企业间集成

网格计算（Grid Computing）、云计算（Cloud Computing）等逐渐成为共享大范围资源、完成协同任务，以及集成分布系统的技术，用户只需一个连接网格或云数据中心的浏览器就可以使用计算服务。应用于制造领域，这种“制造即服务”或“一切皆服务”（Everything as a service，Xaas）的理念也为网络化协同制造提供了一种新模式，即网格制造（Grid Manufacturing）或云制造（Cloud Manufacturing）模式，都属于面向服务的制造模式。网格制造的理念是将分散在不同企业和社会群体中的设计、制造、管理、信息、技术、智力和软件等资源进行封装和集成，屏蔽异构性和地理分布性，使用户能够以服务请求的方式方便地获得制造服务、使用其他企业的资源，从而实现企业间的商务协同、设计协同、制造协同和供应链协同。云制造则通过Xaas方法将分布在全球各地的制造能力和制造资源Xaas化，虚拟封装成云服务，并按用户需求进行云企业资源的配置与业务过程的构建，在中心机构的统一管理与集成下，以最低的成本完成复杂的制造任务，并实现制造资源的按需分配和资源共享。

三、企业间集成框架与支持技术

企业间集成也可以理解为在虚拟企业之间实现的信息集成和过程集成。企业间集成分为三个层次：

(1)物理系统集成。物理系统集成指通过计算机网络和通信协议实现地理上分布的物理系统的通信。

(2)信息与应用集成。信息与应用集成指实现分布在不同企业中应用系统的互操作和信息共享。

(3)过程集成。过程集成指实现分布在不同企业中的功能实体的业务过程协调及知识共享，也称为知识集成。

在现代信息技术的支撑下，在各企业内部的企业集成基础上，企业间才能进行有效的集成。

采用中间件技术和集成平台是支持企业间集成的有效手段。面向产品全生命周期管理的PLM平台、基于ASP服务的网络化制造平台、电子商务平台、面向协同产品开发的协同产品商务平台、面向项目与过程管理的工作流管理平台等都可以应用于支持企业间集成。

图9.12给出了支持企业间协作的一种集成平台系统的体系结构。整个平台分为基础服务层、公共服务层、服务软总线层、应用服务层和可视化层。基础服务层和公共服务层提供网络、数据库、WWW、对象和目录等通用的服务功能；服务软总线层提供面向特定应用领域的专业化的服务功能，如资源共享服务、信息集成服务、网络安全服务等；应用服务层通过协同监控服务中心、信息服务中心、应用集成服务中心为企业应用提供集成和系统管理服务；可视化层通过企业入口的方式为用户提供可视化的操作界面。其中，协同监控服务中心的主要功能是对服务平台的软总线及其运行管理和监控；信息服务中心的主要功能是为应用集成服务中心和协同监控服务中心提供数据和模型服务；应用集成服务中心的主要功能是提供企业内部及外部企业之间的应用集成工具及运行环境。

实施企业间集成需要解决的主要技术问题包括共享信息模型、过程模型的定义、数据交换标准和数据集成机制的定义、数据交换接口的开发、数据交换接口与企业内部信息系统的集成、信息安全问题等。共享信息模型与过程模型的定义需要合作的企业经过讨论来共同制定，除模型的定义外，还需要对模型的访问和维护机制进行定义，从而保证所交换数据的及时性和正确性。由于不同的企业采用的信息系统、数据结构和数据存储方式一般是异构的，因此，为了实现异构系统的集成，必须采用或制定合作企业都认可的数据交换标准，按照定义的标准实现企业内部数据到标准数据的转化，或者将标准数据转化为企业内部数据格式。在许多情况下，企业间集成还需要对企业的业务流程进行必要的重组，从整个供应链或协同产品开发的角度，合理配置整个业务流程，从而实现整个价值链的优化。

从技术实现的角度看，集成的关键是标准化。支持设计制造企业间集成的相关标准包括总体标准(如资源分类标准、共享术语定义等)、网络基础标准、建模标准(如CIM-OSA、IDEF、UML等)、语言标准(如标准通用标记语言GSML、HTML、XML等)、报文传输格式标准(如EDI、产品数据表示语言PDML)、互操作标准(如STEP、公共对象请求代理CORBA、知识交换格式KIF)等。

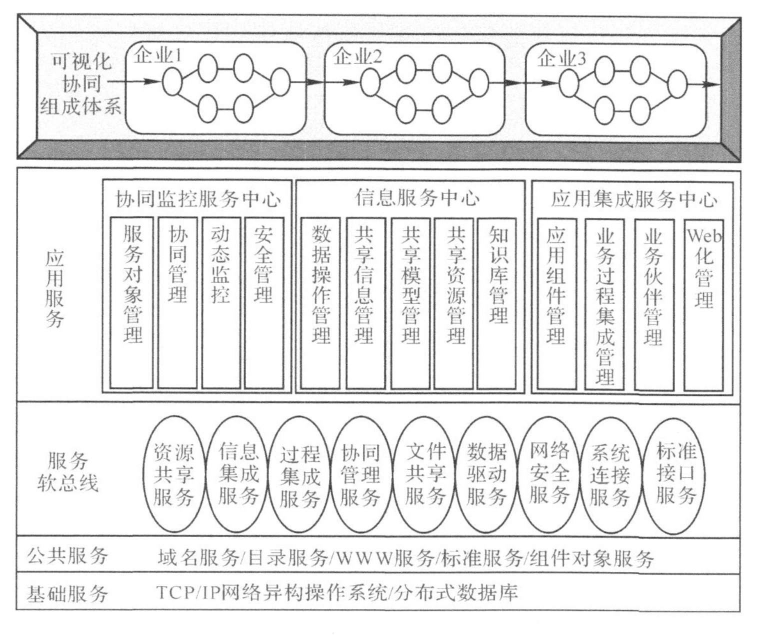

图 9.12　支持企业间协作的集成平台系统体系结构

习　　题

1. 早期的 CAD/CAM 集成有哪几种方式？
2. PDM 系统包含哪些主要功能？
3. 简述 PDM 支持下的设计与制造功能集成和过程集成场景。
4. 基于 SOA 的集成原理是什么？
5. 产品设计与生产的集成涉及哪些信息？
6. 简述企业间数字化设计与制造集成典型的制造模式及其理念。
7. 数字化设计与制造的企业间集成涉及哪些标准？

第十章 数字化设计与制造技术的发展与展望

数字化设计与制造技术是计算机、微电子、信息、自动化等技术在产品设计与制造领域的渗透、衍生和应用的结果。数字化设计与制造技术从产生以来，即表现出了强大的生命力，在国民生产的各个领域中得到了广泛的研究和应用，促进和改变了制造业的生产方式、生产工艺、生产装备以及生产组织体系。

数字化设计与制造技术随着科学技术的发展而不断发展，本章先回顾数字化设计与制造技术的发展历史，然后总结归纳数字化设计与制造技术的发展特点、发展趋势，最后介绍一些新兴的数字化设计与制造模式。

一、数字化设计与制造技术发展的标志性阶段

从 20 世纪 50 年代至今，人们提出了多种面向数字化设计与制造的支持技术、制造系统和生产模式，包括计算机辅助设计与制造(CAD/CAM)、计算机辅助工艺规划(CAPP)、计算机集成制造、并行工程、敏捷制造、虚拟制造、协同制造、智能制造、全球制造、网络化制造、工业 4.0、数字孪生等。数字化设计与制造的发展经历了三个主要阶段(见表 10.1)。

表 10.1 数字化设计与制造技术的发展历程

内 容	阶 段		
	产生阶段	发展阶段	成熟阶段
时 间	20 世纪 60 年代—90 年代	20 世纪 90 年代—21 世纪初	21 世纪初至当前
技术背景	计算机技术和数字控制技术	集成技术，网络技术	物联网，人工智能技术
解决的问题	数字化产品信息建模和加工	解决系统信息孤岛，实现信息，过程及异地集成	减少人工工作，提升效率和质量
特 征	产品加工过程的数字化	产品研发的集成化，协同化	设计制造的智能化
标志性技术	CAD/CAPP /CAE/CAM	CIMS/PDM/PLM，网络化制造，制造服务，MBD	物理信息融合，数字孪生，智能制造

(1)产生阶段。计算机的出现带来了新一轮技术革命，从此计算机科学和围绕计算机的

一系列应用技术应运而生。人们开始以计算机作为主要技术工具和手段处理各种信息，进行产品设计、分析、工艺规划、加工以提高产品制造效率和质量，产生了CAD、CAPP、CAM等CAx技术，并于20世纪90年代形成了数字化设计与制造模式。

(2)发展阶段。20世纪90年代以来，随着网络技术的不断发展，逐步发展出计算机集成制造技术、基于PDM/PLM的集成技术、网络化设计与制造技术、云制造、MBD技术及相关标准等，解决了数字化系统之间的信息集成和数据交换问题，实现了产品设计、工艺、制造、测量、维护等全生命周期的信息和过程集成，以及企业间集成和协同，消除了地域的界限，实现了全球资源的共享和高效利用。

(3)成熟阶段。21世纪初以来，随着物联网、人工智能等技术的发展和应用，数字化设计与制造技术不断成熟，并呈现新的特点。智能制造技术得到进一步发展，并提出了工业4.0、信息物理融合、增强现实、数字孪生等新的模式，以减少人工劳动、提升设计与制造的效率和质量。

二、数字化设计与制造技术的发展特点

回顾数字化设计与制造技术的发展历史，数字化设计与制造技术的发展趋势可用集成化、全球化、敏捷化、网络化、虚拟化、智能化和绿色化来简要描述。

1. 集成化

20世纪集成制造的研究已是全球的研究热点，21世纪，集成化仍然是制造技术发展的一个重要特征和主要发展趋势。集成化将从企业内部的信息集成和功能集成发展到实现产品整个开发制造过程的集成，并正在向全球以敏捷制造为代表的企业间集成发展。

2. 全球化

20世纪末，随着Internet技术的发展，制造全球化的研究和应用发展迅速。制造全球化包括的内容非常广泛，主要有市场的国际化，产品设计和开发的国际合作，产品制造的跨国合作，制造企业在世界范围内的重组与集成，制造资源的跨地区、跨国家的协调、共享和优化利用等。

3. 敏捷化

敏捷制造是相对广义制造系统而言的，制造环境和制造过程的敏捷性问题是敏捷制造的重要组成部分。敏捷化是制造环境和制造过程面向21世纪制造活动的必然趋势。制造环境和制造过程的敏捷化包括机器、工艺等的柔性，重构能力，快速化的集成制造工艺等。

4. 网络化

网络技术的迅速发展给企业制造活动带来新的变革。基于网络的制造，包括制造环境内部的网络化、制造环境与整个制造企业的网络化、企业与企业间的网络化、异地制造等内容。特别是基于Internet/Intranet的数字化制造已成为重要的发展趋势。

5. 虚拟化

虚拟化主要指虚拟制造。虚拟制造是以制造技术和计算机技术支持的系统建模技术和仿真技术为基础，将现代制造工艺、计算机图形学、并行工程、人工智能、虚拟现实技术和多

媒体技术等多种高新技术集于一体，由多学科知识形成的一种综合系统技术，在虚拟环境下模拟现实制造环境及其制造过程的一切活动和产品的制造全过程，并对产品制造及制造系统的行为进行预测和评价。它主要包括虚拟现实、虚拟产品开发（VPD）、虚拟制造（VM）和虚拟企业等。

6. 智能化

智能制造是先进制造技术发展的重要方向。智能制造系统是一种由智能机器和人类专家共同组成的人机一体化智能系统，在制造过程中能进行智能活动，诸如分析、推理、判断、构思和决策等。智能制造技术的宗旨在于通过人与智能机器的合作，去扩大、延伸或部分地取代人类专家在制造过程中的脑力劳动，以实现制造过程的优化。智能化是制造系统在柔性化和集成化基础上进一步的发展和延伸，目前已广泛开展对具有自律、分布、智能、仿生和分形等特点的下一代制造系统的研究。

7. 绿色化

环境、资源、人口是当今人类社会面临的三大主要问题。绿色制造是一个综合考虑环境影响和资源效率的现代制造模式，目标是使得产品从设计、制造、包装、运输、使用到报废处理的整个产品生命周期，对环境的影响（负作用）最小，资源利用效率最高。绿色制造（Green Manufacturing）、可持续制造（Sustainable Manufacturing）、环境意识制造（Environmentally Conscious Manufacturing）、面向环境的设计与制造、生态工厂、清洁化工厂等概念是全球可持续发展战略在制造技术中的体现，是摆在现代数字化设计与制造技术前的一个新课题。

三、一些新兴的数字化设计与制造模式

伴随着数字化设计制造技术的发展，数十种新的制造模式或理念产生了，其中与企业间集成、网络化制造等相关的制造模式见第九章，这里简单讨论其他几种制造模式。需要注意的是，有些制造模式是密切相关的甚至是统一的，因而相互之间可能没有明显界限。

1. 虚拟制造

虚拟制造技术产生于20世纪90年代，是一种全新的制造体系和模式。目前，国际上尚没有对其做出一个统一的定义。不同的研究人员从不同角度出发，给出了各具特点的描述。其中，有代表性的包括以下几种：

美国佛罗里达大学 Gloria J. Wiens 给虚拟制造的定义如下：虚拟制造是这样一个概念，即如实际一样在计算机上执行制造过程。其中，虚拟模型是在实际制造之前用于对产品的功能及可制造性等潜在问题进行预测。该定义强调虚拟制造通过“虚拟模型”和“预测”使之得到“与实际一样”的效果。

美国 Wright 空军实验室认为：虚拟制造建立在计算机建模、分析和仿真技术的基础之上，是对这些技术的综合应用。这种综合应用增强了各个层次的设计制造、生产决策与控制能力。

美国马里兰大学 Edward Lin 等人给出的定义如下：“虚拟制造是一个用于增强各级决策的一体化、综合性的制造环境。”

国内研究人员认为虚拟制造是实际制造过程在计算机上的本质实现，即采用计算机仿真与虚拟现实技术，在计算机上群组协同工作，实现产品的设计、工艺规划、加工制造、性能分析、质量检验，以及企业各级过程的管理与控制等产品制造的本质过程，以增强制造过程各级的决策与控制能力。

从这些定义可以看出，虚拟制造涉及多个学科领域，是对这些领域知识的综合集成与应用。虚拟制造利用仿真与虚拟现实技术，在高性能计算机及高速网络的支持下，采用群组协同工作，通过模型来模拟和预估产品功能、性能及可加工性等各方面可能存在的问题，实现产品制造的本质过程，包括产品的设计、工艺规划、加工制造、性能分析、质量检验，并进行过程管理与控制。虚拟样机和虚拟制造强调同一问题的不同方面，虚拟样机强调数字化的产品模型及其产生过程，虚拟制造则强调产生该模型的仿真运行环境。虚拟现实、计算机仿真、建模和优化技术是虚拟制造的核心与关键。

虚拟制造可以划分为以设计为中心的虚拟制造、以生产为中心的虚拟制造和以控制为中心的虚拟制造。

(1) 以设计为中心的虚拟制造。以设计为中心的虚拟制造强调以统一制造信息模型为基础，对数字化产品模型进行仿真与分析、优化，进行产品的结构性能、运动学、动力学、热力学方面的分析和可装配性分析，以获得对产品的设计评估与性能预测结果。

飞机、汽车的外形设计中，利用虚拟产品设计方法来检验其形状是否符合空气动力学原理，以及内部结构布局的合理性等。在复杂管道系统设计中，采用虚拟技术，设计者可以“进入其中”进行管道布置，并可检查是否发生干涉。在计算机上的虚拟产品设计，不但能提高设计效率，而且能尽早发现设计中的问题，从而优化产品的设计。美国波音公司的波音777飞机有300万个零件，这些零件的设计以及整体设计在一个由数百台工作站组成的虚拟环境中得以成功进行。设计师戴上头盔显示器后，就能穿行于这架虚拟的飞机中，审视其各项设计。过去为设计一架新型飞机，必须先建造两个实体模型，每个造价60万美元。应用虚拟制造技术后，不仅节省了经费，缩短了研制周期，而且使最终的实际飞机与原方案相比，偏差小于1‰，实现了机翼和机身结合的一次成功，缩短了数千小时设计工作量。

(2) 以生产为中心的虚拟制造。以生产为中心的虚拟制造是在企业资源的约束条件下，对企业的生产过程进行仿真，对不同的加工过程及其组合进行优化。它对产品的“可生产性”进行分析与评价，对制造资源和环境进行优化组合，通过提供精确的生产成本信息对生产计划与调度进行合理化决策。

(3) 以控制为中心的虚拟制造。以控制为中心的虚拟制造是将仿真技术引入控制模型，提供模拟实际生产过程的虚拟环境，使企业在考虑车间控制行为的基础上对制造过程进行优化控制。

虚拟制造所涉及的内容非常广泛，如支持产品设计与开发的数字化产品模型定义、异构模型的集成与重用、模型的检验、高精度测量方法与数据处理、虚拟加工、虚拟装配工艺、虚拟装配公差分配等，这些技术涉及的学科广泛，覆盖机械设计与工程、自动控制理论与工程、计算机网络与数据库等学科领域，需要多学科联合攻关研究才能取得期望的成果。

2. 精益制造

精益制造(Lean Production)，又称精良制造，其中“精”表示精良、精确、精美等，“益”表示利益、效益等。精益制造就是及时制造，消灭故障，消除一切浪费，向零缺陷、零库存进军。它是美国麻省理工学院于1990年提出的生产制造模式，而这种生产模式早在20世纪50年代就已应用于日本丰田汽车公司的制造车间，并成功地沿用至今。其核心内容就是在企业内部减少资源浪费，以最小的投入获得最大的产出。其最终目标就是要以具有最优质量和最低成本的产品，对市场需求做出最迅速的响应。

丰田公司在探索新的生产模式的过程中发现，小批量生产的成本比大批量生产的成本更低。造成这种现象的原因有两个：第一，小批量生产不需要大批量生产那样大量的库存、设备和人员；第二，在装配前，只有少量的零件被生产，发现错误可以立即更正。根据后一个原因，丰田得出结论，应该将产品的库存时间控制在2 h以内，这就是准时生产(JIT)和零库存的雏形。事实上，后来JIT生产还推广到与合作伙伴之间的合作，确定了这种模式下制造企业与合作伙伴之间亲密的依赖关系。

为了实现随时发现并纠正错误，必须有由高度熟练和具有高度责任感的工人组成的工作小组。在流水线生产模式中，组装线上的工人只是重复一些简单的动作，而不对产品的质量负责，产品质量由专门的检验部门在产品整体装配完毕后进行检查。但事实上组装线上的工人最了解第一线的情况，如果在组装线上将生产中出现的错误进行纠正，就不会出现因错误积累而导致大量拆卸返修的现象。因此，丰田公司按生产将工人分组，每个小组随时纠正本组生产过程中出现的错误，并且定期集体讨论，提出改进工艺流程的建议，这就是成组技术和质量控制的早期形式。当然，在刚刚实施随时纠正错误的做法时，组装线老是停下来，但在所有的工作小组掌握了经常出现的差错，并对发现差错原因有了一定经验之后，差错的数量大为减少。

因为每个工作小组的工人对他们的生产负责，所以他们有权决定如何提高生产力水平，并自己实施改进措施，也就是说工人有进行决策的权力。在授权给生产小组方面，除给予他们改进生产的权利之外，还赋予工作小组组长强大的行政权力，组长可以根据小组成员的表现晋升工作出色的成员。这种管理方式改变了企业的生产文化，为日后精益制造模式的发展打下了基础。

精益制造的主要特征：对外以用户为“上帝”，对内以“人”为中心，在组织机构上以“精简”为手段，在工作方法上采用“综合工作组”和“并行设计”，在供货方式上采用“JIT”方式，在最终目标方面为“零缺陷”。

(1)以用户为“上帝”。产品面向用户，与用户保持密切联系，将用户纳入产品开发过程，以多变的产品、尽可能短的交货期来满足用户的需求，真正体现用户是“上帝”的精神。不仅要向用户提供周到的服务，而且要洞悉用户的思想和要求，才能生产出适销对路的产品。产品的适销性、适宜的价格、优良的质量、快的交货速度、优质的服务是面向用户的基本内容。

(2)以“人”为中心。人是企业一切活动的主体，应以人为中心，大力推行独立自主的小组化工作方式。充分发挥一线职工的积极性和创造性，使他们积极为改进产品的质量献计献策，使一线工人真正成为“零缺陷”生产的主力军。为此，企业对职工进行爱厂如家的教育，并从制度上保证职工的利益与企业的利益挂钩。应下放部分权力，使人人有权、有责任、有义务随时解决碰到的问题。还要满足人们学习新知识和实现自我价值的愿望，形成独特、具有竞争意识的企业文化。

(3)以“精简”为手段。在组织机构方面实行精简化,去掉一切多余的环节和人员。实现纵向减少层次,横向打破部门壁垒,将层次细分工,管理模式转化为分布式平行网络的管理结构。在生产过程中,采用先进的柔性加工设备,减少非直接生产工人的数量,使每个工人都真正对产品实现增值。另外,采用JIT和Kanban方式管理物流,大幅度减少甚至实现零库存,也减少了库存管理人员、设备和场所。此外,精益不仅仅是指减少生产过程的复杂性,还包括在减少产品复杂性的同时,提供多样化的产品。

(4)综合工作组和并行设计。精益制造强调以综合工作组(Team Work)工作方式进行产品的并行设计。综合工作组是指由企业各部门专业人员组成的多功能设计组,对产品的开发和生产具有很强的指导和集成能力。综合工作组全面负责一个产品型号的开发和生产,包括产品设计、工艺设计、编制预算、材料购置、生产准备及投产等工作,并根据实际情况调整原有的设计和计划。综合工作组是企业集成各方面人才的一种组织形式。

(5)JIT供货方式。JIT工作方式可以保证最少的库存和最少在制品数。为了实现这种供货方式,应与供货商建立起良好的合作关系,相互信任,相互支持,利益共享。

(6)“零缺陷”工作目标。精益制造所追求的目标不是“尽可能好一些”,而是“零缺陷”,即最低的成本、最好的质量、无废品、零库存与产品的多样性。当然,这样的境界只是一种理想境界,但应无止境地去追求这一目标,这样才会使企业永远保持进步。

3. 敏捷制造

20世纪80年代,美国从衰退的制造业中得到教训,为了重振美国经济雄风,并在21世纪全球经济竞争中保持经济霸主的地位,必须大力发展制造业,那种认为信息革命的来临意味着制造业衰退的看法是不对的。正像工业化没有淘汰农业一样,高科技的知识经济会促使制造业发生革命性的变化,但绝不会淘汰制造业,高新技术产业也要制造各种各样、新的高科技产品。1991年,美国海军制造技术办公室和美国里海(Lehigh)大学开展了未来制造技术发展战略的研究,历时半年形成了一份名为“21世纪制造企业战略”的著名报告,在其中首次提出了“敏捷制造”这一新的制造模式。

该报告是美国进行先进制造技术研究的重要里程碑。通过大量的研究,他们发现当前工业界存在的一个普遍而重要的问题,就是“商务环境变化的速度超过了我们企业跟踪、调整的能力”。企业如果不能及时满足日趋丰富且不断演化的客户需求,就会失去他们原有的市场份额。而为了满足客户需求,靠某个企业的内部资源又感到能力不足。在此背景下如何增强企业的应变能力就成为企业提高竞争力的关键。报告中将企业的应变能力定义为企业的敏捷性,敏捷制造的概念也就由此引申而来。

敏捷制造是改变传统的大批量生产,利用先进制造技术和信息技术对市场的变化做出快速响应的一种生产方式;通过可重用、可重组的制造手段与动态的组织结构和高素质的工作人员的集成,获得企业的长期的经济效益。其基本原理为采用标准化和专业化的计算机网络和信息集成基础结构,以分布式结构连接各类企业,构成虚拟制造环境;以竞争合作为原则在虚拟制造环境内动态选择成员,组成面向任务的虚拟公司进行快速生产,系统运行目标是最大限度地满足客户的需求。敏捷制造具有以下特点:

(1) 具有抓住瞬息即逝的市场机遇,快速开发高性能、高可靠性及顾客可接受的新产品的能力。

(2) 具有可编程、可重组的模块化加工单元,可以快速生产新产品及各种各样的变形产品,从而使生产小批量、高性能产品能达到大批量生产同样的效益,以期达到产品的价格和生产批量无关。

(3) 具有按订单生产,以合适的价格满足顾客定制产品或顾客个性化产品要求的能力。

(4) 具有企业间动态合作的能力。针对限定市场的目标要求,共同合作完成任务,任务完成后协作解体,再依需求组织新的协作。

(5) 具有持续创新的能力,将具有创新能力和经验的员工看成企业的主要财富。

(6) 敏捷制造企业要求和用户建立一种完全崭新的"战略"依存关系。

敏捷制造的概念一经提出,立即得到 200 多位来自工业界、政府机构和社会各界人士的认可和赞同,成为理论研究与商务实践的热点。1992 年,美国国防部高级研究计划局(ARPA)和美国国家自然科学基金会(NSF)投资 500 万美元组建敏捷制造企业协会(AMEF)。1993 年,ARPA 和 NSF 又投资 1 500 万美元支持敏捷制造实验项目,分别研究电子工业、机床工业、航天和国防工业中的敏捷制造问题。从 1994 年开始,由 AMEF 以及近百家公司和大学研究机构分别就敏捷制造中 6 个领域的问题进行了研究与实践相结合的深层次工作。麻省理工学院、里海大学、沃特飞机公司和其他几家公司组成的项目组开展了汽车、飞机、服装、纺织和电子行业的应用示范项目。

国内对敏捷制造的研究相当重视,1995 年 10 月在北京召开的我国 863/CIMS 发展战略研讨会上,将敏捷制造列为今后 863/CIMS 主要的研究内容之一。之后,国家 863/CIMS 和国家自然科学基金对与敏捷制造有关的项目给予了大力的支持。国内许多高校和科研院所都开展了这方面的研究。作为一种战略,敏捷制造必须要落实到具体的方法论和技术上。随着研究的深入和应用的展开,敏捷制造已经出现了许多相应的制造方法论和制造技术,如可重构制造系统、多代理制造系统等。

4. 智能制造

智能制造(Intelligent Manufacturing)源于人工智能(Artificial Intelligence, AI)的研究。AI 是计算机科学的一个分支,其产生与发展与半个世纪来冯·诺伊曼型计算机的发展密不可分。AI 的研究与应用领域主要有问题求解、机器学习、专家系统、知识工程、模糊逻辑、神经网络、遗传算法、模式识别、智能控制、智能检索、智能代理、系统与语言工具等方面。20 世纪 80 年代,由于人工智能技术在制造领域的初步应用,Wright 和 Bourne 在 *Manufacturing Intelligence* 中首次提出智能制造的概念,并将其定义为通过集成知识工程、制造软件系统、机器人视觉和机器人控制,针对专家知识与工人技能进行建模,进而使智能机器可以在无人干预状态下完成生产。

目前,AI 在设计制造中的应用已经取得了许多成果,覆盖产品的智能设计、制造资源的智能规划、智能加工与过程监控、制造系统活动的智能管理等方面。智能制造的概念也随之不断发展和演进。广义而论,智能制造是一个大概念,是一个不断演进的大系统,是新一代信息技术与先进制造技术的深度融合,贯穿于产品、制造、服务全生命周期的各个环节,以及相应系统的优化集成,实现制造的数字化、网络化、智能化,不断提升企业的产品质量、效益、服务水平,推动制造业创新、协调、绿色、开放、共享发展。

智能制造技术(Intelligent Manufacturing Technologies, IMT)是制造技术、自动化技

术、系统工程与人工智能相互渗透、相互交织而形成的一门综合性技术。智能制造系统(Intelligent Manufacturing System，IMS)是一种由智能机器和人类专家共同组成的人机一体化系统，突出了在制造各个环节中，以一种高度柔性与集成的方式，借助计算机模拟的人类专家的智能活动，进行分析、判断、推理、构思和决策，取代或延伸制造环境中人的部分脑力劳动，并对人类专家的制造智能进行收集、存储、完善、共享、继承和发展。具体地说，智能制造系统就是要通过集成知识工程、制造软件系统、机器人视觉与机器人控制等来对制造技术的技能与专家知识进行模拟，使智能机器在没有人工干预的情况下进行生产。这种制造模式突出了知识在制造活动中的价值地位，而知识经济又是继工业经济后的主体经济形式，因此，智能制造就成为影响未来经济发展过程的制造业的重要生产模式。与传统的制造相比，智能制造系统具有人机一体化、自律能力、自组织和超柔性、学习能力和自我维护能力等特点。未来，智能制造系统将具有更高级的类人思维的能力。

目前，智能制造已经在制造装备智能化、制造过程智能化、制造系统智能化等不同层次上得到了深入应用。例如，高端数控机床、工业机器人、精密制造装备、智能测控装置、成套自动化生产线等可以有效提高制造装备环境感知、决策和自主控制能力；利用大数据分析和数据挖掘技术可深入分析历史生命周期数据，发现问题产生的本质、规律和内在关联，形成工艺知识并支持优化决策；由自动化模块、信息化模块和智能化模块组成智能生产单元，包含设备、机器人、AGV、网络、信息数据等，可实现多品种、小批量产品生产的智能化。

智能制造已成为全球制造业发展的共同趋势与目标。21 世纪以来，云计算、物联网、大数据、移动互联等信息技术促进了智能制造的进一步发展。人机结合、虚实融合是新一代智能制造系统的显著特征。世界各制造大国纷纷提出了相关战略规划，如美国倡导的工业互联网、德国提出的“工业 4.0”(Industry 4.0)和我国正在大力推进的“中国制造 2025”等。智能制造是我国制造业创新发展的主要抓手，是我国制造业转型升级的主要路径。

5. 物联网与物联制造

1999 年，麻省理工学院自动识别实验室首先提出了物联网(Internet of Things，IoT)这一概念。简单来说，物联网是在互联网的基础上，利用射频识别(Radio Frequency Identification，RFID)、传感器、无线数据通信等技术，构造一个覆盖世界上万事万物的网络。以物联网为代表的新一代传感、通信技术与制造业加速融合，促进了物联制造的发展。

物联制造(或称制造物联)(IoT-Based Manufacturing，IoTM)就是将互联网技术、传感网、嵌入式系统和智能识别等信息技术与制造系统相结合，对制造资源及产品信息进行的智能感知、实时处理与动态控制的一种新型的制造管理和信息服务模式。物联制造作为物联技术同制造系统深度融合的产物，将制造企业的研制、生产过程由传统的“黑箱”模式转变为“多维度、透明化、泛在感知”的全新模式。它利用传感器和通信网络，实现生产系统中人员、设备、产品等各个部分的信息实时采集、传输、处理，从而达到生产控制实时反馈、产品信息实时追溯、扰动事件实时感知的效果。IoTM 的关键技术包括网络化传感器技术、数据互操作、数据挖掘与知识管理、智能自动化、信息安全等技术。

物联制造技术利用物联、传感和通信技术强化了生产制造信息的管理和服务，最终构建高效、敏捷、柔性的智能化生产系统，推动制造业向信息化和智能化方向快速发展，降低生产成本，减少生产能耗，确保产品质量和效率。例如，通过各类制造资源之间的物物互联和互感，获取车间实时制造数据，可实时统计和精确计算生产过程的工人、工序、工件、工时等，实现车间管理的实时化和透明化，对制造过程的实时跟踪、智能管理和优化控制。西门子数字化工厂利用物联技术实现了物流和质检的高度自动化，将产品交货期缩短了 50%。此外，将物联技术与机器学习、大数据和云计算相融合，可进一步提升物联制造系统的数据分析和处理能力。例如，利用制造物联网中大量的智能传感器检测制造过程中的噪声、温度、振动、压力等物理量，支持进行质量分析、用电量分析、能耗分析以及设备的故障诊断等。

6. 工业 4.0 与信息物理系统

为了在国际竞争中继续保持优势，2011 年，德国在汉诺威工业博览会上提出“工业 4.0”的概念，目的是提升德国制造业的智能化生产水平，加快制造业转型升级，使产品更具竞争力。工业 4.0 的核心是信息物理系统（Cyber-Physical System，CPS），即实现人、机器和产品之间的直接联网，进一步实现智能化、高度集成和自主化的生产方式，从而提高生产效率、降低成本、提升产品质量和满足客户需求。

CPS 也称为网络物理系统、数字物理系统或虚拟实体系统等。它打破了实体产业与虚拟产品的界限，能够综合计算和物理能力，与人类和物理世界进行多种模式的交互，从而扩展其功能和性能。其主要功能是将产品制造过程中的供应、制造、销售等海量信息数据化、智能化和信息化，实现快速、高效、高品质产品定制的技术服务。此外，工业 4.0 依赖如下技术：

（1）物联网与通信技术。物联网是工业 4.0 的基础，通过各种传感器和通信设备将物理世界与虚拟世界相互连接。物联网可以实现实时数据采集、传输和处理，为生产过程中的设备、产品和系统提供智能化支持。通信技术负责在物联网中传输数据和信息，包括有线和无线通信技术，如 Wi-Fi、蓝牙、5G 等。

（2）云计算与大数据技术。云计算是一种通过网络提供计算资源、存储空间和应用服务的技术。在工业 4.0 背景下，云计算可以实现企业数据的集中存储和处理，以及软件和服务的远程访问。大数据技术涉及对海量数据的采集、存储、分析和应用，可帮助企业发现生产过程中的潜在问题、优化资源配置和提高决策效率。

（3）人工智能与机器学习。人工智能是一种模拟和扩展人类智能的技术，包括计算机视觉、自然语言处理、知识表示和推理等。在工业 4.0 背景下，人工智能可以实现设备和系统的自主决策、学习和优化。机器学习是人工智能的一个重要分支，通过数据驱动的方式训练模型和算法，从而完成对数据的预测、分类和聚类等任务。

7. 增强现实

增强现实（Augmented Reality，AR）是一种交互式体验，通过计算机生成的感知信息来增强真实世界的感知。通常，AR 利用软件、应用和硬件（如头戴式设备、AR 眼镜），将数字内容叠加到真实环境和物体上，从而丰富用户体验，将周围环境转变为交互式学习环境。因此，AR 可以看作是一种 CPS，也是工业 4.0 的一个关键技术。

增强现实作为“中国制造 2025”和“工业 4.0”中重要的数字化与信息化技术，已成为智能制造信息领域的关键使能技术。AR 在实现物理空间与信息空间融合的同时，还有助于工业用户与其使用的系统和设备的紧密融合，支持人与虚拟信息的自然交互，为制造领域的产品设计、生产作业、设备管理、装配培训、操作指导等方面带来了全新的交互模式和用户体验。增强现实已经应用于工业生产中,并取得了较好的效果,如支持装配过程的规划设计、教学培训和操作指导等过程。传统计算机辅助装配技术尽管能在计算机屏幕显示待装配零、部件的CAD模型,但无法支持用户和零、部件之间的直接自然互动,用户无法直接在装配场景中开展应用。AR提供的虚实融合环境与自然交互手段能够很好地解决这个问题。

在装配、运维过程中增强信息的智能呈现有助于操作人员理解,降低操作负荷,减小人机交互执行鸿沟,从而加快操作速度。波音公司利用谷歌AR眼镜来简化装配流程,工程师可以通过AR眼镜扫描装配现场某个部件的二维码,会自动在眼镜上显示出该部件的线束装配指导信息,工人只需要按照指导步骤即可完成装配工作。据统计,使用AR技术可以使装配时间缩短25%,出错率降低50%。空客在A350、A380和A400M生产线上采用了智能增强现实工具(Smart Augmented Reality Tool,SART,又称为混合现实应用)进行超过6万个管线定位托架的安装质量管理。操作人员利用SART访问飞机3D模型,并将操作和安装结果与原始数字设计进行对比,以检查是否有缺失、错误定位或托架损坏,并自动生成报告。SART工具使A380机身托架的检查时间从3周减少到了3天。AR技术不仅可以指导工人按步骤实施装配,而且能够精确定位不直接可见的零件,并将其可视化。洛克希德·马丁公司使用基于智能眼镜的AR平台加速F-22和F-35的装配过程,装配人员能够通过眼镜看到投影于实物上的零件编号和计划,减少操作错误,使工作速度提高30%,操作精度提升96%。随着数字化信息技术与增强现实辅助技术的广泛应用,虚拟数字信息与真实物理场景融合环境下的人与数字化信息交互已成为未来工业发展的新趋势。

8. 数字孪生

数字孪生(Digital Twin,DT)最早于2003年由Grieves M. W.教授在美国密歇根大学产品生命周期管理课程上提出,最初的定义为由物理实体、虚拟实体,以及两者之间的连接共同组成,并没有对其具体定义进行描述。DT随着相关理论技术的发展而不断拓展。在NASA撰写的空间技术路线图中对数字孪生定义如下:数字孪生是一种面向飞行器或系统的高度集成多学科、多物理量、多尺度、多概率的仿真模型,能够充分利用物理模型、传感器更新、运行历史等数据,在虚拟空间中完成映射,从而反映实体装备全生命周期过程。

传统的虚拟模型或数字化模型不能真实、客观地描述和刻画物理实体,从而导致相关结果(如仿真结果、预测结果、评估及优化结果)不够精准。例如,利用同一个模型制造的同一批产品并不完全相同,并且与数字化模型有区别。与传统数字化技术相比,除信息数据与物理数据之外,数字孪生更强调信息物理融合数据,通过信息物理数据的融合来实现信息空间与物理空间的实时交互、一致性与同步性,从而提供更加实时、精准的应用服务。因此,DT同样可以看作是一种CPS实现形式,是解决智能制造信息物理融合难题的关键使能技术。物理实体间、虚实之间的互联与交互,物理实体、虚拟实体、数据/服务间的通信与闭环控制是实现数字孪生虚实融合的基础,需要依赖以下技术:

(1)信息感知技术。信息感知技术用于获取物理空间要素和环境的状态数据,经数据处理后提取并分析状态信息,实现物理空间的状态感知,包括多模态感知、同步感知、“人-机-物-环境”状态感知、“端-边-云”协同感知、感知数据预处理、感知信息融合技术等。

(2)连接通信技术。连接通信技术用于传输实时数据,实现数字孪生内部及外部各要素间的数据互联互通，包括通信协议映射与交互技术、通信协议一致性测试技术、通信-计算融合技术、自适应同步通信技术、通信安全技术等。

(3)虚实映射技术。虚实映射技术用于构建物理空间与虚拟空间的时空映射关系，包括虚实映射关联挖掘技术、虚实映射一致性评估技术、映射关联关系存储与管理技术、映射关联自适应更新与优化技术、映射关联可视化技术等。

(4)数模联动技术。数模联动技术用于建立数字孪生的实时驱动机制，实现虚实空间的动态结合，相关技术主要包括数模联动机制自适应更新与优化技术、数模联动一致性评估技术、时空状态初始化技术、时域同步驱动技术、数据同步交互技术等。

(5)交互融合技术。交互融合技术用于关联数字孪生内、外要素的各类信息，实现模型、数据、信息、知识的深度融合，包括“人-机-环境”共融技术、虚实数据挖掘与融合技术、“以人为本”的信息融合技术、“实体-数据-模型-服务”融合技术等。

数字孪生实现了物理世界和数字虚拟世界交互融合，其作用在于可以充分利用模型、数据、智能并集成多学科的技术，发挥连接物理世界和信息世界的桥梁和纽带作用，通过与信息技术、AI技术等深度融合，提供更加实时、高效、智能的决策。例如，借助数据模拟物理实体在现实环境中的行为，通过虚实交互反馈、数据融合分析、决策迭代优化等手段，为物理实体增加或扩展新的能力。又如，数字孪生运用高性能计算、先进传感采集、数字仿真、智能数据分析、物联网、大数据、VR呈现等技术，实现目标对象的超现实呈现，包括目标对象的实时状态监测、动态状态评估、健康管理、寿命预测及任务完成率分析等。

数字孪生早期主要应用于军工及航空航天领域，目前在电力、汽车、医疗、船舶等多个领域拓展应用，覆盖产品生命周期各个阶段，包括产品设计、模拟仿真、制造、服务与运维等，促使数字孪生形态和概念不断丰富。

①产品设计阶段。以航空发动机为例，长期以来，航空发动机的设计主要依赖于各种物理试验。物理试验比较直观、结果相对确定，但试验成本比较高，准备周期长，受到传感器数量和安装位置的限制，能够获取的试验信息有限。在产品设计、试验验证中采用数字孪生模型，通过各种仿真软件对整机、子系统和零件的设计模型进行结构强度和性能分析，包含产品外形、功能、特性、可加工性、可装配性、可维护性等内容；通过虚拟试验对各种应用工况进行试验验证，获取更全面的测量信息，物理试验和虚拟试验相互验证能够迭代提升虚拟试验的置信度，减少物理样机数量和试验费用。产品设计阶段的应用可以验证设计方案的合理性，进行设计方案比选和优化迭代，提高产品研制效率，缩短设计周期。

②生产制造阶段。物理车间和数字孪生车间是一对虚实孪生体。利用物理车间传感器采集的数据、运行历史数据，并将物理车间的实际运行状态传递到虚拟车间系统，能够对生产线的布局设计、生产节拍、生产工艺、装配工艺等关键参数进行实时动态模拟与分析，能够开展生产线规划设计，对生产线现场进行资源合理配置、优化生产结构和业务流程，为车间运行决策和动态调整提供决策建议。对于关键设备，如工业机器人，可以建立机器人的数字孪生模型，通过孪生数据的采集、传输、交互与解析，实现物理单元与虚拟单元同步映射，进而实现对工业机器人的三维可视化实时监控。

③运行保障阶段。例如，航空发动机物理产品和虚拟产品是一对虚实孪生体，通过传感器数据对航空发动机的实时运行状态进行监控和分析，并根据航空发动机的历史维护记录

及相关使用数据，不断预测产品的健康状况和剩余使用寿命，为故障诊断和预测性维修提供数据支持。类似地，NASA 也基于数字孪生开展了飞行器健康管控的应用。

习　题

1. 数字化设计与制造技术的发展经历了哪几个阶段？各有什么特点？
2. 数字化设计与制造技术的发展趋势有哪些？
3. 敏捷制造的要素是什么？
4. 智能制造的内涵是什么？
5. 工业 4.0 与 CPS、增强现实之间是什么关系？
6. 数字孪生技术有哪些应用？

附录　缩写词对照表

AD(Axiomatic Design)公理设计
AI(Artificial Intelligence)人工智能
AMT(Advanced Manufacturing Technology)先进制造技术
AO(Assembly Order) 装配指令
BOM(Bill Of Material)物料清单
CAD(Computer Aided Design) 计算机辅助设计
CAE(Computer Aided Engineering)计算机辅助工程
CAID(Computer Aided Industrial Design)计算机辅助工业设计
CAM(Computer Aided Manufacturing) 计算机辅助制造
CAPP(Computer Aided Process Planning) 计算机辅助工艺规划
CD(Concurrent Design)并行设计
CE(Concurrent Engineering)并行工程
CIMS(Computer Integrated Manufacturing System)计算机集成制造系统
CNC(Computer Numerical Control)计算机数控
CPS(Cyber Physical System)信息物理系统
DFA (Design For Assembly) 面向装配设计
DFM (Design For Manufacturing) 面向制造设计
DMU(Digital Mock-Up)数字样机
DNC (Direct Numerical Control 或 Distributed Numerical Control)
直接数字控制或分布式数字控制
DPD(Digital Product Definition)数字化产品定义
DT(Digital Twin)数字孪生
EBOM(Engineering BOM)工程 BOM 或设计 BOM
ERP(Enterprise Resource Planning)企业资源计划
ES (Expert System) 专家系统
FMS(Flexible Manufacturing System)柔性制造系统
FO(Fabrication Order) 制造指令
ICP(Interactive Closet Point)最近点迭代
IOT(Internet of Things)物联网

IPT(Integrated Product Team)集成产品开发团队
JIT(Just In Time) 准时生产
MBD(Model Based Definition)基于模型的定义
MBOM(Manufacturing BOM)制造 BOM
MES (Manufacturing Execution Systems)制造执行系统
MRP(Material Resource Planning)物料需求计划
MRP Ⅱ(Manufacturing Resource Planning)制造资源计划
NC(Numerical Control) 数字控制,简称为数控
PBOM(Process BOM)工艺 BOM
PDM (Product Data Management) 产品数据管理
PLM(Product Lifecycle Management)产品全生命周期管理
PMI(Product and Manufacturing Information)产品与制造信息
RP(Rapid Prototyping)快速原型
SCM(Supply Chain Management)供应链管理
SFM(Structure From Motion)运动恢复结构
SOA(Service Oriented Architecture)面向服务的体系架构
SVD(Singular Value Decomposition)奇异值分解
TB(Tooling Ball)靶标
VE(Virtual Enterprise)虚拟企业
VM(Virtual Manufacturing)虚拟制造
VR(Virtual Reality)虚拟现实

参考文献

[1] 来可伟,殷国富. 并行设计[M]. 北京:机械工业出版社,2003.

[2] 童秉枢. 现代 CAD 技术[M]. 北京:清华大学出版社,2000.

[3] 唐荣锡,席平,宁涛. 协同设计特征造型软件发展概况[J]. 计算机辅助设计与图形学学报,2003,15(1):15-20.

[4] 芮延年,刘文杰,郭旭红. 协同设计[M]. 北京:机械工业出版社,2003.

[6] 于海斌, 朱云龙. 协同制造:e时代的制造策略与解决方案[M]. 北京: 清华大学出版社, 2004.

[7] 熊光楞,郭斌,陈晓波,等. 协同仿真与虚拟样机技术[M]. 北京:清华大学出版社,2004.

[8] 邓家禔,韩晓建,陈晓波. 产品概念设计:理论、方法与技术[M]. 北京: 机械工业出版社, 2002.

[9] 王成焘. 现代机械设计: 思想与方法[M]. 上海: 上海科学技术文献出版社, 1999.

[10] 檀润华,王庆禹. 产品设计过程模型、策略与方法综述[M]. 机械设计,2000,17(11):1-4.

[11] 邵毅, 张开富, 李原, 等. 飞机数字化产品开发[J]. 航空制造技术, 2003, 46(9):31-33, 37.

[12] 顾崇衔. 机械制造工艺学[M]. 2 版. 西安: 陕西科学技术出版社, 1987.

[13] 荆长生. 机械制造工艺学[M]. 2 版. 西安:西北工业大学出版社,1995.

[14] 《航空制造工程手册》总编委会. 航空制造工程手册:救生装备工艺[M]. 北京: 航空工业出版社, 1995.

[15] 张振明,许建新,贾晓亮,等. 现代 CAPP 技术与应用[M]. 西安:西北工业大学出版社,2003.

[16] 吴伟仁. 军工制造业数字化[M]. 北京:原子能出版社,2005.

[17] 祁国宁,顾新建,谭建荣. 大批量定制技术及其应用[M]. 北京:机械工业出版社,2003.

[18] 刘飞. CIMS 制造自动化. 北京:机械工业出版社,1997.

[19] 范玉顺,刘飞,祁国宁. 网络化制造系统及其应用实践[M]. 北京:机械工业出版社,2003.

[20] 郑力,陈恳,张伯鹏. 制造系统[M]. 北京:清华大学出版社,2001.

[21] 刘飞. 先进制造系统[M]. 2 版. 北京:中国科学技术出版社,2005.

[22] 赵汝嘉. 先进制造系统导论[M]. 北京:机械工业出版社,2003.

[23] 张世琪,李迎,孙宇. 现代制造引论[M]. 北京:科学出版社,2003.

[24] CHOL BYOUNGK, KIM BYUNGH. MES architecture for FMS compatible to ERP[J]. Computer Integrated Manufacturing, 2002, 15(3):274-284.

[25] WEYGANDT STEVEN. Getting the MES model-methods for system analysis[J].

ISA Transactions，1996，35：95－103.
[26] 黄学文.制造执行系统(MES)的研究和应用[D].大连:大连理工大学,2003.
[27] 周济,周艳红. 数控加工技术[M]. 北京:国防工业出版社,2002.
[28] 冯勇,霍勇进. 现代计算机数控系统[M]. 北京:机械工业出版社,1996.
[29] 李峻勤,费仁元. 数控机床及其使用与维修[M]. 北京:国防工业出版社,2000.
[30] 范炳炎. 数控加工程序编制[M]. 北京:航空工业出版社,1990.
[31] 王爱玲. 现代数控原理及控制系统[M]. 北京:国防工业出版社,2002.
[32] 严新民. 计算机集成制造系统[M]. 西安:西北工业大学出版社,1999.
[33] 王爱玲. 现代数控编程技术及应用[M]. 北京:国防工业出版社,2002.
[34] 刘雄伟. 数控加工理论与编程技术[M]. 北京：机械工业出版社，1994：171.
[35] 季松玲,陈世兴. 数字化制造技术在制造业中的作用与发展趋势[J]. 机电产品开发与创新,1999,12(6):29－30.
[36] 张伯鹏. 数字化制造是先进制造技术的核心技术[J]. 制造业自动化,2000,22(2):1－5.
[37] 周祖德,李刚炎. 数字制造的现状与发展[J]. 中国机械工程,2002,13(6):531－533.
[38] 张伯鹏. 信息驱动的数字化制造[J]. 中国机械工程,1999,10(2):211－215.
[39] 高奇微,莫欣农. 产品数据管理(PDM)及其实施[M]. 北京:机械工业出版社,1998.
[40] 严隽琪，倪炎榕，马登哲. 基于网络的敏捷制造[J]. 中国机械工程，2000，11(1)：101—104.
[41] 杨叔子，吴波，胡春华，等. 网络化制造与企业集成[J]. 中国机械工程，2000，11(1)：45－48.
[42] 李荣彬. 数码工厂：资讯年代的制造业[J]. 中国机械工程，2000，11(1)：93－96.
[43] 周炳海,杨志波,奚立峰.网络化制造与系统集成的标准研究.计算机集成制造系统,2005,11(9):1248－1254.
[44] 严隽琪，范秀敏，姚健. 虚拟制造系统的体系结构及其关键技术[J]. 中国机械工程，1998，9(11)：60－64.
[45] 熊光楞，李伯虎，柴旭东. 虚拟样机技术[J]. 系统仿真学报，2001，13(1)：114－117.
[46] 曹岩,王宏,袁清珂,等. 虚拟制造及其关键技术[J].机械工业自动化,1999(1):3－6.
[47] 李慰立,余成波. 虚拟制造关键技术[J]. 重庆工学院学报,2000,14(1):40－44.
[48] 孙林岩,汪建. 先进制造模式[M]. 西安:西安交通大学出版社,2003.
[49] 李斌,师汉民,胡春华,等. 基于 Agent 分布式网络化制造模式的研究[J]. 中国机械工程,1999，10(12):1358－1362.
[50] 刘飞. 制造自动化的广义内涵、研究现状和发展趋势[J].机械工程学报，1999,35(1)：1－5.
[51] 马永军,李榕彬,张曙.制造网络的发展状况[J]. 机械科学与技术,2000,19(3):458－461.

[52] 严隽琪，倪炎榕，马登哲. 基于网络的敏捷制造[J]. 中国机械工程，2000，11(12)：101－104.

[53] 杨叔子，吴波，胡春华，等. 网络化制造与企业集成[J]. 中国机械工程，2000，11(1)：45－48.

[54] 张曙. 分散网络化制造[M]. 北京：机械工业出版社，1999.

[55] 赵东标，朱剑英. 智能制造技术与系统的发展与研究[J]. 中国机械工程，1999，10(8)：927.

[56] 刘检华，孙连胜，张旭，等. 三维数字化设计制造技术内涵及关键问题[J]. 计算机集成制造系统，2014，20(3)：494－504.

[57] 张柏楠，戚发轫，邢涛，等. 基于模型的载人航天器研制方法研究与实践[J]. 航空学报，2020，41(7)：72－80.

[58] 张玉金，黄博，廖文和. 面向场景的航空发动机基于模型的系统工程设计[J]. 计算机集成制造系统，2021，27(11)：3093－3102.

[59] 吴轩宇，洪兆溪，刘继红，等. 复杂定制产品智能化设计与验证协同模式[J]. 计算机集成制造系统，2022，28(9)：2700－2717.

[60] 田富君，陈兴玉，程五四，等. MBD环境下的三维机加工艺设计技术[J]. 计算机集成制造系统，2014，20(11)：2690－2696.

[61] 刘骄剑. 面向复杂产品网络化制造的知识集成与应用关键技术研究[D]. 江苏：南京航空航天大学，2012.

[62] 张栋豪，刘振宇，郏维强，等. 知识图谱在智能制造领域的研究现状及其应用前景综述[J]. 机械工程学报，2021，57(5)：90－113.

[63] 孟晓军，张旭，宁汝新，等. 基于Web服务的企业集成平台框架研究[J]. 计算机集成制造系统，2008，14(5)：891－897.

[64] 孙海洋，俞涛，刘丽兰，等. 面向服务的制造网格系统研究[J]. 计算机集成制造系统，2008，14(1)：56－63.

[65] 范玉顺. 制造网格的概念与系统体系结构[J]. 航空制造技术，2005，48(10)：42－45.

[66] 李伯虎，张霖，王时龙，等. 云制造：面向服务的网络化制造新模式[J]. 计算机集成制造系统，2010，16(1)：1－7.

[67] 李伯虎，柴旭东，侯宝存，等. 云制造系统3.0：一种"智能＋"时代的新智能制造系统[J]. 计算机集成制造系统，2019，25(12)：2997－3012.

[68] 张映锋，赵曦滨，孙树栋，等. 一种基于物联技术的制造执行系统实现方法与关键技术[J]. 计算机集成制造系统，2012，18(12)：2634－2642.

[69] 姚锡凡，于淼，陈勇，等. 制造物联的内涵、体系结构和关键技术[J]. 计算机集成制造系统，2014，20(1)：1－10.

[70] 周佳军，姚锡凡，刘敏，等. 几种新兴智能制造模式研究评述[J]. 计算机集成制造系统，2017，23(3)：624－639.

[71] 侯瑞春，丁香乾，陶冶，等. 制造物联及相关技术架构研究[J]. 计算机集成制造系统，2014，20(1)：11－20.

[72] 姚锡凡,金鸿,李彬,等. 事件驱动的面向云制造服务架构及其开源实现[J]. 计算机集成制造系统,2013,19(3):654-661.
[73] 陶飞,马昕,戚庆林,等. 数字孪生连接交互理论与关键技术[J]. 计算机集成制造系统,2023,29(1):1-10.
[74] 胡秀琨,张连新. 数字孪生车间在复杂产品装配过程中的应用探索[J]. 航空制造技术,2021,64(3):87-96.
[75] 杜莹莹,罗映,彭义兵,等. 基于数字孪生的工业机器人三维可视化监控[J]. 计算机集成制造系统,2023,29(6):2130-2138.
[76] 刘芳,刘琪,黄美晨,等. 数字孪生:跨界赋能于多领域智能的新应用[J]. 计算机系统应用,2023,32(8):31-41.
[77] 崔一辉,杨滨涛,方义,等. 数字孪生技术在航空发动机智能生产线中的应用[J]. 航空发动机,2019,45(5):93-96.
[78] 王焱,王湘念,王晓丽,等. 智能生产系统构建方法及其关键技术研究[J]. 航空制造技术,2018,61(1):16-24.
[79] 杨赓,周慧颖,王柏村. 数字孪生驱动的智能人机协作:理论、技术与应用[J]. 机械工程学报,2022,58(18):279-291.
[80] 陶飞,戚庆林. 面向服务的智能制造[J]. 机械工程学报,2018,54(16):11-23.
[81] 周济. 走向新一代智能制造[C]. //第二十届中国国际工业博览会论坛论文集,2018:53-59.
[82] TAO F,ZHANG H, LIU A, et al. Digital twin in industry: state-of-the-art[J]. IEEE Transactions on Industrial Informatics, 2019, 15(4): 2405-2415.
[83] TAO F,SUI F ,LIU A , et al. Digital twin-driven product design framework[J]. International Journal of Production Research,2019,57(12):3935-3953.
[84] TAO F,ZHANG M ,LIU Y , et al. Digital twin-driven prognostics and health management for complex equipment [J]. CIRP Annals-Manufacturing Technology, 2018,67(1):169-172.
[85] 陶飞,刘蔚然,张萌,等. 数字孪生五维模型及十大领域应用[J]. 计算机集成制造系统,2019,25(1):1-18.
[86] 陶飞,张萌,程江峰,等.数字孪生车间:一种未来车间运行新模式[J].计算机集成制造系统,2017,23(1):1-9.
[87] 陶飞,程颖,程江峰,等. 数字孪生车间信息物理融合理论与技术[J]. 计算机集成制造系统,2017,23(8):1603-1611.
[88] 陶飞,刘蔚然,刘检华,等. 数字孪生及其应用探索[J]. 计算机集成制造系统,2018,24(1):1-18.
[89] 赵浩然,刘检华,熊辉,等. 面向数字孪生车间的三维可视化实时监控方法[J]. 计算机集成制造系统,2019,25(6):1432-1443.
[90] 戴晟,赵罡,于勇,等. 数字化产品定义发展趋势:从样机到孪生[J]. 计算机辅助设计与图形学学报,2018,30(8):1554-1562.

[91] 庄存波,刘检华,熊辉,等.产品数字孪生体的内涵、体系结构及其发展趋势[J].计算机集成制造系统,2017,23(4):753-768.

[92] 王建军,向永清,何正文.基于数字孪生的航天器系统工程模型与实现[J].计算机集成制造系统,2019,25(6):1348-1360.

[93] 郭具涛,洪海波,钟珂珂,等.基于数字孪生的航天制造车间生产管控方法[J].中国机械工程,2020,31(7):808-814.

[94] 魏一雄,郭磊,陈亮希,等.基于实时数据驱动的数字孪生车间研究及实现[J].计算机集成制造系统,2021,27(2):352-363.

[95] 吴鹏兴,郭宇,黄少华,等.基于数字孪生的离散制造车间可视化实时监控方法[J].计算机集成制造系统,2021,27(6):1605-1616.

[96] 丁凯,张旭东,周光辉,等.基于数字孪生的多维多尺度智能制造空间及其建模方法[J].计算机集成制造系统,2019,25(6):1491-1504.

[97] 张海军,闫琼,张国辉,等.基于数字孪生的制造资源动态优选决策[J].计算机集成制造系统,2021,27(2):521-535.

[98] SODERBERG R, WARMEFJORD K, CARLSON J S, et al. Toward a digital twin for real-time geometry assurance in individualized production[J]. CIRP Annals-Manufacturing Technology, 2017, 66(1): 137-140.

[99] SCHLEICH B, ANWER N, MATHIEU L, et al. Shaping the digital twin for design and production engineering[J]. CIRP Annals-Manufacturing Technology, 2017, 66(1): 141-144.

[100] SIERLA S, KYRKI V, AARNIO P, et al. Automatic assembly planning based on digital product descriptions[J]. Computers in Industry, 2018, 97: 34-46.

[101] TAO F. Digital twin driven smart design[M]. London: Academic Press, 2020.

[102] 郭洪杰,冯子明,张永亮,等.以模型为核心的飞机智能化装配工艺设计[J].航空制造技术,2017,60(11):64-69.

[103] 田锡天,耿俊浩,唐健钧,等.飞机三维数字化装配工艺设计与管理技术[J].航空制造技术,2015,58(4):51-54.

[104] 付景丽,侯兆珂,谢星.飞机大部件对接测量方案的研究与应用[J].航空制造技术,2019,59(23):79-83.

[105] 王亮,李东升.飞机数字化装配柔性工装技术体系研究[J].航空制造技术,2012,55(7):34-39.

[106] 宋利康,朱永国,刘春锋,等.大飞机数字化装配关键技术及其应用[J].航空制造技术,2016,59(5):32-35,51.

[107] 陈修强,田卫军,薛红前.飞机数字化装配自动钻铆技术及其发展[J].航空制造技术,2016,59(5):52-56.

[108] 许国康,高明辉,侯志霞,等.飞机大部件数字化对接关键问题及应用分析[J].航空制造技术,2011,54(22):26-29.

[109] 梅中义,朱三山,杨鹏.飞机数字化柔性装配中的数字测量技术[J].航空制造技

术，2011,54(17)：44－49.

[110] 梅中义. 基于MBD的飞机数字化装配技术[J]. 航空制造技术，2010,53(18)：42－45.

[111] 王巍，杨亚文，安宏喜，等. 基于数字化测量的飞机型架装配技术研究[J]. 航空制造技术，2014,54(21)：82－85.

[112] 杜福洲，陈哲涵. 测量驱动的飞机部件数字化对接系统实现技术研究[J]. 航空制造技术，2011,54(17)：52－55.

[113] 汪西，张俐，王亮，等. 机身部件柔性装配数字化测量技术应用[J]. 航空制造技术，2013,53(1)：93－97.

[114] 王巍，俞鸿均，安宏喜，等. 大型飞机数字化装配在线测量技术研究[J]. 航空制造技术，2015,58(7)：48－52.

[115] 李树军，罗浩，庞放心，等. 柔性薄壁大部件数字化装配调姿算法研究[J]. 航空制造技术，2019，62(8)：38－43.

[116] 郭洪杰. 飞机大部件自动对接装配技术[J]. 航空制造技术，2013,56(13)：72－75.

[117] 邹冀华，周万勇，邹方. 数字化测量系统在大部段对接装配中的应用[J]. 航空制造技术，2010,53(23)：52－55.

[118] 汪静，黎明，王晓宇. C919前机身部件数字化自动定位技术应用研究[J]. 航空制造技术，2018，61(5)：60－65.

[119] 亓江文. 飞机部件数字化装配测量环境的建立[J]. 机械制造与自动化，2017，46(2)：205－208.

[120] 范玉青. 飞机数字化装配技术综述[J]. 航空制造技术，2006,49(10)：44－48.

[121] 杜福洲，文科. 大尺寸精密测量技术及其应用[J]. 航空制造技术，2016,59(11)：16－24.

[122] 雷宝，贺韡，王永红. 飞机部件外形三维数字摄影测量技术[J]. 航空制造技术，2013，56(7)：42－45.

[123] 刘胜兰，罗志光，谭高山，等. 飞机复杂装配部件三维数字化综合测量与评估方法[J]. 航空学报，2013,34(2)：409－418.

[124] 冯子明. 基于三维模型的飞机数字化快速检测技术研究[J]. 航空制造技术，2011，54(21)：32－35.

[125] 张开富. 飞机装配过程数字化测量技术[J]. 航空制造技术，2016,59(10)：34－40.

[126] 赵建国，郭洪杰. 飞机装配质量数字化检测技术研究及应用[J]. 航空制造技术，2016,59(20)：24－27.

[127] 王振兴，曹玮，金炜，等. 基于模型的民用航空发动机几何尺寸数字化检测技术研究[J]. 航空制造技术，2020,63(7)：40－46.

[128] 隋少春，楚王伟，李卫东. 数控加工在线测量技术应用探讨[J]. 航空制造技术，2010，53(22)：44－46.

[129] 柳万珠，刘强. 切削加工过程的在线监测与自适应控制[J]. 航空制造技术，2012,55(14)：86－90.

[130] 陈丽丽，尹华彬，刘胜兰，等. 航空实物制造依据三维数字化测量及模型重建[J]. 航空制造技术，2018，61(5)：24－29.

[131] 王梅，牛润军. 数字化测量技术在飞机外形检测方面的应用研究[J]. 航空制造技术，2013，56(20)：109－112.

[132] 张学昌，刁俊通，严隽琪. 基于点云数据的复杂型面数字化检测技术研究[J]. 计算机集成制造系统，2005，11(5)：770－774.

[133] 林雪竹，曹国华，李丽娟，等. 多传感融合的飞机数字化测量技术[J]. 航空制造技术，2013，56(7)：46－49.

[134] 吴丽丽，王燕，刘胜兰，等. 飞机蒙皮零件三维光学测量技术条件研究[J]. 航空制造技术，2016，59(19)：105－109.

[135] 冯其波，张斌，高瞻，等. 光学测量技术与应用[M]. 北京：清华大学出版社，2008.

[136] 张广军. 视觉测量[M]. 北京：科学出版社，2008.

[137] 帅朝林，刘大炜，牟文平，等. 飞机结构件先进制造技术：从数字化到智能化[M]. 北京：机械工业出版社，2019.